Cocos Creator 游戏开发实战

满硕泉 著

Cocos Creator
Development Cookbook

图书在版编目（CIP）数据

Cocos Creator 游戏开发实战 / 满硕泉著 . —北京：机械工业出版社，2019.4（2024.3 重印）
（游戏开发与设计技术丛书）

ISBN 978-7-111-62444-8

I. C… II. 满… III. ①移动电话机 - 游戏程序 - 程序设计 ②便携式计算机 - 游戏程序 - 程序设计 IV. TP317.6

中国版本图书馆 CIP 数据核字（2019）第 065011 号

Cocos Creator 游戏开发实战

出版发行：机械工业出版社（北京市西城区百万庄大街 22 号 邮政编码：100037）

责任编辑：李 艺　　责任校对：殷 虹

印 刷：北京建宏印刷有限公司　　版 次：2024 年 3 月第 1 版第 7 次印刷

开 本：186mm×240mm 1/16　　印 张：23.5

书 号：ISBN 978-7-111-62444-8　　定 价：89.00 元

客服电话：（010）88361066 68326294

Forword 序　一

从入行那天起我就认为，程序开发这一行，不是为了向人证明我们的技术有多牛，也不是为了仅仅成为一个很牛的程序员，而是为了有朝一日能开发出自己梦想中的那款游戏！

最初认识满硕泉，是2012年通过他的博客，那时我是Cocos官方开发团队的核心成员之一（当年Cocos的C++版本名称为Cocos2D-X，后来社区所有版本统称为Cocos），当时我们开发者社区远不如现在发达，官方团队人力有限，所以更多是专注于技术研发，官方文档也寥寥无几。而以满硕泉为首的一批资深游戏开发工程师，开始成为Cocos技术布道的中坚力量。

Cocos从2010年发布第一个版本到现在，历经9个春秋，目前累计拥有超过100万的注册开发者，超过30万的月活跃开发者，在移动游戏的通用引擎领域，其市场占有率国内第一，全球第二，而且远远甩开全球第三名占有的市场份额（是其7倍）。

2012年开始，Cocos2D-X（C++版本）独立于Cocos2D社区，并在后来几年统一Cocos2D社区所有语言版本，改名为Cocos。从2013年开始，市面上不断涌现出手游现象级产品，包括从《捕鱼达人》《保卫萝卜》《我叫MT》《刀塔传奇》《别踩白块》等，到近年的《梦幻西游》《火焰纹章》《热血传奇》《征途》等大作。

也就是说，如果你在中国做游戏，不论你的研发预算是几万、几十万还是几百万元，你都可以使用这套开源、免费，经过数以万计游戏证明过的成熟引擎，开发出商业成功的游戏，做到几亿的月流水，并建立几十亿估值的公司，最终实现财富自由。Cocos如今已打破了游戏大厂的技术壁垒，使用Cocos引擎开发游戏，在技术上和网易《梦幻西游》、任天堂的《火焰纹章》、盛大的《热血传奇》、巨人的《征途》等大作，其实是站在同样的起跑线上。

作为Cocos最重要的开发工具，Cocos Creator其实是Cocos团队提供的第二代编辑器。这套技术的积累可以追溯到2012年以前的Cocos2D-HTML5版本和Cocos2D-JS版本。这样的技术选型与技术积累，也让游戏除了能发布到移动App、PC平台和传统Web平台以外，还更好地支持了近年来最火的小游戏。技术方面，和前一代编辑器 CocosStudio 不同的是，Cocos Creator 使用的是数据驱动的工作流程，你可以搭建独立的场景，制作的动画和特效也可以随时在编辑器组件中实现所见即所得。数据驱动的开发流程也同样将数据和功能分离开来，即解放游戏开发工作流程中的各个工种，并通过组件实现协作。

本书作为最早的 Cocos Creator 书籍之一，也必将成为入门必备、进阶必修的教材。

更重要的好消息是，作者已经将本书内容升级，本书是基于最新的 Cocos Creator 2.x 版本撰写的。

全书以深入浅出的方式展开介绍，通过“准备篇”可以全面了解 Cocos 和 Cocos Creator 的发展历史和基本知识；通过“基础篇”可以学习基本功能，以及各个组件的操作和使用方法；通过“实例篇”中介绍的已有的案例，了解游戏各个部分的实现过程、细节和方法，最后通过“扩展篇”了解技术的难点、高级知识点之外，你甚至可以学习如何将游戏做成成品发布。也就是说，本书包含引擎和工具的方方面面，并且对知识点进行了归纳整理，书中语言通俗易懂，将大大加快你的学习速度！

我作为 Cocos 官方团队成员之一，非常荣幸受邀为本书写序，我认为这将是 Cocos Creator 近年来最重要的书籍之一。我们也一直很感谢作者满硕泉对开源社区做出的贡献，正是有像他一样的布道师，整个开发者社区才会充满活力，中国的游戏行业才会朝气蓬勃。也祝愿本书的读者能在书中受益，未来在游戏行业大展宏图。

最后以《爱丽丝梦游仙境》的红桃皇后定律来结束本序：

爱丽斯和红桃皇后手拉着手一同出发，但不久之后，爱丽斯发现他们处在与先前一模一样的起点上。

“为什么会这样？”爱丽斯大叫，“我觉得我们一直都待在这棵树底下没动！”

“废话，理应如此。”红桃皇后傲慢地回答。

“但是，在我们的国家里，”爱丽丝说，“如果你以足够的速度奔跑一段时间的话，你一定会抵达另一个不同的地方。”

“现在，这里，你好好听着！”红桃皇后反驳道，“以你现在的速度你只能逗留原地。如果你要抵达另一个地方，你必须以双倍于现在的速度奔跑！”

现在，作者将带我们以双倍的速度奔跑，还等什么，瞄准你梦想的游戏，出发！

杨雍，触控科技西南区总经理（前触控科技 Cocos 引擎核心开发成员）

Forword 序　二

自2016年1月Cocos Creator发布公测版本以来，已经过去三年时间，并从2018年8月开始正式进入2.0时代。在这段奇妙的旅途中，最让我们欣喜的一直是越来越活跃的中文开发者社区。如果将Cocos Creator的社区比作一座岛屿，那么满硕泉的这部作品为这座岛屿架起了极其重要的一座桥梁，让对游戏抱有无比热情的伙伴们走进来，在Cocos Creator的港口造出自己的游戏并扬帆起航！

在这部出色的作品中，满硕泉由浅入深展开介绍，从Cocos Creator的基本环境到各个模块的使用，帮助开发者们轻松上手。更可贵的是，在各个模块的讲解中，本书辅以非常实用的案例来展示功能模块在实际项目中是如何应用的。满硕泉更以自己8年的移动平台游戏开发经验为坚实的后盾，分享了消除、飞行、棋牌这三大品类游戏的完整案例。本书的最后一部分，则就游戏开发中的一些难点或实际问题进行深入挖掘，比如热更新方案和性能优化。我相信这部作品的全面性，不仅对刚接触Cocos Creator的读者大有裨益，即便是经验丰富的游戏开发者，也能够从中发现很多值得学习和取用的经验。

Cocos一直以来的愿景都是“让游戏开发更简单”，我们希望让更多热爱游戏的人们参与到这个行业。我们相信，更多创作者的加入，更多元化的思想，可以催生无数有趣、富有想象力的游戏。而这一切的基础，就是真正降低游戏开发的门槛。我希望正在读这本书的你，也能够用满硕泉倾囊相授的知识和Cocos Creator这个工具实现自己最美好的想象！

Enjoy！

凌华彬，Cocos Creator引擎主程

前　言 *Preface*

为什么要写这本书

“你可以成为这样的人，如果你热爱你做的事，愿意付出相应的劳动，你终将有所得。你在夜里独自工作，反复思考你所设计和制造的东西，为之花费的每一分钟都是值得的。我敢肯定地告诉你，你的付出是值得的。”

——苹果公司的创始人之一史蒂夫·沃兹尼亚克

《沃兹传·与苹果一起疯狂》

相信很多移动游戏开发者都有同样的感受，就是累并快乐着，累是因为我们在一个竞争激烈的行业里，快乐则是因为我们在做着自己热爱的事情。相信对于很多移动游戏开发者来说，都有一个忠实的“伙伴”，那就是你所使用的游戏引擎。由于开源的特点和支持Android和iOS两大平台，Cocos引擎成为众多游戏引擎中的佼佼者，与此同时，Cocos引擎团队不断迭代自己的工具链以跟上技术和平台的发展，让工程师可以把更多精力投入到游戏本身的开发上。截至2017年年底，Cocos2D-X在全球拥有超过100万注册开发者，在中国市场占有率为45%，在全球市场占有率为18%，是中国第一、全球第二的手机游戏引擎。

随着网页游戏的发展，轻量化游戏方兴未艾，Cocos引擎团队推出了Cocos Creator开发工具。Cocos Creator是以内容创作为核心的游戏开发工具，在Cocos2D-X基础上实现了彻底脚本化、组件化和数据驱动等特点，实现了一体化、可扩展、可自定义工作流的编辑器，并在Cocos系列产品中第一次引入了组件化编程思想和数据驱动的架构设计，这极大地简化了游戏开发工作流中的场景编辑、UI设计、资源管理、游戏调试和预览、多平台发布等工作，使开发者的精力可以更多地投入到游戏内容的创作上，可以说，Cocos Creator已经成为开发团队进行团队协作开发的最佳选择。

从Cocos Creator发布伊始，作为Cocos引擎的忠实用户，我就一直在关注，当公司要立项一个网页游戏并打算采用全新的引擎开发时，我第一个想到了Cocos Creator，但是项目组出于“想采用更成熟的技术”的考虑，选择了另一个推出时间更长的游戏引擎，结果项目后期的性能优化和一些功能的开发受到了引擎底层的制约，最后以失败告终。同样的例子在行业内我听说的不止一例，为什么我们放着更新、更好的技术不用呢？在经过与同行的讨论和自己的思考后，我觉得可能是受到学习成本和项目经验的影响，大家愿意用更成熟的技术。但是 Cocos Creator 基于 Cocos 引擎，本身就是成熟的技术，所以我一直想找机会为 Cocos Creator 做一些推广，让广大的开发者可以有勇气尝试更好的技术。

写这本书的起因是 2018 年年初，微信小游戏发布，机械工业出版社华章分社的杨福川老师和我一起聊到微信小游戏教程的话题，因为 Cocos Creator 在微信小游戏推广伊始就提供了支持，我当时就想到可以借着微信小游戏的“东风”，做一些 Cocos Creator 相关的教程，同时由于《Cocos2D-X 权威指南》第 2 版已经出版 3 年多，相关技术需要一次更新，在经过讨论后，我决定写一本介绍 Cocos Creator 的书。我已经在游戏行业打拼 8 年，使用 Cocos 引擎开发过一些上线的项目，经历过一些线上问题，我想把这些经验融入这本书里，可以说，本书是《Cocos2D-X 权威指南》的一次全新更新，也是我个人开发经验的一次更新，我很珍惜这次机会。

《Cocos2D-X 权威指南》已经出版 3 年多，我个人在这 3 年间也做了一些事情，我在南开大学完成了 MBA 的学习，同时我开始跑步锻炼，最近一年多，我参加了三场全程马拉松及两场半程马拉松的赛事，在这个过程中，我发现跑步和写作很像，一开始憧憬和期待，起步后担心自己完不成，到中间渐入佳境，后半程则力不从心和接近极限，直到跑完比赛，你会发现这个过程中的每一步都那么重要，都那么享受。同时，我也希望我的作品可以给读者带来更多的收获，能够让更多的人更好地使用 Cocos Creator。

读者对象

- ❑ Cocos Creator 初级及中级开发者，了解游戏开发的读者；
- ❑ 没有接触过 Cocos Creator，但有过 Cocos 其他版本开发经验的开发者；
- ❑ 没有 Cocos Creator 开发经验，但是有 Unity、UE 等游戏引擎开发经验的游戏程序员；
- ❑ 没有 Cocos Creator 开发经验，但是有其他语言开发经验的程序员；
- ❑ 游戏开发爱好者；
- ❑ 相关项目的策划及管理人员。

如何阅读本书

本书分为四大部分：

- ❑ 第一部分（第 1～2 章）为准备篇，首先对 Cocos Creator 的功能、特点和适用场景进行了宏观的介绍，然后介绍了如何搭建跨平台的开发环境。

- ❑ 第二部分（第 3～8 章）为基础篇，对 Cocos Creator 的场景制作、资源管理、脚本编程、UI 系统、动画系统和物理系统进行了深入讲解，同时配备了大量的小案例。
- ❑ 第三部分（第 9～11 章）为实例篇，讲解了三个游戏案例的开发过程和方法，包括消除类游戏、飞行游戏和棋牌类游戏，旨在让读者深入了解 Cocos Creator 的基础知识在游戏开发中的实际使用，而且三种游戏分别代表了消除类、纵版射击和棋牌类，可以让开发者深入了解不同类型游戏的开发思想。
- ❑ 第四部分（第 12～16 章）为扩展篇，深入介绍使用 Cocos Creator 开发微信小游戏、扩展插件和 SDK、游戏项目优化等高级话题。在此基础上进一步介绍游戏开发和引擎扩展等相关的知识，目的是让读者更加全面地了解 Cocos Creator 的使用。

如果你是一名对 Cocos Creator 有一定了解的开发者，可以从第 3 章开始阅读，而如果你是一个 Cocos Creator 的初学者，请从第 1 章开始阅读。

勘误和支持

由于水平有限，编写时间仓促，书中难免会出现一些错误或者不准确的地方，恳请读者批评指正。为了方便与大家交流，我专门申请了一个 qq 讨论群（群号：514376849，验证信息为：cocoscreatorhzbook），大家有与本书相关的问题可以在群中提出，我会及时解答。

为了及时更新本书的项目源代码，我创建了本书的代码仓库，书中的全部源代码可以在 GitHub（代码仓库地址：https://github.com/manshuoquan/CocosCreatorBook）中获取，项目的示例代码、本书工程和源代码也会同步更新。

同时你也可在作者的个人技术博客上获得本书的勘误和内容的更新（技术博客地址：https://manshuoquan.github.io）。

如果你有更多的宝贵意见，也欢迎发送邮件至邮箱 manshuoquan@sina.cn，期待能够得到你们的真挚反馈。

致谢

感谢 Cocos 引擎的开发团队，感谢他们为广大游戏开发者开发出一款如此优秀的游戏引擎。感谢每个在 GitHub 上贡献代码的开发者，因为你们开放分享的精神，才使得这个世界更加美好。

感谢天津大学和南开大学对我的培养，感谢我的老师和同学们，特别是我的编程启蒙老师罗凯先生。

感谢我的老东家天津猛犸科技有限公司，感谢公司给了我进入游戏行业的机会，同时感谢公司对我的锻炼和栽培，使我对游戏开发由“好奇”变成“爱好”。做游戏可能是每个程序员最初的、浪漫的梦想，我有幸能有 8 年的游戏程序员经历，这 8 年会是我职业生涯中最难忘的8年，有甜蜜的梦想，有艰辛的汗水，有努力的奋斗，也有苦涩的眼泪。后来，我终于明白了，梦想并不是一定实现了才觉得幸福，追逐梦想的路同样值得享受。

感谢一路走来我工作中遇到的师长和好战友们，和他们并肩作战的日子我终生难忘，我在他们身上学到的东西让我对游戏开发有更深的认识和热爱。

感谢CSDN网站上每一位阅读我文章的网友们，是你们给了我信心，让我一直写下去，我会一直写下去！感谢《Cocos2D-X权威指南》的读者们，你们的支持也是我写作的动力，同时你们的鞭策激励着我进步。

感谢触控科技西南区总经理杨雍和Cocos Creator引擎主程凌华彬为本书写序，感谢Cocos引擎创始人王哲、资深Cocos开发者张磊（无脑码农）、资深Cocos开发者屈光辉（子龙山人）和蚂蚁金服资深工程师王德夫（唯敬）为本书写推荐，感谢资深Cocos开发者杨世玲对本书的帮助。

感谢机械工业出版社的杨福川老师和李艺老师，感谢二位老师在这一段时间中始终支持我的写作，二位老师的鼓励和帮助引导我能顺利完成全部书稿。可以说没有二位老师的帮助和支持，我不会有勇气写这本书。

感谢我的爷爷和奶奶，他们是我人生的启蒙老师，尽管他们已经离开这个世界，但是我依然能感受到他们对我的支持和爱。

最后感谢我的父母，他们不仅含辛茹苦把我抚养长大，还教给我很多做人的道理，为了他们我要更加努力。

谨以此书献给我最亲爱的家人，以及众多热爱游戏开发和Cocos引擎的朋友们！

满硕泉

写于中国天津

目　录 *Contents*

第四部分 扩展篇

第一部分 *Part 1*

准 备 篇

Chapter 1 第1章

认识 Cocos Creator

伴随着过去几年手机游戏市场的火爆，跨平台游戏开发引擎 Cocos2D-X（2014 年的品牌，现已“进化”为 Cocos）得到了快速发展，截至 2017 年 10 月，引擎的注册用户已经突破了 100 万，以 45% 的占有率在国内市场占据国内游戏引擎市场的头把交椅，从《我叫 MT》到《刀塔传奇》，再到《阴阳师》，这些年度游戏都是基于 Cocos2D-X 引擎开发的。然而，Cocos2D-X 的开发者们并未对此满足，他们在引擎易用性和相关工具链上做了很多积极的尝试，2013 年引擎团队发布第一款官方编辑器 Cocos Studio，但是 Cocos Studio 由于自身 bug 和没有实现高效的开发流程等因素并未被开发者广泛接受，很多团队都在自研相关的编辑器和开发工具，直到 2016 年，引擎团队发布了 Cocos Creator。Cocos Creator 具有脚本化、数据驱动和高效工作流等特点，具有很强的易用性并且可以提供高效的开发流程，发布后仅用了半年时间，在没有开发者红利的情况下，用户数就已经达到了 Cocos Studio 上线四年才达到的水平，并获得开发者的广泛好评。本章就带领大家走进 Cocos Creator 的世界，首先从认识 Cocos Creator 开始。

1.1 什么是 Cocos Creator

Cocos Creator 是以游戏内容创作为核心的开发工具，它基于 Cocos2D-X 引擎进行开发，实现了一个一体化、可扩展、可自定义工作流的编辑器，实现了开发的脚本化、组件化和数据驱动等特点，它在 Cocos 系列产品中第一次引入组件化的编程思想和数据驱动的架构设计，可以完整地实现包括场景编辑、UI 设计、资源管理、调试、预览及发布等工作，是游戏开发团队提高开发效率，实现完整工作流的最佳选择，同时由于它便捷的使用规则，也是帮助开发者快速实现游戏 Demo 的高效开发工具。

1.1.1 Cocos Creator 的由来

提到 Cocos Creator，就不得不提到 Cocos2D-X 引擎，Cocos2D-X 引擎脱胎于 Cocos-iPhone 引擎，是 Cocos2D 系列开源引擎的一个分支，也是发展最好的分支。相较于 Cocos2D-X 由于具有跨平台的特点，尤其是对两大移动操作系统 iOS 和 Android 的支持，使得 Cocos2D-X 受到广大开发者欢迎，截至 2018 年，Cocos2D-X 已经走过了八个年头，在这八年里，市场上基于 Cocos2D-X 开发的爆款游戏层出不穷：网易游戏的二次元卡牌《阴阳师》、占领海外市场的策略类游戏《列王的纷争》、动作卡牌手游《刀塔传奇》（后更名为《小冰冰传奇》）、火爆一时的《我叫 MT》，这些家喻户晓的经典手机游戏都是基于 Cocos2D-X 开发的。同时，为了更好地为开发者服务，提高开发者效率，Cocos2D-X 的引擎团队也在不断完善引擎相关工具链，包括可发布多渠道打包工具 AnySDK，缩减了游戏上线前大量接入 SDK 所需的人力，为大量游戏开发者提供了便捷的渠道接入 SDK 解决方案；首款编辑器 Cocos Studio，使得 UI 界面的编辑更加方便，同时也探索了引擎的编辑器化。2014 年，Cocos2D-X 将品牌升级为 Cocos，旗下包括 Cocos2D-X 引擎、Cocos2D-JS 引擎、AnySDK 工具和 Cocos Studio，从单一的引擎发展为产品族。截至 2017 年底，Cocos2D-X 引擎在国内市场以 45% 的占有率保持领先地位，在竞争更激烈的国际市场有 18% 的占有率，Cocos2D-X 的发展历程如图 1-1 所示。

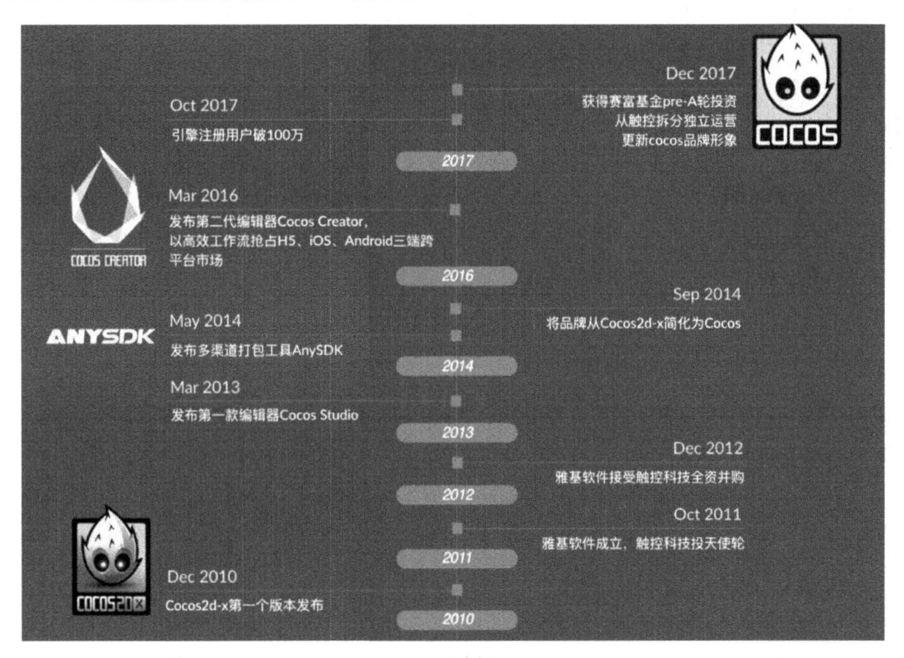

图 1-1 Cocos 引擎的发展历史

2016 年全新编辑器 Cocos Creator 发布，取代了之前的 Cocos Studio，同时 Cocos Creator 采用全新的设计思路，它包含了开发一款游戏所需的全部工作流，而且完全实现了脚本化和数据驱动，极大提高了引擎的易用性。同时，Cocos Creator 也拥有了全新的标志，如图 1-2 所示，这个标志是基于 Cocos 引擎的标志的，也就是那个奔跑的椰子。

Cocos Creator 上线后，虽然不像 Cocos2D-X 引擎和 Cocos Studio 刚上线时那样拥有用户红利，毕竟很多公司和开发者都已经习惯于自己之前制定的开发工具和工作流，但是 Cocos Creator 依然得到了迅速发展，并获得开发者的广泛好评。图 1-3 所示为 Cocos Creator 用户增长趋势图。

图 1-2 Cocos Creator 的 Logo

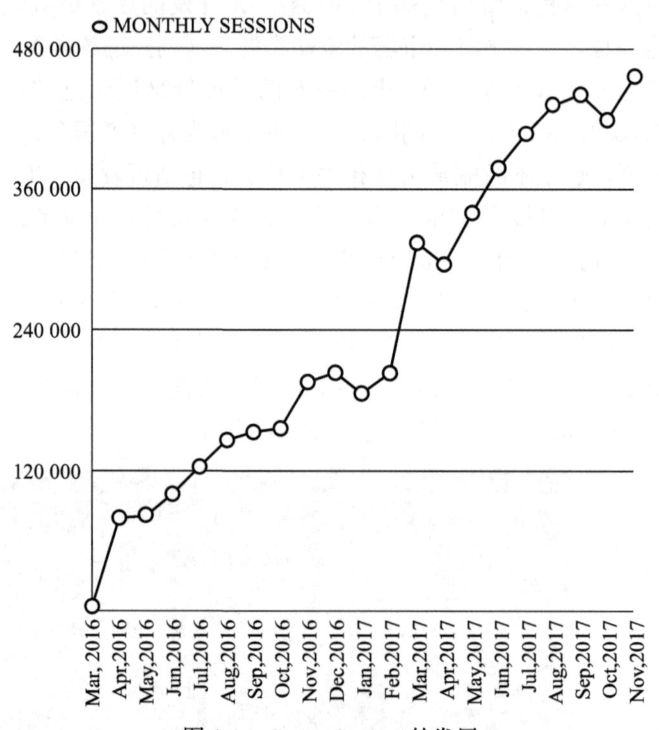

图 1-3 Cocos Creator 的发展

1.1.2 Cocos Creator 的组成

通过浏览 Cocos Creator 程序文件夹的内容可以发现，它主要包括三个部分：编辑器、Cocos2D-X 和 Cocos2D-JS。

1）编辑器：类似于之前的 Cocos Studio 和 CocosBuilder，编辑器包含场景编辑、UI 编辑和动画编辑等功能，同时也有导出等功能，观察整个界面，与其说它类似于之前的 Cocos 编辑器，不如说它更像 Unity3D 编辑器。

2）Cocos2D-X：打开 Cocos Creator 的应用路径，可以发现在“编辑器路径 /Resources/Cocos2D-X”目录下有一个 Cocos2D-X，不过这个 Cocos2D-X 严格来说是一个删减版，具体的删减内容可以参考目录下的 Readme 文件，首先删除了一些对其他平台的支持，目前只支持 iOS、Android 和 Windows；另外，引擎暂时删除了对于 Lua 库的支持，但是从文档来看，后续应该会添加回来，毕竟作为 Cocos 引擎最流行的脚本语言，Lua 在开发者心中还是有一定地位的；最后就是对于一些无用库和无用类的删减，这个删减版的 Cocos2D-X 引擎可以在 GitHub 上下载得到，具体地址是：https://github.com/cocos-creator/cocos2d-x-lite.git。

3）Cocos2D-JS：Cocos Creator 上线之初主要是基于 JavaScript 语言的，而且 Cocos Creator 完全是用 JavaScript 编写的，可见 JavaScript 在 Cocos Creator 中的分量。Cocos2D-JS 也被继承在了 Cocos Creator 中，和集成的 Cocos2D-X 一样，Cocos2D-js 也是一个删减版，它是为编辑器和最后打包生成的游戏所服务的，正因为有了 Cocos2D-js，Cocos Creator 才可以提供扩展功能。

1.1.3　Cocos Creator 的特点

初次接触 Cocos Creator，你可能会觉得它只是一个编辑器，它的用途就是替代 Cocos Studio 或者是 CocosBuilder。其实，把 Cocos Creator 比作另一款流行游戏引擎 Unity 似乎更加合适，因为 Cocos Creator 提供的是一套完整的工作流程——从资源导入到场景编辑，再到调试和预览，直到导出和发布，都可以用 Cocos Creator 完成——这个特点和 Unity 一样，Cocos Creator 可以帮助开发团队建立完整的工作流程，从而使团队中负责不同部分的成员间进行更高效的分工和合作。

Cocos Creator 另一个特色就是实现完全的脚本化。脚本语言可以提高团队开发效率，节约开发成本，同时还可以做到项目热更新，所以使用脚本开发游戏中的主要逻辑已经成为各个研发团队的首选，Cocos2D-X 引擎也一直对 Lua 和 JavaScript 语言有着非常好的支持。而之所以说 Cocos Creator 特点之一是脚本化，主要是因为通过 Cocos Creator 可以使用 JavaScript 开发所有的功能，你不止可以使用 Cocos Creator 开发游戏逻辑，还可以通过 JavaScript 编写插件来扩展引擎。

Cocos Creator 采用 ECS（Entity Component System，实体－组件系统）设计模式，ECS 是一个游戏逻辑层的框架，它建立在渲染引擎和物理引擎的基础上，主要解决如何建立一个模型来处理游戏对象的更新操作的问题，著名的《守望先锋》就是采用了 ECS 架构。

ECS 设计模式，其实就是将各种各样的功能点设计封装成组件的形式，然后将这些组件，按需挂载在容器节点上，这些容器节点就是不同的实体，然后通过系统来管理这些实体。表现在 Cocos Creator 上就是将可重用的组件，用不同的组合方式，挂载到不同的节点上，从而组成各种不同的功能实体。

ECS 设计模式提倡用组合代替继承，可以很好地封装和重用功能组件，并且可以轻松地扩展引擎。

1.2　Cocos Creator 的基本架构和工作流

通过 1.1 节的介绍，我们可以了解到 Cocos Creator 并不是简单的编辑器，它包含了游戏引擎、资源管理、场景编辑器、游戏预览和发布工具的全套工具集，和之前发布的 Cocos Studio 和 CocosBuilder 不同，它实现了完全的脚本化，并使用 ECS 模式实现了组件化和数据驱动的方式，本节就介绍 Cocos Creator 的架构和工作流。

1.2.1 Cocos Creator 的架构

整体来看，Cocos Creator 的技术架构可以分为编辑器层、引擎层和平台层，如图 1-4 所示。它将所有的功能和工具链都整合到了 Cocos Creator 应用程序里，在编辑器层中，它不仅包含场景编辑器、属性检查器和资源管理器等编辑组件，还提供了运行预览工具、调试工具、平台导出工具。在引擎层，Cocos Creator 集成了精简版的 Cocos2D-JS 和 Cocos2D-X，这样既可以整体获得 Cocos 引擎之前的成熟功能，又可以通过脚本插件的方式扩展。在平台层，目前 Cocos Creator 支持两大移动操作系统 Android 和 iOS，开发者可以通过 Cocos Creator 轻松导出这两个平台的本地安装包，同时 Cocos Creator 还支持 HTML5 和其他衍生平台，比如可以导出项目到微信小游戏平台。

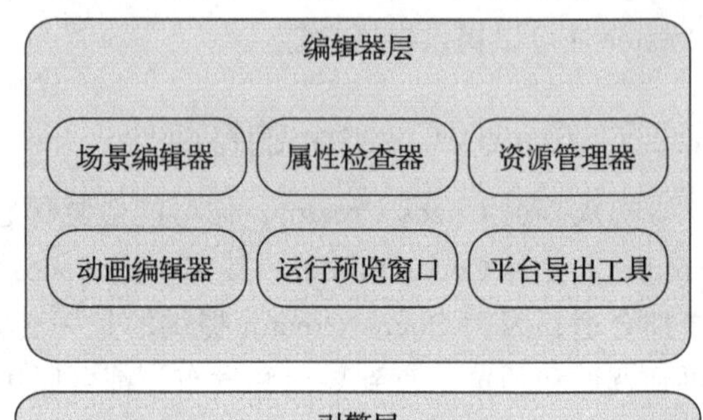

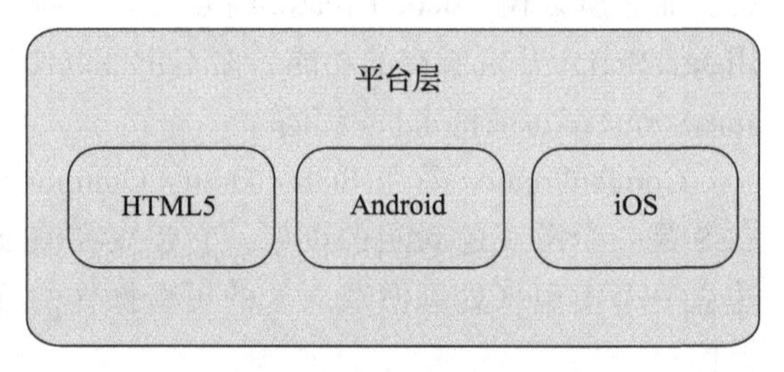

图 1-4 Cocos Creator 架构图

Cocos Creator 不仅无缝融合了 Cocos 引擎的 JavaScript 体系，一方面能够使之前 Cocos2D-X 引擎的开发者快速适应，另一方面也可以为美术人员和策划人员提供内容创作生产和即时预览的所见即所得环境。同时 Cocos Creator 提供了开放式的插件架构，开发者可以轻松扩展编辑器，定制个性化的工作流程。

1.2.2 Cocos Creator 的工作流程

Cocos Creator 为开发者提供了完整的工作流程，可以实现包括场景编辑、UI 设计、资源管理、调试、预览及发布等工作，如图 1-5 所示。Cocos Creator 将除了资源制作以外的游戏开发全部工作流程集成在了一个开发工具中，这样做的好处，首先是可以让整个开发团队保持在一个工作流之下，提高了开发效率，可以将整个项目用 git 或者 svn 等协作工具同步，节约了同步资源和沟通成本；其次是有助于规范团队工作流程，有助于项目管理；

最后，对于程序员来说，这样的集成工具也避免了很多不必要的操作，使程序员专注于重要的事情。

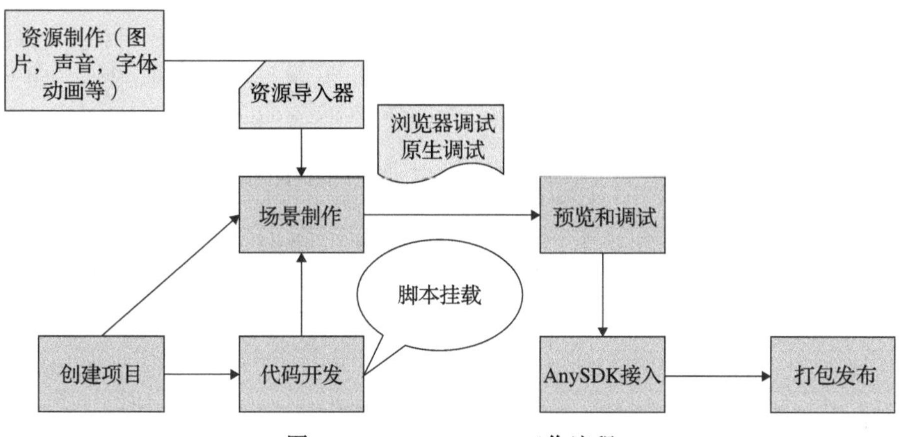

图 1-5 Cocos Creator 工作流程

在开发阶段，Cocos Creator 已经可以为用户带来巨大的效率提升，然而，Cocos Creator 提供帮助的不止是开发层面，对于游戏开发者来说，开发和调试、商业化 SDK 的集成、多平台的发布测试上线，整套工作流程要经过多次迭代，而且缺一不可，可以说这一部分在上线后将占据工作量的很大部分。说到这里，就不得不提到 AnySDK，它是一款为手机游戏开发商提供免费、快速接入第三方 SDK 一站式解决方案，并采用安全和快速的方法进行本地打包的工具。Cocos Creator 集成了 AnySDK 后，从游戏引擎方面，完善了整个引擎的工作流程，对于开发者来说，AnySDK 也会提高开发者的效率，使得游戏更加快速地上线测试。

1.2.3 Cocos Creator 2.0 版本

相比起 Cocos Creator 1.0 版本，2.0 版本在性能上有了很大提升，它彻底移除了渲染树并重新实现了全新的渲染流程。Cocos Creator 1.0 版本的渲染节点树是基于 Cocos2D-X 引擎的场景结构，2.0 版本移除了之前的渲染树并且重新定义了渲染系统，将渲染的数据传递给 Scene 然后显示出来，从 2.0 版本开始，建立了性能基线跟踪测试，如图 1-6 所示为 Cocos Creator 2.0 版本和 Cocos Creator 1.8.2 版本的性能对比。

可以发现在所有平台上，2.0 版本的性能都有所提高。究其原因，首先是移除了之前的渲染树，减少了中间层次的调用；其次是重新设计了渲染流程，直接使用渲染组件进行渲染，彻底实现了组件化，同时也分离了渲染层和逻辑层，如图 1-7 所示。

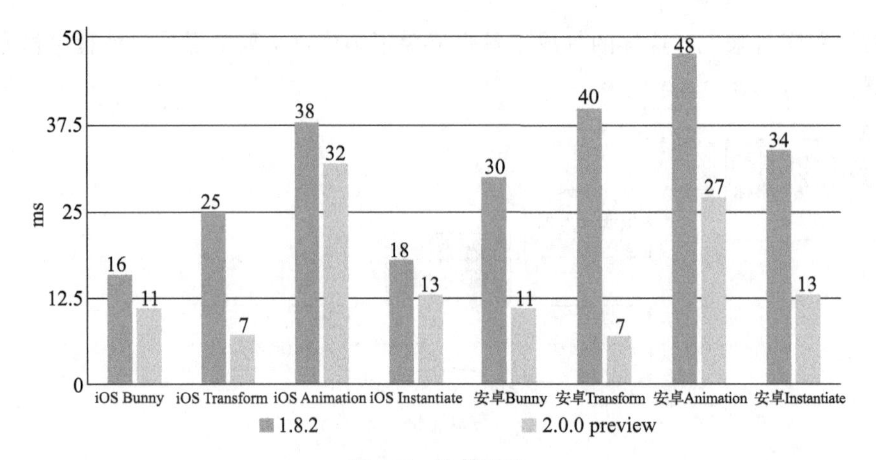

图 1-6 性能对比

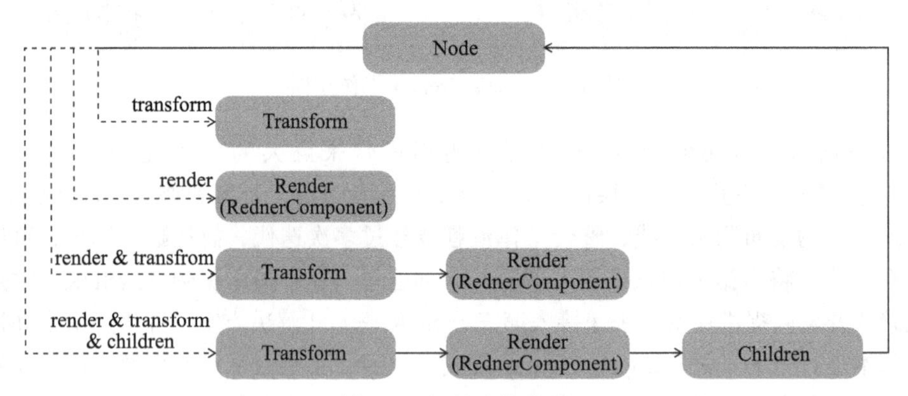

图 1-7 新的渲染流程

除了性能优化外，Cocos Creator 2.0 版还对引擎的初始化流程做了修改，项目脚本代码和项目插件脚本代码都在引擎的初始化之前被初始化，这样可以在项目代码中对引擎和渲染器的加载重新定义，而如果想在 1.0 版本中实现这个功能，需要在 main.js 中进行相应的修改，两个版本的引擎加载流程如图 1-8 所示。

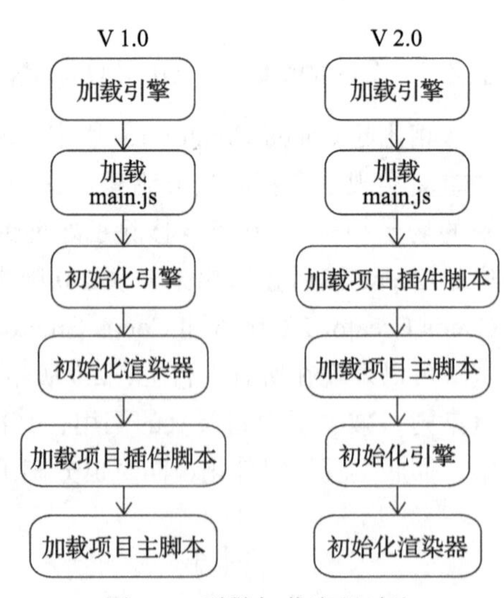

图 1-8 引擎加载流程对比

1.2.4 升级你的项目到 Cocos Creator 2.0 版本

和每个大版本更新一样，Cocos Creator 2.0 的版本也对 API 进行了很多更新，如果你想把你的项目更新为全新版本的引擎，可能会遇到很多“坑”。

早在 Cocos2D-X 时代，“升级或者不升级，这是一个问题”就困扰着很多开发者，如果不升级，那么无法获得引擎的最新特性和 bug 修复；如果升级，则很有可能会由于 API 或者底层的某些变化造成问题，因此，这里也给出一些升级引擎版本时需要注意的事情或者小技巧：

1）备份你的项目，“升级有风险”，其实不仅是 Cocos 引擎，Unity 引擎也面临着同样的问题，因此每当整体升级项目的 Unity 版本时，都会提示你把原有的项目备份，这样即使升级过程遇到问题，也不会影响你原有的开发成果。

2）注意 Cocos Creator 的控制台提示，可以让开发者长舒一口气的是，这一次版本的升级是比较“柔和”的，也就是说，一些 API 在短期内不会被完全移除，采用了一个过渡的方式，就是对于一些 API 暂时保留或者一些 API 在你需要更新时会给出一定提示，如图 1-9 所示。

```
lator: JS: [WARN]: Sorry, cc.p is deprecated. Please use cc.v2 instead
lator: JS: [WARN]: Sorry, cc.p is deprecated. Please use cc.v2 instead
lator: JS: [WARN]: Sorry, cc.p is deprecated. Please use cc.v2 instead
lator: JS: [WARN]: Sorry, cc.p is deprecated. Please use cc.v2 instead
lator: JS: [WARN]: Sorry, cc.p is deprecated. Please use cc.v2 instead
```

图 1-9　升级 API 变化提示

3）关注每个版本的升级日志，看看是否有你需要升级的功能，对于一般的小项目或者刚开始不久的项目，升级到最新的引擎版本往往非常简单，但是对于已经上线维护的项目或者开发到中后期的项目，升级会需要很大的成本的。

1.3　为何选择 Cocos Creator

通过前两节的介绍，我们认识了 Cocos Creator，了解到 Cocos Creator 是一款手机游戏开发工具，不同于之前的 Cocos 产品族的编辑器，它包括场景编辑、UI 设计、资源管理、调试、预览及发布等游戏开发的完整流程，实现了完全的脚本化，并使用 ECS 模式实现了组件化和数据驱动的方式，那么相对于之前的 Cocos2D-X 引擎，它有什么优势呢？或者说在什么情况下我们会选择 Cocos Creator 来代替 Cocos2D-X 呢？另外比起 Unity 等引擎，Cocos Creator 又有什么优势呢？本节就来介绍如何选择游戏引擎，以及为何选择 Cocos Creator。

1.3.1　Cocos Creator 和 Cocos2D-X

Cocos2D-X 是一套开源的跨平台游戏开发框架，核心代码采用 C++ 编写，提供 C++、Lua 和 JavaScript 三种编程语言接口。引擎中提供了图形渲染、界面、音乐音效、物理、网络等丰富的功能。Cocos2D-X 支持 iOS、Android、HTML5、Windows 和 macOS X 等系统，侧重在手机原生和 HTML5 两大领域，并积极向 3D 领域延伸扩展。在 2D 移动游戏领域，

Cocos2D-X 可以说是开发者的首选引擎，截至 2017 年底，Cocos2D-X 在全球的注册开发者超过 100 万，在中国的市场占有率为 45%，在全球的市场占有率为 18%，是中国第一、全球第二的手机游戏引擎。

那么同样作为 2D 手机游戏引擎，Cocos Creator 和 Cocos2D-X 有什么异同，用户又应如何在二者之间做出选择呢？实际上，Cocos Creator 和 Cocos2D-X 是一回事，因为 Cocos Creator 的引擎层也是采用 Cocos2D-X，所以在基本功能、运行效率和开发思路上，二者保持着高度的一致，作为 Cocos2D-X 的开发者，可以十分轻松地转移到 Cocos Creator 的开发上来。刚上手使用 Cocos Creator 时，资深的 Cocos2D-X 工程师可能会觉得有些功能被删掉了，但是仔细使用一段时间你会发现，这些功能都还在。Cocos Creator 基本保留了 Cocos2D-X 除 3D 功能以外几乎全部的功能，对于如何选择 Cocos2D-X 和 Cocos Creator，笔者建议从以下几点来考虑。

首先是编程语言，Cocos2D-X 可以支持 C++、Lua 和 JavaScript 三种编程语言，而目前 Cocos Creator 只支持 JavaScript 语言；其次是自由度，直接使用 Cocos2D-X 进行开发的时候，我们可以通过修改引擎代码轻松扩展引擎的功能，而使用 Cocos Creator 时我们是使用 ECS 架构通过编写扩展组件实现引擎的扩展，这种扩展相对于引擎代码级的修改自由度相对要差一些；最后是开发效率问题，Cocos Creator 作为一套完整的工具集，肯定会大大提升开发效率，可以将美术人员和策划人员纳入整个工作流当中，更有利于完整工作流的建立。所以从整体角度，首先考虑游戏内容的需求，如果你的项目需要大幅度扩展引擎功能的时候，显然 Cocos Creator 不是你的最佳选择，但是当你的游戏类型合适，同时你有志于让你的游戏开发团队更有效率地工作，Cocos Creator 是一个不错的选择。

1.3.2 Cocos Creator 和 Unity

Unity 引擎是 Unity Technologies 开发的一个让开发者轻松创建游戏的综合性开发工具，是一个全面整合的游戏引擎。类似于 Director、Blender game engine、Virtools 或者 Torque Game Builder 等利用交互图形化开发环境为首要方式的软件，Unity 可以运行在 Windows 和 macOS X 上，可以发布到 Windows、macOS X、Wii、iOS、Android、Windows Phone 8 和 HTML5 等平台。Unity 引擎以它的快速开发特性，以及跨平台能力为人们所知，并成为 3D 手机游戏开发者的首选引擎。

为什么要把 Cocos Creator 和 Unity 进行比较呢，因为二者的设计理念很相似，都是使用组件化的方式扩展节点，都是使用脚本驱动，包括游戏逻辑和编辑器扩展都是使用脚本。那么如何决定是使用 Cocos Creator 还是 Unity 呢？答案很简单，那就是 3D 游戏选择 Unity，2D 游戏选择 Cocos Creator。

因为 Unity 引擎虽然提供了 2D 功能，但是对于 2D 游戏来说，很多功能需要引入第三方的库才能完成，比如属性动画，Unity 本身并没有提供相应的功能接口，需要引入比如 iTween 这种第三方的插件或者自己开发才能完成相应的功能，另外在 2D 游戏中我们经常使用的动画工具 spine 的解析库也要自己引入，使用过程中甚至有一些 bug 需要自己修改，相比起 Cocos Creator 的完整集成，Unity 显然在 2D 的支持上无法和 Cocos Creator 相比，因此当我们需要快速开发 2D 游戏时，Cocos Creator 显然是更加合适的，当然，如果你需要开发一个 3D 游戏时，目前来看 Unity 更为合适，但 Cocos Creator 在 2.0 版本以后也在扩展 3D 的功能，不过要想完全取代 Unity 在技术上还需积累。

相比起 Unity，Cocos Creator 的另一大优势就是基础的引擎 Cocos2D-X 是开源的，注意，不是说编辑器是开源的，而是基础的渲染引擎是开源的，当我们需要性能优化或者扩展引擎功能的时候，开源引擎的优势是不可比拟的。

1.3.3　学习 Cocos Creator 需要的知识

游戏开发是一个综合的技术栈，开发游戏需要学习编程语言、平台知识、编辑器使用、算法、设计模式等多种知识，当我们想要使用 Cocos Creator 时，我们需要学习下面这些知识：

1）编程语言 JavaScript：这是 Cocos Creator 支持的脚本语言，你可以使用 JavaScript 编写游戏逻辑和扩展编辑器，Cocos Creator 中的 JavaScript 是基于脚本语言的基本语法，并加入了一些特有的规则，作为初学者，你需要同时学习基本语法和本地规则。

2）编辑器的基本使用：开发一款游戏，不只是编写代码，还需要将图片、音乐音效、字体、粒子、地图等资源有效地组织起来，Cocos Creator 提供了完善的资源导入和管理的解决方案，你需要在熟悉这些资源的同时学会资源管理的方法。

3）游戏的基本系统：游戏的系统涉及三大模块，UI 系统、动画系统和物理系统，这是开发游戏的基础，学习一款引擎的使用，除了编程语言外，最重要的就是对于这三个模块的学习。

4）实战和扩展：学习完基础知识之后，你需要的就是自己动手开发游戏，并且在自己开发的基础上进行性能优化、打包导出等，这些内容都需要建立在开发实战的基础之上。

本书后续的章节将逐步介绍这些知识，基础篇将介绍编程语言 JavaScript、编辑器的基本使用和三大基本系统；实战篇会通过三个不同类型的游戏展示 Cocos Creator 在实际项目的使用；高级篇将介绍高于基础知识的高级知识点。

1.4　本章小结

本章介绍 Cocos Creator 的由来、特征和应用。你需要了解 Cocos Creator 的特点和基本架构，Cocos Creator 是一款手机游戏开发工具，它包括场景编辑、UI 设计、资源管理、调试、预览及发布等游戏开发的完整流程，不同于之前的 Cocos 产品族的编辑器，Cocos Creator 实现了完全的脚本化，并使用 ECS 模式实现了组件化和数据驱动的方式。另外本章还介绍了 Cocos Creator 和其他引擎的异同以及其他学习 Cocos Creator 所必备的知识。通过本章的学习，相信你已经为后续的学习做好了准备。

Chapter 2 第2章

搭建跨平台的开发环境

工欲善其事，必先利其器。我们学习 Cocos Creator 的旅程就从搭建环境开始。

作为一款跨平台手机游戏引擎，Cocos Creator 保留着 Cocos 系列产品一脉相承的传统，既跨平台的特性，Cocos Creator 可以运行在 macOS X 和 Windows 系统上。这有利于工作流的建立，因为在日常开发中，工程师一般使用 macOS X 系统，而美术和策划人员一般使用 Windows 系统，所以跨平台对于一款编辑器来说十分重要，这点相较于 Cocos 之前的编辑器 Cocos Studio 和 CocosBuilder 来说，是很大的进步，因为早期的 Cocos Studio 只支持 Windows 系统，这对想使用这款编辑器的工程师们造成了很大困扰，而更早的 CocosBuilder 只支持 macOS X 更是让策划人员叫苦不迭。

之前使用 Cocos2D-X 时，开发流程一般是这样的：在 UI 编辑器中编辑场景或 UI，然后使用 sublime 编辑脚本语言，或者使用 Xcode 开发 C++ 代码，调试时一般更多会使用 Xcode，少部分使用 Windows 的工程师会使用 Visual Studio 进行开发调试，最后根据各个平台的规则编译打包，这个过程十分烦琐，大部分工程师不能将主要精力集中在内容创作上，Cocos Creator 的出现改变了这个情况，它几乎可以完成游戏开发的全部工作，从资源的导入到打包发布，都可以在 Cocos Creator 当中完成，所以相比 Cocos2D-X，Cocos Creator 的环境搭建要容易许多，也就是说 Cocos Creator 更容易上手。

本章首先介绍安装引擎需要配置的环境，然后介绍不同平台下的编译运行环境，下面我们就开始搭建跨平台的开发环境。

2.1 Cocos Creator 的安装配置

在早期的 Cocos2D-X 时代，“如何安装 Cocos2D-X”经常被讨论，但却是一个伪命题，那时来看，提出这种问题应该是还不了解 Cocos2D-X 是什么。Cocos2D-X 是一套程序框架，本身就是代码，本质上是不需要任何安装过程的，但是配置各个平台的运行环境却需要我们付出很多精力，其实这个过程才是很多人所谓的“安装”过程。直到 3.0 版本，Cocos2D-X 提供了很多方便我们操作的 python 脚本，这些脚本简化了我们的操作，但是我们需要配置一些东西来确保脚本的运行，所以讨论“如何安装 Cocos2D-X”才真正成为一个题目。到了 Cocos Creator 时代，安装变成了真正的运行安装文件，本节在讲解安装过程的同时，也会讲解这个过程实际为你做了些什么。

2.1.1　Cocos Creator 的运行编译环境

由于 Cocos Creator 可以同时运行在 Windows 和 macOS X 环境下，因此它需要的运行环境如下：

1）macOS X 10.9 或者以上；

2）Windows 7 64 位或者以上。

需要注意的是，从 Cocos Creator 1.3 版本开始，Cocos Creator 就不再支持 32 位的 Windows 操作系统了。

2.1.2　Cocos Creator 安装过程

首先需要下载安装文件，所有 Cocos 系列产品都可以通过 http://www.cocos.com/download 下载，本书成书之时的最新版本为 2.0。

在 Windows 系统下，Cocos Creator 的安装文件是一个可执行文件，双击安装文件就可以开始安装了。在安装过程中需要选择安装路径，Cocos Creator 设置的默认安装路径是“C:\CocosCreator”，你可以单击修改它。对于部分 Windows 操作系统和显卡型号，安装过程中可能会提示“This browser does not support WebGL”的报错信息，这是由于你的显卡或者系统的显卡驱动对 WebGL 渲染模式不支持造成的，你可以用命令行运行安装文件并加上“–disable-gpu”来禁用 GPU 加速功能来完成安装。

macOS X 版本的 Cocos Creator 安装文件是 DMG 镜像文件，双击该文件，然后将图标拖入应用程序文件夹或者其他位置就可完成安装过程。首次安装时，系统可能会提示你应用程序来自于不受信任的开发者，此时前往系统偏好设置，并在安全设置中单击“仍要打开”就可以正常使用 Cocos Creator 安装镜像了。

在 Windows 和 macOS X 下完成安装后，双击图标就可以启动 Cocos Creator 了，我们可以按照习惯设置快速启动方式，在 macOS X 下通过 Dock 方式，在 Windows 下可以使用设置快捷方式的办法。

单击运行后，首先是选择语言，然后就需要进行开发者的登录，如图 2-1 所示。

登录后就可以创建项目了，至此即完成了安装工作，如图 2-2 所示。

图 2-1　开发者登录界面

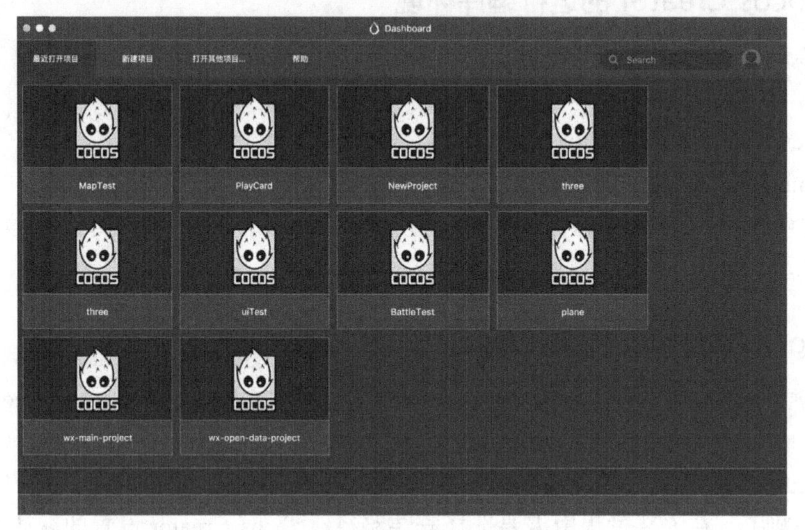

图 2-2　启动界面

2.2　原生平台的基本介绍和项目导出

目前市面上最常用到的原生的移动平台包括 Android 平台和 iOS 平台，其中 Android 平台由谷歌公司开发，而 iOS 平台由苹果公司开发，两个平台成为移动端最常见的原生系统的原因不尽相同，Android 由于其开源的特点被全世界范围内的手机制造公司广泛使用，而 iOS 则因为 iPhone 系列手机的大卖而逐渐流行，本节就来简单介绍两个原生平台和使用 Cocos Creator 导出两个平台运行项目的方法。

2.2.1　Android 平台的基本介绍

Android 意思是“机器人”，它是 Google 公司推出的开源手机操作系统，Android 基于 Linux 操作系统，由操作系统、中间件、用户界面和应用软件组成，号称首个为移动终端打造的真正开放和完整的移动软件。

在 Android 最早发布时，Google 公司官方将 Java 语言作为第三方应用的开发语言，但是也没有完全拒绝C语言的开发人员使用自己的语言进行开发。因为在Android发布初期，Google就表明其虚拟机支持JNI（Java Native Interface，Java本地调用），也就是第三方可以通过JNI调用自己的C动态库，但是最早Google并未为这种方式提供相应的工具。直到2009年6月，Google Android方面发布了NDK（Native Develop Kit，原生态本地开发包），它支持开发者使用C/C++语言开发Android程序。

由于Android NDK是Android SDK的一个附加组件，开发者如果想用NDK的功能就必须同时安装SDK和NDK。NDK作为SDK的一个补充，增加了代码的重用性，提高了程序的运行效率，并且使C/C++程序员也可以加入到Android的开发中。本书成书之时NDK更新到android-ndk-r16b版本，由于iOS也支持C++，所以为了同时支持两个平台，Cocos2D-X选择C++作为主要的开发语言，Cocos Creator就是以Cocos2D-X为基础开发的，因此配置Cocos Creator的Android导出环境需要如下开发工具。

1）JDK：Java开发工具（Java Development Kit），下载地址：http://www.oracle.com/technetwork/java/javase/downloads/jdk8-downloads-2133151.html，下载时注意选择和你的操作系统匹配的版本。

2）Android Studio：Android Studio是一个Android集成开发工具，基于IntelliJ IDEA，用于Android程序的开发和调试。

3）Android SDK：Android开发工具，包括模拟器等工具。

4）Android NDK：Android原生态本地开发包，辅助SDK进行编译开发，支持C/C++。

5）Ant工具：是为了自动构建Android程序用的，Ant是一种基于Java的build工具。理论上来说，它有些类似于UNIX里C中的make，但没有make的缺陷。它的下载地址是http://ant.apache.org/bindownload.cgi，由于是基于Java的，它也是跨平台的，下载后解压到你需要的目录就可以了。

2.2.2 iOS平台的基本介绍

iOS操作系统是由苹果公司开发的手持设备操作系统，最早发布于2007年1月9日的Macworld大会上，最初是设计给iPhone使用的，后来陆续套用到iPod touch、iPad以及Apple TV等苹果移动操作设备上。

iOS与macOS以Darwin为基础，因此同样属于类UNIX的商业操作系统。原本这个系统取名为iPhone OS，2010年6月7日WWDC大会上苹果公司宣布改名为iOS。截至2011年11月，iOS已经占据了全球智能手机系统市场份额的30%。

Xcode是苹果公司向开发人员提供的集成开发环境，用于开发macOS的应用程序。iOS SDK是iOS系统的开发工具，Xcode允许用户开发可在基于iOS的iPad、iPhone、iPod touch等设备上运行的应用程序，只要有macOS X Snow Leopard 10.6.2以上版本macOS操作系统，便可安装iOS SDK，可以使用iPhone仿真器进行调试或者使用真机进行调试。

在Cocos Creator上开发iOS的应用也要使用Xcode，Xcode的安装文件通过如下地址下载：https://developer.apple.com/technologies/tools/。下载并完成安装后，可以在Xcode中

调试 iOS 项目，并进行打包等工作。

2.2.3 原生平台的导出

使用 Cocos Creator 进行 Android 开发需要优先配置 Android 的相关开发包。当我们在使用 Cocos2D-X 的时候，配置 Android 的环境是一个烦琐且复杂的过程，在使用 Cocos Creator 配置 Android 开发环境的时候，一方面会觉得这些操作似曾相识，另一方面会觉得这个配置过程要简单许多。其实，是 Cocos Creator 帮我们简化了这个过程，也就是说我们只要输入各个需要配置的工具的地址，Cocos Creator 就会帮助我们配置环境变量。

运行 Cocos Creator 后进入偏好设置，单击原生开发环境，就可以配置 Android 的导出环境了，如图 2-3 所示。

图 2-3 原生开发环境配置界面

对于 Android 的开发环境，推荐的方式是通过 Android Studio 进行配置。Android Studio 可以通过 Android Studio 中文网站进行下载，安装后进入偏好设置可以下载 SDK 和 NDK，下载后就可以把地址配置到导出设置当中，如图 2-4 所示。

点击构建发布就可以导出到支持的平台，目前可以选择的原生平台包括 Android、iOS、macOS X 和 Windows，其中 macOS X 和 Windows 只是在相应的操作系统中才出现，构建发布的界面如图 2-5 所示。

选择一个原生平台后，可以在包名输入框设置包名，通常是产品网站域名的倒序，如 com.yourcompany.game。注意包名中只含有字母、数字和下划线，最后一部分只能以字母开头，如果使用的 Xcode 版本低于 7.2，则包名不能含有下划线。

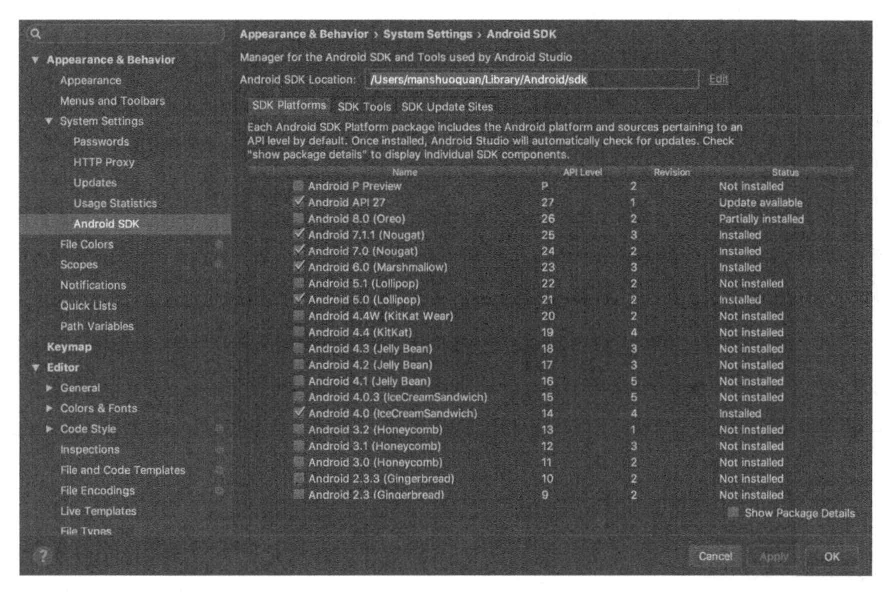

图 2-4　安卓环境配置

可以选择合并图集中的 SpriteFrame 将全部的 SpriteFrame 合并到同一个包中，以减少文件数量，但是需要根据项目情况而定，合并资源时，将所有 SpriteFrame 与被依赖的资源合并到同一个包中，这样对于网页游戏而言，可以减少请求数量。

可以在模板中选择引擎的模板：default，使用默认的 Cocos2D-X 源码版引擎；binary，使用编译好的库；link，不会拷贝源码到构建目录下。

选择发布平台，设置好参数后，单击构建就可以构建项目了，进度条到 100% 后等待控制台显示构建结束，构建结束后得到一个标准的 Cocos2D-X 工程，之后就可以在各个平台的 IDE 中打开构建的工程，完成调试和打包工作了。

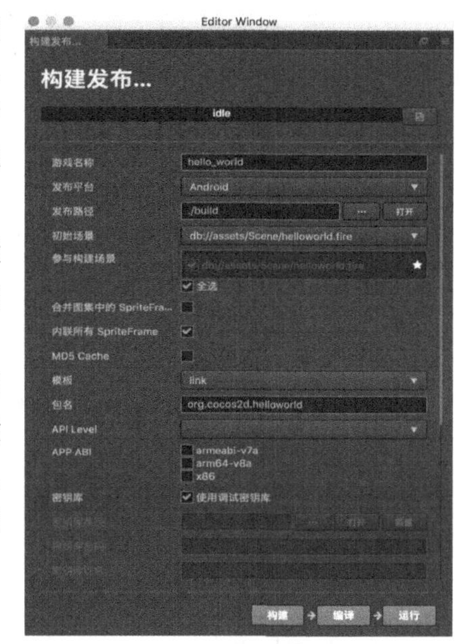

图 2-5　构建发布

2.2.4　调用原生平台的代码

Android 平台主要支持的开发语言是 Java，而 iOS 平台主要支持的开发语言是 Objective-C，一般我们开发跨 Android 和 iOS 平台的项目，都是使用 C++，就像 Cocos2D-X 做的那样，然而有些系统的功能只能使用原生语言进行开发，所以需要提供调用原生平台的接口。

Cocos Creator 提供了调用原生平台的接口，首先来看 Android 平台的调用：

```
var o = jsb.reflection.callStaticMethod(className, methodName, methodSignature,
   parameters...)
```

Android 平台通过 callStaticMethod 方法传入类名、方法名、方法签名和参数就可以调用 Java 层的静态方法，获得方法返回值。其中 Java 类名的范例如下：

```
org/cocos2dx/javascript/Test
```

需要注意的是要用斜线分割。方法签名用来标示具体调用的方法的返回值和参数类型，在 Java 有方法重载的情况下方法签名如下：

```
(I)V
```

括号内表示参数类型，括号后面的符号表示返回值的类型，参数类型见表 2-1。

表 2-1 参数类型

类 型	签 名
整型 int	I
小数 float	F
布尔 boolean	Z
字符串	Ljava/lang/String
空	V

参数类型可以是任意数量，可以支持 JavaScript 的 number、bool 和 string 类型。

需要注意的是，在 Android 应用中，Cocos 引擎的渲染和逻辑都是在 OpenGL 线程中进行的，而 Android 本身的 UI 更新是在 App 的 UI 线程中进行的，所以在脚本中进行的任何刷新 UI 的操作，都需要在 UI 线程中进行。

使用实例如下所示：

```
var result = jsb.reflection.callStaticMethod("org/cocos2dx/javascript/Test",
   "sum", "(II)I", 1, 1);
```

在 iOS 和 macOS 平台上，通过 callStaticMethod 方法传入类名、方法名和参数就可以调用 Objective-C 层的静态方法：

```
var o = jsb.reflection.callStaticMethod(className, methodNmae, arg1, arg2, .....)
```

与 Java 的反射调用不同，Objective-C 层的调用，提供的类名不需要完整的路径，另外，调用 Objective-C 层的静态方法时需要传入完整的方法名，特别是当某个方法带有参数的时候，需要将冒号也带上。

```
callNativeUIWithTitle:andContent:
```

如果没有参数，那么就不需要加上冒号。使用的实例如下所示。

```
var ret = jsb.reflection.callStaticMethod("NativeOcClass",
                                          "callNativeUIWithTitle:andContent:",
                                            "cocos2d-js",
                                            "Example");
```

2.3　HTML5 基本介绍和项目导出

Cocos Creator 支持 Web 平台的游戏项目的导出，Android 平台和 iOS 的打包和导出都是需要配置环境的，而 Web，也就是 HTML5 平台与之前介绍的两个原生平台稍有不同，Cocos Creator 直接支持 Web 项目的导出，所以本节的题目和前两节相比稍有不同，本节主要介绍 HTML5 平台，并介绍它的导出方式。

2.3.1　HTML5 简介

HTML5 是继 1999 年 HTML 4.01 发布以后的一个新标准，包括一些新的标签，如：canvas 和 video 等，这些可以替代之前的第三方插件的实现。因为这些新的功能，HTML5 受到广泛关注，直到 2008 年 HTML5 的第一份正式草案正式公布。

目前 HTML5 仍然处于不断完善阶段，但是已经得到很多主流浏览器的支持，包括 Firefox、IE 9、Chrome、Safari 等。HTML5 的标志如图 2-6 所示。

究竟是什么原因使得 HTML5 如此受欢迎呢？这就要从 HTML5 的特点说起。总体来说，HTML5 不仅提升了网页的表现性能，还将之前 HTML 需要添加第三方插件的多媒体功能通过标签添加到 HTML5 的功能中，对于游戏的开发，HTML5 添加了 canvas 画布标签。

HTML5 的具体特点如下。

（1）全新的结构内容元素

在 HTML5 之前，无论网页的内容多么复杂，都必须采用 div 和 span 这样的文档概念设计文档结构，HTML5 提供了许多新的元素，解决结构内容元素单一的问题，新加入了页眉元素（header）、分组元素（hgroup）、页脚元素（footer）、导航菜单元素（nav）、文章元素（article）和引文元素（aside）等结构元素，图像代码元素（figure）、标题元素（figcaption）、引用元素（mark）和时间元素（time）等内容元素。这些全新的结构内容元素会使得网页开发更加便捷。

图 2-6　HTML5 标志

（2）全新的表单设计

在处理表单时，开发人员经常对表单验证和安全检察的复杂性深有感触，这是由于表单的空间较少，验证表单和实现智能必须采用 JavaScript。HTML5 改变了这种情况，不仅支持浏览器验证的验证方式，还可以通过 input 组件的 type 类型来控制组件的类型，同时，表单还有其他许多的输入类型、属性和特性。

（3）HTML5 的媒体工程非常强大易用

在 HTML5 标准中，开发人员不需要依赖专用的技术就能够创建这些媒体内容，也不需要使用外部插件，这些元素都具有开放的 JavaScript API，可以简化对媒体元素的控制，这也是 HTML5 的核心目标。

在媒体控制的元素中包括音频播放元素（audio）、视频播放元素（video）和对网页游戏开发有跨时代意义的图形绘制画布元素（canvas）。canvas 元素不仅简单易用，而且通过 JavaScript API 和一些创新运用，canvas 本身可以成为一个能够创建动态图形和交互体验的强大工具。

HTML5 的优势如下。

1）提高可用性和改进用户的友好体验。

2）可以给网站带来更多的多媒体元素。

3）对网站的抓取和索引友好。

4）适用于移动应用程序和游戏。

5）对开发者来说更易用。

HTML5 的性能让它的前景很美好，但是标准在定义的过程中也会出现这样那样的问题，也会出现对部分标准的分歧，尽管如此，未来 HTML5 无论在移动平台还是在网页开发中都会有自己的一席之地。

2.3.2 构建和发布

单击“项目 – 构建”就可以发布项目了，Cocos Creator 提供了两种 Web 页面的模板：Web Desktop 和 Web Mobile，它们的区别是 Web Mobile 会默认将游戏时图撑满整个游戏窗口，而 Web Desktop 需要指定一个分辨率，发布后视图也不会随着浏览器的大小变化而变化，如图 2-7 所示。

图 2-7 构建发布

2.4 本章小结

本章学习 Cocos Creator 项目在 Android、iOS 和 HTML5 开发环境中的安装与配置，简要介绍了各个平台的开发环境、对应项目结构以及环境搭建和配置，相比过去的 Cocos 2D-X 的环境配置和搭建，Cocos Creator 的环境搭建要简单很多，但是需要知道的是，本质上，这些工作都是类似的，如果想更进一步了解各个平台，可以参考相关的教材和文章来学习。

学习本章内容，应该根据提示一步步完成跨平台系统的搭建，为今后的学习做准备。从第 3 章开始，将正式介绍 Cocos Creator 编辑器的使用和脚本编程等相关知识，首先介绍 Cocos2D-X 的核心类。

第二部分 Part 2

基 础 篇

Chapter 3 第3章

Cocos Creator的场景制作

Cocos2D-X引擎作为一个基于OpenGL ES的二维游戏引擎，它主要的功能是将OpenGL的绘制功能封装在更加贴近游戏的对象里，因此它的主要设计思路是将游戏的各个部分抽象成特殊的概念，包括导演、场景、布景层和人物精灵，然后用这些接近游戏中的概念的对象来封装OpenGL的渲染，更好地供游戏开发者调用。Cocos Creator在Cocos2D-X基础上进行了又一次的封装，使用“实体–组件”方式用组合替代继承扩充节点类。

本章主要介绍这些Cocos Creator的场景制作。首先介绍Cocos Creator的基本分区和基本界面，然后介绍Cocos Creator中的节点和组件，以及Cocos Creator中的坐标系，最后引导你制作你的第一个Cocos Creator的场景。

3.1 认识Cocos Creator编辑器

Cocos Creator是以游戏内容创作为核心的开发工具，它基于Cocos2D-X引擎进行开发，实现了一个一体化、可扩展，可自定义工作流的编辑器，实现了开发的脚本化、组件化和数据驱动等特点，它在Cocos系列产品中第一次引入组件化的编程思想和数据驱动的架构设计，可以完整实现包括场景编辑、UI设计、资源管理、调试、预览及发布等工作，是游戏开发团队提高开发效率，实现完整工作流的最佳选择，同时由于它便捷的使用规则，也是帮助开发者快速实现游戏Demo的高效开发工具。

3.1.1 Cocos Creator基本界面

Cocos Creator和Unity引擎很相似，核心是编辑器，在编辑器中可以完成资源管理、场景编辑、场景预览、功能调试和打包发布等功能，因此它不同于之前Cocos推出的编辑器 Cocos Studio 和 CocosBuilder，它的功能复杂且与 Cocos2D-X 具有不同的设计思路，本节就首先从认识 Cocos Creator 界面开始认识编辑器，如图 3-1 所示。

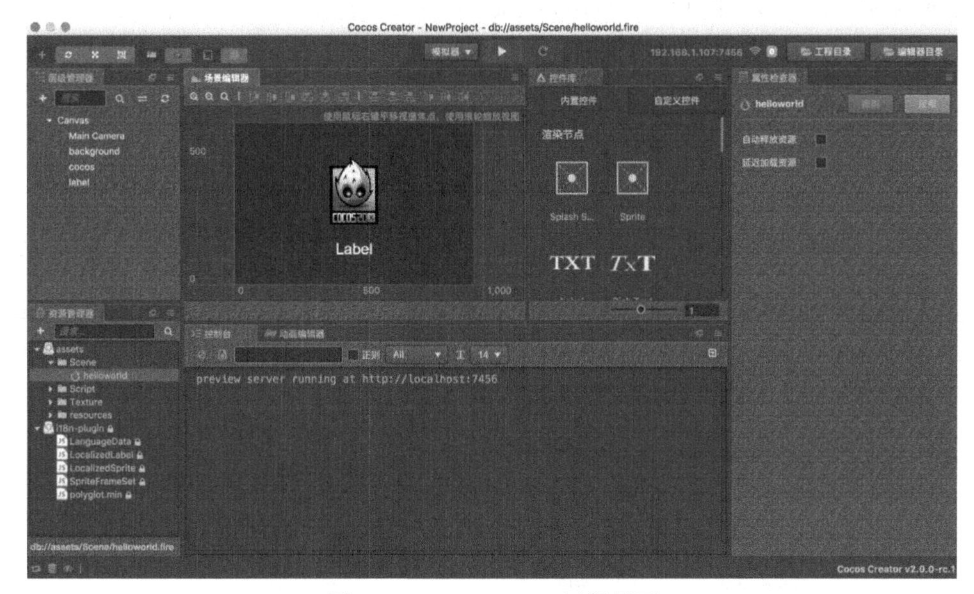

图 3-1　Cocos Creator 运行界面

大体上整个界面可以被分为五部分，中间是场景编辑和预览部分，左边上部分是层级管理器，左下部分是资源管理器，右边是属性检查器，下方是运行控制台和动画编辑器。Cocos Creator 中这些面板可以自由移动、组合，以适应不同项目和开发者的需要。

资源管理器显示了项目资源文件夹中的所有资源，会以树形结构显示文件，可以自动同步操作系统中对于项目资源文件夹的修改，用户可以直接将文件从项目外面直接拖拽进来，也可以使用菜单“文件 - 资源导入”导入资源。

场景编辑器用来展示和编辑场景中的显示内容，编辑场景的内容是所见即所得的。层级管理器用属性结构展示场景中的节点并显示它们的层级关系，在场景编辑器中的内容都可以找到对应的节点，两个面板会同步显示。

属性检查器是查看并编辑当前选中节点和组件属性的工作区域，这个面板会以最适合的形式展示和编辑来自脚本定义的属性数据。

3.1.2　Cocos Creator 编辑器的布局

通过主菜单中的布局菜单可以进行一系列布局设置，目前可以设置为“默认布局”“竖屏游戏布局”和“经典布局”三种，在预设布局的基础上，可以对各个面板的位置和大小进行调整，对于布局的修改会保存在“local/layout.windows.json”文件中。

首先可以将鼠标悬浮在两个面板的边界线上，鼠标形态发生变化时，可以拖动来修改两个面板的效果，如果面板设置了最小尺寸，当拖拽到最小尺寸时就无法继续缩小面板了。点击面板标签并拖拽，就可以将面板整个移动到任意区域，蓝色半透明方框会显示成松开鼠标后面板所在的位置，同时也支持层叠面板，当移动面板时出现橙色方块则是层叠面板，层叠面板在屏幕大小不足时非常实用。用户可以根据自己的使用习惯设置喜欢的编辑器布局。

3.2 Cocos Creator 中的节点和组件

在 Cocos2D-X 中，最小的渲染单元就是节点类（Node)，Cocos Creator 也保留了这个设计，所有绘制在屏幕上的对象都是节点类或者是节点类的子类，而 Cocos Creator 中另外一个全新的基础概念就是组件，它是 Cocos Creator 相比于之前版本的 Cocos2D-X 的一种变革，本节将分别介绍这两个概念。Cocos Creator 中的重要的基本节点如图 3-2 所示。

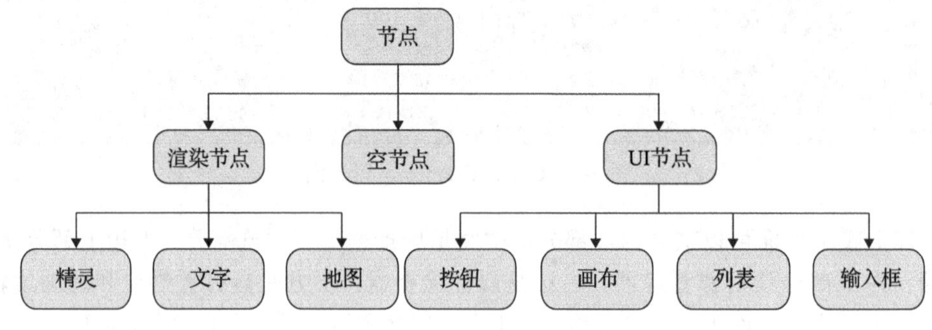

图 3-2 Cocos Creator 中的节点

3.2.1 Cocos Creator 中的节点

在 Cocos Creator 中节点被分为空节点、渲染节点和 UI 节点。空节点和 Cocos2D-X 中的节点一样，只包含位置大小等信息，而不包含任何渲染的元素，在屏幕上也不会显示出来，但它是有作用的。当我们要制作一些复合图片拼接的 UI 界面对象时，可以将零散的元素都当作空节点的子节点，这样，子节点就可以随父节点一起移动了。

渲染节点包含精灵、文本、富文本、地图和粒子系统等内容，这些都是可以渲染在界面上的。UI 节点则包括按钮、列表、输入框、布局和画布等 UI 组件的内容，需要注意的是，在 Cocos2D-X 中，节点扩展到精灵是使用继承来实现的，而在 Cocos Creator 中，是使用组件扩展的方式来实现的。

3.2.2 Cocos Creator 中的组件

相比于 Cocos2D-X，Cocos Creator 一个重要的变化就是使用了“实体 – 组件”的模式，从设计模式的角度来看，这是使用组合取代了继承的方法。什么是“实体 - 组件”模式？一般来说，游戏都是采用面向对象的方法编程，每个游戏中的实体对应一个对象，并且需要一个基于类的实例化系统，允许通过多态来扩展。但是这样的做法，无法控制游戏中的类数量，为了解决这个问题，我们采用“实体 - 组件”模式来用组合取代继承，Cocos Creator 中就是使用这个方法。精灵组件的具体属性，如图 3-3 所示。

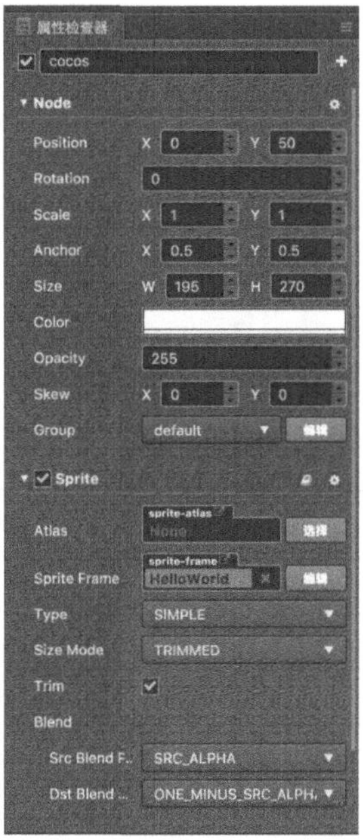

图 3-3 精灵中的组件

组件在节点的属性检查器里，如图所示，在精灵的属性检查器中，就有节点属性和精灵组件，节点属性包括了节点位置、旋转、缩放和尺寸等信息和锚记点、颜色和透明度等信息。节点组件和精灵组件进行组合后，就可以通过修改节点属性来控制图片的显示方式。

在一个节点上可以添加多个组件，来为节点添加更多的功能，单击属性检查器中的添加组件按钮就可以添加组件，这个组件可以是内置的，也可以是你编写的脚本组件，如图 3-4 所示。

3.3 Cocos Creator 中的坐标系

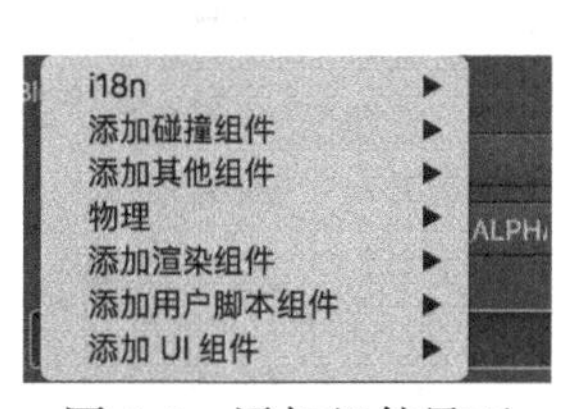

图 3-4 添加组件界面

节点需要绘制出来才能被显出在屏幕上，绘制过程需要定位位置，坐标系帮助我们在屏幕中定位我们要绘制图像的位置。在操作时我们常常有这样的疑惑，我们的节点没有出现在我们想让它出现的位置，这是因为我们没有区分不同坐标系的特点，不同的坐标系就意味着不同的定位规则，这些规则很容易混淆，这一节就介绍四种常用的坐标系并把这四种坐标系在 Cocos2D-X 中扮演的角色分清楚。

3.3.1 笛卡儿坐标系

Cocos2D-X 以 OpenGL ES 为基础，所以自然地，它的坐标系和 OpenGL 坐标系相同，坐标系的原点在屏幕左下角，它采用右手定则，x 轴正方向向右，y 轴正方向向上，z 轴向外，如图 3-5 所示。

3.3.2 标准屏幕坐标系

屏幕坐标系和 OpenGL 坐标系相反，坐标系的原点位于屏幕的左上角，Android、iOS 和 Windows Phone 等平台都使用标准屏幕坐标系，这点需要和 Cocos Creator 的坐标系作区分，如图 3-6 所示。

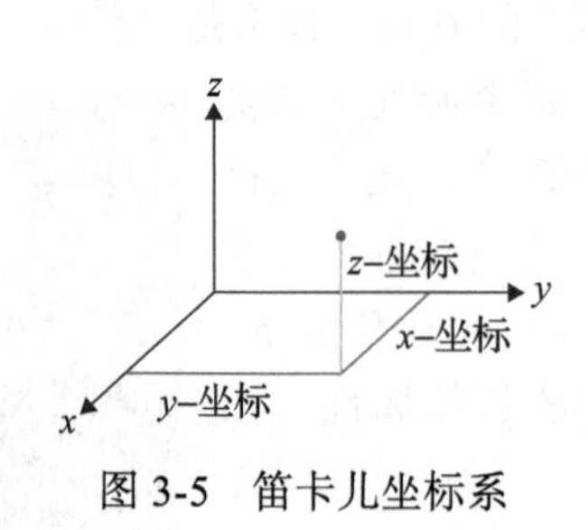

图 3-5 笛卡儿坐标系

图 3-6 标准屏幕坐标系

3.3.3 世界坐标系

世界坐标系也叫绝对坐标系，是游戏开发中的建立概念，因此，“世界”即是游戏世界。它建立了描述其他坐标系所需要的参考标准。我们能够用世界坐标系来描述其他坐标系的位置，它是 Cocos Creator 中一个全局坐标的概念。

Cocos2D-X 中的元素是有父子关系的层级结构，通过节点设置位置使用的是相对其父节点的本地坐标系而非世界坐标系。最后在绘制屏幕的时候 Cocos2D-X 的渲染部分会把这些元素的本地节点坐标映射成世界坐标系坐标。世界坐标系和 OpenGL 坐标系方向一致，原点在屏幕左下角，x 轴正方向向右，y 轴正方向向上。

3.3.4 本地坐标系

本地坐标系也叫相对坐标系，是和特定节点相关联的坐标系。每个节点都有它们独立的坐标系，当节点移动或改变方向时，和该节点关联的坐标系（它的子节点）将随之移动或改变方向。这一切都是相对的，相对于基准的。本地坐标系只有在节点坐标系中才有意义。

节点的设置位置的方法使用的就是父节点的节点坐标系，它和笛卡儿坐标系的方向也是一致的，x 轴正方向向右，y 轴正方向向上，原点在父节点的左下角。如果父节点是场景树中的顶层节点，那么它使用的节点坐标系就和世界坐标系重合了。

3.3.5 节点的锚点

下面让我们从纷乱的坐标系中抽出来。对于一个有大小的节点，定位坐标还有一个重要概念：锚点。

锚点指定了贴图上和所在节点原点（也就是设置位置的点）重合的点的位置，因此只有在 Node 类节点使用贴图的情况下，锚点才有意义。

锚点的默认值是（0.5, 0.5），表示的并不是一个像素点，而是一个乘数因子。（0.5, 0.5）表示锚点位于贴图长度乘以 0.5 和宽度乘以 0.5 的地方，即贴图的中心。

默认锚点和本地坐标系的示意图如图 3-7 所示。

图 3-7 默认锚点和本地坐标系

改变锚点的值虽然可能看起来节点的图像位置发生了变化，但并不会改变节点的位置，变化的只是贴图相对于你设置的位置的相对位置，相当于你在移动节点里面的贴图，而非节点本身。如果把锚点设置成 (0,0)，贴图的左下角就会和节点的位置重合，这可能使得元素定位更为方便，但会影响到元素的缩放和旋转等一系列变换，因此并没有一种锚点设置是放之四海而皆准的，要根据每个对象的使用情况来定义。比如一个矩形框需要贴着屏幕左下角显示，只需要把锚点设在矩形框的左下角，然后设置坐标为原点（0, 0）即可。

渲染时都是从场景根节点开始处理，不管有多少级节点，都按照层级高低来依次处理，每个节点都使用父节点的坐标系和自身位置锚点属性来确定节点在场景中的位置。

3.4　创建你的第一个 Cocos Creator 项目

学习到这里，相信你已经跃跃欲试了，毕竟学习的目的还是要自己制作项目的，本节就来编辑制作你的第一个 Cocos Creator 场景吧！

3.4.1　创建项目

创建项目的过程十分简单，点击新建项目，选择合适的项目模板，在下方输入项目的目录，点击新建项目，就可以创建项目了，如图 3-8 所示。

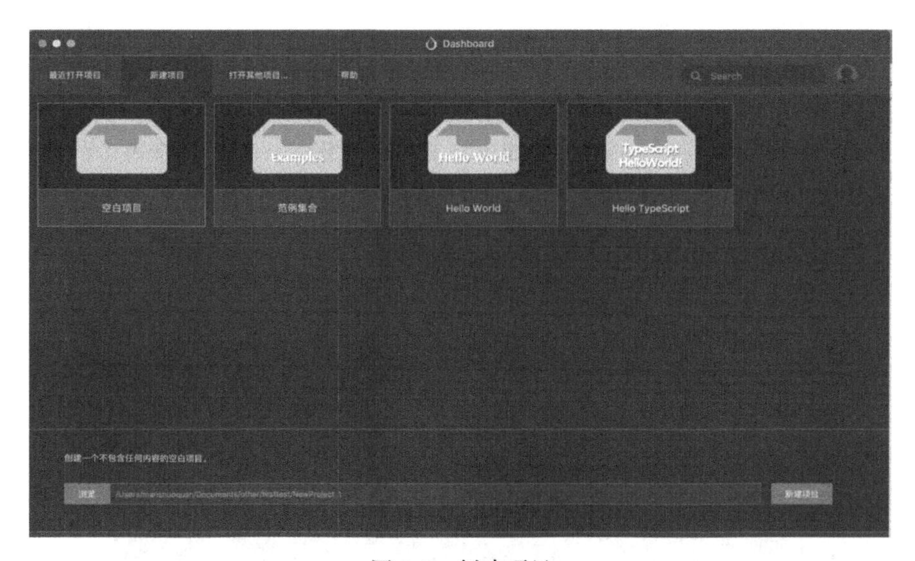

图 3-8　创建项目

这里我们选择 Hello World 模板，它包含我们熟悉的 Hello World 场景。创建项目成功后直接进入 Cocos Creator 主界面，在资源管理面板中右击并选择“新建 -Scene”就可以创建新的场景，默认的场景是空的，里面只有一个默认的 Canvas 节点。

3.4.2 项目结构

默认的 HelloWorld 项目的结构如图 3-9 所示。

资源文件夹（assets）：用来放置游戏中的所有本地资源、脚本和第三方库文件。只有在资源文件夹下的文件才能显示在资源管理器中，打开文件夹，可以发现每个资源文件都有一个 .meta 文件，用于存储该文件作为资源导入后的信息和与其他信息的关联，这点和 unity 引擎十分相似。

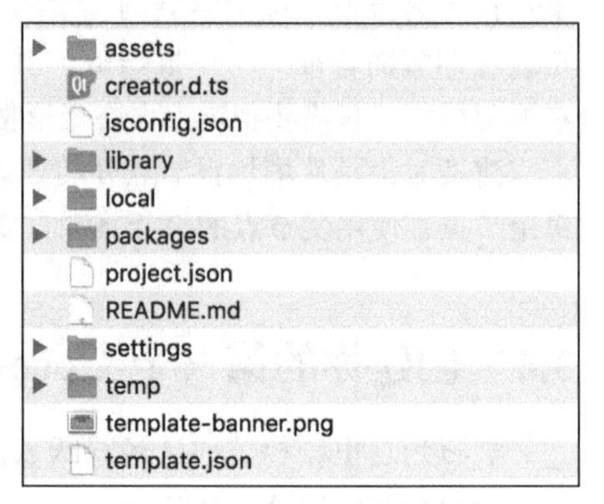

图 3-9 HelloWorld 项目结构

资源库（library）：是资源导入后生成的，这里的文件结构和资源格式被处理成发布时需要的形式。如果你使用版本控制管理项目，这个文件夹是不需要进入版本控制的，如果它被删除或者损坏，只要完全删除它再打开项目就可以重新生成。

本地设置（local）：这里保留着编辑器的本地设置，包括编辑器布局等，这个文件夹也不需要进入版本控制。

项目设置（settings）：保存项目相关设置，如构建发布菜单里的包名、场景和平台选择等。

project.json：project.json 单独用来规定当前使用的引擎类型和插件存储的位置，它和 asset 一起作为验证项目合法性标志。

构建目标（build）：这个文件夹在第一次构建发布后才会生成，使用默认发布路径发布项目后，目标平台的项目工程就会在 build 下生成。

项目新建完毕后，选择相应的场景就可以运行预览场景，点击编辑器中的运行按钮即可运行，可以选择浏览器或模拟器的方式运行，Hello World 场景的运行效果如图 3-10 所示。

图 3-10 HelloWorld 运行效果

3.5 本章小结

这一章介绍了 Cocos Creator 的基本使用，介绍了 Cocos Creator 的界面，介绍了 Cocos Creator 不同窗口负责的功能。你可以发现 Cocos Creator 是一个集编辑、预览、调试和导出等功能于一体的编辑器。还介绍了 Cocos Creator 中的节点和组件这两个基本概念，节点是渲染的最小单位，而组件是一个全新的概念，它使得在 Cocos Creator 中扩展节点的方法由继承变为了扩展，这也是 Cocos Creator 中的重要概念，随后介绍了 Cocos Creator 中的不同坐标系，最后完成了第一个场景的创建与编辑。

通过这一章的学习，我们已经熟悉了编辑器的操作和使用，为今后进一步的项目制作打好了基础，制作一款游戏就是将资源与代码结合在一起，第 4 章将介绍 Cocos Creator 中的资源管理。

Chapter 4 第4章

Cocos Creator的资源管理

从本质上说，每个游戏都是由种类繁多，数量庞大的资源构成的，因此，管理包括图片、声音、字体、粒子、地图等多媒体资源是一款游戏引擎的核心功能。资源管理的知识主要有几个方面：包括对于资源的组织，运行期对于资源的载入、清理及对于资源的操作以及资源的优化。

本章主要介绍图片、音乐音效、预置体、字体、粒子、瓦片地图等资源在Cocos Creator中的管理和使用，将从资源组织，资源操作及资源优化等方面分别介绍资源的管理方式。

4.1 图片资源的管理

图片资源又称贴图，是游戏中，尤其是2D游戏中绝大部分对象的渲染源，图片资源一般由制图软件制作而成并输出成游戏引擎支持的格式，目前支持的格式包括JPG和PNG两种，除了单张图片外，Cocos Creator还支持图集资源的导入和自动图集资源的生成功能。

4.1.1 图片资源的导入

图片资源导入的方式非常简单，就是将图片资源复制到资源管理器所在的目录下，在资源管理器中的对应目录下就可以看到相对应的图片资源，在对应的资源管理器中会显示自身图片的缩略图，以方便你找到想选的那个图片，单击三角形按钮就可以打开图片的子资源，也就是说单击开三角形以后可以看到同名的SpriteFrame，SpriteFrame是精灵类用来显示图像的对象，对于图片集资源来说，可以有多个图片资源在一个资源名下，直接将SpriteFrame或者图像资源从资源管理器中拖拽到场景编辑器，或者属性监视器的对应属性下时，就可以设置节点的图片显示。

单击对应的图片资源文件或者 SpriteFrame 就可以看到对应的属性检查器中可以编辑的属性，但是目前这些属性的编辑暂时无法影响图片资源在游戏中使用时的属性，应该是为未来引擎的扩展预留的编辑接口，如图 4-1 所示：

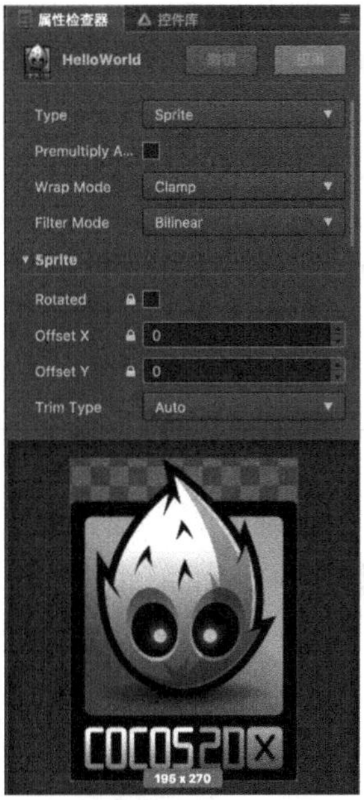

需要注意的是，在 Cocos Creator 2.0 版本后，WrapMode、FilterMode 和 PremultiplyAlpha 这些参数才开始有效。

1）循环模式（WrapMode）：如果你熟悉 OpenGL，那么你一定会对这个参数有所了解，对于一张贴图的渲染，除了顶点信息就是贴图 uv 信息，贴图的 uv 信息就是定位贴图在整张大图上的位置，一般情况下，uv 值是两个小于 1.0 的浮点值，表示横纵轴方向上如何选取贴图，循环模式决定了 uv 超过 1 的时候如何进行贴图采样：Clamp 代表 uv 的取值会自动限定在 0 到 1 之间，超出直接取 0 或 1，Repeat 表示超过 0 到 1 的范围时会对 uv 的值和图片宽高取模，循环渲染贴图。

2）过滤模式（FilterMode）：它决定了对图片进行采样时，是否采用过度的效果，这样当缩放贴图的时候，边界不会变得模糊，Point 代表最近点采样，直接使用 uv 数值上最接近的像素点，Bilinear 代表二次线性过滤，取 uv 对应的像素点以及周围四个像素点的平均值，Trilinear 代表三次线性过滤，会在二次线性的过滤的基础上，取相邻两层二次线性过滤结果，进行均值计算。

图 4-1　图片资源导入属性编辑

3）PremultiplyAlpha：无论在 Texturepacker 还是 Spine 上，这个选项都很有用，但有时也会造成开发者的困扰。勾选时，图片会预乘透明度选项，这对于一些需要预乘的贴图非常有帮助，时常会有一些用户对于贴图周围或者文字周围莫名其妙的白边无法理解，这是贴图周围的半透明像素造成的，但是也要注意，不要误选。曾经有一次，在项目开发的过程中发现图片透明度都显示错误，查了很长时间才发现美术人员在导出的时候误选了这个选项。

4.1.2　图集资源的制作和导入

单独的图片资源使用起来固然比较方便，但是在运行时，无法进行批量渲染来优化性能。所谓渲染批处理，就是渲染底层（也就是 OpenGL ES）将多次 drawCall 调用打包成一次 drawCall，因为在每次 drawCall 正式绘制前，会有一系列参数和状态设置的调用，如果将多个 drawCall 合并成为一个，就可以减少这些设置的操作，从而优化性能。

Cocos Creator 自带合并图片的功能——自动图集资源，它的功能和 TexturePacker 类似，可以将指定的一系列碎图合成一张大图，从而方便实现批量渲染。

右击选中的图片，调出菜单中“新建”选项就可以选择“自动图集配置”，如图 4-2 所示。

在资源管理器中单击右键，可以在“新建 / 自动图集配置”子菜单中创建图集资源，自动图集资源会以当前文件夹下的所有 SpriteFrame 作为碎图资源，如果碎图资源 SpriteFrame 进行过配置，再打包重新生成 SpriteFrame 时将会保留这些配置。

现以“ Auto Atlas”为例，介绍如何设置文件属性。如图 4-3 所示，选中“ AutoAtlas”文件，就可以在属性检查器中设置对应的属性了，包括图集允许的最大宽高，碎图间的间距，是否允许旋转，是否强制将图集宽高设置为正方形或者是 2 的 n 次方以及对应的图集打包策略，输出格式，是否留一像素边框等。

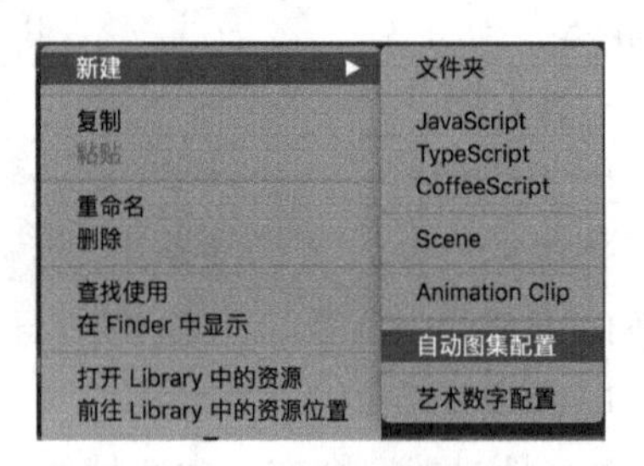

图 4-2 新建自动图集

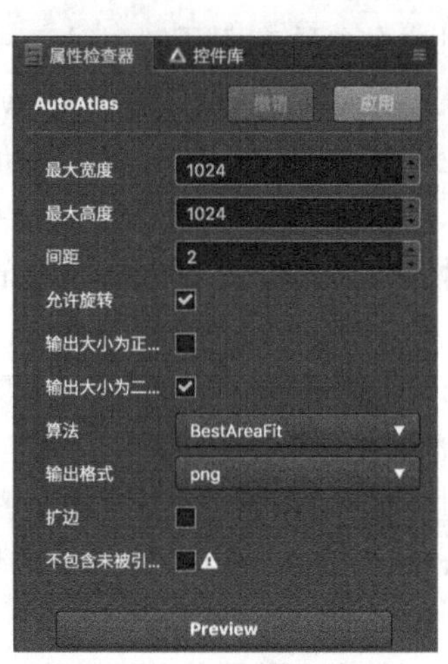

图 4-3 自动图集属性配置

配置完成后可以单击预览按钮来预览打包结果，每次重新配置后，只有单击预览才能重新生成预览图，另外需要说明的是，只有在构建项目的时候才可以在构建目录下生成对应的图集文件。

图集资源可以在合成图片的时候去除图片周围的空白区域，加上对应的优化装箱算法，合成的图集可以减少包体的大小和内存的占用，而实现批处理渲染可以减少 GPU 的运算时间，提升游戏的运行效率，可谓是一举多得。

需要说明的是，Cocos Creator 也支持 TexturePacker 工具打包生成的 Cocos2D 图集资源格式“ plist-png”，但是我们更推荐使用自动图集资源，因为这可以帮助我们优化开发流程，在使用图集时，当有修改的时候往往会很麻烦，需要修改对应的图集工程，但是自动图集资源允许我们使用碎图进行开发，需要发布的时候才将图片合成图集，提升开发效率。

4.2 声音资源的管理

游戏不止是简单的界面和动画，还需要音乐音效的配合。在很多经典的游戏中，音乐音效不止是配角，还可以起到控制游戏节奏、向玩家提示游戏场景的作用。例如有些过关游戏中，在进入 Boss 关时，音乐会变化以此来提示玩家本关的不同之处，另外还有一些游戏，就是以音乐节奏来配合出怪的频率节奏等，这样玩家可以完全融入到游戏中。进入智能手机时代后，设备对音乐音效支持得更好，这更有助于我们开发游戏。

4.2.1　WebAudio 方式加载音频

在 Cocos Creator 中加载音频的方式和图片一样，在资源管理器的路径下添加音频文件即可，从属性检查器中可以设置加载模式，目前支持的加载模式有两种，一种是 Web Audio 方式，一种是 Dom Audio 方式，默认的是前者，当浏览器不支持第一种的时候才使用第二种方式。在属性检查器页面，可以选择加载方式，如图 4-4 所示。

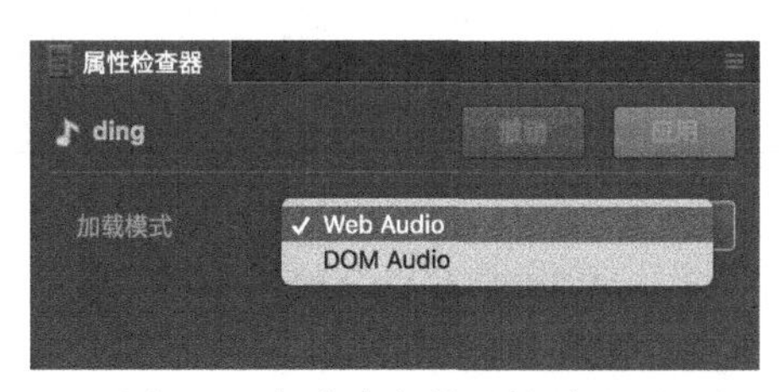

图 4-4　加载音频的属性检查器

WebAudio 使用户可以在音频上下文中进行音频操作，具有模块化路由的特点。例如在音频节点上进行基础的音频操作，将它们连接在一起构成音频路由图。在单个上下文中也支持多源，也就是说，使这些音频源具有多种不同类型的通道布局。这种模块化设计提供了灵活创建动态效果的复合音频的方法，WebAudio 的加载流程如图 4-5 所示。

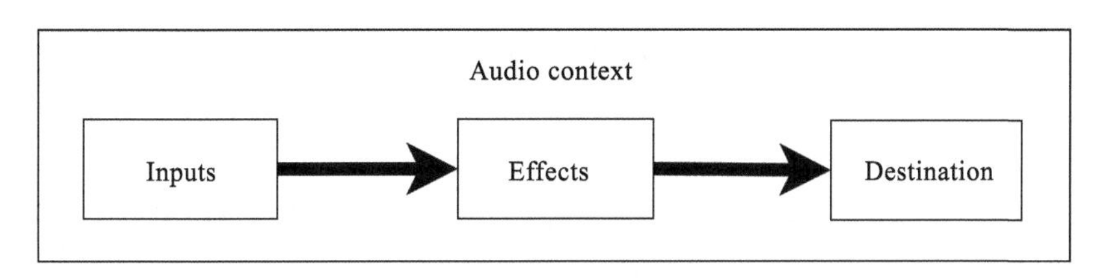

图 4-5　Web Audio 流程

一个简单而典型的 Web Audio 流程包括：首先创建音频上下文，然后在音频上下文里创建源，之后创建效果节点，例如混响等，为音频选择一个目的地，最后连接源到效果器，对目的地进行效果输出。

利用这种方法，在播放过程中可以做到精确控制，几乎没有延迟，这样开发人员可以准确地响应事件，并且可以针对采样数据进行编程，一般设置为较高的采样率，这样节拍和鼓点的准确性都是可控的，通过对采样数据进行编程还可以控制音频的空间化。

4.2.2　DomAudio 方式加载音频

Dom Audio 是 HTML5 中 Html<audio> 的方式，Web Audio 的方式在引擎内是以一个 buffer 形式缓存的音频，它的优点是兼容性比较好，但是占用的内存较多，Dom Audio 的方式是使用标准的audio元素播放声音资源，可能会有些限制和兼容性问题，比如每次播放必须是在用户操作的事件内才允许播放，这在WebAudio内只要求第一次是，另外Dom Audio有时只允许一个声音资源。

要使用Dom Audio的方式，首先在属性检查器中采用Dom Audio方式加载，另外需要在load函数传入的url内定义useDom参数，并且使其是一个非空的值。

```
cc.loader.load(cc.url.raw('background.mp3?useDom=1'), callback);
```

load函数使得我们可以手动控制音频的加载方式和时间，而不是通过自动加载或预加载的方式。需要说明的是，如果使用Dom Audio加载音频，在缓存中，它的url里也会带有useDom的定义。建议不要直接填写资源的url而是尽量用脚本定义一个AudioClip，然后从编辑器内的属性中选择对应的脚本。

4.3 预制体的创建和使用

预制体（Prefabs）这个概念是引自Unity引擎的，它是一种可以被重复使用的游戏对象。例如射击游戏中的子弹都来自于同一个子弹模型，当发射子弹时，就创建一个子弹预制体。也就是说，如果创建一个可以重复使用的对象，那么就该用到预制体了。

4.3.1 何为预制体

在一般的游戏开发中，并没有预制体这个概念，它曾经是Unity的专用术语，它可以简单解释成“用于创建大量相同的物件而使用的模板”，也就是说它可以被用于创建重复的对象。

虽说它是从Unity才有的概念，但是预制体的设计思想类似设计模式中的原型模式，是用于创建重复的对象，同时又能保证性能。这种类型的设计模式属于创建型模式，它提供了一种创建对象的最佳方式。当直接创建对象的代价比较大时，则采用这种模式。

Cocos Creator中的预制体的用法和Unity类似，当制作好了游戏组件，也就是场景中的任意一个对象时，我们可将它制作成一个组件模板，用于批量的套用工作。例如，场景中本质上要重复使用的东西，像敌人、士兵、子弹或者一个砖块完全相同的墙体。这里说本质是因为默认生成的预制体其实和模板是一模一样的，就像是克隆体，但生成的位置、角度和一些属性可以不同。

4.3.2 预制体的创建和使用

创建预制体的方法非常简单，直接将编辑好的节点从层级管理器中拖到资源管理器就可以了，在资源管理器选中预设体就可以在属性检查器中设置有关预制体的相关内容，如图4-6所示。

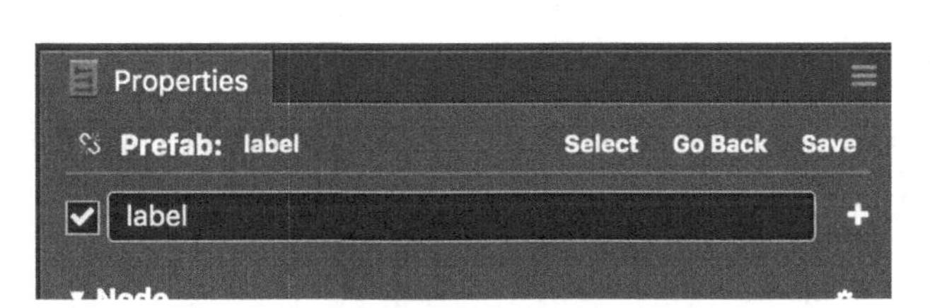

图 4-6 预制体关联属性设置

单击“Save”或者“Go Back”可以保存实例属性到预制体的属性或者还原预制体属性到实例。每个场景中的预制体实例都可以选择自动同步还是手动同步。设置为手动同步时，当预制体对应的原始资源被修改后，场景中的预制体实例不会同步刷新，只有在用户手动还原时才会刷新，设为自动同步时，该预制体会自动和原始资源保持同步。单击 Prefab 左边的图标可以切换两种模式。

为了保持引擎的精简，同时为了便于对各场景实例进行单独定制，场景中的预制根节点自身的 name、active、position 和 rotation 属性不会被自动同步。而其他子节点和所有组件都必须和原始资源保持同步，如果发生修改，编辑器会询问是要撤销修改还是要更新原始资源。自动同步的预制体中的组件无法引用该预制体外的其他对象，否则编辑器会弹出提示。自动同步的预制体外面的组件只能引用该预制体的根节点，无法引用组件和子节点，否则编辑器会弹出提示。

4.4 字体资源的管理

在游戏中，文字占有很重要的位置，尤其对于现在卡牌游戏盛行的市场，界面开发占游戏开发很大的篇幅，其中游戏的介绍、游戏中的提示和对话等都需要用到文字，Cocos Creator 在文字渲染方面提供了非常灵活的机制，既可以直接使用系统字，也可以自渲染字体。使用 Cocos Creator 制作游戏可以使用三类字体资源：系统字体，动态字体和位图字体，系统字体就是调用游戏运行平台上自带的系统字体渲染文字，不需要使用任何资源，只需要设置“Use System Font”属性。

4.4.1 位图字体的制作

位图字体由 fnt 格式的字体文件和一张 png 图片组成，fnt 文件提供了对每一个字符小图的索引，这种格式可以由专门的位图字体制作工具生成，目前主要的制作位图字体的工具包括 hiero 和 bmfont 等，具体配置文件的工具下载地址如下。

1）http://www.n4te.com/hiero/hiero.jnlp（Java 平台）

2）http://slick.cokeandcode.com/demos/hiero.jnlp（Java 平台）

3）http://www.angelcode.com/products/bmfont/（Windows 平台）

这里介绍一下 Windows 平台的工具“Bitmap font generator”，它的界面如图 4-7 所示。

Bitmap font generator
Options Edit
000000 Latin + Latin Supplement
000100 Latin Extended A
000180 Latin Extended B
000250 IPA Extensions
0002B0 Spacing Modifier Letters
000300 Combining Diacritical Marks
000370 Greek and Coptic
000400 Cyrillic
000590 Hebrew
000600 Arabic
001E00 Latin Extended Additional
002000 General Punctuation
002070 Subscripts and Superscripts
0020A0 Currency Symbols
002100 Letterlike Symbols
002150 Number Forms
002190 Arrows
002200 Mathematical Operators
002300 Miscellaneous Technical
002500 Box Drawing
002580 Block Elements
0025A0 Geometric Shapes
002600 Miscellaneous Symbols
00E800 Private Use Area
00F000 Private Use Area
selected characters: 171/1419
Latin + Latin Supplement
254 : FE

图 4-7 运行界面

单击某个文字则代表选中了某个文字，然后选择“ Options→Export Options”，则弹出设置选项，如图 4-8 所示。

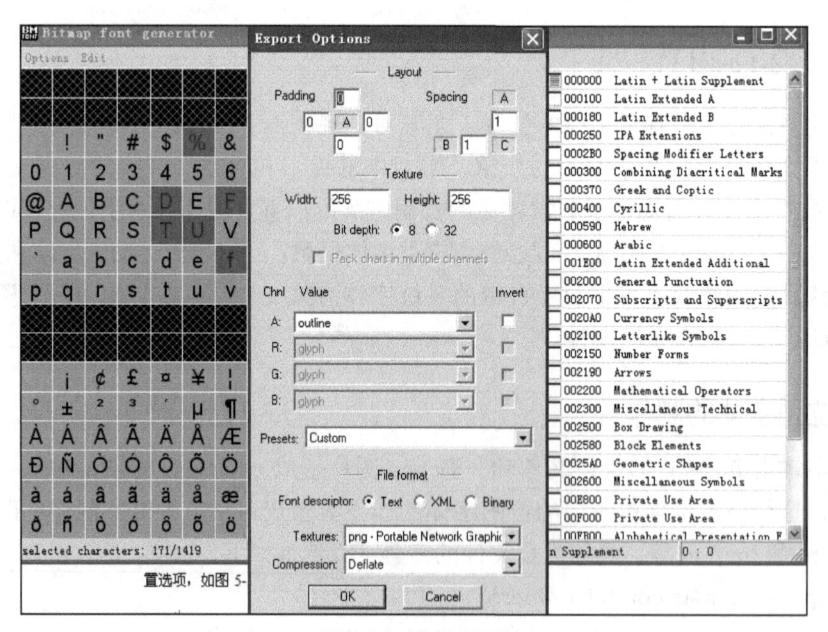

图 4-8 设置界面

在这个面板里可以设置贴图大小等，设置完成后选择“ Options→Save bitmap font as”

便可存储相应的文件，如图 4-9 所示。

图 4-9　生成界面

使用 Windows 系统时可以使用“ Bitmap font generator”进行自定义的字体开发，使用 Mac 系统时可以使用“ GlyphDesigner”进行字体的开发，这是一个收费工具，下载地址为 http://glyphdesigner.71squared.com/help.php。运行界面如图 4-10 所示。

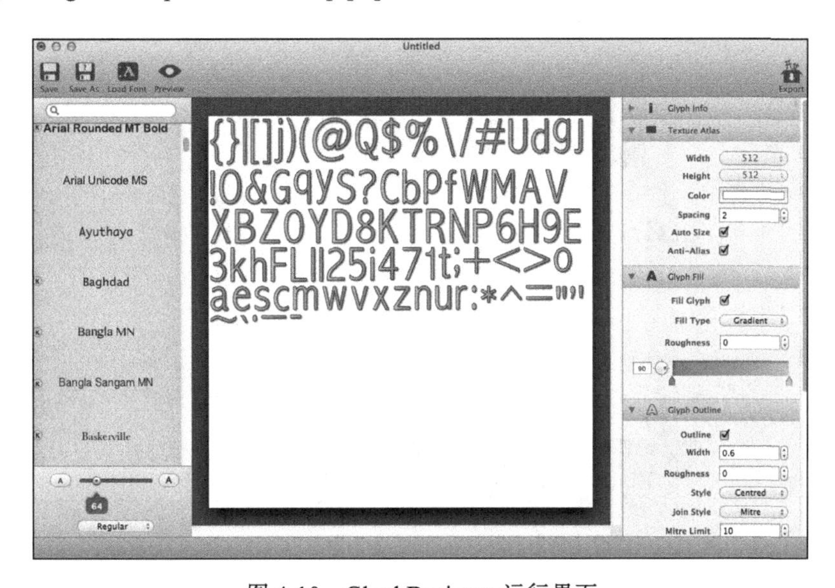

图 4-10　GlyphDesigner 运行界面

整体操作和“Bitmap font generator”类似，不同的是“GlyphDesigner”的可选字体在左边的栏里，可以选择“loadFont”载入新的字体，如图 4-11 所示。

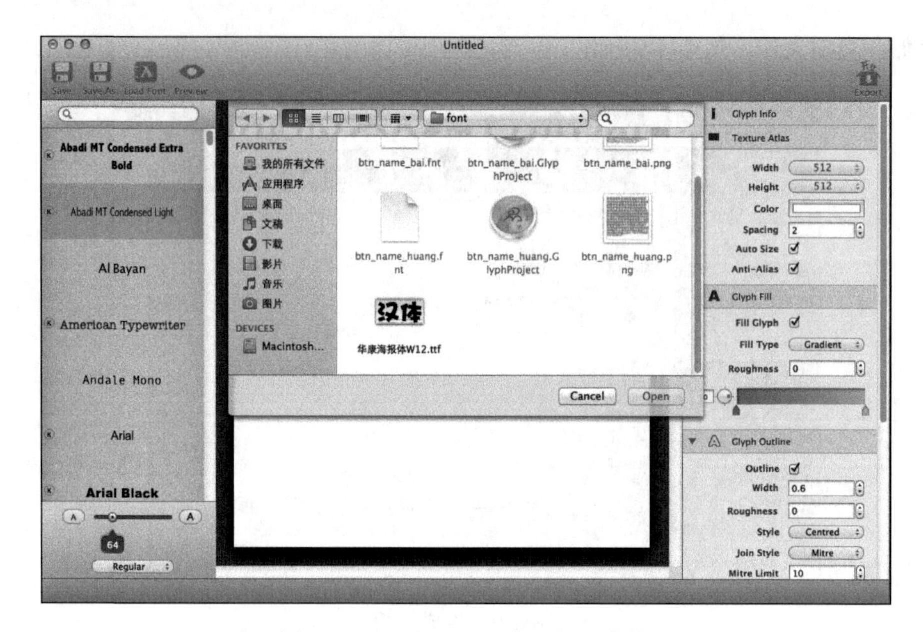

图 4-11 “loadFont”载入新的字体

单击“preview”可以预览，并且检测字体是否在文件中，如图 4-12 所示。

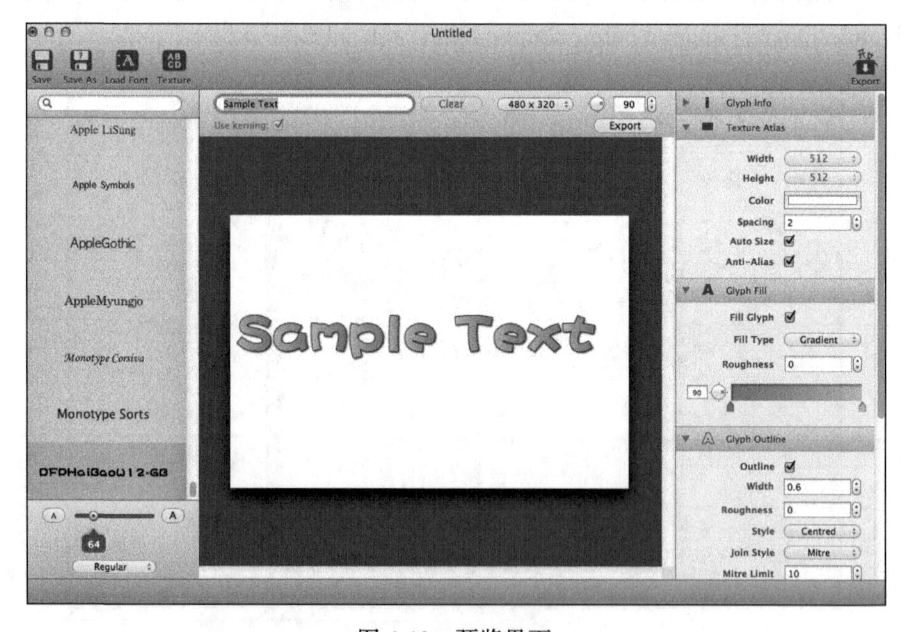

图 4-12 预览界面

下方的输入框可以输入需要添加的文字，如图 4-13 所示。

单击“save”和“save as”可以导出文件。

4.4.2 位图字体的导入和使用

位图字体资源由字体文件（.fnt）和字体图片（.png）组成。导入位图字体的时候，需要将两个文件放入到一个目录下，导入后的字体资源显示如图 4-14 所示。

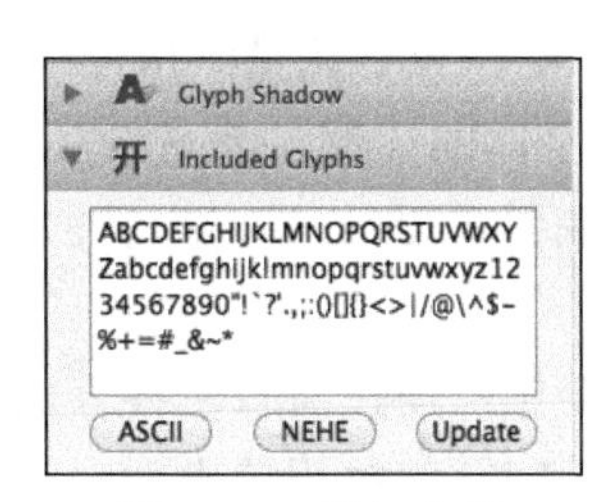

图 4-13　添加文字

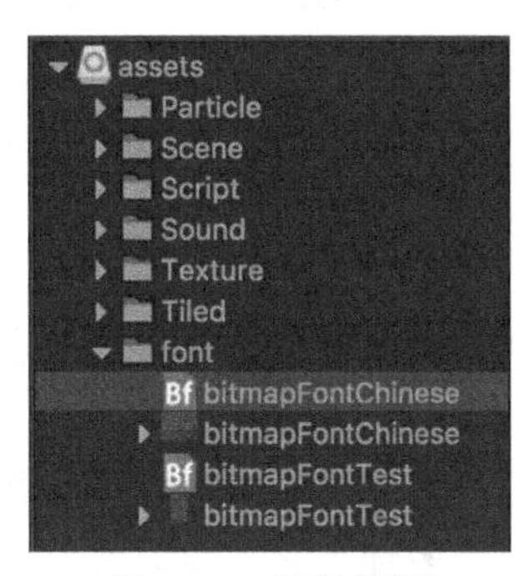

图 4-14　字体资源

使用字体文件首先要创建文字渲染对象“Label”。可以在层级管理器或者主菜单的节点子菜单的创建渲染节点选项中选择创建 Label 对象，在 Label 组件中可以看到一个“Font”属性，如图 4-15 所示。

将你想使用的字体文件拖入到“Font”属性中就可以使用该字体了，同时场景编辑界面也会刷新以显示相应的字体，如果选择“Use System Font”，则“Font”属性中的文件便会消失，恢复到使用系统字的情况。

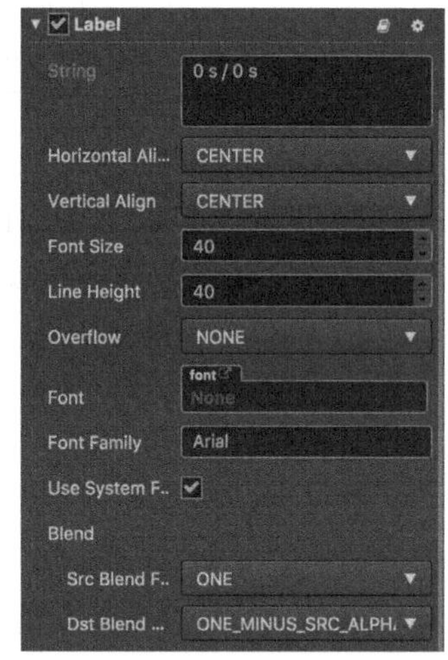

图 4-15　字体组件

4.5 粒子资源管理

作为游戏开发者，不得不承认的事实是再优秀的游戏玩法也要用绚丽的游戏画面来吸引玩家眼球。普通动画并不能完全满足我们的要求，或者说如果用普通动画实现足够绚丽的效果需要更高的代价（更占内存等），尤其对于手机游戏来说，这往往是致命的。如何才能使用很少的内存和计算效率就获得绚丽的动画效果呢？粒子系统是个不错的选择。动画粒子系统会发射大量细小的粒子并且非常高效地渲染这些粒子，比渲染单个精灵要高效得多，它可以模拟随机的，栩栩如生的烟雾、闪电、风雨、雪花掉落的效果。

4.5.1 粒子系统

粒子系统最早出现于 20 世纪 80 年代，主要用于解决由大量按一定规则运动（变化）的微小物质在计算机上的生成和显示问题，是计算机图形学中模拟一些特定的模糊现象的技术，而这些现象用其他传统的渲染技术是难以实现真实感的。

粒子系统通常模拟的现象有火、爆炸、烟、水流、火花、落叶、云、雾、雪、尘、流星尾迹或者发光轨迹这样的抽象视觉效果等。通过很多属性来驱动运行，这些属性不止模拟单个粒子的运动，更是影响着整个粒子体系的运行效果，粒子系统是通过所有粒子共同创造的整体效果。

需要说明的是，粒子系统虽然在处理大量单独粒子的变化的运动上很有用处，但是一旦涉及需要考虑粒子间相互作用的场合（这时的计算量呈粒子数量的指数级增长），它就会有些力不从心。比如模拟在相互引力作用下的大量星体的运动、大量粒子的相互碰撞等。简而言之就是无论多么易用的技术也有它的瓶颈，我们需要做的就是扬长避短，发挥这个技术的优势。

粒子系统可以使游戏元素更加真实并且富有生命感。通过对自然现象的分析，现实中的这些效果是由很多细小的微粒的变化叠加形成的，因此很难用确定的对象来描述大量随机混乱的粒子效果。

4.5.2 粒子系统的特点和构成

无论是通过主观地修改属性后观察运行效果来调试粒子系统，还是通过物理学和数学的公式推导来模拟粒子系统的运行效果，粒子系统都是用大量微粒无规则运动产生独特的视觉效果，因此所有物理引擎都涉及如下特点：

1）包含大量物理微粒对象（粒子）。

2）宏观特性：每一个粒子都符合主要的物理规律。

3）微观特性：在符合规律的基础上，每个粒子都有自己的随机性和独特性。

4）过程动态特性：每一个粒子都是动态的，在移动中不断变化，在每个模拟中都是不断自己更新自己的。

这样按照预先的设计不断产生新的粒子，每个粒子不断地随机变化运动，这样叠加的宏观效果就是粒子系统，可以达到栩栩如生的模拟视觉效果。

一个完整的粒子系统要包括粒子本身、粒子发射器和粒子的整体动态效果。首先介绍粒子。每一个粒子就是一个图形对象，可以使用一个色点或是一张图片来充当粒子。每个粒子都有自己的属性，这些属性不仅包括描述粒子本身的无规则运动的属性，同时也包括粒子在宏观整体运动中的属性，这两种属性共同决定了粒子的运动等性质。

粒子系统的发射器对象就是一个粒子系统的整体，如同一个整体的控制器一样，一片云、一团雾、一次闪电、一股烟都是由一个独立的粒子系统来模拟的，粒子和发射器对象描述了一个粒子系统的复杂性的全部属性，还可以根据自己的游戏设计内容，通过增加新的属性来增加整个粒子系统的复杂性，包括闪烁、随机波动等。

粒子系统的动态效果首先控制了粒子的生成，每个粒子在生成的时候被赋予不同的属性，这些属性增加了系统的随机性；另外动态效果还控制粒子系统的整体移动和变化，包括整体的颜色和位置等变化，比如整体需要有波动等效果。由于粒子是由一个原点喷发出来，所以原点附近集中很多粒子，粒子除了方向和速度以外，还有径向和切向的速度。

4.5.3 Cocos Creator 中的粒子资源

Cocos Creator 中可以直接使用导出好的“Cocos2D”格式的 plist 粒子资源文件，直接放在资源目录下，从资源管理器中就可以看到如图 4-16 所示的粒子资源列表。

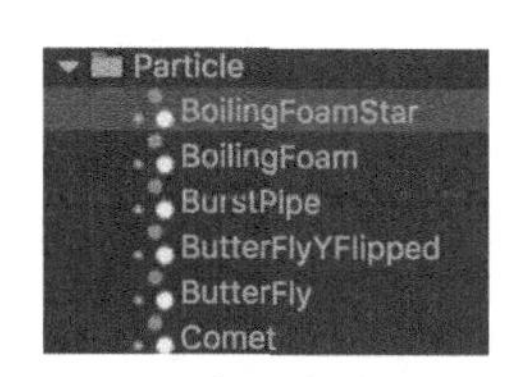

图 4-16　粒子资源在资源管理器中

只需要把粒子资源拖动到场景中的 Canvas 下便可以从场景预览中看到对应的效果，对应的参数可以在属性检查器中修改，粒子资源的预览和属性修改如图 4-17 所示。

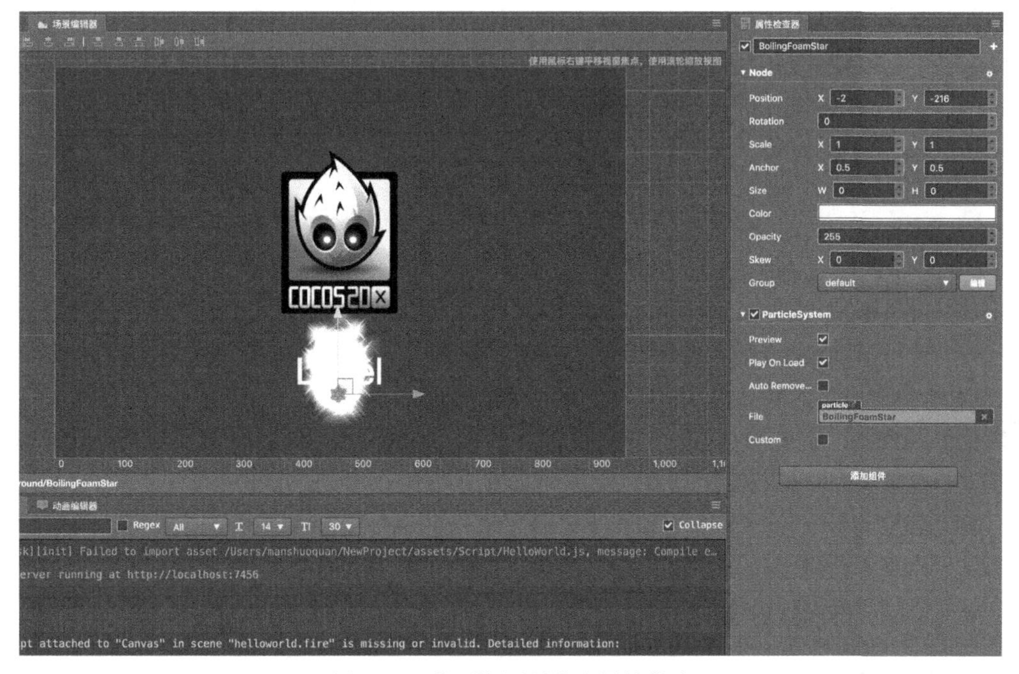

图 4-17　粒子资源预览和属性修改

为了提高资源管理效率，最好把所有的粒子相关文件都放入一个单独的文件夹中，避免和其他资源混在一起。

4.6 Tiled 地图集资源管理

在很多游戏中，整个游戏场景中除了主角精灵之外，游戏的地图背景也是一块“重头戏”。在手机游戏的开发中，为了节约内存空间，一般使用图素拼接的方法组成整个地图。

也就是说，首先定下图素块（一般为正方形）的大小，然后美术绘制图素块，最后由策划和美术根据不同项目的需求使用地图编辑器将图素拼接成大地图，并将生成的数据文件和图素交给程序处理。

4.6.1 Tiled 地图编辑器

Cocos Creator 支持 Tiled 地图编辑器生成的地图数据文件，Tiled 地图编辑器的下载地址为 http://www.mapeditor.org/。Tiled 地图编辑器是一个以普遍使用为目标的地图编辑器，它容易使用并且容易在不同的引擎中使用，目前它的最新版本是使用 Qt 框架进行开发的。之前也有 Java 的版本，使用二者的目的就是可以使编辑器跨平台，这点在 Cocos2D-X 的开发中也比较重要，因为 Cocos 引擎的跨平台特性，可能使用它的人所使用的操作系统各不相同，为了让大家都可以看到地图的效果，编辑器的“跨平台”也是必要的。Tiled 地图编辑器的特性如下：

1）使用多种编码形式的地图数据文件使它可以在不同的游戏引擎中通用。

2）支持普通视角和 45 度两种视角。

3）可以把对象放在精确到像素的位置。

4）支持撤销 / 重做和复制 / 粘贴的操作。

5）图素、层次和对象等通用的概念。

6）自动重新载入图素集。

7）可以重置图素的大小和偏移。

8）支持图章刷和填充等高效工具的使用。

9）支持以通用的格式输入输出来打开和存储文件。

在本书成书之时最新的版本是 1.1.4 版本，本书使用的是 Mac 版本。下载后直接双击安装文件进行安装，安装后运行效果如图 4-18 所示。

这里需要说明的是，目前在 Tiled 地图编辑器的网站上，依然提供 Java 版本的下载，但是目前该版本已经不再维护，只是由于 java 版本依然有一些在 qt 版本中没有的功能，所以该版本依然在网站上提供下载。

4.6.2 地图资源文件的导入和使用

地图所需的资源文件包括：地图数据文件（.tmx），图集纹理（.png）和部分地图文件需要的数据文件（.tsx tileset）。

首先需要把地图的相关文件放入到资源管理器下的资源目录里，和其他资源的管理方式一样，最好将与地图相关的资源文件全部放入一个目录下，以便于管理。导入 tiled 地图文件资源有三种方法：从资源管理器直接将地图资源拖入层级管理器中；从资源管理器里将地图资源拖入场景中；从资源管理器中将地图资源拖入已经创建的 Tiled 对象当中，导入的地图显示如图 4-19 所示：

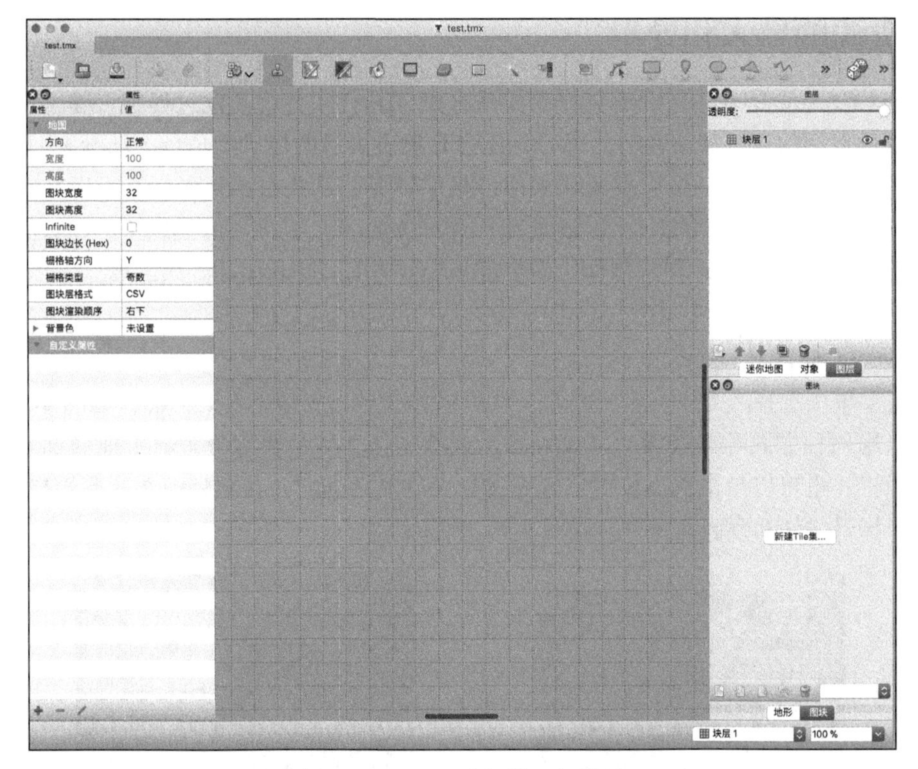

图 4-18　Tiled 编辑器运行效果

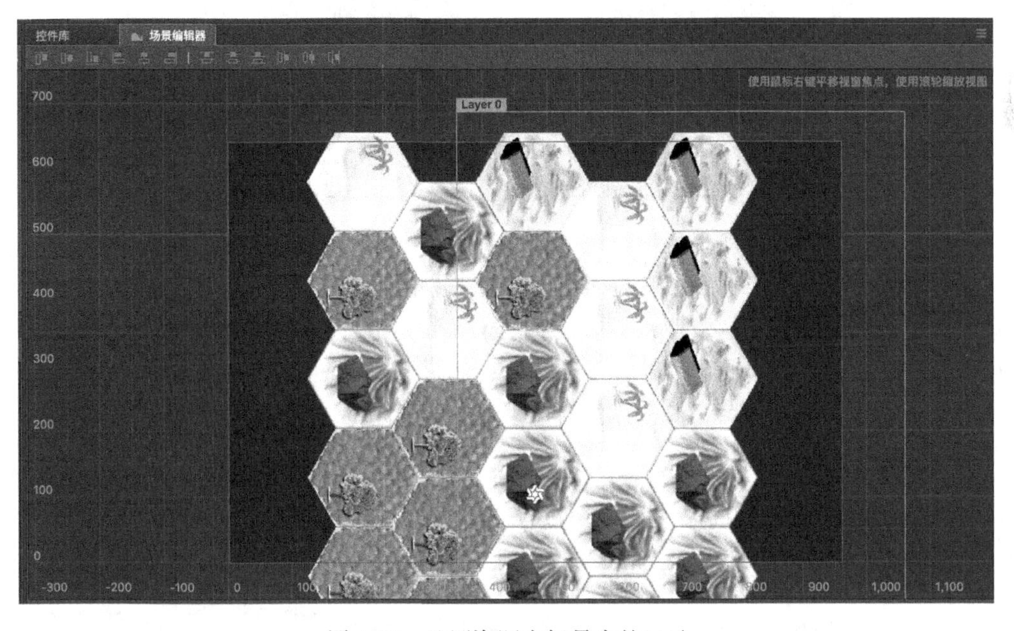

图 4-19　地图资源在场景中的显示

4.7 资源的导入和导出

Cocos Creator 是专注于内容创作的游戏开发工具，在游戏开发过程中，除了为每个项目开发项目专用的程序架构和功能以外，还会开发出大量的场景、角色、动画和 UI 组件等相对独立的元素。对于一个开发团队来说，很多情况下这些内容元素都是可以在一定程度上被不同的项目重复利用的。在以场景和预制体为内容组织核心的模式下，Cocos Creator 内置了场景（后缀名 .fire）和预制体（后缀名 .prefab）资源的导出和导入工具。

4.7.1 资源的导出

在主菜单中选择“文件 / 导出资源”，就可以打开导出资源工具对话框，如图 4-20 所示。

可以用两种方式导出资源：可以将场景或预制体文件从资源管理器中拖拽到导出资源面板资源栏；也可以单击选择按钮，打开选择文件对话框，并在项目中选取要导出的资源，可以选择场景文件和预制体文件，如图 4-21 所示。

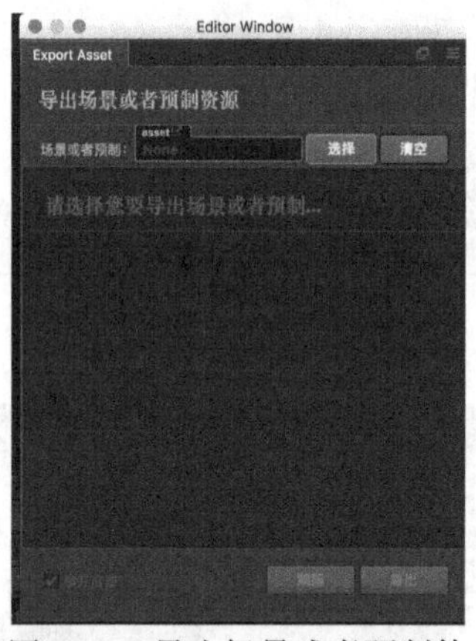

图 4-20 导出场景或者预制体

图 4-21 导出场景

导出工具会自动检查所选资源的依赖列表并列出在面板里，用户可以手动检查每一项依赖是否必要，可以剔除部分依赖的资源，那些被剔除的资源将不会被导出。确认完毕后就可以单击导出按钮，会弹出文件存储对话框，用户需要指定一个文件夹位置和文件名，单击存储就会生成包含导出的资源的 zip 文件。

4.7.2 资源的导入

在新项目的主菜单里选择“文件 / 导入资源”，就可以打开导入面板，选择文件路径单击选择按钮，打开导入资源对话框，可以选择导入的文件，如图 4-22 所示。

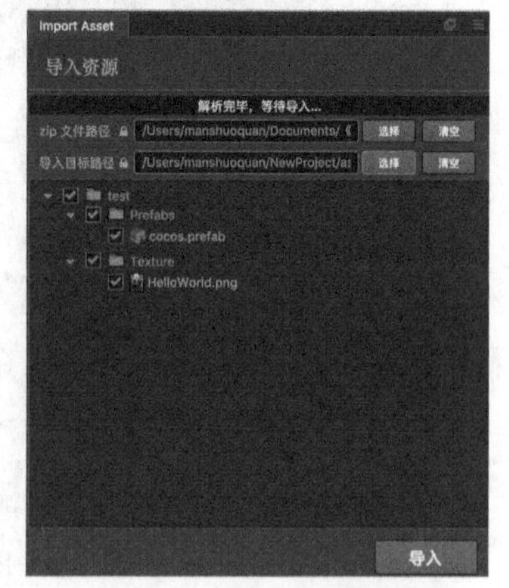

图 4-22 导入资源面板

相比导出过程，导入过程中增加了目标路径的设置，可以单击选择按钮，选择一个项目中 assets 路径下的某个文件夹作为导入资源的放置位置。由于导出资源时所有资源路径都是相对于 assets 路径来保存的，导入时如果不希望导入的资源放入 assets 目录下，就可以再指定一层中间目录来隔离不同来源的导入资源。单击导入按钮，确认后就可以导入到目标目录下。

由于 Cocos Creator 项目中的脚本不能同名，当导入的资源包含和当前项目里脚本同名的脚本时，将不会导入同名的脚本。如果出现导入资源的 UUID 和项目中现有资源 UUID 冲突的情况，会自动为导入资源生成新的 UUID，并更新在其他资源里的引用。

这套资源导入导出工作流，使得程序员和美术人员有更好的分工协作方式，并且可以支持将开发好的功能导出到公共库，甚至是扩展商店中，供更多项目重复使用。

除了 Cocos Creator 创建的项目，Cocos Creator 还支持 CocosBuilder 和 Cocos Studio 项目的导入，从而保证我们之前用 Cocos2D-X 开发的功能模块可以被重复使用，选择“文件 / 导入项目”就可以导入对应的项目。需要说明的是首先 Cocos Studio 项目导入功能是基于 Cocos Studio 3.10 版本进行开发与测试的。如果要导入旧版本的项目，建议先使用 Cocos Studio 3.10 版本打开项目。这样可以将项目升级到对应版本，然后再进行导入操作。需要注意的是 Cocos Studio 目前还有一些独有的功能还没有得到 Cocos Creator 的支持。另外目前还不支持骨骼动画的导入，不支持节点的 SkewX 与 SkewY 属性以及相应的动画，Particle 不支持 Blend Function 属性，同时 Sprite 和 Particle 的动画编辑中也不支持 Blend Function 属性的动画。

4.8　本章小结

这一章介绍了 Cocos Creator 中的资源管理，介绍了图片、音乐音效、预置体、字体、粒子、瓦片地图等资源在 Cocos Creator 中的管理和使用，从资源组织、资源操作及资源优化等方面分别介绍了资源的管理方式。由于 Cocos Creator 是一款以编辑器为核心和基础的游戏引擎，所以资源的组织和管理主要在 Cocos Creator 编辑器中。学习本章内容，首先要熟悉 Cocos Creator 支持的资源格式和组织形式，然后学习各个资源的独立的制作流程和导出方法。最后需要熟悉 Cocos Creator 资源的导入导出形式。

通过这一章的学习，我们已经熟悉了基本资源的管理和使用，为进一步的使用和学习 Cocos Creator 打好了基础，游戏中最重要的除了资源的管理，就是代码的编写，第 5 章将介绍 Cocos Creator 中的脚本编程。

Chapter 5 第 5 章

Cocos Creator 脚本编程

第 3 章和第 4 章介绍了 Cocos Creator 的场景制作和资源管理，经过这两章的学习，相信你一定对于 Cocos Creator 编辑器有了一定的了解，不过作为程序员的你一定会问，都学完第四章了，为什么还没有学习如何编写 Cocos Creator 的代码？确实 Cocos Creator 的设计初衷就是减少程序员工作量，减少开发的代码量，这样做一方面可以提高开发效率，避免重复的“造轮子”；另一方面，代码量和 bug 量是成正比的，降低代码量也可以减少游戏的 bug 量。但是对于正常的游戏项目而言，代码编写依然占据很大的工作量，作为完全脚本化的 Cocos Creator，它的首选开发语言就是 JavaScript。JavaScript 是一种基于对象和事件驱动并具有相对安全性的客户端脚本语言，广泛用于客户端 Web 开发，Cocos 引擎之所以一直非常重视 JavaScript 分支，是因为 JavaScript 作为 Web 和 HTML5 的开发语言，采用它制作的产品可以更方便地导出为 Web 游戏。作为游戏引擎的脚本语言，我们在学习 Cocos Creator 脚本编程时，不仅要学习 JavaScript 的基本语法，还要学习它在 Cocos Creator 中的特殊用法，也就是既要学习“普通话”，又要学习“方言”，本章就将分别介绍这两个部分，除此之外还会讨论脚本资源的管理和组织模式等内容。

5.1 JavaScript 基础

JavaScript 是一种基于对象和事件驱动并具有相对安全性的客户端脚本语言。同时也是一种广泛用于客户端 Web 开发的脚本语言，常用来给 HTML（标准通用标记语言的子集）网页添加动态功能，比如响应用户的各种操作。它最初由网景公司（Netscape）的 Brendan Eich 设计，是一种动态、弱类型、基于原型的语言，内置支持类。JavaScript 是 Sun 公司（已被 oracle 收购）的注册商标。Ecma 国际以 JavaScript 为基础制定了 ECMAScript 标准。

JavaScript也可以用于其他场合，如服务器端编程。完整的JavaScript实现包含三个部分：ECMAScript、文档对象模型和字节顺序记号。

JavaScript具有简单性和跨平台性等特性，由于它依赖于浏览器本身，与操作环境无关，所以只要能运行支持JavaScript的浏览器的计算机就可正确执行，所以常常被用作跨平台的开发。另外它是一种基于对象的语言，同时可以看作一种面向对象的语言。这意味着它能运用自己已经创建的对象。因此，许多功能可以来自于脚本环境中对象的方法与脚本的相互作用，另外和Lua一样的是，JavaScript也提供类似的内存回收机制，本节就来介绍JavaScript的一些基本功能。

5.1.1 JavaScript的变量及内置类型

JavaScript是一种“弱类型”语言，定义一个JavaScript的变量需要命名一个标识符，标识符同样由数字、字母和下划线组成，并且只可以以字母或者下划线开头，另外需要注意的是要和保留字区分。

声明一个JavaScript变量需要在变量前加上“var”作为修饰，如果不加“var”则会被看作是全局变量，所以当你确定一个变量的作用域只是在本地的时候，请显式地声明变量，变量的作用域是这样的：首先从函数块中找，如果找不到，从上一级函数块找，直到找到，如果直到顶层代码还没找到定义，代码会报未定义错误。另外由于JavaScript采用内存自动回收机制，为了更好地利用内存，请尽量声明本地变量。

JavaScript中的内置类型见表5-1。

表5-1 JavaScript的内置类型

名 称	类 型	描 述
Null	空值	Null类型的语义是“一个空的对象引用”，它只有一个Null值
Boolean	布尔型	数值零将会变成假而其他数值将会变成真，空字符串返回假。undefined和null将会返回假
Number	数值型	JavaScript的Number共有18437736874454810627个值。JavaScript的Number以双精度浮点类型存储，9007199254740990表示NaN，它占用64位8字节
String	字符串	字符串类型，是一个16位无符号整数类型的序列，它实际上用来表示以UTF-16编码的文本信息
Object	对象	JavaScript中最为复杂的类型就是Object，它是一系列属性的无序集合，Function是实现了私有属性的Object，JavaScript的宿主也可以提供一些特别的对象
Undefined	未定义	Undefined类型只有一个值undefined，它是变量未被赋值时的值，在JavaScript中全局对象有一个undefined属性表示undefined，事实上undefined并非JavaScript的关键字，可以给全局的undefined属性赋值来改变它的值

由于JavaScript弱类型的特点，类型间的转换非常容易，比如字符串类型转换成数值型，你只需要把字符串类型的变量加上零就可以，反之亦然。如下代码演示了字符串类型和数值类型的转换。

```
var m_str = "1.0"
var m_num = 1
var m_numtostr = "" + m_num//数值转换成字符串
var m_numtostr = new String(m_num)//数值转换成字符串
var m_strtonum = 0 + m_str//字符串转换成数值
```

当一个对象或者函数被转换为字符串时，它们的 toString 方法将会被调用（这个特性类似 Java）。默认会执行 Object.prototype.toString 或者 Function.prototype.toString，除此之外也可以重写“toString”方法来自定义函数的行为。一般情况下，把一个函数转换到字符串。Function.prototype.toString 方法就可以满足需要，它将会返回宿主对象和方法的字符串。

其他字符串类型的函数见表 5-2。

表 5-2 Lua 中的字符串操作函数

名 称	描 述
string.length()	字符串长度
string.charAt(index)	得到字符串的指定位置的字符的方法
string.toLowerCase (s)	将字符串中的所有大写字母转换为小写
string.toUpperCase(s)	将字符串中的所有小写字母转换为大写
string.substring(from, to)	第一个参数 from 指定了子字符串在原字符串中的起始位置（基于 0 的索引）；第二个参数 to 是可选的，它指定了子字符串在原字符串的结束位置（基于 0 的索引），一般情况下，它应比 from 大，如果它被省略，那么子字符串将一直到原字符串的结尾处。如果参数 from 比参数 to 大，会自动调解子字符串的起止位置，也就是说，substring() 总是从两个参数中较小的那个开始，到较大的那个结束。不过要注意，它包含起始位置的那个字符，但不包含结束位置的那个字符
string.slice(v)	类似 substring
string.indexOf()	判断一个字符串是否包含另一个字符串
string.charCodeAt()	获得一个字符的 Unicode 编码值，反之亦然

和 Lua 类似，JavaScript 中的数组也相当于我们经常使用的数组和字典两种数据结构，声明一个数组需要在声明变量时将它赋值为“ []”，这就是一个空的数据表，关于数据表的定义和使用见如下代码范例。

```
var m_tab = []
//var m_tab = new Array();
//数组式
m_tab[1] = 1
m_tab[2] = 2
//字典式
m_tab["a"] = "a"
m_tab["b"] = "b"
```

数组中的相关函数介绍见表 5-3。

表 5-3　数组中的相关函数

名　称	描　　述
array.push()	将一个或多个新元素添加到数组结尾，并返回数组新长度
array.unshift()	将一个或多个新元素添加到数组开始，数组中的元素自动后移，返回数组新长度
array.splice()	将一个或多个新元素插入到数组的指定位置，插入位置的元素自动后移，返回 ""
array.pop()	移除最后一个元素并返回该元素值
array.shift()	移除最前一个元素并返回该元素值，数组中元素自动前移
array.splice()	删除从指定位置（deletePos）开始的指定数量（deleteCount）的元素，以数组形式返回所移除的元素
array.concat()	将多个数组连接为一个数组，返回连接好的新的数组
array.length	数组长度

5.1.2　JavaScript 的操作符和控制结构

JavaScript 使用“//”作为单行注释，“/*”和“*/”作为多行注释的开头和结尾。比起 Lua，JavaScript 的控制结构更接近 C++ 和 Java，JavaScript 中的 if-else 示例如下：

```
if (m_roundindex > 6) {
    backToPVE()
}else if (m_roundTab[m_roundindex] == 5){
    runBattleRound()
}else{
    runClose()
}
```

JavaScript 中的 while 循环和其他语言差不多，代码如下所示：

```
var index = 1
while index < 10 {
    index = index + 1
}
do{
    index = index + 1
}while(index > 0)
```

JavaScript 中的 for 循环有两种形式，包括普通结构和 for-in 结构，示例见如下代码：

```
//遍历数组型表，第三个值为每步i增加的值，默认为1
for (i = 0,i < 10,i++){ }
//JavaScript中也支持break
for (i = 0,i < 10,i++){
    if(i == 4){
        break
    }
}
//遍历字典型表，v为其中每一个对象
```

```
for (v in set) {
}
```

需要注意的是，JavaScript 中也是支持 break 的，第二个循环就是使用 break 跳出循环。JavaScript 支持 switch，代码如下所示：

```
switch(x)
{
    case 1:
    break;
    case 2:
    break;
    default:
    break
}
```

5.1.3 JavaScript 实现面向对象

和 Lua 不同，JavaScript 就是个面向对象的语言，JavaScript 没有专门的机制实现类，这里它是借助函数允许嵌套的机制来实现类的。一个函数可以包含变量，又可以包含其他函数，这样，变量可以作为属性，内部的函数就可以作为成员方法了。因此外层函数本身就可以作为一个类来使用，代码如下所示：

```
//第一种生成类的方法
function myClass()
{
    mvar:0,
    mfunc1: function(){
    }
}
//第二种生成类的方法
function myClass()
{
    this.mvar = 0;
    this.mfunc1 = function(){
    }
}
```

实现了类就应该可以获得类的实例，JavaScript 提供了一个方法可以获得对象实例——使用 new 操作符。在 JavaScript 中，类和函数是同一个概念，当用 new 操作一个函数时就返回一个对象。

一个对象可以使用点和方括号的方法引用对象的成员，这里方括号内是代表属性或方法名的字符串，不一定是字符串常量，也可以使用变量。这样就可以使用变量传递属性或方法名，为编程带来了方便。在某些情况下，代码中不能确定要调用哪个属性或方法时，就可以采用这种方式。否则，如果使用点号操作符，还需要使用条件判断来调用属性或方法。另外，使用方括号引用的属性和方法名还能以数字开头，或者出现空格，而使用点号引用的属性和方法名则需要遵循标示符的规则。一般不提倡使用非标示符的命名方法。

JavaScript 中，在生成对象之后还可以为对象动态添加、修改和删除属性和方法，这与其他面向对象的语言是不同的，也是 JavaScript 动态语言的特性决定的，代码如下所示：

```
function myClass()
{
    mvar:0,
    mfunc1: function()
    {
    }
}
var obj = new myClass ();
obj. mfunc2 = function
{
}
```

它的继承关系也很简单，直接 extend 就可以继承相关的类，代码如下所示：

```
var HelloWorldScene = cc.Scene.extend({
    onEnter:function () {
        this._super();
        var layer = new HelloWorldLayer();
        this.addChild(layer);
    }
});
```

JavaScript 可以区分出 public 和 private，对象的成员都是 public 成员。任何对象都可以访问、修改或删除这些成员或添加新成员。主要有两种方式来在一个新对象里放置成员，private 成员由构造函数产生。普通的 var 变量和构造函数的参数都称为 private 成员。

其他关于 JavaScript 的用法可以参考《JavaScript 权威指南》，也就是著名的“犀牛书”。

5.2　Cocos Creator 中的 JavaScript

学习了 JavaScript 的“普通话”，我们就该来学习 Cocos Creator 中的 JavaScript。在 Cocos Creator 中可以通过编写 JavaScript 脚本组件，并将它赋予到场景节点中来驱动场景中的物体。在编写脚本的时候，可以通过声明属性，将 JavaScript 中需要调节的变量映射到属性检查器中，让美术和策划人员随时调整，并通过预览界面所见即所得的方式随时看到调整的结果。同时，可以通过注册特定的回调函数处理特定的回调事件，并为事件添加相应的逻辑。

5.2.1　创建和使用组件脚本

在 Cocos Creator 中，脚本也是资源的一部分，可以在资源编辑器中通过“新建”命令来创建脚本，此时在资源编辑器中就会得到一份脚本，如图 5-1 所示。

创建脚本后，可以通过双击来开始编辑脚本，编辑脚本的编辑器可以在“偏好设置→数据编辑”中设置，如图 5-2 所示。

可以通过设置“自动编译脚本”来设置是否自动监测项目中脚本文件的变化，并自动触发编译，如果关闭了自动编译脚本选项，可以通过“开发者选项→手动编译脚本”或者单击 F7 来手动编译。可以选择内置代码编辑器或任意外部文本编辑工具的可执行文件，作为双击代码时的打开方式，可以选择内置的脚本编辑器，或者单击“浏览”按钮选择你喜欢的代码编辑器。

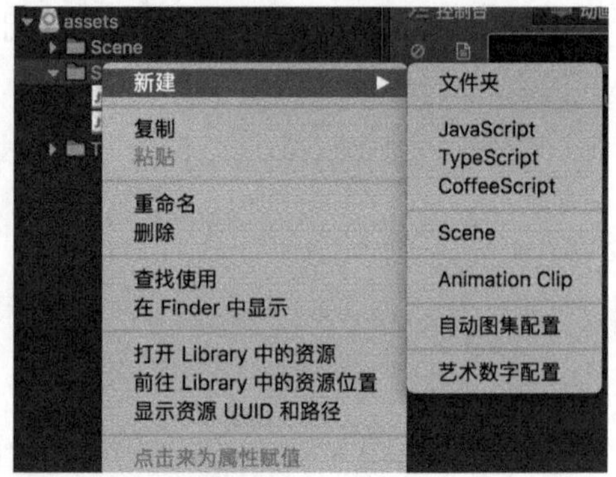

图 5-1 创建脚本

图 5-2 设置脚本编辑器

打开脚本后，可以发现默认的脚本是这样的，见代码清单 5-1。

代码清单5-1 脚本默认代码

```
cc.Class({
    extends: cc.Component,

    properties: {
        // foo: {
        //     // ATTRIBUTES:
        //     default: null,      // The default value will be used only when the
                                      component attaching
        //                         // to a node for the first time
```

```
        //     type: cc.SpriteFrame, // optional, default is typeof default
        //     serializable: true,   // optional, default is true
        // },
        // bar: {
        //     get () {
        //         return this._bar;
        //     },
        //     set (value) {
        //         this._bar = value;
        //     }
        // },
    },

    // LIFE-CYCLE CALLBACKS:

    // onLoad () {},

    start () {

    },

    // update (dt) {},
});
```

可以发现，代码包括 cc.Class 声明类型，然后包括属性和回调方法，本节的后续会详细讲解这些内容。

编辑好脚本后，可以通过将脚本作为组件添加到场景中节点的方法把脚本挂载到场景中的节点中，首先选中场景节点，然后在属性检查器的下方单击“添加组件”按钮，选择“添加用户脚本组件”选项并选择你想添加的脚本，完成添加后，脚本和脚本的属性会显示在属性检查器中，如图 5-3 所示。

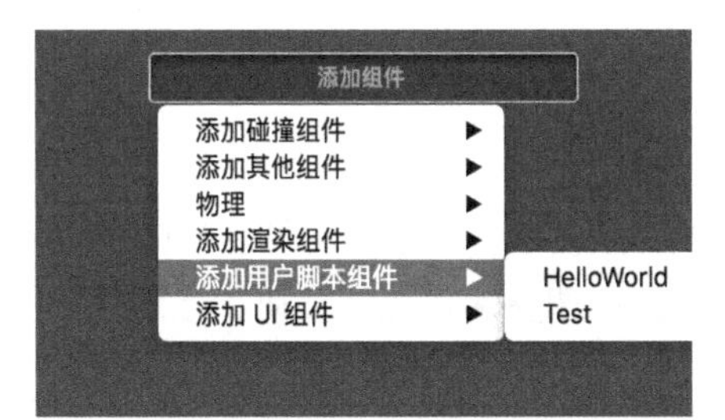

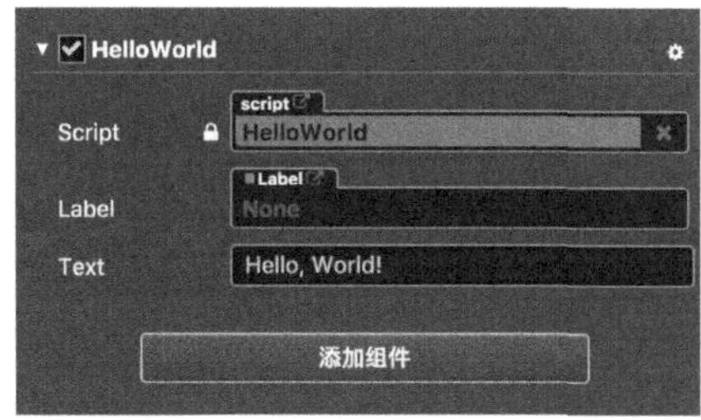

图 5-3　添加脚本组件

5.2.2　使用 cc.Class 声明

cc.Class 是一个声明类型的方法，为了方便区分，我们把声明的类叫作 CCClass，代码如下所示。

```
var mObject = cc.Class({
    name:"mObject"
});

var obj = new mObject();

cc.log(obj instanceof mObject);
```

使用cc.Class可以创建一个类，通过传入原型对象并以键值对的形式设定所需的类型参数。代码清单5-2中，用cc.Class创建一个类型，并赋值给mObject变量，同时还将类名设为“mObject”。然后用new创建一个对象，需要做类型判断时，可以用instanceof方法来判断。

可以通过ctor定义构造函数，同时也可以在类内部定义实例方法，代码如下所示。

```
var mObject = cc.Class({
    name:"mObject"
    ctor:function(){
        cc.log("contruct")
    }
    test:function(){
        cc.log( “test")
}});
```

可以通过extends实现继承，继承后，cc.Class会统一自动调用父构造函数，而不需要显示调用，代码如下所示。

```
var mObject = cc.Class({
    ctor:function(){
        cc.log("contruct")
    }
});

var mBigObject = cc.Class({
    extends:mObject
});
```

可以在properties字段中声明属性，填写属性名字和参数即可，可以将脚本组件中的字段可视化地展现在属性检查器中，从而直接在场景中调整属性值，代码如下所示。

```
properties: {
    label: {
        default: null,
        type: cc.Label
    },
    text: 'Hello, World!’ ,
    pos:cc.Vec2,
    pos2: new cc.Vec2(10, 20)
},
```

既可以直接赋予默认值，也可以根据类型调用构造函数声明，如 pos 和 pos2，还可以像 label 一样用复合的方式声明，代码如下所示。

```
label: {
    //默认值
    default: null,
    //类型
    type: cc.Label
    //属性列表名称
    displayName:"showLabel",
    tooltip:"example",
},
```

具体解释如下：

- default：设置默认属性值，第一次添加到上面时有效。
- type：限定属性的数据类型，当 default 设置为 null 时，可以为我们设置值时检查类型。
- visible：设为 false 时，属性检查器中就不显示这个属性，默认为 true。
- serializable：设为 false 则不序列化保存属性。
- displayName：在属性检查器中显示名字。
- tooltip：在属性检查器面板中添加属性的介绍。

如果你想声明数组属性，可以使用“[]”，代码如下所示。

```
label: {
    default: null,
    type: [cc.Label]
}
```

还可以添加 set/get 函数，代码如下所示。

```
bar: {
    get () {
        return this._bar;
    },

    set (value) {
        this._bar = value;
    }
},
```

5.2.3 TiledMap 地图操作

第 4 章介绍了瓦片地图编辑器——Tiled，介绍了如何把 Tiled 编辑的地图导入到 Cocos-Creator 项目中，本节介绍如何在脚本代码中控制 Tiled 地图资源。

2.0 版本的 Cocos Creator 对于 Tiled 地图模块进行了重新设计，主要目的是为了提升渲染性能，简化 TiledLayer 的能力，包括去除了 Tiled 获取和设置的能力，以及设置 map 和 layer 尺寸的能力。

2.0 版本也增加了一些功能，比如对某一个地图块进行操作，在 1.0 版本中使用的是精灵方式实现，在 2.0 中则提供了 getTiledTileAt 接口使开发人员可以获取一个地图块组件的节点，并可以控制这个节点的基本属性，如代码所示：

```
//获得某个地图块并对其进行操作
var layer = this.getComponent(cc.TiledLayer);
var tile = layer.getTiledTileAt(0, 22, true);
var tileNode = tile.node;
tileNode.runAction(cc.spawn(cc.scaleTo(2, 3, 3), cc.rotateTo(2, 90), cc.moveTo(2,
    600, 300)));
```

在这里可以获取某个地图块的图块并对其进行操作，运行效果如图 5-4 所示。

图 5-4 添加脚本组件

基本的地图操作见代码清单 5-2。

代码清单5-2 基本的地图操作

```
//获得地图组件
this._tiledMap = this.node.getComponent('cc.TiledMap');
//获得对象组
var objectGroup = this._tiledMap.getObjectGroup(this.objectGroupName);
//获得对象
var startObj = objectGroup.getObject(this.startObjectName);
//获得地图大小
var mapSize = this._tiledMap.getMapSize();
//获得地图格大小
var tileSize = this._tiledMap.getTileSize();
//获得某个地图块的坐标
var pos = this._layerFloor.getPositionAt(this._curTile);
```

```
//获得地图的层
this._layerFloor = this._tiledMap.getLayer(this.floorLayerName);
this._layerBarrier = this._tiledMap.getLayer(this.barrierLayerName);
//本层某个位置是否有地图块
if (this._layerBarrier.getTileGIDAt(newTile)) {
    cc.log('This way is blocked!');
    return false;
}
```

5.2.4 脚本生命周期

Cocos Creator 为组件脚本提供了生命周期的回调函数。用户只要定义对应名字的回调函数，Cocos Creator 就会在特定的时期自动执行相关函数，不需要手动调用，Cocos Creator 主要的生命周期回调函数包括：onLoad、start、update、lateUpdate、onDestroy、onEnable 和 onDisable，生命周期如图 5-5 所示。

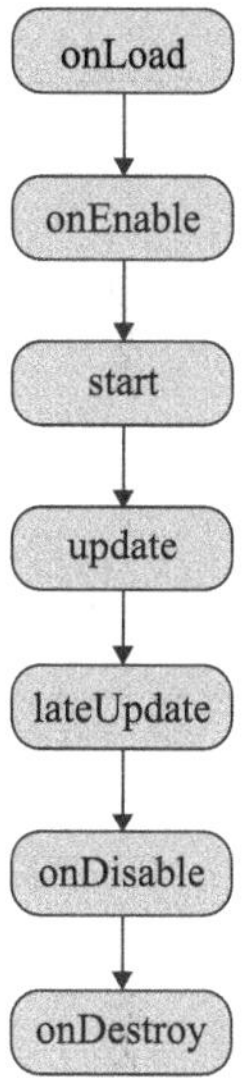

onLoad 回调函数会在组件首次激活时调用，比如所在场景被载入，或者所在节点被激活的情况下，在 onLoad 阶段，保证你可以获取到场景的其他节点，以及节点关联的资源数据。onLoad 总是会在任何 start 方法调用前执行，所以 onLoad 函数一般会放入一些初始化的操作。

当组件的 enabled 属性从 false 变为 true 时，或者所在节点 active 从 false 变为 true 时，会调用 onEnable 函数，如果是第一次创建时被调用，它在 onLoad 之后，start 之前被调用。

start 函数在组件第一次激活前，在 update 第一次触发之前被调用，start 用于初始化一些中间状态的数据，这些数据可能在 update 时使用或者被修改。

onLoad → onEnable → start → update → lateUpdate → onDisable → onDestroy

图 5-5 脚本声明周期

update 函数和 lateUpate 函数需要放在一起介绍，update 就像它的字面含义一样，是在每一帧更新物体的行为、状态和方位。但是我们有时会有一些逻辑要在所有节点的 update 执行完之后执行，这个时候就需要使用 lateUpate 函数。

onDisable 函数和 onEnable 函数正好相反，是在组件的 enabled 属性从 true 变为 false 时，或者所在节点 active 从 true 变为 false 时调用。

当组件调用 destroy 函数时，onDestroy 函数也会被调用，声明周期也就结束。

5.2.5 节点基本操作

脚本逻辑大部分是要基于节点的，比如单击某个按钮放大某张图片，就需要获得要放大图片的节点，然后对它做缩放；在一个组件脚本中，我们可以通过 this.node 访问当前节点，可以通过调用节点的 active 属性来设置节点激活与否。激活节点，意味着在场景中显示该节点和它的所有子节点，同时调用它们下面脚本的 onEnable 回调函数，节点的 update 函数也会在每一帧被调用，相反的，就会隐藏该节点和子节点，同时 onDisable 方法将会被执行，禁用的节点也不会执行 update 方法。

在使用 Cocos2D-X 时，如果需要改变节点的父节点，需要首先将它从原父节点删除，然后再调用新父节点的 addChild 函数，在 Cocos Creator 的脚本中，可以通过设置 parent 直接设置父节点，另外子节点也可以通过调用 children 属性直接活动。

设置节点的基本属性，包括位置、旋转、缩放和尺寸等。设置位置时，需要注意的是，在 2.0 及后续版本中节点相关的操作保留了属性风格的 API，而移除了 set 风格的 API，使得代码风格更简洁统一，具体使用代码如下所示。

```
//方法1
this.node.x = 100;
this.node.y = 50;

//方法2
this.node.position = cc.v2(100, 50);
```

设置节点的旋转方法同样是两种，代码如下所示。

```
//设置旋转
this.node.rotation = 90;
```

设置节点缩放的方法，代码如下所示。

```
//设置缩放
this.node.scaleX = 2;
this.node.scaleY = 2;
```

改变尺寸的方法，代码如下所示。

```
//设置尺寸
this.node.width = 100;
this.node.height = 100;
```

5.3 使用 JavaScript 进行资源管理

Cocos Creator 除了可用来写代码，最重要的一件工作就是资源管理。一般来讲，仅仅在项目中静态地组织好资源就可以了，但是一般会有一些需求，比如在展示卡牌的时候动态地设置资源，所以脚本语言需要有进行动态资源管理的能力。本节就会介绍使用 JavaScript 进行资源管理的方法，包括加载和管理场景、获取和管理资源。

5.3.1 使用 JavaScript 管理场景

在 Cocos Creator 的脚本中，可以使用导演类的 loadScene 方法加载节点，loadScene 可以传递一个或两个参数，第一个参数是场景名称，第二个参数是场景加载完毕后的回调函数，场景加载完毕后的回调函数可以进行必要的初始化或数据传递操作，代码如下所示。

```
cc.director.loadScene( "mScene");
cc.director.loadScene( "mScene", onSceneLoaded);
```

有些场景的加载时间过长，会造成游戏的卡顿，这时我们可以使用预加载的方式，在时间充裕的时候加载场景数据，将这些数据缓存在内存中，这种方式本质上是一种“空间换时间”的方式，关于性能优化的话题，14 章还会详细介绍。预加载的操作代码如下所示。

```
cc.director.preloadScene("mScene", function () {

    cc.log("scene preloaded");
});
```

需要注意的是，在游戏中同时只有一个场景，所以需要在场景中传递数据或者节点，这就有个概念——常驻节点。一般的节点会在切换场景的时候被销毁，但是常驻节点就可以在场景间传递，设置和取消常驻属性的方法代码如下所示。

```
//设置常驻属性
cc.game.addPersistRootNode(myNode);
//取消常驻属性
cc.game.removePersistRootNode(myNode);
```

常驻属性可以保证在场景切换中不被销毁，从而传递需要的数据。

5.3.2　使用 JavaScript 管理资源

在 Cocos Creator 中，资源大体上可以分为两类，Asset 和 Raw Asset。二者的区别就是 Raw Asset 是 Cocos2D-X 旧的 API，直接使用字符串替代指定的资源。

关于 Cocos Creator 中的资源动态加载，有两点需要说明。首先，动态加载的资源都要位于 resources 文件夹或其子文件夹下，不过 resources 下的资源可以关联依赖文件夹外部的其他资源，同样也可以被外部场景或者资源引用到，同时在构建项目的时候需要勾选所有用到的资源，确保它们可以一起被导出；其次，不需要脚本动态加载的资源不要放到 resources 下。注意，所有的资源加载都是异步的，需要在加载资源的回调函数中获得资源。

关于动态加载 Asset 资源的方法，见代码清单 5-3。

代码清单5-3　动态加载资源

```
// 加载 Prefab
cc.loader.loadRes("test assets/prefab", function (err, prefab) {
    var prefabNode = cc.instantiate(prefab);
    cc.director.getScene().addChild(prefabNode);
});

// 加载 AnimationClip动画
```

```
var self = this;
cc.loader.loadRes("test assets/anim", function (err, clip) {
    self.node.getComponent(cc.Animation).addClip(clip, "anim");
});

// 加载 SpriteFrame
var self = this;
cc.loader.loadRes("test assets/image", cc.SpriteFrame, function (err, spriteFrame) {
    self.node.getComponent(cc.Sprite).spriteFrame = spriteFrame;
});

// 加载 SpriteAtlas并获得其中的一个 SpriteFrame
cc.loader.loadRes("test assets/sprite", cc.SpriteAtlas, function (err, atlas) {
    var frame = atlas.getSpriteFrame('sprite_0');
    sprite.spriteFrame = frame;
});
```

Cocos Creator 提供了 cc.loader.loadRes 来动态加载资源，loadRes 每次可以加载单个资源，因为加载是异步的，所以调用的时候就要传入回调函数，这样回调函数里才可以获得资源。需要注意的是，后两个加载都加入了类型，直接加载获得的资源类型是 Texture2D，如果指定了参数类型，就会在路径下查找指定的资源类型，同一目录下不同类型的资源 kennel 会有相同的资源。

释放资源的时候需要调用 releaseRes 函数，releaseRes 函数可以删除资源，也可以删除类型，代码如下所示。

```
cc.loader.releaseRes("assets/image", cc.SpriteFrame);
cc.loader.releaseRes("assets/anim” );
cc.loader.releaseAsset(resObj);
```

Raw Asset 既可以从项目目录中动态加载，也可以从远程动态加载，使用 loadResDir 函数，可以加载相同路径下的多个资源，代码如下所示。

```
cc.loader.loadResDir("assets", function (err, assets) {
});
```

加载成功后，如果需要传递 URL 形式的接口，需要进行一次转换给出完整路径，代码如下所示。

```
var texture = cc.textureCache.addImage("resources/assets/image.png");
var realUrl = cc.url.raw("resources/assets/image.png");
var texture = cc.textureCache.addImage(realUrl);
```

使用 load 函数可以进行远程加载，加载的方法代码如下所示。

```
var absolutePath = "/dara/data/image.png"
cc.loader.load(absolutePath, function () {
});
```

目前的远程加载只支持图片类型和Raw Asset类型，另外受到对方服务器的限制，如果对方服务器禁止跨域访问，会加载失败。

需要说明的是，在Cocos Creator 2.0版本计划中，Raw Asset类型的对象是会被移除的，但是为了让升级更"柔和"，在1.10和2.0的早期版本中，Raw Asset仍然被保留，这也是我们仍然会介绍这部分内容的原因，Raw Asset被移除，意味着原来在代码中使用URL字符串表示资源的方法被移除。

移除Raw Asset后，需要做的是从引擎获取对象后先转换为字符串，传字符串给引擎前先转换为对象。因为把Raw Asset转换为Asset，本质上就是在引擎层面把字符串转变成对象。只要保证跟引擎交互时，所使用的是对象即可，原先项目内部如果想要继续使用字符串也可以。

Asset和字符串的转换见如下代码：

```
//asset转字符串
var url = this.file.nativeUrl || this.file;
//字符串转换asset
cc.loader.loadRes(musicURL, cc.AudioClip, function (err, audioClip) {
    cc.log(typeof audioClip);
});
```

另外，在声明类和访问类时，也需要将原来的URL方式修改为Asset方式。

```
// 声明
    manifest: {
        default: null,
        type: cc.Asset
    },

    // 访问
this._am = new jsb.AssetsManager(this.manifest.nativeUrl, storagePath);
```

也就是说，原来使用URL声明的位置，改为使用type声明，将资源声明为具体的资源对象。另外需要注意，当使用addImage时，实际上传入的type已经不再是URL，所以直接赋值就可以。

从1.10开始，对于常见的文本格式，如txt、xml和plist等，Cocos Creator提供了加载资源的方式，代码如下所示。

```
// 声明
file: {
    default: null,
    type: cc.TextAsset,
},

// 读取
var text = this.file.text;
```

文本文件在游戏中有很重要的作用，一般游戏配置信息都采用文本格式存储。另外一个常用的格式是json，Cocos Creator也提供了专门的json接口，代码如下所示。

```
// 声明
npcList: {
    default: null,
    type: cc.JsonAsset,
},

// 读取
var json = this.npcList.json;
loadNpc(json);
```

需要说明的是，从编辑器导出的未知类型的文件都会转为Asset类型的资源，在项目中使用到这个部分时，也要同步修改。

对于资源管理需要注意的是，资源是相互依赖的，一旦资源被加载在缓存中，重新请求时会直接使用缓存中的资源。另外，释放一个预设体的时候，它依赖的图片等资源可能还在使用，因此需要注意关联对象的问题。

另一个需要注意的是JavaScript是弱类型的，它不包含内存管理功能，而是使用垃圾回收机制来管理，所以，脚本层不知道什么时候对象会被释放，而且垃圾回收是延时的，不能保证请求资源时，资源是否已经被回收；另外也会出现有些资源被重复加载的情况，当遇到这种情况的时候需要仔细检查游戏逻辑并做好内存管理工作。

5.4 JavaScript的组织模式

代码的组织形式在脚本开发中非常重要，因为脚本开发具有很高的自由度，所以必要的组织模式是需要的，本节将介绍Cocos Creator经常使用的两种组织模式，模块化脚本和插件化脚本。

5.4.1 模块化脚本

模块化脚本即把脚本代码分拆成多个脚本文件，并允许它们互相调用，模块化可以使Cocos Creator引用其他脚本文件，访问其他文件的方法、参数，继承或使用Component。Cocos Creator中的JavaScript的使用方法和Node.js中的CommonJS类似，它使得每一个单独的脚本构成一个模块，每个模块都是一个单独的作用域，可以用同步的require方法来引用其他模块，并设置module.exports为导出的变量。

调用require引用其他模块，代码如下所示。

```
var other = require( "Other");
```

require返回的就是被导出模块的对象，参数就是模块的文件名，需要注意的是这个名字不包含路径和扩展名，而且大小写敏感。

```
var other = require("Other");

var another = cc.Class({

    extends: Other,

    update: function (dt) {

    }
});
```

我们可以继承一个模块，并对它的函数进行重写，require 可以在任何地方被调用，开始的时候会自动引用 require 的所有脚本，这时每个模块内部的脚本会被执行一次，后面无论再调用几次，都是同一个模块。

一个对象如果需要在其他模块中被调用，需要使用 module.exports 进行导出，代码如下所示。

```
var needexport = {

    aaa: 1,
};

module.exports = needexport;
```

当 module.exports 没有任何定义时，Cocos Creator 会自动优先将 exports 设置为脚本中的组件，如果没有组件但是定义了别的类型，那就导出这个类型。

另外还可以导出封装的私有变量，即可以通过函数访问变量，但不能直接访问变量，代码如下所示。

```
var dirty = false;

module.exports = {

    setDirty: function () {
        dirty = true;
    },

    isDirty: function () {
        return dirty;
    },
};
```

5.4.2　插件化脚本

我们可以在脚本的属性检查器中选择导入为插件来把脚本插件化，组件脚本不支持声明组件。发布后，脚本内不在任何函数内声明的局部变量都会暴露成全局变量，编辑器下则和普通脚本相同。它的加载顺序会排在普通脚本之前，另外需要注意的是，目标平台不支持原生 Node.js 时就不支持插件化脚本，另外使用大量前端插件的脚本不能用于原生平台当中。组件化脚本如图 5-6 所示。

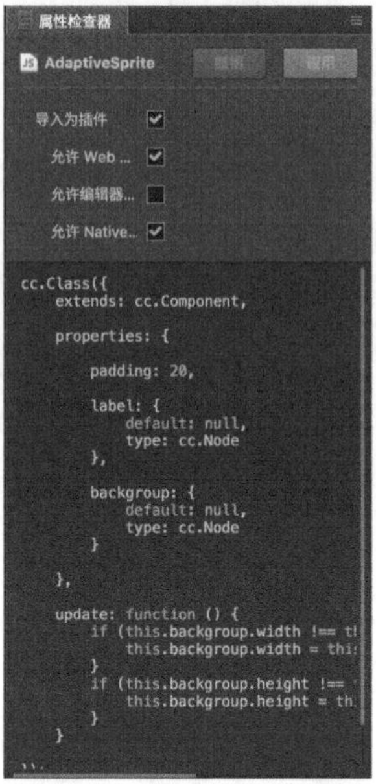

图 5-6 导出插件化脚本

5.5 JavaScript 对象池

频繁进行节点的创建和销毁操作是非常影响性能的。想象这样一个场景，我们制作一款射击游戏，射击游戏的子弹需要频繁地创建和销毁，这时候最好的方法是使用享元模式，在场景中维护一个子弹数组，回收并重用那些需要被销毁的子弹。Cocos Creator 提供了 JavaScript 对象池来解决这个问题，本节就来介绍对象池的概念和使用方法。

5.5.1 对象池的概念

对象池是一组可以回收的节点对象，可通过创建 NodePool 的实例来初始化一组节点的对象池。通常有多个预设体需要实例化的时候，就为每一个预设体创建一个对象池实例。需要创建节点的时候，首先向对象池申请节点，如果有空闲的节点，就可以返回并使用，需要销毁节点时，也是先进行移出操作，然后返回给对象池，这样就形成了节点的重用。

cc.NodePool 可以创建多个对象池实例，并且同一个预设体也可以创建多个对象池，每个对象池中用不同的参数进行初始化，这样增强了灵活性。

5.5.2 对象池的使用

创建一个对象池，直接使用 new 的方式实例化就可以了，代码如下所示。

```
this.bulletPool = new cc.NodePool();
for (let i = 0; i < 20; ++i)
{
    let bullet = cc.instantiate(this.bulletPrefab);
    this.bulletPool.put(bullet);
}
```

对象池的请求是通过 get 函数来获得的，首先需要判断是否有空闲的对象，如果没有就继续创建对象，代码如下所示。

```
let bullet = null;
if (this.bulletPool.size() > 0)
{
    bullet = this.bulletPool.get();
}
```

```
else
{
    bullet = cc.instantiate(this.bulletPrefab);
}
```

当对象不再使用的时候，通过调用 put 函数将对象放回对象池中，和刚开始创建的用法完全一样，这样就完成了从创建到回收再到重用的循环，避免了额外的内存开销和性能开销。

对象池不被需要时需要手动调用 clear 函数清空对象池，销毁其中缓存的所有节点。虽然当对象池实例不再被任何地方引用时，引擎的垃圾回收系统会自动对对象池中的节点进行销毁和回收，但这个过程不可控，所以最好调用 clear 手动清空。

5.6　本章小结

本章介绍 Cocos Creator 中的脚本编程，主要介绍了 JavaScript，包括 JavaScript 的基本语法和使用规则，在 Cocos Creator 中的具体用法，对于节点的操作、使用 cc.Class 声明类型、脚本中的声明周期等。同时，继续上一章的内容，使用脚本来动态管理资源文件，包括 Asset 资源和 Raw Asset 资源；然后介绍了脚本代码的组织方式，包括模块化和脚本化；最后介绍了对象池的使用。有了前五章的基础，从下一章开始，我们将介绍游戏开发的三大系统：UI 系统、动画系统和物理系统。

Chapter 6 第6章

Cocos Creator的UI系统

一个完整的游戏一般由不同的系统组成，从技术的角度看一般会包含UI系统、动画系统、物理系统和声音系统等。其中开发声音相关的内容在引擎工具的帮助下变得很简单，在之前资源管理的部分已经介绍，其余的内容将从本章开始分别介绍。

对于目前市面上的手机游戏来说，特别是2D游戏，除了主要的游戏玩法和战斗以外，主要的工作量都在UI界面的开发上，由于使用率和开发量都比较高，所以Cocos引擎自从发布以来被吐槽最多的部分就是UI部分。每个版本的UI系统也都进行了很大的修改，UI编辑工具更是层出不穷，开发工具从早期的CocosBuider到Cocos Studio，UI组件从“Control前缀”系列到“UI前缀”系列，相比之前Cocos的工具和组件，Cocos Creator中的UI组件在易用性和功能完整度上都有较大的提升，本章就来学习一下Cocos Creator中的UI系统。

6.1 基础渲染组件

再复杂的系统都是由基础的简单系统组成的，UI系统也是如此。复杂的UI组件也是由图片和文字等基础元素组成的，本节就来介绍Cocos Creator中的基础渲染组件。

6.1.1 精灵组件

对于渲染组件来说，最基础的就是图片的渲染，在Cocos Creator中图片渲染组件是精灵组件（Sprite），精灵组件的属性如图6-1所示。

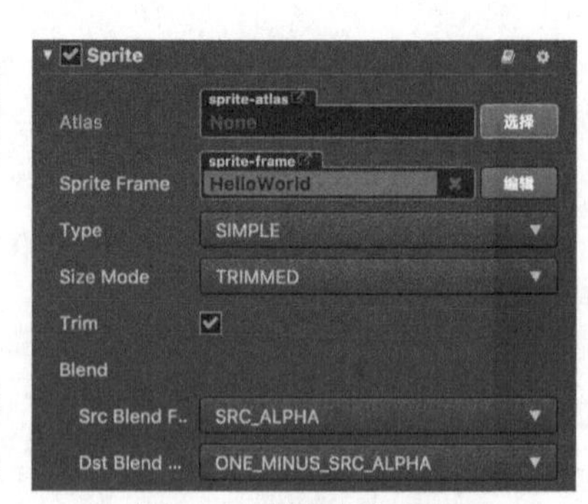

图6-1　精灵属性界面

精灵组件的基本属性比较简单，基本都可以“望文生义”。其中“Altas”表示精灵所显示的图集名；“Sprite Frame”表示的是具体图片的名称；“Type”是渲染方式，目前支持四种渲染方式，后续会进行详细介绍；“Size Mode”代表精灵的尺寸，分为三种——“Trimmed”会使用原始图片资源裁剪透明像素后的尺寸，Raw会使用原始图片未经裁剪的尺寸，当用户手动修改过尺寸后，“Size Mode”的值将会被设置回默认的“Custom”，除非再次指定前两种尺寸模式。“Trimmed Mode”用来设置是否渲染原始图像周围的透明像素区域，选中后将会自动裁剪透明区域，去除原始图片周围的像素区域，后两项是图片的混合方式设置。

精灵组件支持四种渲染模式，具体如下：

1）普通模式（Simple）：按照原始图片资源的样子渲染精灵，这种模式中图片和美术导出的图片资源大小一致。

2）九宫格模式（Sliced）：类似Cocos2D-X中的九宫格精灵（Scale9Sprite），一张图片被分成九个矩形部分，并按照一定规则进行缩放以适应可随意设置的尺寸。通常会被用在按钮，弹板背景中，或将可以无限放大而不影响图像质量的图片制作成九宫格图片来节省资源空间。

Cocos Creator中提供了九宫格切分，可通过Sprite编辑器来编辑图像资源。有两种方式可以打开Sprite编辑器，第一种是在资源管理器中选中图片资源，然后单击属性检查器下面的编辑按钮，调出Sprite编辑器。第二种是在场景编辑器中选中想要编辑的精灵节点，然后在属性检查器的Sprite组件里，单击SpriteFrame属性右侧的编辑按钮。

图6-2　Sprite编辑器

如图6-2所示，打开Sprite编辑器以后，当看到图片上横竖各有两条绿色的线条，表示当前九宫格切分的位置，将鼠标移动到分割线上，当看到光标改变时，就可以拖动线段来改变九宫格的划分了。切分好资源后，就可以把精灵的渲染模式修改为Sliced，此后再修改图片的尺寸也不会模糊，但是需要注意的是大小不能设置为负数。

3）平铺模式（Tiled）：设置的尺寸增大时，图片不会随之拉伸，而是会以原始图片的大小不断地重复平铺，就像盖房子铺瓦片一样将原始图片铺满整个精灵设置的大小。

4）填充模式（Filled）：这个模式用于UI中的进度条，它根据原点和填充模式的设置，按照一定方向和比例绘制原始图片的一部分。填充模式的属性意义，见表6-1。

表 6-1 填充模式的定义

名 称	描 述
FillType	和字面意义一致，表示填充类型，可以选择的方式有水平，垂直和扇形填充三种
FillStart	描述填充的位置，取值范围是 0-1，表示填充总量的百分比，比如选择横向填充的时候，选择 0 就是从左开始。它的数值会影响 FillRange，比如它是 0.5 时，即使 FillRange 是 1，填充范围也是 0.5
FillRange	填充的范围，取值范围是 0-1。如果选择的是扇形填充，如果它是正值是逆时针填充，相反的负值时是顺时针填充
Fill Center	填充类型时选择扇形填充时才有意义，就是扇形的中心点

Sprite 类的主要成员见表 6-2。

表 6-2 Sprite 类的主要成员

名 称	描 述
spriteFrame	精灵显示的图片
type	精灵的渲染类型
fillType	精灵的填充中心点
trim	是否使用裁剪模式
srcBlendFactor	指定原图的混合模式
dstBlendFactor	指定目标的混合模式
sizeMode	精灵尺寸调整模式
node	组件被附加到的节点，精灵组件会附加到一个节点上
enable	组件自身是否启用

Sprite 类的主要成员函数见表 6-3。

表 6-3 Sprite 类的主要成员函数

函数名	描 述
setInsetLeft	设置精灵左边框，用于 Sliced 渲染模式
getInsetLeft	获得精灵左边框
setInsetTop	设置精灵上边框，用于 Sliced 渲染模式
getInsetTop	获得精灵上边框
setInsetRight	设置精灵右边框，用于 Sliced 渲染模式
getInsetRight	获得精灵右边框
setInsetBottom	设置精灵下边框，用于 Sliced 渲染模式
getInsetBottom	获得精灵下边框
_getLocalBounds	获得精灵包围盒
update	每帧都会被调用，用于添加逻辑

6.1.2 Sprite的混合

在Sprite的属性中有一个是混合，那什么是混合呢？混合（blend，有些翻译书上把它称作混融，以下简称混合），在openGL中，当一个输入的片元通过了所有相关的片元测试，就可以在与颜色缓存中当前的内容通过某种方式进行合并了。最简单的，也是默认的方式，就是直接覆盖已有的值，此时实际上不能称作是合并。除此之外，我们也可以将帧缓存中已有的颜色与输入的片元颜色进行混合。这是在openGL流程上的定义，从绘制图片的角度说，其实就是上层图片的颜色和下层图片的颜色的合成方式，一般情况下，上层图片会完全覆盖下层，但是有些时候，为了实现某些效果，上下层的图片颜色会有不同的合成算法，为了实现这些颜色混合效果，不仅仅是把上下层的颜色相加减这么简单，可以采用如下几个参数，见表6-4。

表6-4 混合参数

名　　称	简　　称
目标色	Dc
源色	Sc
目标色系数	Ds
源色系数	Ss

关于目标色和原色系数的计算方法，一共有如下几个选项，见表6-5。

表6-5 混合计算方法

名　　称	数　　值
GL_ZERO	(0,0,0)
GL_ONE	(1,1,1)
GL_SRC_COLOR	(Rs,Gs,Bs)
GL_ONE_MINUS_SRC_COLOR	(1 - Rs,1 - Gs,1 - Bs)
GL_DST_COLOR	(Rd,Gd,Bd)
GL_ONE_MINUS_DST_COLOR	(1 - Rd,1 - Gd,1 - Bd)
GL_SRC_ALPHA	(As,As,As)
GL_ONE_MINUS_SRC_ALPHA	(1 - As,1 - As,1 - As)
GL_DST_ALPHA	(Ad,Ad,Ad)
GL_ONE_MINUS_DST_ALPHA	(1 - Ad,1 - Ad,1 - Ad)
GL_SRC_ALPHA_SATURATE	(f,f,f) f=min(As,1 - Ad)

目标色和原色分别乘以系数计算后，将得到的两个值按照一定方法计算，就可以得到最后混合的颜色，计算方式见表6-6。

表 6-6 混合方法

名 称	数 值
GL_FUNC_ADD	ScSs + DcDs
GL_FUNC_SUBTRACT	ScSs - DcDs
GL_FUNC_REVERSE_SUBTRACT	DcDs - ScSs
GL_MIN	min(ScSs,DcDs)
GL_MAX	max(ScSs,DcDs)

通过使用混合可以实现很多特殊的效果，比如 adobe 软件中有一个效果叫“滤色”，滤色是混合模式，存在于颜色混合模式、通道混合模式、图层混合模式的变亮模式组中。混合后的效果类似于多个摄影幻灯片在彼此之上投影。如图 6-3 所示，为滤色效果。

图 6-3 滤色效果对比

需要说明的是，在 2.0 版本中，增加了一个新的组件类——RenderComponent，所有的渲染组件都继承自这个组件，和之前的区别就是所有继承自这个组件的属性检查器中都会包含混合模式的设置选项，2.0 版本将很多渲染的功能都抽象出来方便用户访问和设置，未来的材质相关的设置也会在这个隐藏组件中。

6.1.3 Label 组件

Label 组件用来显示一段文字，文字可以是系统字，也可以是图片字或者艺术字体，Label 组件将文字排好版并且渲染出来。单击属性检查器下面的添加组件按钮，然后就可以在渲染组件中选择 Label，将 Label 组件添加到节点上，Label 的属性编辑界面，如图 6-4 所示。

图 6-4 Label 组件属性

Label组件相关属性的说明，见表6-7。

表6-7 Label组件相关属性的说明

名　称	数　值
String	文本内容字符串
Horizontal Align	文本的水平对齐方式，可选的值有左对齐（LEFT），中间对齐（CENTER），右对齐（Right）
Vertical Align	文本的竖直对齐方式，可选的值有上对齐（TOP），中间对齐（CENTER），下对齐（BOTTOM）
Font Size	字体的大小
Line Height	行高
Overflow	排版方式
Enable Wrap Text	是否开启文本换行
SpacingX	文本字符之间的距离（只有BMFont）字体有效
Font	指定文本渲染需要的字体文件，如果使用系统字体，则属性可以为空
Use System Font	布尔值，是否使用系统字体

文本的排版有三种方式：

1）截断模式（CLAMP）：文字尺寸不会根据Bounding Box的大小进行缩放，在“Enable Wrap Text”关闭的情况下，按照正常的排列，超出Bounding Box的部分将不会显示。“Enable Wrap Text”开启的情况下，会试图将本行超出范围的文字换行到下一行，如果文本高度不够，后面的内容将不显示。这种模式下，文字首先会按照对齐模式和尺寸的大小进行渲染，超出Bounding Box的部分会被截断。

2）自动缩小模式（SHRINK）：文字尺寸会根据Bounding Box大小进行自动缩放，最大显示到Font Size规定的尺寸，在“Enable Wrap Text”关闭的情况下，按照当前文字排版，超出边界则自动缩放。“Enable Wrap Text”开启的时候，当宽度不足的时候，会自动换到下一行，如果换行后还无法完整显示，则会将文字自动适配Bounding Box的大小。这种模式下，如果文字的尺寸超出文字约束框Bounding Box的大小时，会自动缩小来适应，但是，这种模式不会放大文字来适应Bounding Box的大小。

3）RESIZE_HEIGHT: 文本的Bounding Box会根据文字排版进行适配，这个状态下用户无法手动修改文字的高度，文本的高度由内部算法自动生成。这个模式非常适合显示内容量不固定的大段的介绍文字。

可以通过设置属性检查器中的Font属性来修改字体的类型，将TTF艺术字文件拖拽到这个位置既可设置完毕，如果想继续使用系统字，勾选“Use System Font”既可。

Label 类的主要成员数据见表 6-8。

表 6-8 Label 类的主要成员数据

名 称	描 述
string	显示的文本内容
horizontalAlign	文本的水平对齐方式
verticalAlign	文本的竖直对齐方式
fontSize	字体尺寸
fontFamily	文本字体名称
lineHeight	行高
sizeMode	精灵尺寸调整模式
overflow	文字超出范围是处理方式
enableWrapText	是否自动换行
font	文本字体
isSystemFontUsed	是否使用系统字体

在自动换行选中的情况下，文字不需要输入回车或者换行符，就可以自动换行，但是需要说明的是，自动换行属性只有在截断模式和自动缩小模式下才可以被选择，自适应高度模式下是强制开启的。

6.1.4 Camera 摄像机

在 Cocos Creator 2.0 版本中，摄像机做了很大的改动，由于在 3D 游戏引擎中，摄像机在开发中会起到很大的作用，这也可以看作 Cocos Creator 正在朝一个 2D 和 3D 的全能引擎过度的标志。

1）Canvas 组件会添加一个默认的主摄像机节点，这个节点含有摄像机组件，默认摄像机对准节点的中心，显示场景中渲染的元素。

2）节点 Group 对应裁剪遮挡（cullingMask），只有摄像机的裁剪遮挡包含 Group 才会被渲染。

3）可以用多个摄像机渲染不同的 Group，并让它们拥有全局的关系。

需要注意的是 2.0 版本不像 1.0 版本那样直接指定 Camera 对应的 Target，而是通过设置节点 Group 和摄像机的 cullingMask 来设置节点和摄像机的匹配关系。

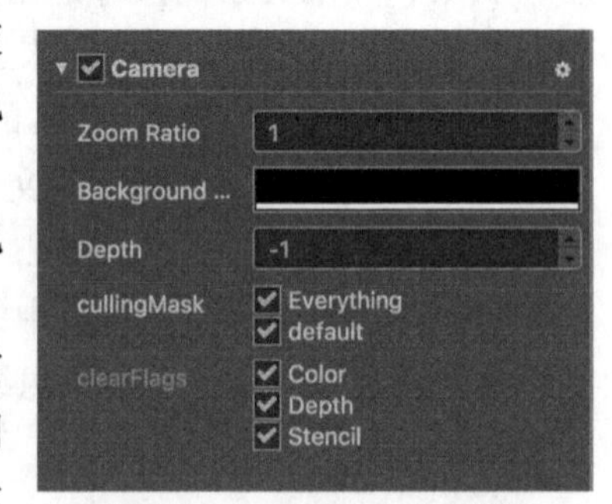

图 6-5 Camera 组件属性

一个游戏场景至少包含一个摄像机节点，同时可以包含多个摄像机，多个摄像机可以支持实现双人分屏效果。

在 2.0 版本中，一个重要的概念就是 cullingMask，它决定摄像机渲染场景中的那些部分，在属性检查器中，会列出可以选择的节点组，通过勾选这些选项来组合生成，而这些分组则是在“项目设置”中的“分组管理”来创建和维护。

摄像机的属性检查器如图 6-5 所示。

Camera 类的主要成员数据见表 6-9。

表 6-9　Camera 类的主要属性

名　　称	描　　述
zoomRatio	缩放比例
clearFlags	指定摄像机时需要做的清除操作
backgroundColor	当指定了摄像机要清除颜色的时候，摄像机会使用设定的背景色来清除场景
depth	摄像机深度，用于决定摄像机的渲染顺序
targetTexture	渲染到具体图片

当摄像机被移动、旋转或者缩放后，再用点击事件获取的坐标去测试节点坐标，往往获取不到正确节点，而需要进行坐标转换，摄像机的基本操作见下面代码所示。

```
//查找并获得第一个摄像机
cc.Camera.findCamera(node);
//立即渲染摄像机
camera.render();
//将一个摄像机坐标系下的点转换到世界坐标系下
camera.getCameraToWorldPoint(point, out);
//将一个世界坐标系下的点转换到摄像机坐标系下
camera.getWorldToCameraPoint(point, out);
//获取摄像机坐标系到世界坐标系的矩阵
camera.getCameraToWorldMatrix(out);
//获取世界坐标系到摄像机坐标系的矩阵
camear.getWorldToCameraMatrix(out);
```

6.2　Cocos Creator 中的事件系统

在 Cocos Creator 的事件系统中，采用的是冒泡派送的方式，通过节点的 dispatchEvent 方法派发事件。冒泡发送会将事件从事件发起的节点，不断地向上传递给它的父节点，一直到到达根节点或者在某个节点的相应函数中做了终断处理。需要注意的是，2.0 版本对于事件系统做了比较大的改动，首先是自定义事件，1.0 版本使用 EventCustom 对象进行派发，2.0 版本则简化了对自定义事件的定义，直接传入自定义事件的回调函数就可以，代码如下所示。

```
//派发事件和结束事件派发

//派发自定义事件（1.0）
this.node.dispatchEvent( new cc.Event.EventCustom('msgTest', true) );
```

```
//派发自定义事件(2.0)
function onCustomEvent (event) {
    //回调函数
}
this.node.on('CUSTOM_EVENT', onCustomEvent, addButton);
//结束事件派发
this.node.on('msgTest', function (event) {
    event.stopPropagation();
});
```

在 2.0 版本中，仅将包含事件捕获和冒泡阶段的时间模型放入了节点（node）中，简化了之前的 EventTarget 的设计。注册监听事件的方法是通过访问节点，调用节点的 on 函数来注册，on 可以传递三个参数，分别包括事件名、对象和回调函数等，可以有两种方法注册，效果一样，代码如下所示。

```
//注册事件的方法

// 使用函数绑定
this.node.on('mousedown', function ( event ) {
    this.enabled = false;
}.bind(this));


// 使用第三个参数
this.node.on('mousedown', function (event) {
    this.enabled = false;
}, this);
```

除了用 on 函数来注册以外，还可以使用 once 方法，它的区别是监听到函数响应时就会关闭监听事件，而 on 方法需要通过 off 函数来关闭监听，代码如下所示。

```
//关闭注册事件的方法
this.node.off('mousedown', function (event) {
}, this);
```

发射事件的方法也有两种——emit 和之前提到的 dispatchEvent 方法，不同的是 dispatchEvent 可以传递事件。另外需要注意的是，2.0 对这部分也做了改动，node 上使用 emit 派发的事件和 EventTarget 上的所有事件派发都是简单的事件派发方式，这种方式派发的事件，在事件回调的参数上和 1.0 有区别，代码如下所示。

```
//派发事件的方法

//方法一
this.node.emit('CUSTOM_EVENT');

//方法二
this.node.dispatchEvent(event);
```

Cocos Creator支持的系统事件包含鼠标、触摸、键盘和重力感应等四种。其中，鼠标和触摸事件是直接触发在相关节点上的，所以被称为节点系统事件；相应的，键盘和重力感应被称为全局系统事件。

6.2.1 节点系统事件

节点系统事件的注册和解除注册方式与之前介绍的方法相同，就是通过on和off来注册和解除注册事件，代码如下所示。

```
//方法一（使用事件名来注册）
node.on('mousedown', function (event) {
    cc.log('Mouse down');
}, this);

//方法二（使用枚举类型来注册）
node.on(cc.Node.EventType.MOUSE_DOWN, function (event) {
    cc.log('Mouse down');
}, this);
```

可以直接使用事件名称的字符串来注册事件，也可以使用枚举类型来注册，鼠标事件的枚举类型见表6-10。

表6-10 鼠标事件的枚举类型

枚举对象	对应字符串名称	描　　述
cc.Node.EventType.MOUSE_DOWN	mousedown	当鼠标在目标节点区域按下时触发一次
cc.Node.EventType.MOUSE_ENTER	mouseenter	当鼠标移入目标节点区域时，不论是否按下
cc.Node.EventType.MOUSE_MOVE	mousemove	当鼠标在目标节点区域中移动时，不论是否按下
cc.Node.EventType.MOUSE_LEAVE	mouseleave	当鼠标移出目标节点区域时，不论是否按下
cc.Node.EventType.MOUSE_UP	mouseup	当鼠标从按下状态松开时触发一次
cc.Node.EventType.MOUSE_WHEEL	mousewheel	当鼠标滚轮滚动时

鼠标事件的重要接口和属性见表6-11。

表6-11 鼠标事件重要接口

名　　称	类型	描　　述
getScrollY	数值	获取滚轮滚动的Y轴距离，只有滚动时才有效
getLocation	坐标	获取鼠标位置对象，对象包含X和Y的值
getPreviousLocation	坐标	获取鼠标事件上次触发时的位置对象，对象包含X和Y的值
getDelta	坐标	获取鼠标距离上一次事件移动的距离对象，对象包含X和Y的值
stopPropagation		停止传递

触摸事件的枚举类型见表 6-12。

表 6-12 触摸事件的枚举类型

枚举对象	对应字符串名称	描 述
cc.Node.EventType.TOUCH_START	touchstart	当手指触点落在目标节点区域内时
cc.Node.EventType.TOUCH_MOVE	touchmove	当手指在屏幕上目标节点区域内移动时
cc.Node.EventType.TOUCH_END	touchend	当手指在目标节点区域内离开屏幕时
cc.Node.EventType.TOUCH_CANCEL	touchcancel	当手指在目标节点区域外离开屏幕时

触摸事件的重要接口和属性见表 6-13。

表 6-13 触摸事件重要接口和属性

名 称	类型	描 述
getScrollY	数值	获取滚轮滚动的 Y 轴距离，只有滚动时才有效
getLocation	坐标	获取鼠标位置对象，对象包含 X 和 Y 的值
getPreviousLocation	坐标	获取鼠标事件上次触发时的位置对象，对象包含 X 和 Y 的值
getDelta	坐标	获取鼠标距离上一次事件移动的距离对象，对象包含 X 和 Y 的值
getID	数值	多点触摸时使用，触点 id
touch	Touch	触摸对象
stopPropagation		停止传递

6.2.2 全局系统事件

全局系统事件是指与节点树不相关的各种全局事件，它们由 systemEvent 函数来统一派发，目前包含键盘事件和重力感应事件，它们的事件的枚举类型见表 6-14。

表 6-14 键盘事件和重力感应的枚举类型

枚举对象	描 述
cc.SystemEvent.EventType.KEY_DOWN	键盘按下
cc.SystemEvent.EventType.KEY_UP	键盘释放
cc.SystemEvent.EventType.DEVICEMOTION	重力感应

具体使用方法见代码清单 6-1。

代码清单6-1 键盘事件使用

```
onLoad: function () {
    //注册事件
    cc.systemEvent.on(cc.SystemEvent.EventType.KEY_DOWN, this.onKeyDown, this);
    cc.systemEvent.on(cc.SystemEvent.EventType.KEY_UP, this.onKeyUp, this);
},
```

```
onDestroy () {
    //取消注册
    cc.systemEvent.off(cc.SystemEvent.EventType.KEY_DOWN, this.onKeyDown, this);
    cc.systemEvent.off(cc.SystemEvent.EventType.KEY_UP, this.onKeyUp, this);
},
//按下
onKeyDown: function (event) {

    switch(event.keyCode) {
        case cc.macro.KEY.a:
            cc.log('Press a key');
            break;
    }
},

//抬起
onKeyUp: function (event) {
    switch(event.keyCode) {
        case cc.macro.KEY.a:
            cc.log('release a key');
            break;
    }
}
```

如果想要获得重力感应事件，需要首先将setAccelerometerEnabled设置为true，具体使用方法见代码清单6-2。

代码清单6-2　重力感应事件

```
onLoad () {
    //添加重力感应事件
    cc.systemEvent.setAccelerometerEnabled(true);
    cc.systemEvent.on(cc.SystemEvent.EventType.DEVICEMOTION,
    this.onDeviceMotionEvent, this);
},

onDestroy () {
    cc.systemEvent.setAccelerometerEnabled(false);
    cc.systemEvent.off(cc.SystemEvent.EventType.DEVICEMOTION,
    this.onDeviceMotionEvent, this);
},

//事件回调
onDeviceMotionEvent (event) {
    cc.log(event.acc.x + "   " + event.acc.y);
},
```

6.3　UI界面的适配和布局

对于移动设备来说，最头疼的问题就是适配，由于移动设备型号众多，移动操作系统的版本和屏幕的分辨率大小都是设备适配时需要考虑的问题，综合看来，移动游戏的适配问题主要分为以下两类：

（1）代码层面的适配：这个问题包括，对于软件系统版本的适配，与底层代码的适配，这个部分基本上都要通过代码的方式解决，包括选择兼容性更好的第三方库等。

（2）分辨率适配：这部分主要是解决 UI 层面的布局对应不同的设备分辨率的问题。

对于一些不懂技术的游戏行业从业者来说，他们常常分不清代码层面的适配和分辨率适配，常常把两个问题搞混。

适配问题不能用单一的方法解决，而要具体问题具体分析。对于代码层面的适配，要根据报错等信息分析；对于分辨率的适配，则需要比较系统的方法，本节就来介绍 Cocos Creator 中 UI 的适配和布局。

6.3.1 分辨率的适配

Cocos Creator 的设计考虑到了要解决多分辨率适配的问题——每个场景的 Canvas 画布节点可以随时获得设备的实际分辨率并对场景中全部的渲染元素进行对应的缩放；所有的 UI 组件都可以有 Widget 对齐组件，这个组件可以根据设置将节点对齐到不同的参考位置；之前介绍的文字 Label 可以通过动态排版来适应不同的屏幕；九宫格精灵图也对适配很有帮助，可以说 Cocos Creator 继承了 Cocos2D-X 引擎早期的对于适配有关的功能并且在此基础上进一步发扬光大。

想要熟悉 Cocos Creator 的适配方法，需要了解一些基本概念，包括设计分辨率，屏幕分辨率等。

设计分辨率是场景使用的默认分辨率，而屏幕分辨率是真实的屏幕显示分辨率，一般情况下，设计分辨率会采用目前市面上设备使用频率最高的分辨率，比如目前安卓设备中 800×480 和 1280×720 两种屏幕分辨率，或 iOS 设备中 1136×640 和 960×640 两种屏幕分辨率。这样当美术或策划使用设计分辨率制作好图片元素和设置好场景后，就可以自动适配最主要的目标设备。当目标设备屏幕分辨率的宽高比和设计分辨率一样时就可以直接通过缩放来进行适配。Canvas 的分辨率属性如图 6-6 所示。

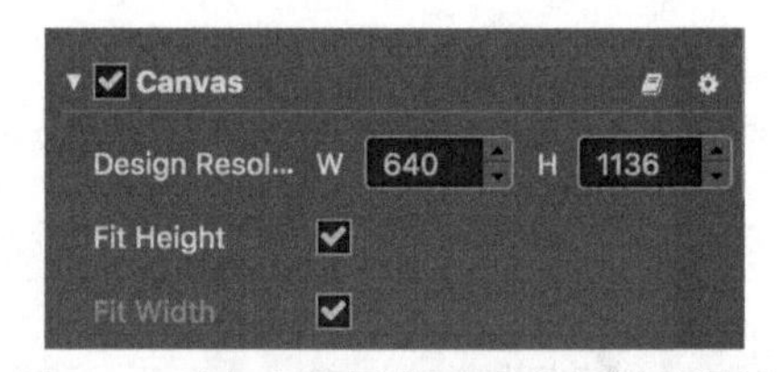

图 6-6 画布中和屏幕适配率相关的设置

为了应对实际屏幕的分辨率和设计分辨率的宽高比不同的情况，可在如图 6-6 所示的 Canvas 组件中选中 “Fit Height” 适配高度模式，此时设计分辨率的高度会被拉伸至屏幕的高度，然后宽度会根据高度的缩放比例进行缩放。这是设计分辨率宽高比大于屏幕分辨率时比较理想的适配方式，有可能会出现裁掉一部分内容，但是不会出现黑边的情况。如果选择 “Fit Weight” 适配宽度模式，和适配高度类似，它将设计分辨率的宽度拉伸至屏幕宽度，然后高度根据缩放比进行缩放，这种模式下，屏的上下可能出现黑边，或者出现被裁掉的情况。

如果对于屏幕周围可能被裁剪的内容没有严格要求，也可以不开启任何模式，这时会自动选择适配高度或者适配宽度来避免黑边，也就是说宽高比大于设计分辨率宽高比的时候，会自动适配高度，当宽高比低于设计分辨率宽高比的时候，会自动适配宽度。在 Cocos 引擎中，也会使用屏幕宽高不同的拉伸比例来保证屏幕不出现裁剪或者黑边，但是这个方案会造成图像形变。

对于开发者来说，建议的方式是将 Canvas 节点作为设计分辨率的根节点。因为虽然场景中的所有节点都能享受到基于设计分辨率的智能缩放，但是 Canvas 节点本身还具备一些特性：在编辑场景时，Canvas 节点的尺寸会保持和设计分辨率一致，运行时，在无黑边的模式中，节点的尺寸会和屏幕分辨率保持一致。在有黑边的模式中，节点的尺寸会保持设计分辨率不变。也就是说，我们为 Canvas 设计的尺寸就等于屏幕可见的区域，可以设置 UI 的对齐方式来确保屏幕元素都可以显示出来。

需要特别说明的是，同时勾选 Fit Width 和 Fit Height 的适配模式在 2.0 版本中做了一定的修改。在 1.0 版本中这种分辨率比例将会忠实地被保留，并缩放场景到所有内容都可见，此时场景长宽比和设备屏幕长宽比一般都存在差距，就会在左右或者上下留下黑边。2.0 改变了适配策略的实现，保持 DOM Canvas 全屏，通过设置 GL Viewport 来让场景内容居中，并处于正确位置。原因是一些游戏在微信版本的适配上出现了问题，微信会强制将主 Canvas 的尺寸拉伸到全屏范围，这样一来，1.0 中使用这种适配模式的小游戏往往都会产生严重的失真。2.0 版本修改后，微信小游戏中比例完全正确，但是场景范围外的内容仍然是可见的。

6.3.2 UI 界面的对齐策略

要更好地适配屏幕，UI 元素的位置固定是很难适配多分辨率屏幕的，UI 的元素要足够“智能”地完成对齐和适应屏幕的功能，Cocos Creator 提供了对齐组件 Widget 来实现对齐的效果。

通过属性检查器下方的“添加组件→添加 UI 组件→Widget 组件”就可以添加对齐组件，如图 6-7 所示。

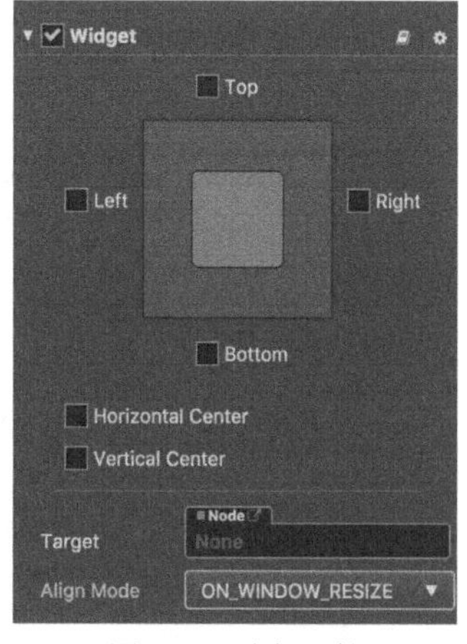

图 6-7 对齐组件

上半部分选择对齐的位置，可以选择对应的对齐锚点和对应的相对坐标，比如我们需要实现一个按钮，这个按钮距离左上角横纵坐标各有 50 像素，设置方法如图 6-8 所示。

那么如果我们同时勾选左右对齐，会有什么现象呢？当同时勾选相反的两个方向的对齐开关时，Widget 就获得了根据对齐需要修改节点尺寸（Size）的能力，如果我们勾选了左右两个方向并设置了边距，Widget 就会根据父节点的宽度来动态设置节点的 Width 属性，表现出来就是不管在多宽的屏幕上，我们的面板距离屏幕左右两边的距离永远保持相对应的大小，如图 6-9 所示。

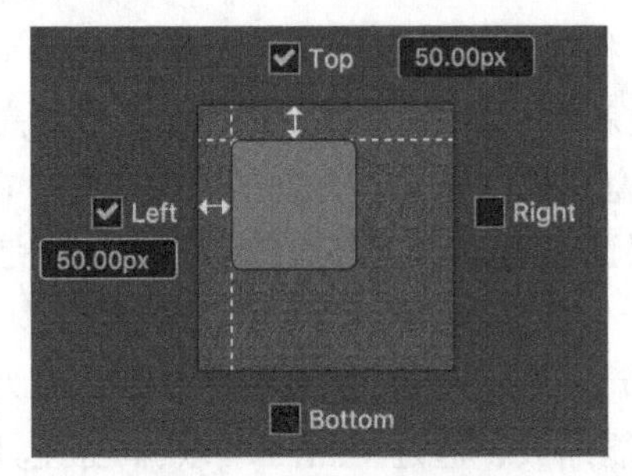

图 6-8 对齐左上角实例

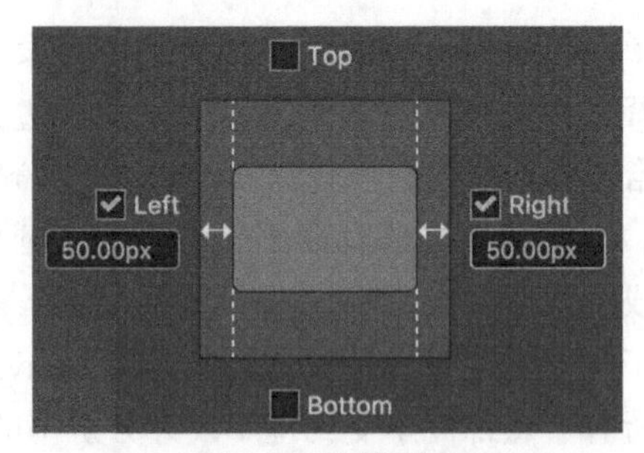

图 6-9 拉伸对齐

如果同时选择四个方向，利用自动缩放节点的特性，可以使节点的尺寸和屏幕的大小保持一致，利用这个特性，可以将屏幕上不同层的元素分成不同的层来进行适配。

需要注意的是，对齐大小的单位除了可以是像素（px），还可以是百分比（%），选择百分比时 Widget 会以父节点相应轴向的宽度或高度乘以输入的百分比，计算出实际的边距值。Widget 在对齐方向开启且接受输入边距值时，可以按照需要混合像素单位和百分比单位的使用。利用百分比对齐距离，可以制作出根据屏幕大小无限缩放的 UI 元素，从而完美适配各种分辨率。

一般情况下，场景运行开始后会在屏幕上定位每个元素的位置，但是确定后基本元素不会再移动。对齐组件 Widget 提供了 alignMode 选项，这是一个性能优化选项，提供了三种选项。如果选择了 Once 属性，它可以使组件初始化时执行对齐定位的逻辑，运行时不会消耗效率来处理对齐。这个属性一旦选中，在组件初始化时执行过一次对齐定位后，就可以通过将 enabled 属性设为 false 来关闭之后的自动更新来避免重复定位。如果选择 Always，运行时需要在每帧对齐时遍历要对齐的对齐组件并将它们的 enabled 属性设为 true。如果选择 On_Windows_Resize，则在界面尺寸变化的时候才进行重复定位，这也是默认的选项。

如果 alignOnce 属性设为 false 时，会在运行时将每帧都按照设置的对齐策略进行对齐。组件所在节点的位置和尺寸大小属性可能会被限制，不能通过调用函数或动画系统自由修改。这是因为通过 Widget 对齐是在每帧的最后阶段进行处理的，因此对 Widget 组件中已经设置了对齐的相关属性进行设置，最后都会被 Widget 组件本身的更新所重置。如果要同时满足对齐策略和运行时改变位置和尺寸的需要话，要确保 alignOnce 是选中状态，这样只会在初始化的时候执行对齐策略，另外可以通过代码直接修改对齐策略，来实现动态修改坐标和尺寸的效果。

6.4 常用的 UI 组件

从视觉上来说，我们看到的游戏界面基本都是由显示图片的 Sprite 和显示文字的 Label 组成的，但是从逻辑上，UI 元素还有接收用户输入并反馈结果的作用，在过去的功能手机时代，用户的输入主要由键盘按键完成，那时候 UI 元素相对简单，而随着进入智能手机时代，手机的主要操作方式由单击按钮已经转移到通过屏幕上的单击、滑动等操作来完成，这也是 UI 元素为什么在交互上变得越来越重要的原因，用户要通过简单的滑动和单击来完成大部分的选择操作，UI 元素需要处理的逻辑的复杂程度可想而知。

对于 UI 的开发，成熟的引擎一般是提供一套功能完整且易用的 UI 组件组，比如著名的 Unity 引擎提供了 UGui。对于 Cocos 引擎的使用者来说，UI 组件一直是一个痛点。在使用 Cocos2D-X 引擎期间，几乎所有有规模的开发团队都有一套自己开发 UI 的套件组，为什么要自己“造轮子”呢？一方面是需求的考量，Cocos2D-X 提供的 UI 组件很难满足一些复杂的 UI 需求，另一方面则是易用性的考虑。为了扭转这一局面，Cocos Creator 提供了一套 UI 组件，几乎可以满足所有 UI 开发的需求，同时有很好的易用性，如图 6-10 所示。

每种 UI 节点都对应着 UI 组件，可以直接使用节点，也可以使用空节点添加对应的组件，基本上这些 UI 组件可以满足几乎所有的 UI 开发需求，同时具有很好的易用性，本节就介绍其中比较核心的 UI 组件。

图 6-10　CocosCreator 中的 UI 节点

6.4.1　布局组件 Layout

布局组件 Layout 是一种容器，它能够开启自动布局功能，按照一定规范自动地排列物体，方便用户制作标签页和列表等功能，布局容器分为三种：水平布局容器、垂直布局容器和网格布局容器。

和添加其他组件一样，可以单击属性检查器下面的添加组件按钮，然后从添加 UI 组件中选择 Layout。添加 UI 组件之后，默认的布局类型是 NONE，当手动摆放物体时，容器会以能够容纳所有子物体的最小矩形区域作为自身的大小，不会改变任何子物体的位置和尺寸，通过修改 Type 类型可以在三种布局容器类型之间切换，如图 6-11 所示。

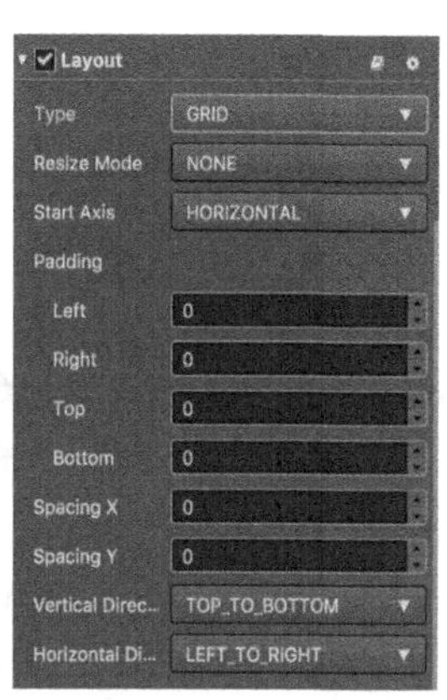

图 6-11　水平布局容器、垂直布局容器、网格布局容器

Layout 的具体属性见表 6-15。

表 6-15 Layout 具体属性

属 性	描 述
Type	布局类型
Resize Mode	缩放模式，有三种模式：NONE、CHILDREN 和 CONTAINER。 NONE：子物体和容器的大小变化互不影响 CHILDREN：子物体大小会随着容器的大小而变化 CONTAINER：容器的大小会随着子物体的大小变化
Padding Left	子物体相对于容器左边框的距离
Padding Right	子物体相对于容器右边框的距离
Padding Top	子物体相对于容器上边框的距离
Padding Bottom	子物体相对于容器下边框的距离
Spacing X	子物体与子物体在水平方向上的间距。NONE 布局没有这个属性
Spacing Y	子物体与子物体在竖直方向上的间距。NONE 布局没有这个属性
Horizontal Direction	水平布局模式时，第一个子节点从容器的左边还是右边开始布局。当容器为 Grid 类型时，这个属性和 Start Axis 属性一起决定 Grid 布局元素的起始水平排列方向
Vertical Direction	垂直布局模式时，第一个子节点从容器的上面还是下面开始布局。当容器为 Grid 类型时，此属性和 Start Axis 属性一起决定 Grid 布局元素的起始垂直排列方向
Cell Size	指定网格容器里面排版元素的大小
Start Axis	指定网格容器里面元素排版指定的起始方向轴

需要说明的是，布局组件不会影响子节点的缩放和旋转，同时当你通过代码来设置布局的时候，设置的结果需要下一帧才能更新，你也可以调用 updateLayout 函数来更新布局。

6.4.2 按钮组件

按钮（Button）是最常用的 UI 组件，它可以响应用户的单击操作，通过设置单击的回调按钮，可以调用相应的逻辑，比如跳转界面、链接网络等，Button 组件的属性如图 6-12 所示。

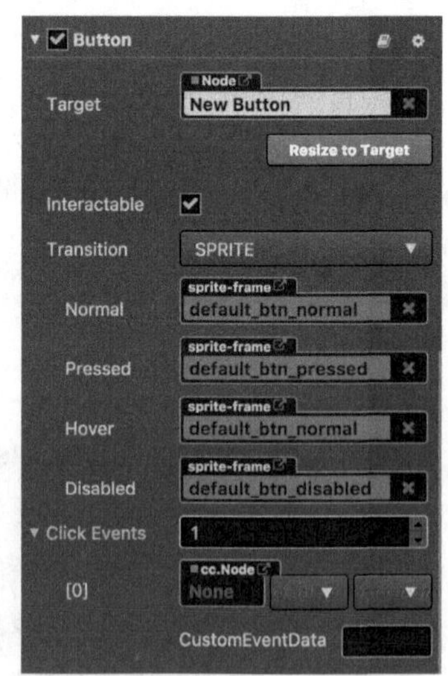

图 6-12 Button 组件属性

Button 组件的属性见表 6-16。

其中“Transition”是一个枚举类型的属性，它表示按钮在不同状态下的不同显示状态，顾名思义，“SPRITE”是图片，“COLOR”是颜色，“SCALE”是缩放，其对应的不同状态见表 6-17。

表6-16　Button具体属性

属　　性	描　　述
Target	当按钮的状态发生变化的时候，会相应地修改图片、大小或者颜色
Interactable	当它的值为false时，则Button组件进入禁用状态
EnableAutoGrayEffect	当它的值为true时，并且Button的Interactable属性为false，Button组件的Target属性对应的节点会使用内置shader变灰，需要注意的是，当Transition属性为SPRITE且disabledSprite属性有关联一个spriteFrame的时候，此时不会使用内置shader来置灰
Transition	它是一个枚举类型，包括的值为NONE、SPRITE、COLOR和SCALE等
Click Events	单击事件，默认为空，用户添加的每一个事件由节点引用、组件名称和一个响应函数组成

表6-17　Button状态

状　　态	描　　述
Normal	SPRITE或COLOR时有效，表示正常状态下对应的图片和颜色
Pressed	SPRITE或COLOR时有效，表示按下状态下对应的图片和颜色
Hover	SPRITE或COLOR时有效，表示图标在按钮上状态下对应的图片和颜色
Disabled	SPRITE或COLOR时有效，表示按钮无效状态下对应的图片和颜色
Duration	SCALE或COLOR时有效，表示状态切换时需要的时间
ZoomScale	SCALE时有效，表示单击按钮时缩放的系数

可以调用interactable函数来设置按钮是否可以单击，代码如下所示，通过点击按钮的设置让两个按钮交替有效。

```
//两个按钮交替有效
onBtnLeftClicked: function() {
    console.log('Left button clicked!');
    this.buttonLeft.interactable = false;
    this.buttonRight.interactable = true;
    this.updateInfo();
},

onBtnRightClicked: function() {
    console.log('Right button clicked!');
    this.buttonRight.interactable = false;
    this.buttonLeft.interactable = true;
    this.updateInfo();
},
```

按钮目前可以支持单击（Click）事件，通过在“ClickEvent”属性中直接选择对应文件中的回调函数名称，或通过代码的方式注册回调函数，都可以注册回调函数，代码如下所示。

```
//方法一
this.button.node.on('click', this.callback, this);

//方法二
var clickEventHandler = new cc.Component.EventHandler();
clickEventHandler.target = this.node;
clickEventHandler.component = "MyTest";//类名
clickEventHandler.handler = "callback";//回调函数名称
clickEventHandler.customEventData = "Extra";//携带的额外数据
var button = node.getComponent(cc.Button);
button.clickEvents.push(clickEventHandler);
```

6.4.3 输入框组件 EditBox

除了单击和滑动操作，有时候我们还需要用户输入信息，这时候就需要用到虚拟键盘和输入框，在网络游戏中，都会有登录界面，登录界面一般要求用户输入用户名和密码，这时候就需要用到输入框组件 EditBox，EditBox 的具体属性如图 6-13 所示。

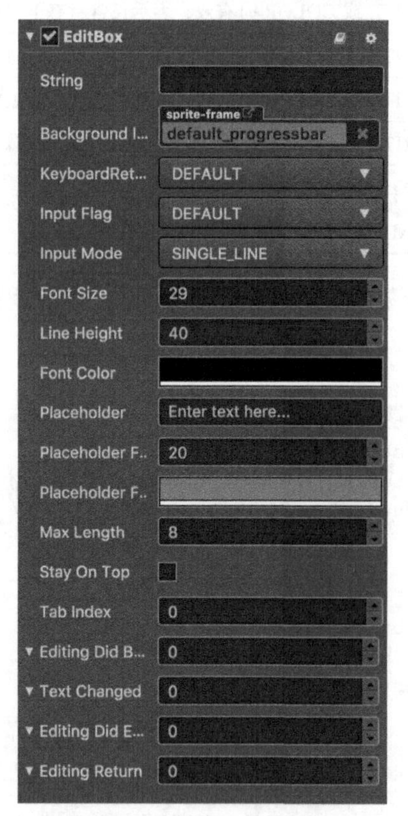

图 6-13 EditBox 组件属性

EditBox 组件的属性说明，见表 6-18。

表 6-18　EditBox 具体属性

属　　性	描　　述
String	输入框默认的输入内容，如果是空则显示占位符的文本
BackgroundImage	输入框的背景图片，支持九宫格的缩放方式
Keyboard Return Type	设备上的键盘回车显示的文字，包括“DONE”，“SEND”，“GO”等
Input Flag	输入显示标识，包括密码的 *，全部大写或者大小写敏感
Input Mode	输入模式，包括可以多行输入的 ANY，Email 地址，全数字和 URL 等
Font Size	文本字体字号
StayOnTop	输入框是否停留在最上层，永久可见，如果要在 HTML 的 iframe 使用，最好把它的值设置为 true
Tab Index	DOM 上面的 TabIndex 属性，只有在 Web 平台上才有意义
Line Height	行高
Font Color	颜色
Placeholder	占位符的内容
Placeholder Font Size	占位符字体大小
Placeholder Font Color	占位符字体颜色
Max Length	允许输入的最多字符数

输入框被选中获得输入字符以后，我们需要获得输入框的相关内容，EditBox 组件提供了四种事件来处理相应的逻辑，四种事件的描述见表 6-19。

表 6-19　EditBox 相关的事件

事　　件	事件名称	描　　述
EditingDidBegan	editing-did-began	输入框获得焦点时调用
TextChanged	text-changed	输入框内容变化时调用
EditingDidEnded	editing-did-ended	如果是单行模式，一般是在用户按下回车或者单击屏幕输入框以外的地方调用该函数 如果是多行输入，一般是在用户单击屏幕输入框以外的地方调用该函数
EditingReturn	edit-return	用户按下回车键的时候被调用，在单行模式下，按回车键还会使输入框失去焦点

EditBox 的各种回调事件测试代码如下所示。

```
//事件回调
singleLineEditBoxDidBeginEditing: function(sender) {
    cc.log(sender.node.name + " single line editBoxDidBeginEditing");
},

singleLineEditBoxDidChanged: function(text, sender) {
```

```
    cc.log(sender.node.name + " single line editBoxDidChanged: " + text);
},

singleLineEditBoxDidEndEditing: function(sender) {
    cc.log(sender.node.name + " single line editBoxDidEndEditing: " +
    this.singleLineText.string);
},
```

可以调用 setFocus 函数让当前 Editbox 获得焦点。代码如下所示。

```
//获得焦点
setFocus: function (event){
    var target = event.target;
    if (target.name === "Button1") {
        this.editBox1.setFocus(true);
    } else if (target.name === "Button2") {
        this.editBox2.setFocus(true);
    } else if (target.name === "Button3"){
        this.editBox3.setFocus(true);
    }

    if (this.editBox1.isFocused()) {
        cc.log("Button1 is focused");
    }

    if (this.editBox2.isFocused()) {
        cc.log("Button2 is focused");
    }

    if (this.editBox3.isFocused()) {
        cc.log("Button3 is focused");
    }
}
```

和按钮的处理方式一样，EditBox 添加事件的方法也有两种，即在属性检查器上直接设置或通过代码添加，另外通过代码添加的方式有两种，代码如下所示。

```
//方法一
var editboxEventHandler = new cc.Component.EventHandler();

editboxEventHandler.target = this.node;
editboxEventHandler.component = "cc.MyTest"//类名
editboxEventHandler.handler = "onEditDidBegan";//回调函数名称
editboxEventHandler.customEventData = "Extra";//携带的额外数据

editbox.editingDidBegan.push(editboxEventHandler);
//方法二
this.editbox.node.on('editbox', this.callback, this);
```

6.4.4 富文本组件 RichText

之前介绍了基础文本组件 Label，然而文本组件有时并不能满足我们的全部需求，例如有时候需要进行图文混排，有时候需要使一些文字显示为不同的颜色表示强调，对应这种需求，就需要使用富文本组件RichText。

富文本组件由Javascript层实现，底层其实也是由许多Label文本节点拼装排版而成。一般来说，一个看上去只有一个元素的富文本组件，可能包含十几个Label文本节点。这么多的节点一定会造成游戏运行效率的下降，所以，一般情况下，当没有在文本中进行图文混排或者文字变色的这种需求时，不要使用富文本组件，以免凭空增加很多冗余的节点。另外在游戏运行过程中，不要频繁修改富文本组件的内容，因为重新排版和渲染也会导致运行效率的下降。

富文本组件的属性如图6-14所示。

RichText组件的属性说明，见表6-20。

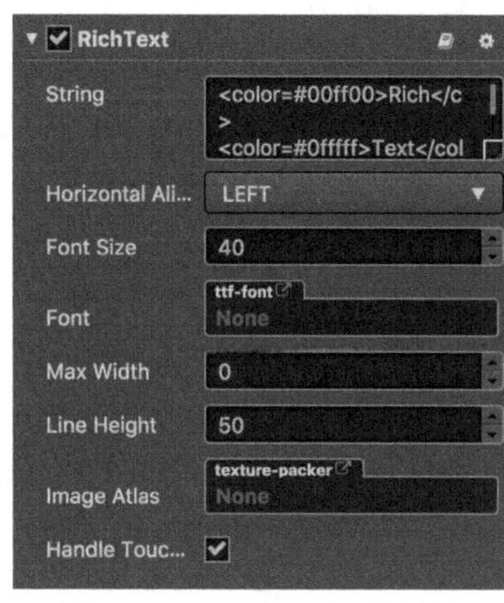

图6-14 RichText组件属性

表6-20 RichText具体属性

属　性	描　述
String	富文本的内容字符串，字符串的内容是一种类似于HTML的BBCode
Horizontal Align	文本的水平对齐方式
Font	富文本的字体，所有片段里的文字都使用这个字体
Font Size	文本字体字号，单位是Point
Handle Touch Event	选中此选项后，RichText将阻止节点边界框中的所有输入事件（鼠标和触摸），从而防止输入事件穿透到底层节点
Image Atlas	img标签里面的src属性名称，都需要在imageAtlas里面找到一个有效的spriteFrame，否则img tag会判定为无效
Line Height	行高，单位是Point
MaxWidth	行宽，超过它的大小要换行，如果是0意味着要手动换行

BBCode是一种类似于HTML的文本结构，内部都是标签化的，目前支持的标签有：color（字体颜色）、size（字体大小）、outline（文本描边）、b（粗体）、i（斜体）、u（下划线）、on（事件）、br（空行）和img（图片），每一个标签都有一个起始标签和一个结束标签，起始标签的名字和属性格式需要符合格式的要求，而且要求全部是小写。结束标签的名字只需要满足结束标签的定义即可。标签之间支持嵌套，和HTML的使用方式类似，目前支持的标签见表6-21。

若要在富文本中添加单击事件，添加RichTextEvent组件，并在其中指定回调函数所在的文件和具体函数即可。

表 6-21 RichText 的 BBCode 支持标签

标　签	描　述	例　子
color	指定字体渲染颜色，颜色值可以是内置颜色的字符串，也可以使用 16 进制颜色值	<color=#ffffff>TEST</color>
size	字体的大小，整型数据，必须使用等号赋值	<size=24>TEST</size>
outline	设置文本描边颜色和宽度，没有指定描边的颜色或者宽度的话，那么默认的颜色是白色 (#ffffff)，默认的宽度是 1	<outline color=white=4>TEST</outline>
b	粗体，必须是小写	<b>TEST</b>
i	斜体，必须是小写	<i>TEST</i>
u	下划线，必须是小写	<u>TEST</u>
on	单击属性，指定一个单击事件处理函数，当单击该 Tag 所在文本内容时，会调用该事件响应函数，click 属性也可以加到 size 和 color 中	<on click="handler">TEST</on> <size=4 click="handler">click me</size>
br	空行	
img	图文并排，img 的 src 属性必须是 ImageAtlas 图集里面的一个有效的 spriteframe 名称，如果指定的图片很大，那么对应的精灵会被等比缩放，缩放的值等于富文本的行高除以精灵的高度	<img src='test' click='handler'/>

6.4.5 进度条组件 ProgressBar

游戏中常常需要直观地显示一个值或者是一个事情的进度，比如游戏中某个角色的血量，如果是显示数值的话，第一个问题就是不直观，第二就是要显示现在血量和总血量两个值；另外一个场景，是游戏中需要显示进度，比如游戏更新的进度，数据加载的进度等，这个时候都要使用进度条组件，进度条组件的属性如图 6-15 所示。

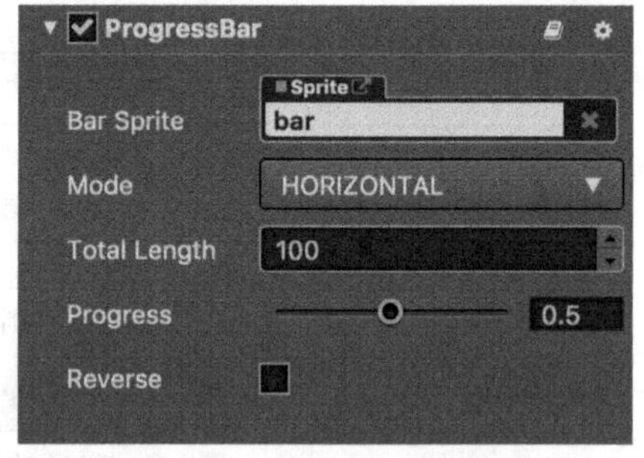

图 6-15 进度条组件属性

进度条组件的属性描述见表 6-22。

表 6-22 ProgressBar 具体属性

属　性	描　述
Bar Sprite	进度条渲染所需要的精灵组件，可以通过拖拽一个带有精灵组件的节点到该属性上来建立关联，通过从层级管理器中拖拽一个精灵节点到对应的属性上，便可以拖动滑块来控制进度条显示
Mode	包括水平模式，垂直模式和填充模式三种模式。需要说明的是在 Filled 模式下，Bar Sprite 的属性也需要是 Filled
TotalLength	当进度条为 100% 时 Bar Sprite 的总长度 / 总宽度，Filled 模式下，TotalLength 表示 Bar Sprite 的百分比
Progress	取值范围为 0-1，进度值，不接受其他数值
Reverse	填充方向是否要颠倒

可以直接设置 Progress 属性值，设置进度条所在的位置，代码如下所示。

```
//设置进度条
_updateProgressBar: function(progressBar, dt){
    var progress = progressBar.progress;

    if(progress < 1.0 && this._pingpong){
        progress += dt * this.speed;
    }
    else {
        progress -= dt * this.speed;
        this._pingpong = progress <= 0;
    }
    progressBar.progress = progress;
}
```

6.4.6　滑动器组件 Slider

滑块组件用于一个可以调节范围的值的输入，比如音量的调整，它比较像老式录音机里的音量调节键，操作方式和理解方式比较直观，它的属性如图 6-16 所示。

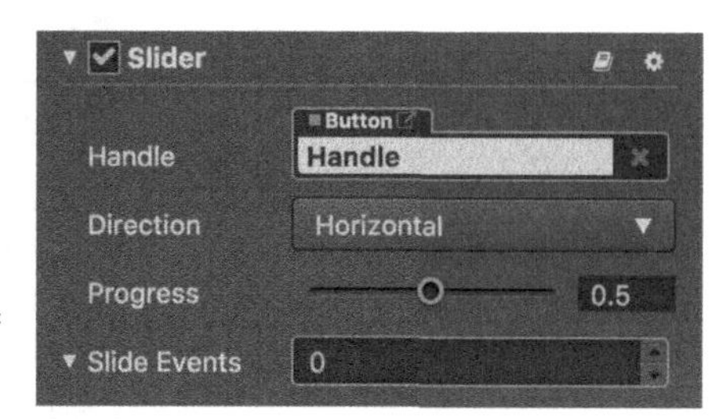

图 6-16　滑块组件属性

滑块组件的属性描述见表 6-23。

表 6-23　Slider 具体属性

属　　性	描　　述
handle	可以通过该按钮进行滑动调节滑块代表数值大小
Direction	移动方向，纵向和横向
Progress	取值范围为 0-1，进度值
Slide Events	事件

绑定滑块事件的方法也是两种，具体代码如下所示。

```
//方法一
var sliderEventHandler = new cc.Component.EventHandler();
sliderEventHandler.target = this.node;
sliderEventHandler.component = "cc.MyTest"
sliderEventHandler.handler = "callback";
sliderEventHandler.customEventData = "Extra";
slider.slideEvents.push(sliderEventHandler);

//方法二
this.slider.node.on('slide', this.callback, this);
```

6.4.7　页面容器

在智能手机上，由于屏幕的大小有限，常常需要分页显示一些信息，这个时候就需要页面容器组件组，说它是组件组，因为它由两个组件组成，这两个组件分别是页面视图 PageView 和页面视图标识 PageViewIndicator，首先介绍 PageView，它的属性如图 6-17 所示。

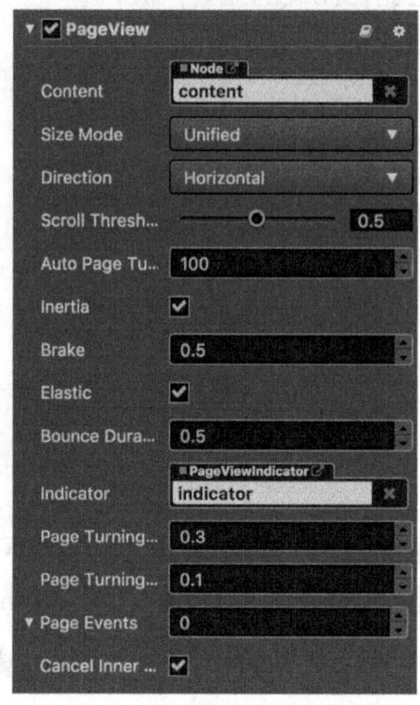

图 6-17 PageView 组件属性

PageView 属性描述见表 6-24。

表 6-24 PageView 具体属性

属 性	描 述
SizeMode	页面视图中每个页面大小类型，目前有 Unified 和 Free 类型
Content	PageView 的可滚动内容
Direction	滚动方向
Scroll Threshold	滚动临界值，默认单位百分比，当拖拽超出该数值时，松开会自动滚动下一页，小于时则还原
Auto Page Turning Threshold	快速滑动翻页临界值，当用户快速滑动时，会根据滑动开始和结束的距离与时间计算出一个速度值，该值与此临界值相比较，如果大于临界值，则进行自动翻页
Inertia	是否开启滚动惯性
Brake	开启惯性后，在用户停止触摸后滚动多快停止，0 表示永不停止，1 表示立刻停止
Elastic	是否回弹
Bounce Duration	回弹时间
Indicator	页面视图指示器组件
Page Turning Event Timing	事件发送时间
Page Events	滚动事件
Cancel Inner Events	是否在滚动行为时取消子节点上注册的触摸事件

PageView组件必须有指定的content节点才能起作用，content中的每个子节点为一个单独页面，每个页面的大小为PageView节点的大小，操作效果分为两种：第一种是缓慢滑动，通过拖拽视图中的页面到达指定的数值（Scroll Threshold的值）以后松开会自动滑动到下一页；第二种是快速滑动，快速地向一个方向进行拖动，自动滑到下一页，每次滑动最多只能一页。

对于一个页面容器来说，页面视图标识是可选的，它用来显示页面在哪一页，属性如图6-18所示。

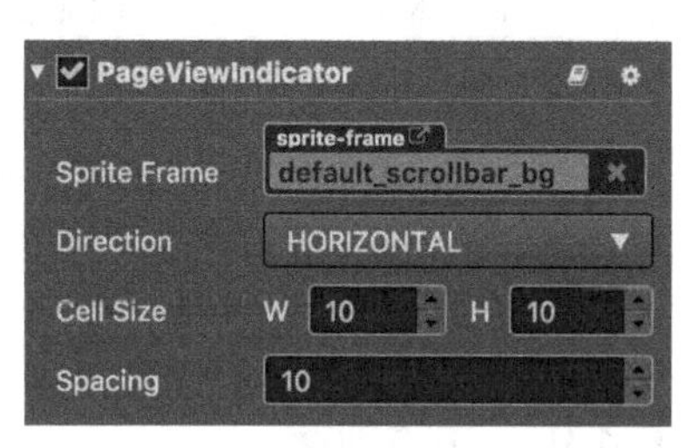

图6-18　页面容器标识组件属性

PageViewIndicator不会单独使用，而是和PageView配合使用，当滑动时，它会高亮显示页数标记，PageViewIndicator属性描述见表6-25。

表6-25　PageViewIndicator具体属性

属　性	描　述
Sprite Frame	页面显示的图片
Direction	方向，可以选择水平方向和垂直方向
Cell Size	页面标记大小
Spacing	页边距

注册事件的方法也是两种，具体代码如下所示。

```
//方法一
var pageViewEventHandler = new cc.Component.EventHandler();

pageViewEventHandler.target = this.node;
//组件名
pageViewEventHandler.component = "cc.MyTest"
//回调
pageViewEventHandler.handler = "callback";
//自定义数据
pageViewEventHandler.customEventData = "Extra";

pageView.pageEvents.push(pageViewEventHandler);

//方法二
this.pageView.node.on('click', this.callback, this);
```

6.4.8　复选框组件

选择框也是一种较为特殊的组件，它常常为满足用户选择几种信息的要求而实现，它可以由Toggle和ToggleGroup来组成复选框，Toggle的属性如图6-19所示。

Toggle属性描述见表6-26。

表 6-26 Toggle 具体属性

属 性	描 述	属 性	描 述
Is Checked	是否选中	Toggle Group	所属的组
Check Mark	选中状态下的图片	Check Events	事件列表

ToggleContainer 是一个不能独立存在的组件。不是一个可见的 UI 组件，它可以用来修改一组 Toggle 组件的行为。当一组 Toggle 属于同一个 ToggleContainer 的时候，任何时候只能有一个 Toggle 处于选中状态，它可以使几个选择框组合在一起变成一个复选框。它只有一个 "allowSwitchOff"，表示在单击的时候是否可以反复选中和不选。

6.4.9 滚动列表

和分页一样，在移动平台游戏上常常被使用的 UI 组件就是滚动列表，滚动列表是一种带滚动功能的容器，它提供一种方式，使用户可以在有限的显示区域内浏览更多的内容。它包含 ScrollView、Mask 和 ScrollBar 三个组件。它必须包含一个 Content 节点才能被使用。

ScrollView 组件属性如图 6-20 所示。

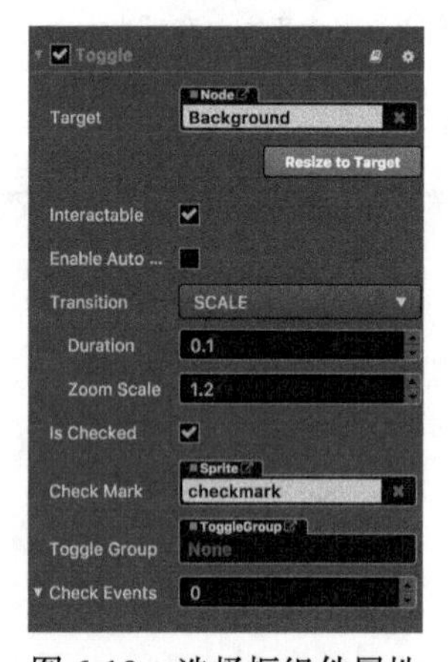

图 6-19 选择框组件属性

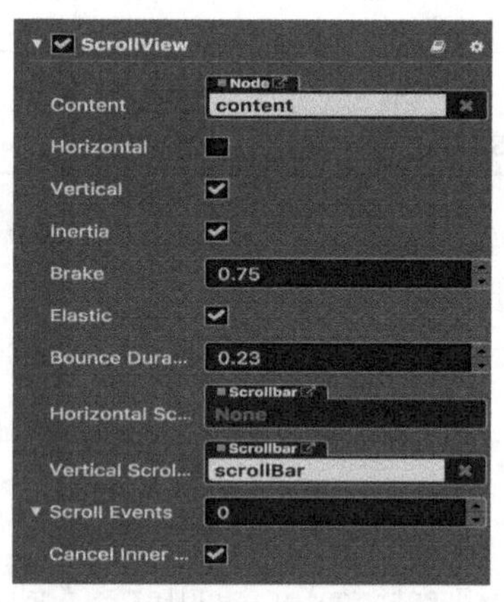

图 6-20 ScrollView 组件属性

ScrollView 属性描述见表 6-27。

表 6-27 ScrouView 具体属性

属 性	描 述
Content	滚动内容节点
Horizontal	是否允许在水平方向滚动
Vertical	是否允许在垂直方向滚动
Inertia	是否开启滚动惯性
Brake	开启惯性后，在用户停止触摸后滚动多快停止，0 表示永不停止，1 表示立刻停止
Elastic	是否回弹
Bounce Duration	回弹时间
ScrollBar	水平方向和垂直方向的滚动条

ScrollView 一般需要一个 Mask 来当作 Viewport，用来裁剪对应的区域，可以选择矩形区域 RECT，椭圆形区域 ELLIPSE，还可以根据提供的图片形状来进行裁剪。

ScrollBar 滚动条也是一个可以选择的选项，它的属性如图 6-21 所示。

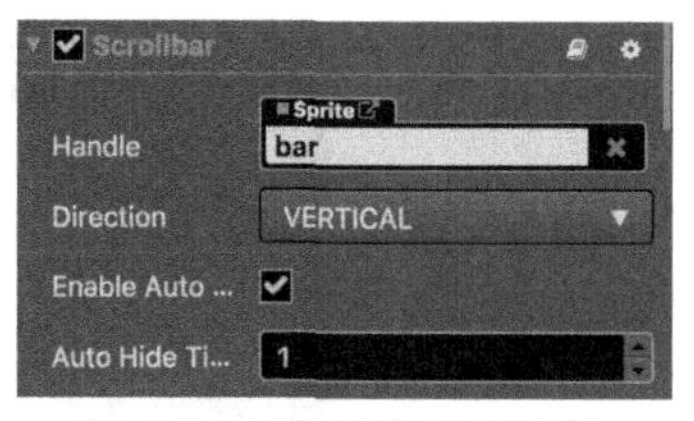

图 6-21　滚动块组件属性

ScrollBar 属性描述见表 6-28。

表 6-28　ScrollBar 具体属性

属　　性	描　　述
Handle	前景图片，它的长度 / 宽度会根据 ScrollView 的 content 的大小和实际显示区域的大小来计算
Direction	方向，可以选择水平方向和垂直方向
Enable Auto Hide	是否开启隐藏
Auto Hide Time	配合 Enable Auto Hide，表示自动隐藏时间

6.5　实例：卡牌游戏的经典 UI 界面

卡牌游戏，是一类在智能手机平台上特别流行的游戏，已经成为国内手机游戏市场的主流。苹果 App Store 中国区卡牌类游戏十分畅销，占据四分之一的市场。无论是传统的网游公司，还是手机游戏或网页游戏的新兴公司，都将自己的研发重点放在卡牌类的手游。

卡牌游戏之所以流行，一方面是由于移动游戏平台操作的局限性，传统的格斗类型或者 RPG 类型这种需要强操作的游戏类型很难在目前的智能手机平台上获得较好的操作体验，虚拟按键的方式还不能完全满足用户的需求；另一方面，卡牌游戏的集换式玩法又受到很多玩家的欢迎，这种玩法几乎成为市面上很多游戏的标准配置。虽然近两年来，卡牌游戏由于竞品数量过多和政策限制等因素有下滑的趋势，但新兴的游戏类型，比如策略类游戏，还是建立在卡牌游戏集换式玩法的基础上，因此无论是目前还是可以预见的未来，卡牌游戏及其衍生类型依然有旺盛的生命力。

6.5.1　UI 界面的设计

为了更好地贯穿本章内容，这一部分介绍一个简单的卡牌游戏 UI 界面的小样，介绍一个卡牌游戏中最常用的界面——卡牌列表和卡牌详情。在卡牌游戏中玩家拥有一组卡牌，常常要在一个列表中进行选取操作，同时单击这个列表上的某一项就可以跳转到具体一张卡牌的详情信息，这是几乎所有卡牌游戏都会有的功能界面，卡牌列表的设计图如图 6-22 所示。

卡牌列表上会包含一些卡牌的基本信息，包括卡牌的小头像、卡牌的名称和一些战斗相关的信息，比如战斗能力值、技能和血量等，本例就包含一个小头像、名称和血量条，单击某一个卡牌项会进入卡牌的详细信息，如图 6-23 所示。

图 6-22 卡牌列表界面

图 6-23 卡牌详情界面

卡牌详情界面，会包含更多的信息，比如卡牌的等级、卡牌的详细介绍以及卡牌的全身立绘等，跳转到这个界面，玩家会对卡牌有更详细的了解，从而更好地搭配卡牌阵容等。

6.5.2 UI 界面功能制作

当美术及策划人员完成了界面的设计后，就会进入制作过程。制作过程一般分为界面拼接和逻辑开发，在之前的开发流程中，这两个工作流程一般都由工程师来完成，因为界面拼接的结构会影响到逻辑的开发，如果由没有开发经验的人员完全从视觉上考虑，那么搭建的界面会一塌糊涂，随着 Cocos Creator 的发展，这个问题有可能会被解决，从而解放工程师，来制作更复杂的功能。

这个界面功能分为两部分，一个是卡牌列表界面，一个是卡牌详情界面，卡牌列表界面就是进入游戏的界面，这个界面的结构包括背景和一个滚动列表，如图 6-24 所示。

在界面搭建完毕后，滚动列表的部分是不可见的，只可以看见背景，我们只需根据需要调整滚动列表外层和其内部的大小即可，搭建完毕后效果如图 6-25 所示。

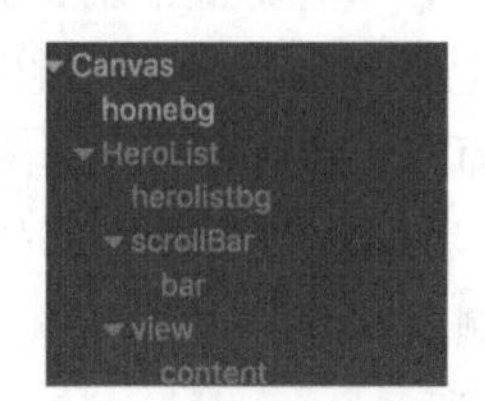

图 6-24 卡牌详情结构

图 6-25 界面搭建后效果

列表中的具体每一项的 Cell，也是在编辑器中搭建，然后拖动它的根节点到资源管理器中成为一个预设体，然后在代码中动态创建。Cell 的搭建效果如图 6-26 所示。

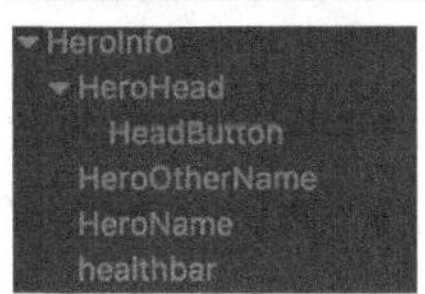

图 6-26　具体项目搭建效果及结构

每一项的具体结构就包括显示的基本内容：头像、名称和血条等，头像上嵌入了一个按钮，用于接受单击事件，跳转详情界面，详情界面的结构如图 6-27 所示。

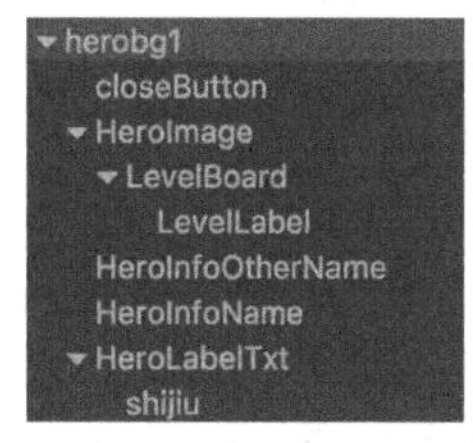

图 6-27　具体项目搭建效果及结构

详情界面包含页面上的所有元素，包括卡牌立绘、级别、名称和详情等界面元素。这里的详情界面就放在一个 Canvas 下，当然，根据游戏的复杂程度，你可以选择把它设计成一个独立的场景，或者是一个独立的预设体，在需要的时候动态地加载创建。

6.5.3　界面相关逻辑开发

终于到了激动人心的时刻了，我们可以开始写代码了。是的，这就是编辑器游戏引擎的特点，大部分的工作都在编辑器中完成，代码是由编辑器驱动的，根据具体事件调用，首先是界面加载时的初始化逻辑，见代码清单 6-3。

代码清单6-3　初始化部分逻辑

```
//初始化
onLoad: function () {
    this.content.height = 200 * HeroInfoData.length
    for(var i = 0;i < HeroInfoData.length;i ++)
    {
        //创建具体cell
        var item = cc.instantiate(this.prefab)
        this.content.addChild(item)
        item.setPosition(cc.p(0,-97 - 200 * i))

        item.getComponent("ListCell").upDateInfo(
        this.content.getComponent("SpriteFrameMangager")[
        "iconSpriteFrame" + HeroInfoData[i].id],HeroInfoData[i])
        //添加单击事件
        var clickEventHandler = new cc.Component.EventHandler();
```

```
            clickEventHandler.target = this;
            clickEventHandler.component = "UiControl";
            clickEventHandler.handler = "onClickItem";
            clickEventHandler.customEventData = {"index":i};

            var button = item.getComponent("ListCell").button
            button.clickEvents.push(clickEventHandler);
        }
    }
```

在这段逻辑中，就是创建滚动列表中具体的项目 Cell，并为上面的按钮添加单击事件的回调函数，同时还会初始化具体的 Cell，调用 ListCell 的 upDateInfo 函数，见代码清单 6-4。

代码清单6-4 具体cell的初始化

```
//具体cell的初始化
upDateInfo (spriteFrame,info){
    this.nameLabel1.string = info.name          //名称
    this.nameLabel2.string = info.name2         //别名
    this.blood._fillRange = info.blood         //血量
    this.spriteFrame.spriteFrame = spriteFrame//图片
},
```

由于本实例没有联网，所以测试的数据直接放在这部分代码中定义，采用网络传输比较常用的 json 格式，这种格式的使用在 Javascript 中也非常简单，定义见代码清单 6-5。

代码清单6-5 卡牌数据定义

```
//卡牌数据定义

var HeroInfoData = [
    {"name":"及时雨","name2":"宋江",
        "id":0,"level":30,"blood":0.98,"intro":
        "原为山东郓城县押司，身材矮小，面目黝黑，
        为梁山起义军领袖，在一百单八将中稳坐梁山泊第一把交椅"},

        {"name":"玉麒麟","name2":"卢俊义",
         "id":1,"level":30,"blood":0.95,"intro":
         "武艺高强，棍棒天下无双，江湖人称河北三绝"},

        {"name":"智多星","name2":"吴用",
         "id":2,"level":30,"blood":0.90,"intro":
         "满腹经纶，通晓文韬武略，足智多谋，常以诸葛亮自比"},

        {"name":"入云龙","name2":"公孙胜",
         "id":3,"level":30,"blood":0.89,"intro":
         "他与晁盖、吴用等七人结义，一同劫取生辰纲，后上梁山入伙"},

        {"name":"大刀","name2":"关胜",
         "id":4,"level":30,"blood":0.88,"intro":
```

```
        "在梁山好汉中排名第五，位居马军五虎将第一位，河东解良（今山西运城）人，
        是三国名将关羽的后代，精通兵法，使一把青龙偃月刀"},

       {"name":"豹子头","name2":"林冲",
        "id":5,"level":30,"blood":0.85,"intro":
        "东京人氏，原是八十万禁军枪棒教头，因其妻子被太尉高俅的养子高衙内看上，
        而多次遭到陷害，最终被逼上梁山落草"},

       {"name":"霹雳火","name2":"秦明",
        "id":6,"level":30,"blood":0.83,"intro":
        "因其性如烈火，故而人称“霹雳火”。祖籍山后开州。善使一条狼牙棒。本是青州
        指挥司统制，攻打清风山时，因中宋江的计策，被俘后无家可归，只得归顺"},
       {"name":"双鞭","name2":"呼延灼",
        "id":7,"level":30,"blood":0.82,"intro":
        "宋朝开国名将铁鞭王呼延赞嫡派子孙，祖籍并州太原（今属山西太原），上梁山
        之前为汝宁郡都统制，武艺高强，杀伐骁勇，有万夫不当之勇"},

       {"name":"小李广","name2":"花荣",
        "id":8,"level":30,"blood":0.81,"intro":
        "原是清风寨副知寨，使一杆银枪，一张弓射遍天下无敌手，生得一双俊目，齿白
        唇红，眉飞入鬓，细腰乍臂，银盔银甲，善骑烈马，能开硬弓"},

       {"name":"小旋风","name2":"柴进",
        "id":9,"level":30,"blood":0.79,"intro":
        "沧州人氏，后周皇裔，人称柴大官人。他曾帮助过林冲、宋江、武松等人，仗义
        疏财，后因李逵在高唐州打死殷天锡，被高廉打入死牢，最终被梁山好汉救出，因
        此入伙梁山"}
]
```

单击具体Cell上面的按钮，可以跳转进入详情界面，这里的详情界面只是把之前隐藏的部分显示出来，这部分逻辑见代码清单6-6。

代码清单6-6 单击跳转逻辑

```
//单击跳转
onClickItem: function(tar,obj) {
    var index = obj.index
    this.board.active = true

    //初始化详情信息
    var info = HeroInfoData[index]
    this.nameLabel1.string = info.name
    this.nameLabel2.string = info.name2
    this.level.string = info.level
    this.intro.string = info.intro

    //更新立绘
    this.spriteFrame.spriteFrame = this.content.getComponent(
    "SpriteFrameMangager")["bigSpriteFrame" + info.id]
},
```

```
//关闭详情界面
    onClose:function(){
    this.board.active = false
},
```

6.6 本章小结

本章介绍了 Cocos Creator 的 UI 系统，作为 2D 移动游戏中最重要的一个系统，UI 系统在你的学习时间和实际使用中会占有很大的比重，所以毫不夸张地说，本章是基础知识中最重要的一章。

Cocos Creator 的 UI 系统包括基础渲染组件一图片精灵 Sprite、文字 Label 和复杂的 UI 组件。在介绍复杂的 UI 组件之前，本章优先介绍了 Cocos Creator 中的事件系统和屏幕适配的相关知识，这些内容是 UI 组件的基础。UI 组件一直是各种移动引擎最重要的功能，经历了几代产品的进化，Cocos Creator 的 UI 组件有很好的易用性，并且也可以包含市面上的游戏 UI 的所有功能。

学习本章内容，需要在学习基础知识的基础上，多加练习，可以找一些游戏的 UI 实例进行模仿制作，加强对于 UI 组件使用的熟练程度。

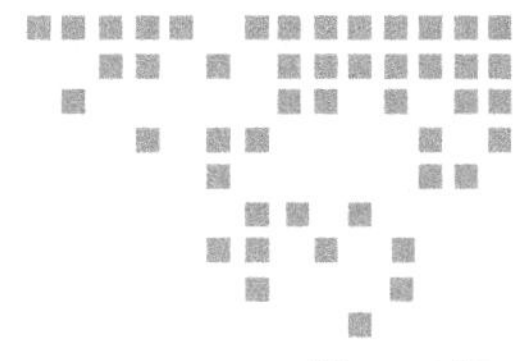

第 7 章 Chapter 7

Cocos Creator 的动画系统

在早期的游戏开发中，游戏工程师和设计师们使用简单的技巧开发动画，早期动画的动感由连续快速显示一连串静止的图片产生，这些静止的图片被称为帧，这种动画被称为帧动画。随着设备硬件技术的改进和开发工具的不断完善，更多的高级动画技巧和骨骼动画得到了使用，Cocos Creator 包含简单的动画编辑系统，可以制作简单的动画，另外骨骼动画在 2D 游戏中被广泛使用，Cocos Creator 支持的骨骼动画工具包含 spine 和 DragonBones，spine 和 DragonBones 可以制作较为复杂的动画和特效，本章将介绍 Cocos Creator 的动画系统。

一款游戏除了基本功能和动画以外，还需要给玩家更多视觉上的刺激，这个时候就需要用特效来装饰。比如著名的格斗类游戏拳皇系列，在角色出招的同时，往往伴随大量特效，使得游戏的画面更炫更吸引玩家，增强玩家的代入感和游戏的表现力。不过近几年，由于手机游戏行业的快速发展，行业内的从业者心态浮躁，在一些游戏研发商和游戏制作人眼中，往往有一个错误观念，就是游戏特效大于游戏玩法，这其实是一种本末倒置的观点，这样的游戏制作人怎么可能制作出真正成功的产品？这种公司只能靠刷数据来生存。游戏中的特效相当于调料，一道菜是否好吃，主料是基础，调料是点缀，适量且合适的调料可以为游戏增色不少，但特效绝不是游戏的主角。单纯从技术上看，Cocos 系列引擎对动画有着很好的支持，包括 Cocos 引擎内置的动作系统，可以完成简单的动态效果；对于骨骼动画的支持，可以对人物和特效有着更好的刻画；另外其从早期版本开始就一直支持的粒子特效，可以用更小的成本实现不错的渲染效果。本章就来依次介绍 Cocos Creator 的动画系统。

7.1 Cocos Creator 的动画系统

对于一个游戏的渲染系统来说，再复杂的 2D 对象说到底都可以抽象成图片，本章将会介绍的骨骼动画虽然很复杂，但是其本质也是由一块块独立的贴图组合而成，而对于动画系统来说，再复杂的动画也无非是位移、缩放、旋转、延时和函数回调等，本节首先介绍这些基础的动画，然后介绍 Cocos Creator 自带的动画编辑系统，这个系统也是由基础动画组合而成的。

7.1.1 Cocos Creator 中的动作

和之前介绍的内容不同，Cocos 引擎的 Action 动作类并不是一个在屏幕中显示的对象，动作必须要依托于 Node 节点类及它的子类的实例才能发挥它的作用，Cocos 中的动作不仅包括位置移动等，还包括跳跃、旋转，甚至是对象透明度的变化和颜色的渐变。这些基本动作可以构成各种复杂的动作，也可以通过 sequence 形成一个完整的动作序列。

Cocos Creator 中支持的基本动作见表 7-1。

表 7-1 动作列表

延时动作	介 绍
BezierBy	贝塞尔曲线，移动固定的距离，另有 BezierTo 也是贝塞尔曲线，移动到固定的点上
Blink	闪烁
DelayTime	延迟
FadeTo	透明度渐变
MoveTo	移动到目的点，有子类 MoveBy，x，y 轴坐标分别移动相应的相对距离
RotateTo	移动到相应的角度。另有 RotateBy，移动相应的角度，是在目前角度基础上加上相对值
FadeIn	由无变亮，渐显效果
FadeOut	由亮变无，渐隐效果
JumpBy	按抛物线轨迹移动相应距离，参数是相对的距离，有子类 JumpTo 跳跃到某个固定的位置
Sequence	动作序列
Spawn	合并多个动作，使多个动作同时进行
ScaleTo	缩放到原来的固定倍数，有子类 ScaleBy，缩放相对的倍数
TintTo	色调变化到
TintBy	色调变化相对数值
Animation	动画
ReverseTime	时间逆向
Repeat	有限次数重复
RepeatForever	无限次重复
ActionEase	变速移动
SkewTo	扭曲效果到设定的参数，有子类 SkewBy，移动相对的参数
TargetedAction	动作的目标并不一定是动作的执行者动作
CardinalSplineTo	基样曲线移动到相应位置，也有 CardinalSplineBy 等其他子类

需要特殊说明的是贝塞尔曲线的移动方式：BezierTo 和 BezierBy 都是贝塞尔曲线动作，它们的创建函数没有什么区别，都是两个参数，第一个参数依然是动作时间，第二个参数是贝塞尔曲线的配置系数。贝塞尔曲线是应用于二维图形应用程序的数学曲线，贝赛尔曲线的每一个顶点都有两个控制点，用于控制在该顶点两侧的曲线的弧度。贝塞尔曲线示例如图 7-1 所示。

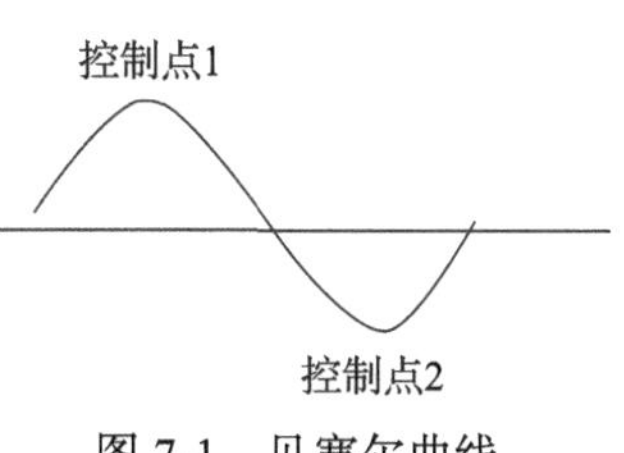

图 7-1 贝塞尔曲线

贝塞尔曲线的三个参数一般需要配置，前两个是控制点，最后一个是终点，其中终点在 BezierTo 和 BezierBy 两个类中的运行结果不同，BezierTo 的终点是绝对位置，而 BezierBy 的终点是相对于目前位置的相对位置。控制点的设置分别控制在路径上的高峰和低谷的位置，如果你需要走的路径是和图中方向一致的路径，那么分别把两个控制点的纵坐标设置为一正一负即可，控制点纵坐标的正负决定是向下走还是向上走，绝对值决定移动的幅度。而横坐标是横坐标的移动，该值对于 BezierBy 是相对于目前位置的相对位置而对于 BezierTo 的终点是绝对位置。如果需要是图中曲线旋转 90 度的路径，那么分别把两个控制点的横坐标设置为一正一负即可，然后 x 轴和 y 轴的要求交换。

基本动作的一般使用方法代码如下所示。

```
//MoveTo和MoveBy的使用

onLoad: function () {
    var moveTo = cc.moveTo(0.5, cc.p(0, 0));
    var moveBy = cc.moveBy(0.5, cc.p(100, 100));
    this.moveTo.runAction(moveTo);
    this.moveBy.runAction(moveBy);
}
```

调用对应的函数并传入参数就可以创建一般的动作，第一个参数是时间，第二个参数是运动的目标位置。

如果一个动作需要重复调用，则需要使用“repeat”和“repeatForever”对动作进行包装，代码如下所示，repeat 重复动作的使用。

```
//repeat动作的使用
let action1 = cc.delayTime(1);
let action2 = cc.callFunc(() => {
    //回调逻辑
}, this);

this.node.runAction(cc.repeat(cc.sequence(action1, action2), 5));
```

repeat 动作的使用和 sequence 动作序列的使用方法类似，都是在原有的动作对像的基础上进行封装，类似于“加包装”。

在 Cocos Creator 自带的示例中有一个“SimpleAction”场景，展示了大多数动作类的使用，动作示例的代码如下所示。

```
//动作示例

//缩放

this.squashAction = cc.scaleTo(0.2, 1, 0.6);
this.stretchAction = cc.scaleTo(0.2, 1, 1.2);
this.scaleBackAction = cc.scaleTo(0.1, 1, 1);

//移动

this.moveUpAction = cc.moveBy(1, cc.p(0, 200)).easing(cc.easeCubicActionOut());

this.moveDownAction = cc.moveBy(1, cc.p(0, -200)).easing(cc.easeCubicActionIn());

//动作序列

var seq = cc.sequence(
        this.squashAction, this.stretchAction,
        this.moveUpAction, this.scaleBackAction,
        this.moveDownAction, this.squashAction,
        this.scaleBackAction,
        cc.callFunc(this.callback.bind(this)));
        this.jumper.runAction(seq);

//直接在参数中创建匿名的动作对象


this.colorNode.runAction(
    cc.sequence(
    cc.tintTo(2, 255, 0, 0),
    cc.delayTime(0.5),
    cc.fadeOut(1),
    cc.delayTime(0.5),
    cc.fadeIn(1),
    cc.delayTime(0.5),
    cc.tintTo(2, 255, 255, 255)
).repeat(2));
```

两个不同的runAction展示的是不同的创建动作的方法，你可以创建好单个动作然后将它以参数的方式传入runAction函数中，也可以在runAction函数中以匿名参数的方式创建动作，运行效果如图7-2所示。

图7-2 简单动作示例

运行示例可看到，两个球交替运动，完成我们在动作列表中定义的运动。细心的你一定发现了easing函数，这个函数的作用是什么呢？去掉这个函数后发现动作是匀速的，而加上这个动作后发现物体的变化不是匀速的。是的这就是动作缓冲，相信熟悉 Cocos 系列引擎的你一定对这个概念不会陌生。在实现运动中，我们常常需要实现一些加速或者减速的效果，Cocos2D-X 引擎为我们提供了相应的实现接口，这样我们就不用再用原来的公式计算方法来实现加减速的效果。ease 系列的方法改变了运动的速度，但是并没有改变总体时间，如果整个的 action 持续 5 秒钟，那么整个的时间仍然会持续 5 秒钟。这些 action 可以被分成 3 类。

（1）In actions: action 开始的时候加速。

（2）Out actions: action 结束的时候加速。

（3）InOut actions: action 开始，结束的时候加速。

Cocos Creator 支持五种缓冲模式，具体包括指数缓冲、赛因缓冲、跳跃缓冲、弹性缓冲和回震缓冲。

（1）指数缓冲，分别为 EaseExponentialIn、EaseExponentialOut 和 EaseExponentialInOut。速度时间坐标图如图 7-3 所示。

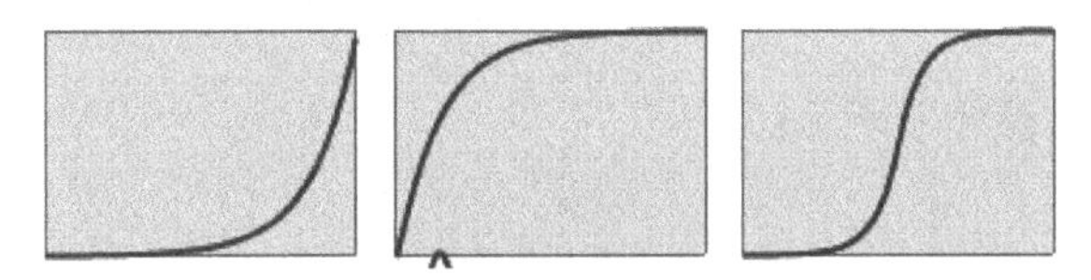

图 7-3　指数缓冲速度时间坐标

（2）赛因缓冲，分别为 EaseSineIn、EaseSineOut、EaseSineInOut。速度时间坐标图如图 7-4 所示。

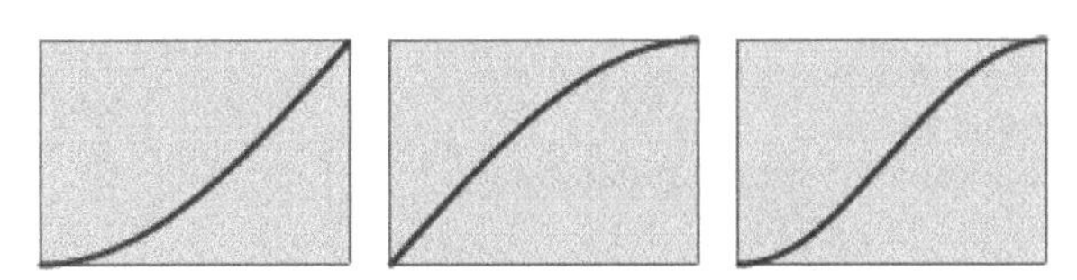

图 7-4　赛因缓冲速度时间坐标

（3）跳跃缓冲，分别为 EaseBounceIn、EaseBounceOut、EaseBounceInOut。速度时间坐标图如图 7-5 所示。

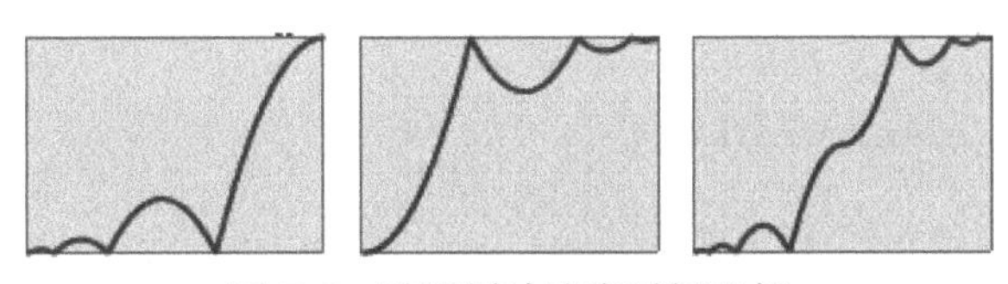

图 7-5　跳跃缓冲速度时间坐标

（4）弹性缓冲，分别为 EaseElasticIn、EaseElasticOut、EaseElasticInOut。速度时间坐标图如图 7-6 所示。

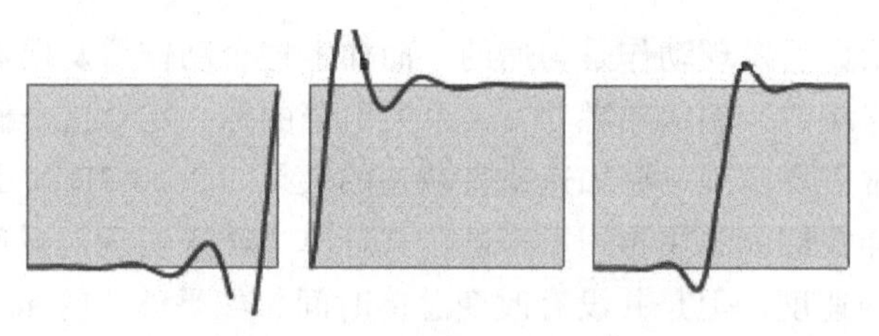

图 7-6 弹性缓冲速度时间坐标

（5）回震缓冲，分别为 EaseBackIn、EaseBackOut、EaseBackInOut。速度时间坐标图如图 7-7 所示。

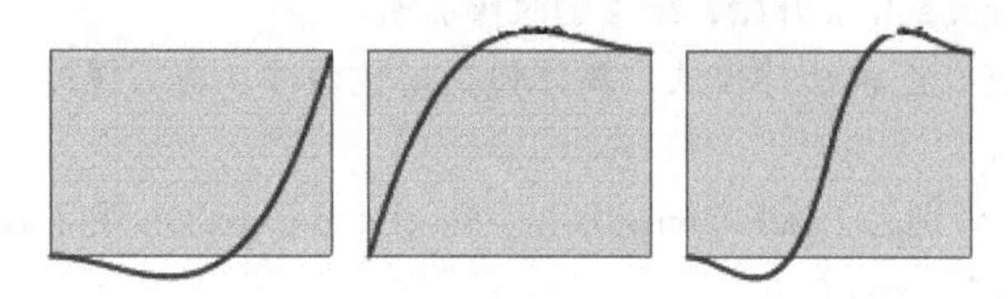

图 7-7 回震缓冲速度时间坐标

缓冲动作的使用代码如下所示：

```
//缓冲动作使用
//由快到慢
action.easing(cc.easeIn(3.0));
//由慢到快，然后再慢
action.easing(cc.easeInOut(3.0));
//指数函数缓冲进入
action.easing(cc.easeExponentialIn());
//指数函数缓冲退出
action.easing(cc.easeExponentialOut());
//指数函数缓动进入并退出的动作
action.easing(cc.easeExponentialInOut());

//赛因（正弦）函数缓动进入的动作
action.easing(cc.easeSineIn());
//赛因（正弦）函数缓动退出的动作
action.easing(cc.easeSineOut());
//赛因（正弦）函数缓动进入并退出的动作
action.easing(cc.easeSineInOut());

//弹跳动作缓动进入的动作
action.easing(cc.easeBounceIn());
//弹跳动作缓动退出的动作
action.easing(cc.easeBounceOut());
//弹跳动作缓动进入并退出的动作
action.easing(cc.easeBounceInOut());

//弹性曲线缓动进入的动作
action.easing(cc.easeElasticIn());
//弹性曲线缓动退出的动作
action.easing(cc.easeElasticOut(3.0));
```

```
//弹性曲线缓动进入并退出的动作
action.easing(cc.easeElasticInOut(3.0));

//在相反的方向缓慢移动，然后加速到正确的方向
action.easing(cc.easeBackIn());
//快速移动超出目标，然后慢慢回到目标点
action.easing(cc.easeBackOut());
//快速移动超出目标，然后回到目标点
action.easing(cc.easeBackInOut());
```

7.1.2 Cocos Creator 的动画编辑器

Cocos Creator 中的动画系统是建立在 Cocos 引擎支持的动作的基础上的，除了基本的位置移动、缩放、旋转和帧动画的方式，还支持任意组件的属性和用户自定义属性的驱动，可以添加关键帧和回调，这些功能可以帮助开发者制作出更加绚丽的游戏效果。这套动画系统也是组件式的结构，它以动画切片剪辑（Clip）为基础，挂载在 Animation 组件上，进而可以通过动画组件挂载在节点上。另外由于动画数据中索引节点的方式基于与节点的相对路径，所以同一个节点下的同名子节点，只有一个动画数据，并且只能应用到一个节点下。动画编辑器的结构如图 7-8 所示。

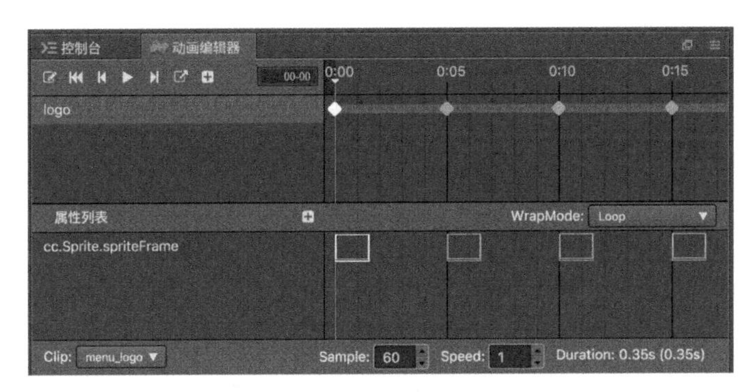

图 7-8 动画编辑器结构

动画编辑的每个部分的功能见表 7-2。

表 7-2 动画编辑器功能

编辑界面	介　绍
控制台 动画编辑器 0:00	固定按钮区域，包含一些常见的功能按钮，从左到右依次为：编辑状态，回到第一帧，上一帧，播放 / 暂停，下一帧，新建动画切片剪辑，插入回调事件
0:00 0:05 0:10	显示时间轴和各个节点上的关键帧

（续）

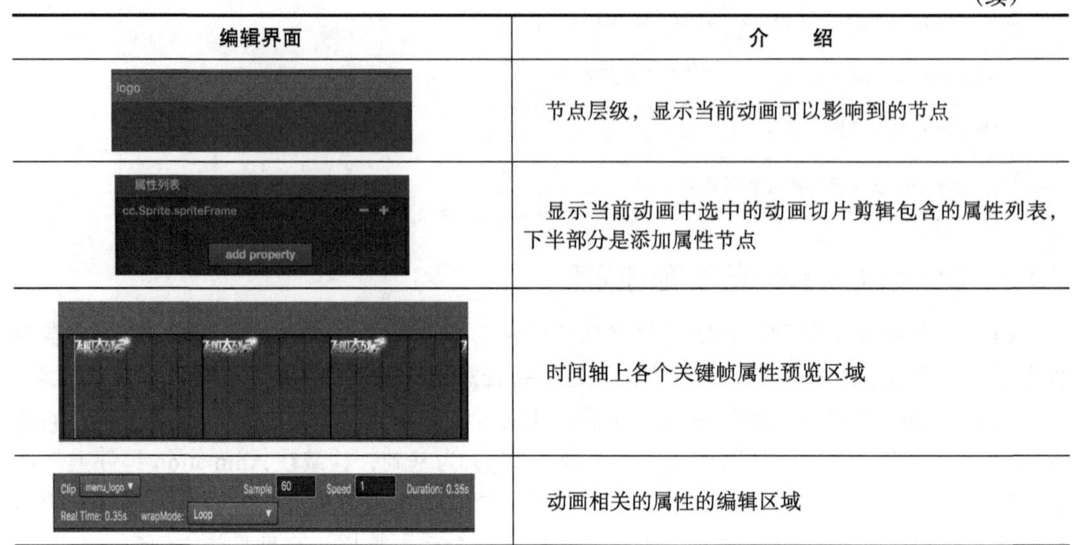

编辑界面	介　　绍
	节点层级，显示当前动画可以影响到的节点
	显示当前动画中选中的动画切片剪辑包含的属性列表，下半部分是添加属性节点
	时间轴上各个关键帧属性预览区域
	动画相关的属性的编辑区域

动画编辑器的按键操作见表 7-3。

表 7-3　动画编辑器中的操作

操　　作	介　　绍
快捷键 left	向前移动一帧
快捷键 right	向后移动一帧
快捷键 delete	删除当前所选中的关键帧
快捷键 k	正向播放动画，抬起后停止
快捷键 j	逆向播放动画，抬起后停止
Ctrl/Commond + left	跳转到第 0 帧
Ctrl/Commond + right	跳转到当前有效的最后一帧
在时间轴区域内单击任意位置或者拖拽	更改当前选中的时间节点
在时间轴区域内按下鼠标中键或者右键拖拽	观察动画编辑器右侧超出编辑器被隐藏的关键帧或者左侧被隐藏的关键帧
在时间轴区域内鼠标滚轮滑动	更改时间轴比例，让更多关键帧被显示出来

时间轴上的刻度由两个部分组成，冒号前面是当前时间（单位秒）冒号后面是表示当前第几帧。动画的帧率可以在下方的动画编辑属性区域内调整，所以每一帧对应的时间点也会不尽相同，改变时间不会改变关键帧，这也是为什么一般情况下动画都以帧为参照。

7.1.3　动画组件 Animation 和动画切片剪辑

由于 Cocos Creator 是组件化的，添加新的功能，就是添加新的组件，因此要给一个节点添加动画，需要添加动画组件，而动画组件中可编辑的数据，就构成了动画剪辑。

若当前未选中任意节点，动画编辑器界面会提示“请选中一个节点来开始动画制作”，选中一个节点后，提示就变成了“添加 Animation 组件”，如图 7-9 所示。

图 7-9　动画编辑器默认提示

添加动画组件以后，查看属性检查器中，可以发现当前节点已经被添加了动画组件，如图 7-10 所示。

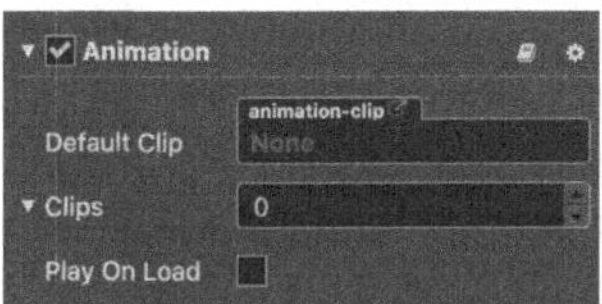

图 7-10　动画组件

这时候动画编辑器中的提示变为了提示创建动画切片剪辑，如图 7-11 所示。

图 7-11　动画编辑器提示创建动画切片剪辑

可以单击上面按钮创建动画切片剪辑，也可以在资源管理器中通过右键调出创建动画切片剪辑的页面。需要注意的是，在资源管理器中创建的动画切片剪辑还需要绑定在动画组件上。绑定的方法是首先在层级管理器中找到对应的节点，然后把动画组件中的“Clips”属性变成 1，然后把创建好的动画切片拖动到上面，就完成了绑定。另外如果再次创建动画切片剪辑的话，之前绑定的动画切片剪辑会被覆盖掉。

动画切片剪辑中包含当前节点和其子节点的动画属性变化，有时会出现在编辑完动画后节点重命名或者有变化的情况。由于子节点的动画数据使用的是跟节点的相对坐标，所以子节点的动画会丢失，这时候单击丢失的节点，选择移动数据，选中对应的节点就可以了。

动画编辑器的下方可以看到动画切片剪辑的属性，它的具体描述见表 7-4。

表 7-4 动画切片剪辑属性

属 性 名	介 绍
Sample	定义当前动画数据每秒的帧率，默认为 60
Speed	当前动画的播放速度
Duration	speed 为 1 的时候，动画的运行时间
Realtime	动画的实际持续时间
wrapMode	动画的循环模式

创建完动画切片剪辑后，就可以编辑动画了，单击属性编辑区域内的“addproperty”按钮，就可以添加新的属性时间轴了，如图 7-12 所示。

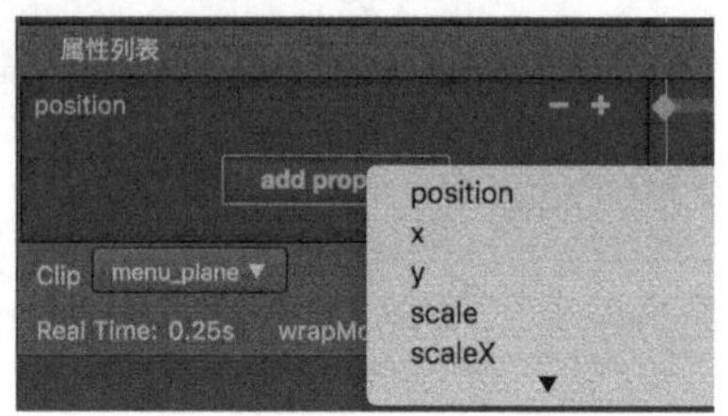

图 7-12 添加属性时间轴

右键单击属性名，弹出的菜单中的“delete”命令可以删除对应的属性轨道。拖动红色的时间轴基准线到想要修改属性帧的位置，然后单击属性边上的“+”和“–”按钮，可以添加或者删除对应的属性关键帧。单击创建的关键帧后关键帧会变为选中状态，另外可以通过按住“ctrl”键进行多选。单击选中关键帧然后拖动关键帧就可以移动对应的关键帧了，选中关键帧后，在对应的属性检查器内编辑对应的属性就可以编辑对应的关键帧。需要说明的是，关键帧上的数据，可以通过“ctrl+c”和“ctrl+v”进行复制和粘贴。

当我们想要创建一个帧动画时，会发现 spriteFrame 属性没有在属性列表中出现。这是因为 spriteFrame 和它相关的属性对于绑定的节点是有要求的，绑定的节点必须有 Sprite 组件。选中 spriteFrame 属性后，拖动对应的图片资源就可以创建帧动画了。

在两个关键帧之间，会有一条连线，如图 7-13 所示。

双击这个连线就可以编辑属性之间的渐变效果，默认的渐变方式是线性的渐变，也就是说是匀速的，编辑渐变的界面如图 7-14 所示。

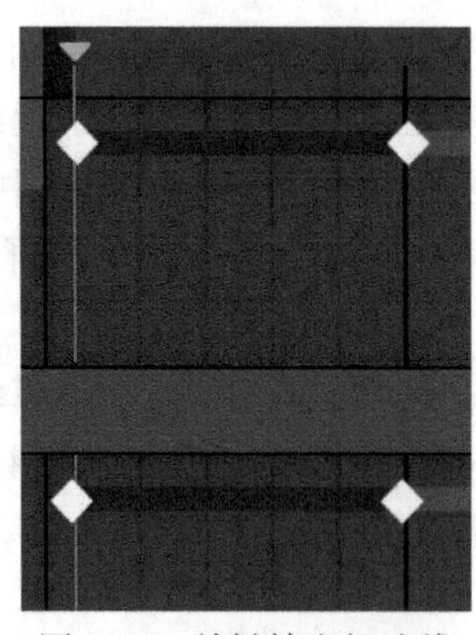
图 7-13 关键帧之间连线

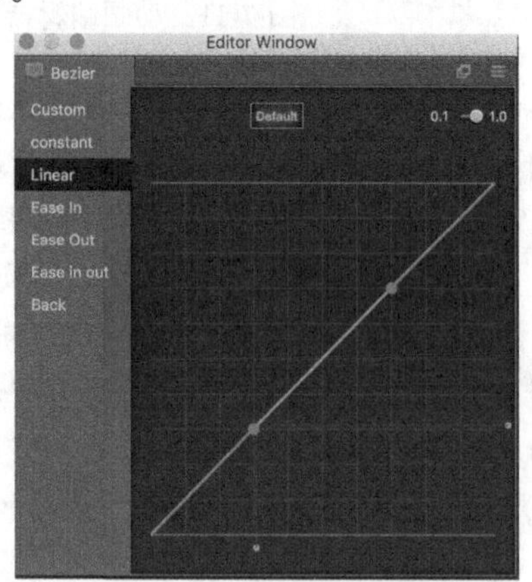

图 7-14 编辑渐变效果

看着这些单词，你一定会觉得有点熟悉，没错，就是 7.1.1 节中介绍的缓冲效果，当选中某个效果时，你可以通过坐标轴上的位置移动方式所见即所得地看到这种缓冲方式的运行效果，从而方便你在这几种效果中做出选择。

单击添加事件按钮可以在时间轴上添加事件，单击这个事件在时间轴上的点就可以调出编辑事件界面，如图 7-15 所示。

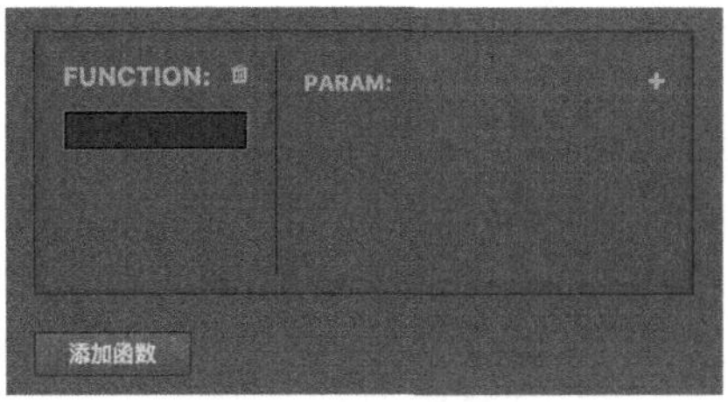

图 7-15 编辑自定义事件

在编辑器内，可以手动输入函数名，并且在右侧为函数添加各种类型的参数，同时也可以单击“Function”右侧的垃圾桶按钮来删除这个事件。

7.1.4 通过代码控制动画

可以通过 Javascript 代码调用播放动画，见代码清单 7-1。

代码清单7-1 播放动画实例

```
//播放动画实例
var anim = this.getComponent(cc.Animation);

//播放默认动画
anim.play();

//播放指定动画
anim.play('test');

//播放多个动画
anim.playAdditive('test2');

//播放对应动画，从指定的时间开始
anim.play('test', 1);
```

获得动画组件后，可以调用 play 来播放对应的动画，需要说明的是，如果调用 play 函数播放动画时正在播放其他动画，会先停止其他动画而播放当前指定的动画。如果想要同时播放多个动画，则需要调用 playAdditive 函数。

控制动画的函数见代码清单 7-2。

代码清单7-2 控制动画实例

```
//控制动画实例
var anim = this.getComponent(cc.Animation);

anim.play('test');

//暂停指定动画
```

```
anim.pause('test');

//暂停所有动画
anim.pause();

//恢复指定动画
anim.resume('test');

//恢复所有动画
anim.resume();

//停止指定动画
anim.stop('test');

//停止所有动画
anim.stop();
```

暂停会暂时停止当前动画播放，恢复动画将从当前帧开始播放，而动画一旦被停止，再调用恢复则只能从开始帧开始播放。

可以通过调用 setCurrentTime 函数设置动画播放的时间，代码如下所示：

```
//设置播放动画时间
var anim = this.getComponent(cc.Animation);

anim.play('test');

//设置test动画的当前播放时间为 1s
anim.setCurrentTime(1, 'test');

//设置所有动画的当前播放时间为 1s
anim.setCurrentTime(1);
```

可以随时设置动画的当前时间，调用 setCurrentTime 函数后，下一帧这个设置才会生效。

动画的具体参数都可以通过 AnimState 获得，见代码清单 7-3。

代码清单7-3 控制动画状态

```
//控制动画状态
var anim = this.getComponent(cc.Animation);
//会返回关联的AnimationState
var animState = anim.play('test');

//直接获取AnimationState
var animState = anim.getAnimationState('test');

//获取动画关联的clip
var clip = animState.clip;

//获取动画的名字
```

```
var name = animState.name;

//获取动画的播放速度
var speed = animState.speed;

//获取动画的播放总时长
var duration = animState.duration;

//获取动画的播放时间
var time = animState.time;

//获取动画的重复次数
var repeatCount = animState.repeatCount;

//获取动画的循环模式
var wrapMode = animState.wrapMode

//获取动画是否正在播放
var playing = animState.isPlaying;

//获取动画是否已经暂停
var paused = animState.isPaused;

//获取动画的帧率
var frameRate = animState.frameRate;
```

AnimState 是动画切片的运行实例，它将动画数据解析并创建出动画实例，从 AnimState 中可以获得动画的所有状态，然后可以直接改变动画状态的值来改变动画，见代码清单 7-4。

代码清单7-4　修改动画状态

```
//修改动画状态
var anim = this.getComponent(cc.Animation);
var animState = anim.play('test');

//设置动画播放速度
animState.speed = 2;

//设置循环模式为 Normal
animState.wrapMode = cc.WrapMode.Normal;

//设置循环模式为 Loop
animState.wrapMode = cc.WrapMode.Loop;

//设置动画循环次数为2次
animState.repeatCount = 2;
```

动画事件的回调，可以通过实现指定函数来处理回调逻辑，也可以注册对应事件的函数，见代码清单 7-5。

代码清单7-5 注册动画事件

```
//注册动画事件
var animation = this.node.getComponent(cc.Animation);

//注册
//播放
animation.on('play',      this.onPlay,        this);
//停止
animation.on('stop',      this.onStop,        this);
//最后一帧
animation.on('lastframe', this.onLastFrame,   this);
//结束
animation.on('finished',  this.onFinished,    this);
//暂停
animation.on('pause',     this.onPause,       this);
//恢复
animation.on('resume',    this.onResume,      this);

//取消注册
animation.off('play',      this.onPlay,        this);
animation.off('stop',      this.onStop,        this);
animation.off('lastframe', this.onLastFrame,   this);
animation.off('finished',  this.onFinished,    this);
animation.off('pause',     this.onPause,       this);
animation.off('resume',    this.onResume,      this);

//对单个动画对象注册回调
var anim1 = animation.getAnimationState('anim1');
anim1.on('lastframe',    this.onLastFrame,      this);

//实现指定名称回调函数的方式
onAnimCompleted: function (num, string) {
    //实现动画播放完毕函数
}
```

同时也可以通过代码创建动画切片剪辑，代码如下所示。

```
//动画切片剪辑
var clip = cc.AnimationClip.createWithSpriteFrames(frames, 17);
clip.name = "test";

// 添加帧事件
clip.events.push({
    frame: 1,//时间
    func: "testEvent",// 回调函数名称
    params: [1, "hello"]// 回调参数
});

animation.addClip(clip);
```

```
//播放对应函数
animation.play('test');
```

7.2　在 Cocos Creator 中使用粒子特效

各种粒子编辑器导出的 Cocos2D 格式的粒子特效，一般都由两个文件组成：plist 文件和贴图文件，贴图文件有时可以省略，这个时候贴图使用的是项目工程自带的默认贴图。首先要将文件拷贝到资源管理器的目录下，然后可以将 plist 拖动到层级管理器或者场景编辑器中。为了提高资源管理的效率，粒子特效相关的文件存放在独立的目录下。

由于粒子使用的贴图格式可能有不正确的属性信息，导致粒子系统在编辑器和模拟器中不能正确的现实透明的区域，这时候需要修改 blendFuncSource 属性值为合适的值。

和其他的功能一样，粒子系统作为单独的组件存在，粒子系统组件 Particle System 中相关的属性及属性的介绍，见表 7-5。

表 7-5　粒子系统组件属性

名　称	描　述
startSize	单个粒子起始大小
endSize	单个粒子结束大小
startColor	开始颜色色值
endColor	结束颜色色值
startSpin	起始自旋转角度
endSpin	结束自旋转角度
emissionRate	发射器速度
particleCount	当前粒子数
texture	粒子贴图
blendFunc	粒子系统与背景的混合方式，关于混合在第 3 章介绍
posVar	粒子发射器位置变化
positionType	FREE：绑定在世界坐标上并且不受发射器影响 RELATIVE：绑定在世界坐标上并且发射器随着粒子的整体移动而移动 GROUPED：绑定在发射器上随着发射器变化而变化
emitterMode	GRAVITY：重力型粒子系统 RADIUS：放射型粒子系统
life	单个粒子生命周期，从创建到消失的时间
duration	整个粒子效果持续的时间，-1 代表一直持续
startRadius	起始圆周运动半径
StartRadiusVar	起始圆周运动半径变化范围
endRadius	结束圆周运动半径
endRadiusVar	结束圆周运动半径变化范围

（续）

名 称	描 述
rotatePerSecond	每秒旋转角度
gravity	重力加速度
speed	运动速度
speedVar	运动速度变化范围
tangentialAccel	角速度加速度
tangentialAccelVar	切向速度变化范围
radialAccel	线速度加速度
rotatePerS	粒子每秒围绕起始点的旋转角度，只有在半径模式下可用
rotatePerSVar	粒子每秒围绕起始点的旋转角度变化范围
rotationIsDir	每个粒子的旋转是否等于其方向，只有在重力模式下可用
custom	是否自定义粒子属性

可以动态创建粒子组件，见代码清单 7-12。

代码清单7-6 创建粒子系统组件

```
//创建粒子系统组件

//创建一个节点
var node = new cc.Node();

//将节点添加到场景中
c.director.getScene().addChild(node);

//添加粒子组件
var particleSystem = node.addComponent(cc.ParticleSystem);
```

获得粒子组件后，就可以修改粒子系统的相关属性来改变粒子特效的显示。需要注意的是，在网页的 Canvas 中进行每个粒子纹理 Color 渲染时对性能有很大的影响，所以如果你希望你的游戏在网页平台有比较好的性能表现，请把粒子的个数设置到 200 个以下，并对不使用的粒子系统进行回收。

7.3 骨骼动画——DragonBone

一般由代码控制的动画很难满足复杂的人物动画表现需要。早期为了实现复杂的动画，首先由美术人员实现动画效果，然后再一帧一帧地导出来，最后使用帧动画的方式把动画顺序地播放出来。这样的动画虽然可以满足我们的基本需求，但是带来一个问题，就是帧动画会带来内存的浪费，因为每一张贴图都是完整大小。所以动作越长，动画越细腻，帧动画所占的内存就会越大。可是我们发现，动画当中某些部分是不会变化的，某些部分可以用基本动作来表达动画，于是骨骼动画应运而生。由于开发移动游戏的人员有很多是从网页游戏开发者转过来的，所以移动平台早期会使用 flash 进行动画的开发。虽然 flash 动画的开发成本较低，但是因为 flash 动画不是开源的，文件数据又是二进制的，对它的数据解析和表达就成为一个问题。每家公司虽然都有自己的解决方案，但是基本都不完善，而且对于动画人员来说使用功能有一定限制，于是移动平台需要自己的动画标准和编辑器的呼声越来越大，在这个背景下龙骨动画应运而生。

7.3.1　龙骨的基本介绍

龙骨动画（DragonBone）是一套支持多个平台和游戏引擎的动画解决方案，它打通了动画设计和游戏开发的工作流，支持导入导出多种动画格式。早期的 DragonBone 作为 flash 动画编辑器的一个插件使用，后来 DragonBone 的开发者和白鹭引擎合作，开发出了独立的动画编辑器，本书成书之时，DragonBone 的最新版本为 5.6，下载地址为：

http://blog.dragonbones.com/cn/release/dragonbones-5-6.html

下载文件后，按提示安装就可以了，运行 DragonBone，效果如图 7-16 所示。

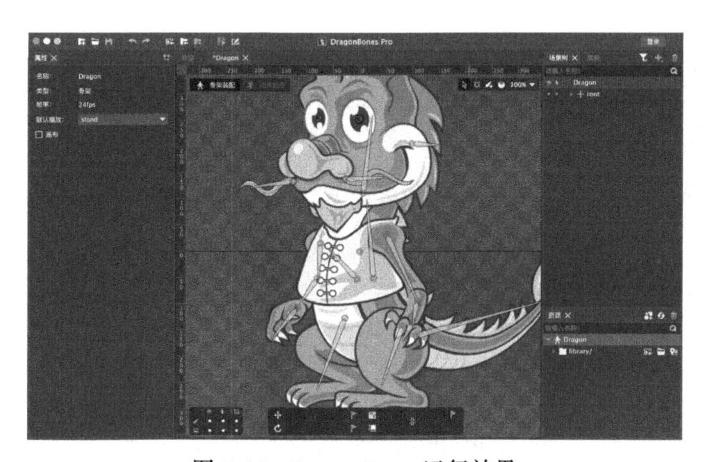

图 7-16　DragonBone 运行效果

DragonBone 支持多种语言和游戏引擎，支持的平台如图 7-17 所示，相关的运行库在 GitHub 上：https://github.com/DragonBones

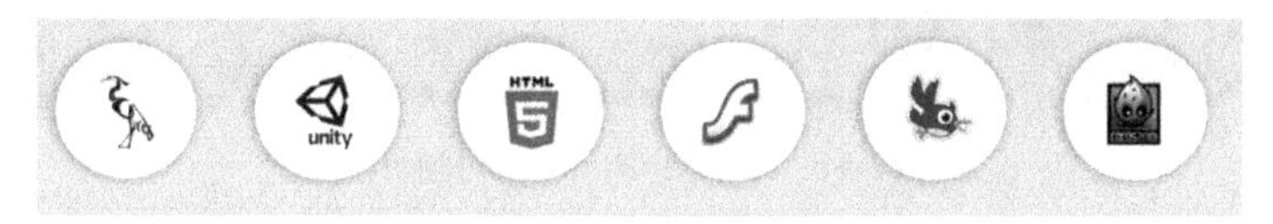

图 7-17　DragonBone 支持的平台

作为一款基于骨骼动画的动画编辑器，DragonBone 支持骨骼动画的功能，随着最近几年的发展，DragonBone 的功能不断完善，其特点包括：

1）支持骨骼操作，为图片绑定骨骼制作动画，制作角色动作方便，动画效果逼真，运行效果流畅。

2）支持网格和自由变形，在图片矩形边界内自定义多边形，提高纹理集的空间使用率，通过移动网格点来变形图片，实现网格的扭曲，拉伸，转面等类 3D 效果。

3）骨骼约束，骨骼权重和蒙皮动画，在骨骼动画中可以通过反向动力学的方式为角色摆姿势，建立反向动力学约束，使动画操作更方便。将网格中的点绑定骨骼权重，骨骼的运动带动网格变形，产生弯曲，飘动效果。

4）洋葱皮工具，可以同时查看前后若干帧的影图，方便更加精准地调节动画。

5）元件嵌套，可以创建多个动画元件并嵌套这些元件。

6）可以导入 PS 生成的分层图、其他龙骨格式、Spine 和 Cocos 等第三方动画格式。

7）导出和纹理集打包，支持 JSON 格式、二进制格式等动画数据的导出。

7.3.2 在 Cocos Creator 中使用骨骼动画

首先要把编辑器中编辑的动画数据导出，在导出界面可以选择对应的数据，如图 7-18 所示。

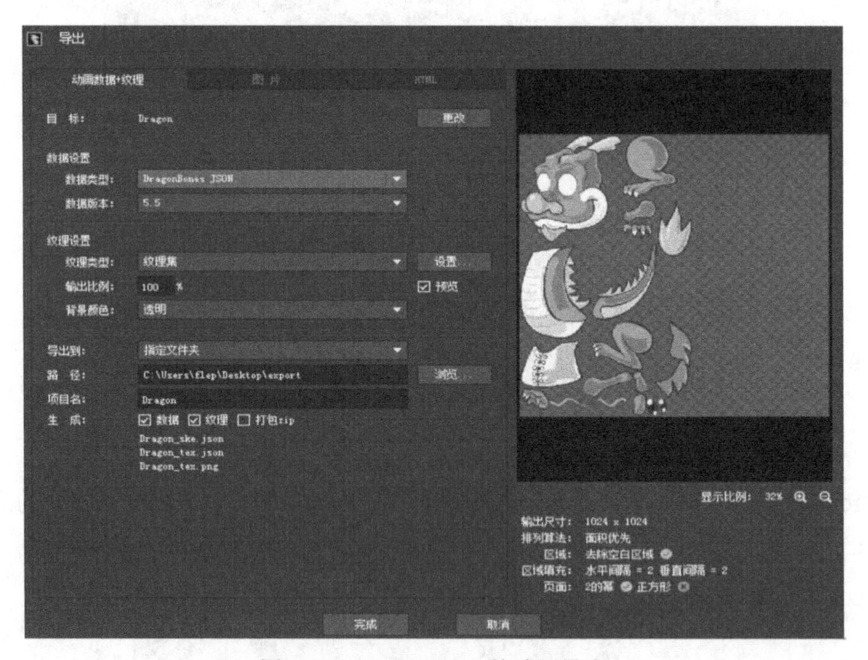

图 7-18 DragonBone 的动画导出

Cocos Creator 中使用骨骼动画数据的方法，可以参照 Cocos Creator 自带的范例中 dragonBones 文件夹下的两个场景：DragonBones 和 DragonMesh。

首先来看 DragonMesh 的运行效果，如图 7-19 所示。

这个效果不需要编写任何一行代码，将动画文件 NewDragonTest 直接拖动到场景中或者是层级管理器中，就可以运行。选中动画节点，在属性检查器中可以看到龙骨动画对应的组件属性，如图 7-20 所示。

图 7-19　DragonMesh 运行效果

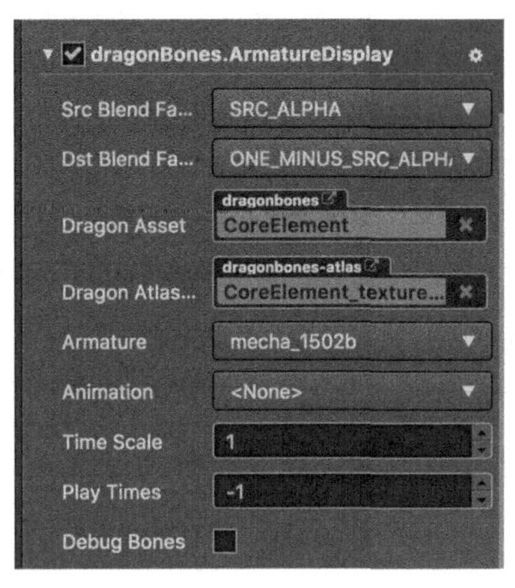

图 7-20　DragonBone 动画组件

可以在 Animation 中选择动画，可以设置播放的次数（Play Times）和速度（Time Scale）等参数，也可以选中 DebugBones 显示骨骼信息，方便调试。

DragonBones 场景的运行效果如图 7-21 所示。

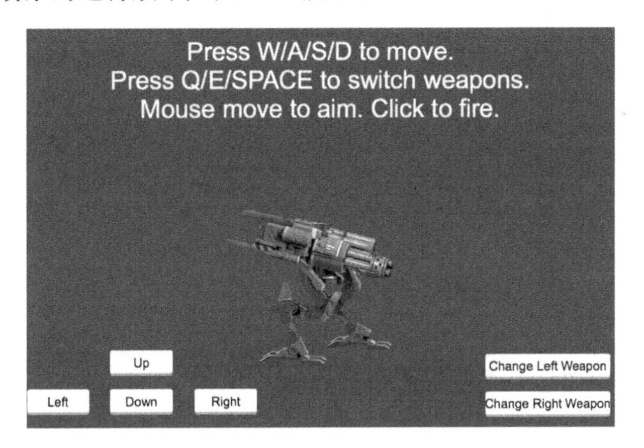

图 7-21　DragonBones 场景的运行效果

在这个实例中，可以运行指定的动画动作，还可以进行武器的更换，这都是通过代码实现的，见代码清单 7-7。

代码清单7-7　DragonBones场景逻辑

```
//动画逻辑
//获得组件
this._armatureDisplay = this.getComponent(dragonBones.ArmatureDisplay);
```

```
this._armature = this._armatureDisplay.armature();
//添加事件
this._armatureDisplay.addEventListener(dragonBones.EventObject.FADE_IN_COMPLETE,
this._animationEventHandler, this);
this._armatureDisplay.addEventListener(dragonBones.EventObject.FADE_OUT_COMPLETE,
this._animationEventHandler, this);

this._armature.getSlot('effects_1').displayController = NORMAL_ANIMATION_GROUP;
this._armature.getSlot('effects_2').displayController = NORMAL_ANIMATION_GROUP;

//获得武器槽
this._weaponR = this._armature.getSlot('weapon_r').childArmature;
this._weaponL = this._armature.getSlot('weapon_l').childArmature;
this._weaponR.addEventListener(dragonBones.EventObject.FRAME_EVENT,
this._frameEventHandler, this);
this._weaponL.addEventListener(dragonBones.EventObject.FRAME_EVENT,
this._frameEventHandler, this);

this._updateAnimation();
dragonBones.WorldClock.clock.add(this._armature);

if (this.touchHandler) {
    //单击界面逻辑
    this.touchHandler.on(cc.Node.EventType.TOUCH_START, event => {
        var touches = event.getTouches();
        var touchLoc = touches[0].getLocation();
        this.aim(touchLoc.x, touchLoc.y);
        //攻击
        this.attack(true);
    }, this);

    this.touchHandler.on(cc.Node.EventType.TOUCH_END, event => {
        //结束攻击
        this.attack(false);
    }, this);

    this.touchHandler.on(cc.Node.EventType.TOUCH_MOVE, event => {
        var touches = event.getTouches();
        var touchLoc = touches[0].getLocation();
        this.aim(touchLoc.x, touchLoc.y);
    }, this);
}
```

上述代码中通过调用 attack 函数并根据传入的参数来处理播放动画逻辑，见代码清单 7-8。

代码清单7-8 播放动画逻辑

```
//播放动画逻辑
_updateAnimation : function() {
    if (this._isJumpingA) {
        return;
    }
```

```
    if (this._isSquating) {
        this._speedX = 0;
        this._armature.animation.fadeIn("squat", -1, -1, 0,
            NORMAL_ANIMATION_GROUP);
        this._walkState = null;
        return;
    }

    if (this._moveDir === 0) {
        this._speedX = 0;
        this._armature.animation.fadeIn("idle", -1, -1, 0,
            NORMAL_ANIMATION_GROUP);
        this._walkState = null;
    } else {
        if (!this._walkState) {
            this._walkState = this._armature.animation.
                fadeIn("walk", -1, -1, 0, NORMAL_ANIMATION_GROUP);
        }

        if (this._moveDir * this._faceDir > 0) {
            this._walkState.timeScale = MAX_MOVE_SPEED_FRONT
                / NORMALIZE_MOVE_SPEED;
        } else {
            this._walkState.timeScale = -MAX_MOVE_SPEED_BACK
                / NORMALIZE_MOVE_SPEED;
        }

        if (this._moveDir * this._faceDir > 0) {
            this._speedX = MAX_MOVE_SPEED_FRONT * this._faceDir;
        } else {
            this._speedX = -MAX_MOVE_SPEED_BACK * this._faceDir;
        }
    }
},
```

前面的代码中，在载入的逻辑中可以获得对应的 slot，这个槽是为了切换武器使用，切换武器的逻辑见代码清单 7-9。

代码清单7-9　切换武器逻辑

```
//切换武器逻辑

switchWeaponR : function() {
    //移除对应事件

this._weaponR.removeEventListener(dragonBones.EventObject.FRAME_EVENT,
    this._frameEventHandler, this);

        this._weaponRIndex = (this._weaponRIndex + 1) % WEAPON_R_LIST.length;
        var newWeaponName = WEAPON_R_LIST[this._weaponRIndex];

        //更新武器
        this._weaponR = this._armatureDisplay.buildArmature(newWeaponName);
```

```
        this._armature.getSlot('weapon_r').childArmature = this._weaponR;

        //添加事件

    this._weaponR.addEventListener(dragonBones.EventObject.FRAME_EVENT,
        this._frameEventHandler, this);
},
```

7.4 Spine 动画

和 DragonBone 骨骼动画类似，Spine 也是一个可以完成复杂动画的动画编辑软件，一样的，它也支持多个平台和引擎。不同的是，早期 Spine 是以支持网格和变形为基础，所以早期它并不能算是一个骨骼动画工具，目前 Spine 已经支持了骨骼动画，也就是说 DragonBone 和 Spine 功能已经相同，现在 Spine 是各个公司最常选择的动画编辑器。

7.4.1 Spine 的基本介绍

Spine 是一款针对游戏开发的 2D 动画编辑工具，它旨在提升动画效果，提供更高效和简洁的动画编辑流程。它的体积非常小，同时可以满足更高水平的美术需求，同时在运行时，它也在各个平台上都有不错的表现。

Spine 是一款收费软件，你也可以下载免费体验版，但是体验版只可以编辑动画，并不能导出动画，软件下载地址：http://zh.esotericsoftware.com/spine-download。本书成书之时最新版本为 3.7。

下载完成后，按照提示完成安装，运行界面如图 7-22 所示。

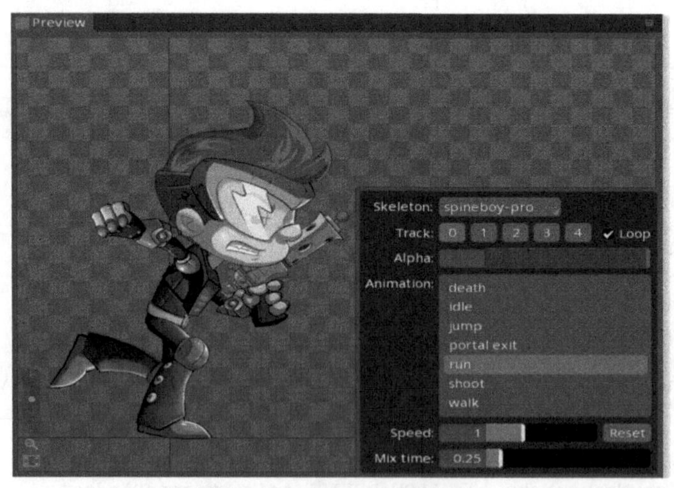

图 7-22 Spine 运行效果

Spine 也支持多个平台和游戏引擎，运行库中所有代码都是开源的，方便运行和修改，它的许可证允许你可以自由使用这些库，运行库的地址：

https://github.com/EsotericSoftware/spine-runtimes。

Spine 的特点包括：

1）支持曲线编辑器，在曲线编辑器中可以通过调整贝塞尔曲线来控制两帧之间的差值，从而可以实现更加栩栩如生的动画效果。

2）支持网格，允许在矩形边界那里自定义多边形，这可以提高纹理图集的空间使用率，同时它也支持自由变形和蒙皮。

3）支持自由变形，允许你通过移动网格来变形图片，包括拉伸、挤压、弯曲、反弹等一些矩形图片无法实现的效果。

4）支持蒙皮，它允许将网格中指定的点附加给指定的骨骼，附加点可以随着骨骼移动，网格随之发生变形，可以通过骨骼动作控制角色图片进行弯曲变形。

5）支持反向动力学调整姿势。

6）支持皮肤，方便动画的换皮和重用。

7）支持边界框，边界框可以附加在骨骼上，同时跟随骨骼移动，用于碰撞检测和物理集成。

8）可以导入符合要求的 JSON 格式和二进制格式的动画，也可以从别的 Spine 项目中导入。

9）导出和纹理集打包，支持 JSON 格式等动画数据的导出。

7.4.2　在 Cocos Creator 中使用 Spine 动画

首先，要做的工作也是把动画编辑器中的数据导出，如图 7-23 所示。

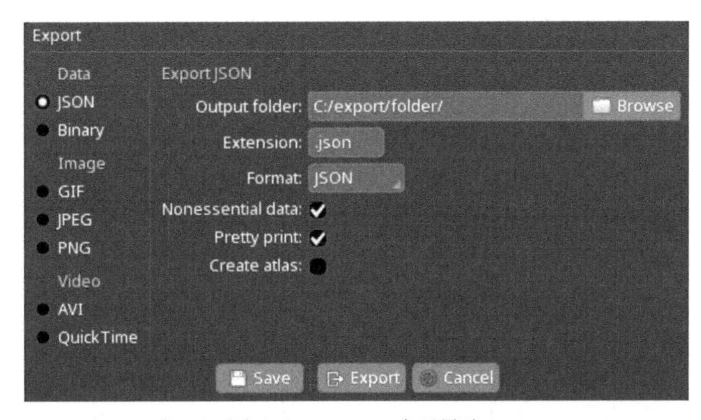

图 7-23　Spine 动画导出

Spine 动画编辑器目前的数据导出格式主要有两种：JSON 和二进制，Cocos 引擎系列都要选择 JSON 的数据格式。数据完成导出后，接下来就是纹理打包，纹理打包设置界面如图 7-24 所示。

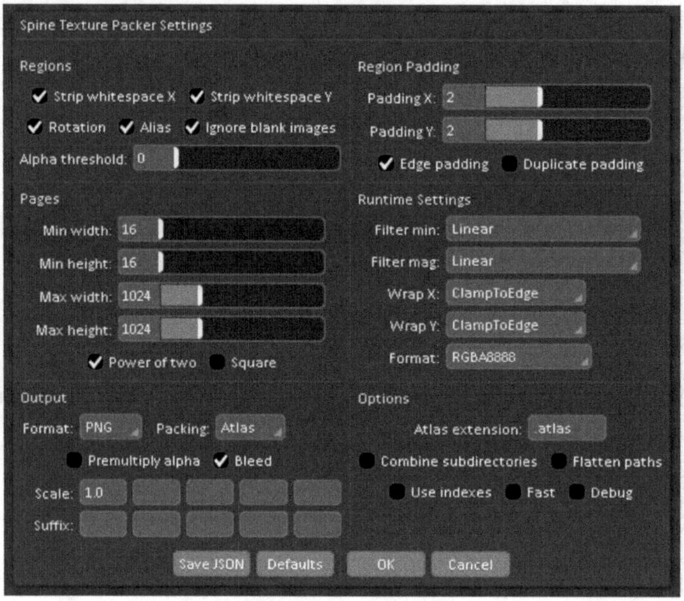

图 7-24　纹理打包设置

按理说，从动画制作到导出，都是美术设计师的工作。这里之所以要提到导出过程，主要是因为在“Premultiply alpha”这个选项容易出错，有一些半透明效果的动画，如果美术人员导出的时候选择了这个选项，意味着导出的贴图要预乘以半透明参数，这样一来动画在我们的项目里就显得更模糊了。

Cocos Creator 提供了两个使用 Spine 动画的示例：SpineBoy 和 SpineMesh。和 DragonBone 的示例类似，Spine 的示例之一 SpineMesh 也是一个没有代码的示例，运行效果如图 7-25 所示。

图 7-25　SpineMesh 示例

首先将动画数据和导出的纹理以及纹理的配置文件全都复制到 Cocos Creator 项目工程文件夹下，然后拖动动画数据文件到场景中或者是层级管理器中，就可以显示动画了。

从属性检查器中可以看 Spine 组件的属性，如图 7-26 所示。

在组件属性中，可以设置动画数据文件及默认皮肤，还可以设置动画具体播放哪个动作以及动作是否需要循环播放，然后可以选择贴图是否选择了预乘透明度，注意这里面和动画导出贴图时一致即可。

SpineBoy 相对复杂一些，运行效果如图 7-27 所示。

这个示例比较复杂，包括动作的切换及调试插槽和关节等，需要在代码中调用动画组件实现。首先是动画的载入，见代码清单 7-10。

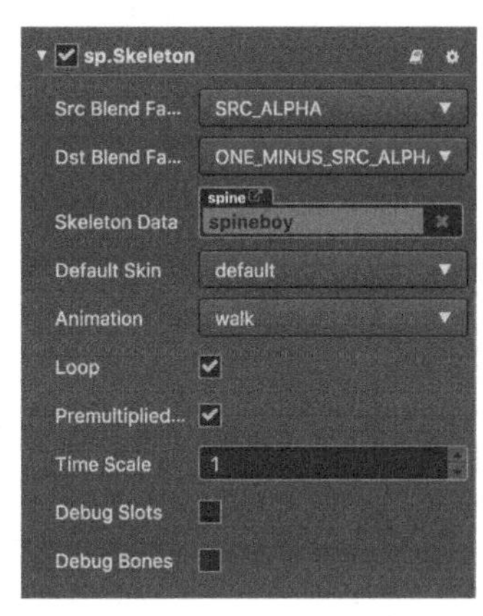

图 7-26　Spine 组件属性

图 7-27　SpineBoy 运行效果

代码清单7-10　动画载入

```
//动画载入
var spine = this.spine = this.getComponent('sp.Skeleton');

//动作混合
this._setMix('walk', 'run');
this._setMix('run', 'jump');
this._setMix('walk', 'jump');

//动画开始监听
spine.setStartListener(trackEntry => {
    var animationName = trackEntry.animation ? trackEntry.animation.name : "";

    cc.log("[track %s][animation %s] start.", trackEntry.trackIndex,
    animationName);
```

```
});

//动画中断监听
spine.setInterruptListener(trackEntry => {
    var animationName = trackEntry.animation ? trackEntry.animation.name : "";

    cc.log("[track %s][animation %s] interrupt.", trackEntry.trackIndex,
animationName);
});

//动画播放完后监听
spine.setEndListener(trackEntry => {
    var animationName = trackEntry.animation ? trackEntry.animation.name : "";

    cc.log("[track %s][animation %s] end.", trackEntry.trackIndex, animationName);
});

//动画即将被销毁监听
spine.setDisposeListener(trackEntry => {
    var animationName = trackEntry.animation ? trackEntry.animation.name : "";

        cc.log("[track %s][animation %s] will be disposed.",
        trackEntry.trackIndex, animationName);
});

//动画播放一次循环结束后事件监听
spine.setCompleteListener((trackEntry, loopCount) => {
    var animationName = trackEntry.animation ? trackEntry.animation.name : "";

    if (animationName === 'shoot') {
        //清理动画播放轨道
            this.spine.clearTrack(1);
    }

    cc.log("[track %s][animation %s] complete: %s", trackEntry.trackIndex,
        animationName, loopCount);
    });

    //动画帧事件监听
    spine.setEventListener((trackEntry, event) => {
    var animationName = trackEntry.animation ? trackEntry.animation.name : "";
    cc.log("[track %s][animation %s] event: %s, %s, %s, %s",
    trackEntry.trackIndex, animationName, event.data.name, event.intValue,
    event.floatValue, event.stringValue);
});

this._hasStop = false;
```

Spine 动画的一个特点就是可以被混合，所谓混合动作就是两个动作同时进行，比如可以跑着跳等，Spine 的动作混合是根据同一时刻两个动作的属性插值判断当前的动作，还可以传入第三个参数，确定老动作在混合动作中所占的比重，设置动作混合的具体代码如下所示。

```
//动画混合
_setMix (anim1, anim2) {
    this.spine.setMix(anim1, anim2, this.mixTime);
    this.spine.setMix(anim2, anim1, this.mixTime);
}
```

设置动作混合完成后，接下来就是添加事件了，Spine 提供了多种动画中的事件，通过回调函数的方式注册监听器，事件下发后，会调用对应的逻辑。

需要说明的是 Spine 动画的每个动画实例，都有对应的 SkeletonData 数据，播放时，可以设置播放动画的轨道——Track，不同的轨道可以播放不同的动画，所以一个动画完成后，需要调用清理轨道函数 clearTrack 来清理播放动画的状态和信息。

设置动画播放的方法代码如下所示。

```
//动画播放
//移动
walk () {
    this.spine.setAnimation(0, 'walk', true);
    this._hasStop = false;
},
//跑动
run () {
    this.spine.setAnimation(0, 'run', true);
    this._hasStop = false;
},
```

setAnimation 函数设置动画的具体动作，第一个参数是轨道索引，第二个是动作名，第三个是是否循环播放。setAnimation 会实时改变播放的动作，你还可以调用 addAnimation 将要播放的动作放在现有动作的末尾，代码如下所示。

```
//添加动画播放
jump () {
    var oldAnim = this.spine.animation;

    this.spine.setAnimation(0, 'jump', false);

    //添加动作序列
    if (oldAnim && !this._hasStop) {
        this.spine.addAnimation(0, oldAnim === 'run' ? 'run' : 'walk', true, 0);
    }
},
```

需要说明的是 addAnimation 可以有第四个参数，第四个参数的作用是设置动作的播放延时。

7.5 实例：卡牌游戏经典战斗场景

一款手机游戏开发之初，基本是通过迭代确定游戏的核心玩法，而对于一款卡牌游戏来说，最核心的玩法就是战斗。早期卡牌战斗就是卡牌之间数值的交互，表现的效果并不是很好。随着动画系统的不断发展，卡牌游戏的战斗效果不断进化，由卡牌之间的互“怼”变成了真正的人物之间的格斗，表现的效果也更加细腻真实。随着更多的卡牌游戏采用这样的战斗模型，这样的战斗场景成为卡牌游戏的战斗“标配”，本节就来介绍一个卡牌游戏经典战斗场景制作。

7.5.1 战斗场景的设计

经典的卡牌游戏战斗一般由背景层和人物战斗层组成，战斗双方的人物分别站在场景两边，然后开始战斗，如图 7-28。

图 7-28 卡牌游戏战斗场景

这个场景由两个部分组成：背景层和战斗层，背景层一般由一张大原画组成，在不同的关卡和不同的对手下，场景的背景有可能会变化，这其实就是卡牌游戏中美术工作量比较大的一部分。另外一部分就是战斗的核心部分——两边人员的动画。在战斗开始前，双方各自站好位置，在这个战斗场景中，双方各自五个战士，根据出手顺序依次出手，直到一方的战士被全部消灭，战斗结束。

战斗场景的构成如图 7-29 所示，分为两层，背景层和战斗层。

图 7-29 战斗场景层级管理器

战斗中的人物才是重点，目前市面上大多数的卡牌游戏的人物动画采取的是 Spine 动画，本实例就采用这种流行的方式，搭配上人物血量的 UI，展示效果如图 7-30 所示。

人物动画采取预制体的方式制作，即在场景中创建好后拖动到资源管理器中生成预制体，然后再把场景中的对象删除，人物的结构如图 7-31 所示。

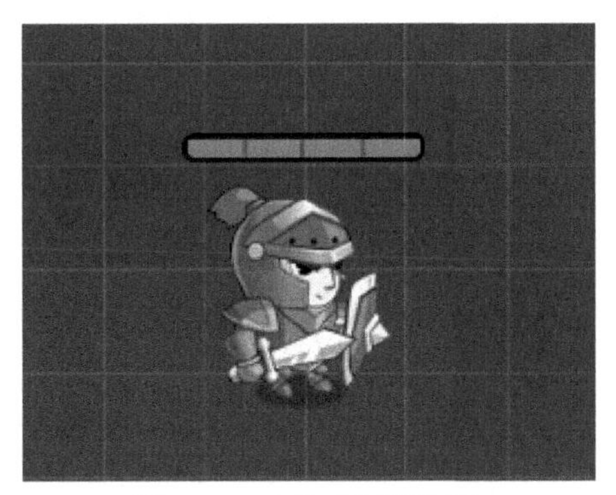

图 7-30　人物动画预制体

图 7-31　动画人物的结构

在层级管理器中，动画对象由一个 Spine 动画节点构成，上层添加血条背景和血条。准备工作完成之后，就可以开始逻辑的开发了。

7.5.2 战斗场景的具体逻辑开发

战斗场景的具体逻辑，都在战斗控制 BattleControl 文件里，首先要定义数据，见代码清单 7-11 所示。

代码清单7-11　定义战斗数据

```
//定义战斗数据
//数据
var HeroListLeft = [
    {"spine":"zhongqibing", "x":-145,"y":-160,"speed":
        6,"atk":50,"def":30,"long":false},
    {"spine":"huwei",        "x":-350,"y":-165,"speed":
        8,"atk":55,"def":25,"long":false},
    {"spine":"qingqibing",   "x":-220,"y":-220,"speed":
        10,"atk":60,"def":20,"long":false},
    {"spine":"nuqiangbing",  "x":-410,"y":-245,"speed":
        7,"atk":50,"def":30,"long":true},
    {"spine":"skeleton",     "x":-265,"y":-285,"speed":
        12,"atk":40,"def":30,"long":false}
]
var HeroListRight = [
    {"spine":"nongmin",     "x":-145,"y":-160,"speed":
        11,"atk":50,"def":30,"long":false},
    {"spine":"bingxuenv",    "x":-350,"y":-165,"speed":
        9,"atk":55,"def":25,"long":true},
    {"spine":"tuyuansu",     "x":-220,"y":-220,"speed":
        5,"atk":65,"def":30,"long":false},
    {"spine":"huoqiangshou","x":-410,"y":-245,"speed":
        6,"atk":40,"def":20,"long":true},
```

```
    {"spine":"zhongbubing", "x":-265,"y":-285,"speed":
        7,"atk":45,"def":30,"long":false}
]
//状态
//待机
var HERO_STATE_WAIT = 1
//移动
var HERO_STATE_MOVE = 2
//回退
var HERO_STATE_BACK = 3
//攻击
var HERO_STATE_ATK  = 4
//防守
var HERO_STATE_DEF  = 5
//死亡
var HERO_STATE_DIE  = 6
```

战斗数据的定义主要包括人物的数据，包括人物的站位、出手速度、攻击力、防御力和是否远程攻击等，另外一个定义就是动画的状态，比如待机和移动等。定义好数据后，就要初始化场景，见代码清单 7-12。

代码清单7-12　初始化场景

```
//初始化场景
//初始化战斗数据
initGameData: function() {
    this.loadIndex = 0
    this.spineArray = []
    this.leftHeroState = []
    this.rightHeroState = []
    this.orderArray = []
    for(var i = 0;i < 5;i ++)
    {

        this.orderArray[i]      = {"speed":HeroListLeft[i].speed,
            "atk":HeroListLeft[i].atk,"def":HeroListLeft[i].def,
            "id":i,"camp":0,"state":HERO_STATE_WAIT,"blood":100}
        this.orderArray[i + 5] = {"speed":HeroListRight[i].speed,
            "atk":HeroListRight[i].atk,"def":HeroListRight[i].def,
            "id":i,"camp":1,"state":HERO_STATE_WAIT,"blood":100}
        }
        //根据出手速度排序
        function numberorder(a, b) { return b.speed - a.speed }
        this.orderArray.sort(numberorder)

        this.orderIndex = 0
    },

    //初始化动画
    initGameShow: function() {
```

```
        this.leftHeroAnim = []
        this.rightHeroAnim = []
        for(var i = 0;i < 5;i ++)
        {
            //初始化左边阵容动画
            var data = HeroListLeft[i]
            this.leftHeroAnim[i] = cc.instantiate(this.animPrefab)
            this.leftHeroAnim[i].setPosition(cc.p(data.x,data.y))
            this.board.addChild(this.leftHeroAnim[i])

            //初始化右边阵容动画
            data = HeroListRight[i]
            this.rightHeroAnim[i] = cc.instantiate(this.animPrefab)
            this.rightHeroAnim[i].setPosition(cc.p(-data.x,data.y))
            this.board.addChild(this.rightHeroAnim[i])
            this.rightHeroAnim[i].scaleX = -1
        }
        this.loadAnim()
    },

    onLoad: function () {
       //初始化数据
        this.initGameData()

        //初始化展示
        this.initGameShow()

        //开始游戏
        this.startGame()
    },
```

在 onLoad 加载函数中，首先进行数据的初始化，调用 initGameData 初始化战斗数据，根据初始定义的战斗数据初始化 orderArray 中的战斗状态数据，然后根据角色出手数据排序，数据初始化后，调用 initGameShow 函数初始化战斗的展示动画，这里通过创建之前定义好的预设体的方式创建对象，然后顺序载入动画，调用 loadAnim 函数，loadAnim 函数见代码清单 7-13。

代码清单7-13 载入动画

```
    //载入动画
    loadAnim: function() {
        var data
        if(this.loadIndex >= 5 && this.loadIndex <= 9)
            data = HeroListRight[this.loadIndex - 5]
        else if(this.loadIndex < 5)
            data = HeroListLeft[this.loadIndex]
        else
            return
```

```
        //载入动画
        var loadAnimCallback = function(err, res) {
            this.spineArray[this.loadIndex] = res

            //初始默认动作
            if(this.loadIndex < 5)
            {
                this.leftHeroAnim[this.loadIndex].getComponent(sp.Skeleton).
                    skeletonData = res
                this.leftHeroAnim[this.loadIndex].getComponent(sp.Skeleton).animation
                    = "Idle"
            }else{
                this.rightHeroAnim[this.loadIndex - 5].getComponent(sp.Skeleton)
                    .skeletonData = res
                this.rightHeroAnim[this.loadIndex - 5].getComponent(sp.Skeleton)
                .animation = "Idle"
            }

            //载入动画
            this.loadIndex = this.loadIndex + 1
            this.loadAnim()
        }.bind(this)
        cc.loader.loadRes("spine/" + data.spine, sp.SkeletonData, loadAnimCallback)
    },
```

这里通过调用cc.loader的loadRes函数载入动画，依次载入十个动画，再把动画赋值给每一个初始的动画预设体。初始化都完成后，就可以调用startGame开始战斗了，startGame的具体逻辑见代码清单7-14。

代码清单7-14　战斗逻辑

```
    //战斗逻辑
    nextAttack: function(){
        if(this.orderIndex > 9)
            this.orderIndex = 0
        var attacker = this.orderArray[this.orderIndex]
        if(attacker.state == HERO_STATE_WAIT)
        {
            this.setAnimState(attacker,HERO_STATE_MOVE)
        }else{
            this.orderIndex = this.orderIndex + 1
            this.nextAttack()
        }
    },

    startGame: function() {
        this.orderIndex = 0
        this.nextAttack()
    },
```

战斗逻辑首先定义orderIndex，它是一个出手顺序的控制索引，确保每个角色都出手一遍，而这个索引遍历的数组，就是我们之前根据出手顺序排好的orderArray。如果对应的角色不是死亡状态，那么角色进行到攻击模式，每一次改变角色的状态，都会调用setAnimState函数，在这个函数中处理每个状态下的逻辑，先是HERO_STATE_MOVE状态，即角色进入攻击状态后移动到目标对象的逻辑。见代码清单7-15。

代码清单7-15 移动到目标位置

```
//移动到目标位置
if(state == HERO_STATE_MOVE)
{
    var targetCamp = 1
    if(obj.camp == 1)
    {
        targetCamp = 0
    }
    var target = null

        //确定攻击对象
        for(var i = 0;i < 10;i ++)
    {
        if(this.orderArray[i].camp == targetCamp
            && this.orderArray[i].state != HERO_STATE_DIE)
        {
            this.targetIndex = i
            target = this.orderArray[i]
        }
    }
    if(target == null)
    {
    //一方全部死亡，游戏结束
    return
    }
    //移动到目标位置
    var targetPos = cc.p(0,0)
    //是否远程
    var isLong
    if(obj.camp == 1)
    {
        isLong = HeroListRight[obj.id].long
    }else{
        isLong = HeroListLeft[obj.id].long
    }

    if(isLong)
    {
        this.setAnimState(obj,HERO_STATE_ATK)
        return
    }
```

```
    if(targetCamp == 1)
    {
        targetPos.x = -(HeroListRight[target.id].x + 40)
        targetPos.y = HeroListRight[target.id].y
    }
    else{
        targetPos.x = (HeroListRight[target.id].x + 40)
        targetPos.y = HeroListRight[target.id].y
    }
    var callback = cc.callFunc(function()
    {
        //进入到攻击状态
        this.setAnimState(obj,HERO_STATE_ATK)
    }, this)
    var animHandle = this.leftHeroAnim[obj.id]
    if(obj.camp == 1)
        animHandle = this.rightHeroAnim[obj.id]
    animHandle.runAction(cc.sequence(cc.moveTo(0.5, targetPos.x,
            targetPos.y),callback))
}
```

这个逻辑首先确定攻击的对象，如果攻击对象没有了，证明对手都被击败；如果有攻击目标，则判断是否是远程攻击，如果不是远程攻击，那么首先移动到目标位置，否则就进入到攻击状态。攻击状态的逻辑见代码清单 7-16。

代码清单7-16 攻击目标逻辑

```
//攻击目标逻辑
else if(state == HERO_STATE_ATK)
{
    var animHandle = this.leftHeroAnim[obj.id]
    if(obj.camp == 1)
        animHandle = this.rightHeroAnim[obj.id]
animHandle.getComponent(sp.Skeleton).setAnimation(0,"Attack",false)
animHandle.getComponent(sp.Skeleton).setCompleteListener(trackEntry => {
        //计算减小的血量
        var tagetDef
        if(obj.camp == 0)
        {
            tagetDef = HeroListLeft[this.orderArray[this.targetIndex].id].def
        }
        else{
            tagetDef = HeroListRight[this.orderArray[this.targetIndex].id].def
        }
        var objAtk
        if(obj.camp == 1)
        {
            objAtk = HeroListLeft[obj.id].atk
        }
        else{
```

```
            objAtk = HeroListRight[obj.id].atk
        }
        this.orderArray[this.targetIndex].blood
        = this.orderArray[this.targetIndex].blood + tagetDef - objAtk
        var tagetHandle = this.rightHeroAnim[this.orderArray[
            this.targetIndex].id]
        if(obj.camp == 1)
        tagetHandle = this.leftHeroAnim[this.orderArray[
            this.targetIndex].id]
        if(this.orderArray[this.targetIndex].blood > 0)
        {
            cc.log("blood" + this.orderArray[this.targetIndex].id)
            //掉血
            tagetHandle.getComponent("HeroControl").setBlood(
                this.orderArray[this.targetIndex].blood/100)
        }
        else{
            //角色死亡
            cc.log("die")
            this.setAnimState(this.orderArray[
                this.targetIndex],HERO_STATE_DIE)
        }
        //退回到原来位置
animHandle.getComponent(sp.Skeleton).setCompleteListener(trackEntry => {
        })
        animHandle.getComponent(sp.Skeleton).animation = "Run"
            var targetPos = cc.v2(0,0)
        if(obj.camp == 0)
        {
            targetPos.x = HeroListLeft[obj.id].x
            targetPos.y = HeroListLeft[obj.id].y
        }else{
            targetPos.x = -HeroListRight[obj.id].x
            targetPos.y = HeroListRight[obj.id].y
        }

        var callback = cc.callFunc(function()
        {
            this.setAnimState(obj,HERO_STATE_WAIT)
        }, this)

        animHandle.runAction(cc.sequence(cc.moveTo(
            0.5, targetPos.x, targetPos.y),callback))
    })
}
```

这部分逻辑首先播放攻击动画，然后根据双方的数值，进行血量的判断，判断角色应该掉多少血，根据血量判断对手是否已经死亡，攻击结束后近程攻击的对象要退回到自己的位置，回到待机状态，进入死亡状态和回到待机状态的逻辑见代码清单 7-27。

代码清单7-17 死亡状态和回到待机状态

```
//死亡状态和回到待机状态
else if(state == HERO_STATE_DIE)
{
    var animHandle = this.leftHeroAnim[obj.id]
    if(obj.camp == 1)
        animHandle = this.rightHeroAnim[obj.id]
    animHandle.getComponent(sp.Skeleton).setAnimation(0,"Die",false)
animHandle.getComponent(sp.Skeleton).setCompleteListener(trackEntry => {
animHandle.getComponent(sp.Skeleton).setCompleteListener(trackEntry => {
            })
        animHandle.active = false
    })
}
else if(state == HERO_STATE_WAIT)
{
    //回到原始状态
    var animHandle = this.leftHeroAnim[obj.id]
    if(obj.camp == 1)
        animHandle = this.rightHeroAnim[obj.id]
        animHandle.getComponent(sp.Skeleton).animation = "Idle"
        this.orderIndex = this.orderIndex + 1
        this.nextAttack()
}
```

死亡状态播放死亡动画，播放完成后隐藏对象，待机状态后 orderIndex 自增一然后下一个人攻击，直到一方全部被消灭，游戏逻辑结束。

7.6 本章小结

本章介绍 Cocos Creator 中的动画系统，动画系统对于一个游戏的品质有着决定性的作用，广泛用于 UI 系统和战斗系统中。基本的动画系统是 Cocos Creator 的动作系统，Cocos Creator 的动作系统基于 Cocos2D-x 的动画系统，包括一个具体节点的位移、缩放、旋转、透明度变化和颜色变化等，即使再复杂的动画也是基于这些基本动作而产生的。针对基于 Cocos2D-X 的基本的动作系统。Cocos Creator 提供了在脚本层调用具体动作的接口，而且 Cocos Creator 基于这套动作系统开发了动画编辑器。动画编辑器和动画组件绑定，一个动画组件包含动画切片剪辑，动画编辑器通过时间轴的方式编辑动画切片剪辑，动画切片剪辑包含在一个节点的属性在时间轴下变化的组件。除了基本的动画组件，一般的游戏中的动画特效还包括粒子系统，粒子系统是通过大量粒子共同创造的整体效果。粒子系统通常用来模拟的现象有火、爆炸、烟、水流、火花、落叶、云、雾、雪、尘、流星尾迹或者发光轨迹这样的抽象视觉效果等。粒子系统通过很多属性来驱动运行，这些属性不止模拟单个粒子的运动，更是影响着整个粒子体系的运行效果。除了常见的动画系统，Cocos Creator

还支持市面上常见的骨骼动画系统：龙骨动画 DragonBone 和 Spine 动画，二者功能有相近之处，又有一些不同，本章分别介绍了在 Cocos Creator 下使用这些动画的方法，以及如何从这两个动画编辑器中导出我们需要的动画格式。最后，本章介绍了动画特效的一个应用场景，即卡牌游戏的战斗场景，读者可以在现有逻辑的基础上，再根据自己的设计实现自己的战斗系统。

第 6～8 章是 Cocos Creator 中最核心的知识点，学习的时候要注意梳理这些知识的结构，并且在具体的项目和应用场景中实践。

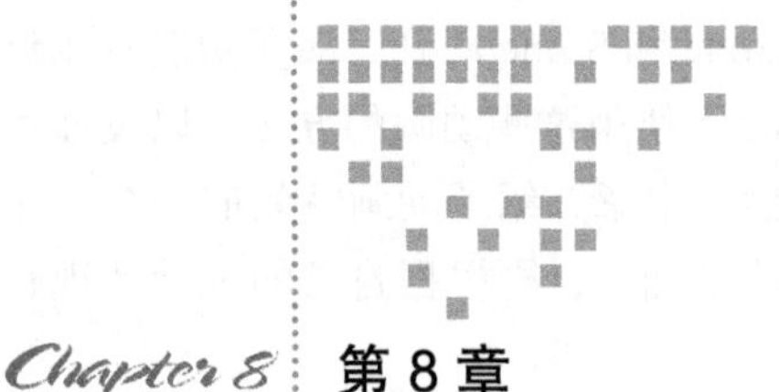

Chapter 8 第 8 章

Cocos Creator 的物理系统

在虚拟的游戏世界中，所有的物体都可以互相穿透，除非我们“告诉”它们，游戏工程师需要花费很多精力，才能确保物体不互相“穿透”，游戏中有很多模拟现实的碰撞部分，这些模拟可以使玩家的感觉更真实。虽然不是所有游戏都必须使用物理引擎，但当需要大量模拟碰撞和自由落体运动时，选择物理引擎来开发无疑会使我们的开发事半功倍，在智能机平台游戏中，包括愤怒的小鸟等大红大紫的游戏都采用了物理引擎进行开发。

一般来讲，我们都会自己开发简单的矩形碰撞系统来处理一般的矩形碰撞，但是无论是效率还是功能的完善度，自己“造轮子”都是一个很麻烦的事情，也未必能很好地满足我们的需求，因此常常需要第三方的引擎和工具来完成。

Cocos Creator 的物理系统包含两个部分：碰撞检测系统和物理引擎。动力学模拟需要大量使用碰撞检测系统，以正确地模拟物体多种物理行为，包括从另一个物体弹开，在摩擦力下滑行、滚动，并最终静止。当然，碰撞检测系统也可以不结合动力学系统，本章首先介绍 Cocos Creator 的碰撞系统，并不联系任何动力学物理引擎。

游戏引擎的碰撞系统常常紧密地与物理引擎结合。所谓物理，更多地应该说是刚体动力学模拟，刚体是理想化、无限坚硬、不变型的固体物体。动力学是一个过程，计算刚体怎样在力的影响下随时间移动及互相作用。刚体动力学模拟游戏中移动的物体的高度互动，这种效果难以用预置的动画达成，Cocos Creator 使用 Box2D 游戏引擎来作为主要的碰撞系统，这是从 Cocos2D-x 就一以贯之的物理引擎，也是使用率最高的物理引擎，本章就介绍 Cocos Creator 如何使用物理引擎。

8.1 Cocos Creator 的碰撞系统

游戏引擎中的碰撞系统的主要用途在于，判断游戏世界中的物体是否接触。每个游戏的逻辑对象会以一个或者多个几何形状代表，这些图形通常比较简单，例如矩形、圆形和多边形等，也可以自己编辑更复杂的形状，碰撞系统判断在某指定时刻中，这些图形是否有相交或重叠的，因此其实物理碰撞系统也可以称作几何相交检测器。

对于较为简单的物理需求，推荐用户直接使用碰撞组件，这样可以避免加载物理引擎并构建物理世界的运行时开销。而物理引擎提供了更完善的交互接口和刚体、关节等已经预设好的组件。可以根据需要来选择适合自己的物理系统。

8.1.1 编辑碰撞组件

如果想为一个物体添加碰撞检测，就要为物体添加碰撞组件，可以在“添加组件→碰撞组件”中选择适合的碰撞组件，目前可以选择的组件包括：矩形碰撞组件（Box Collider），圆形碰撞组件（Circle Collider）以及多边形碰撞组件（Polygon Collider），一个物理碰撞组件包含的内容如图 8-1 所示。

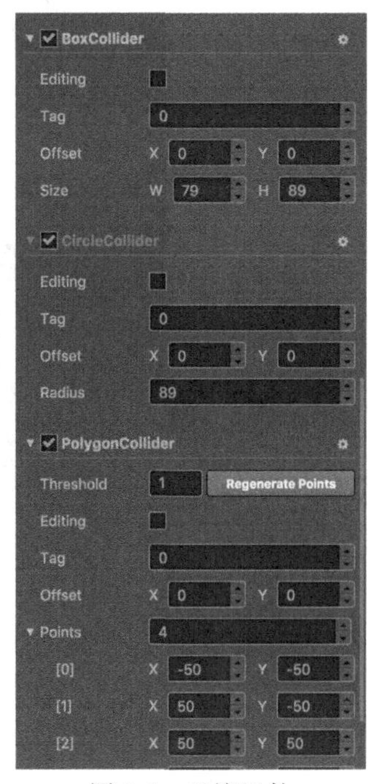

图 8-1 碰撞组件

三种碰撞组件的属性基本可以包括三个部分，一是 Edit，一个是 Tag，另外还有位置信息 Offset 和 Points，首先看最简单的矩形碰撞组件。

首先，选中 Editing 可以进入碰撞图形编辑状态，当编辑时鼠标悬浮在矩形碰撞区域的顶点上时，可以按住鼠标左键并拖动，以同时修改矩形碰撞组件的长宽；当鼠标悬浮在矩形碰撞区域的边缘线上时，按住鼠标左键拖动，将修改矩形碰撞组件的长或宽中的一个方向，按住 shift 键拖动时，在拖动过程中会保持开始时的长宽比例，按住 alt 键时，在拖动的过程会保持矩形中心点位置不变，如图 8-2 所示。

如果编辑的是圆形碰撞组件的话，则会出现类似如图 8-3 所示的圆形编辑区域，当鼠标悬浮在圆形编辑区域的边缘线上时，边缘线会变亮，这时按住鼠标左键拖动将可以修改圆形碰撞组件的半径大小。

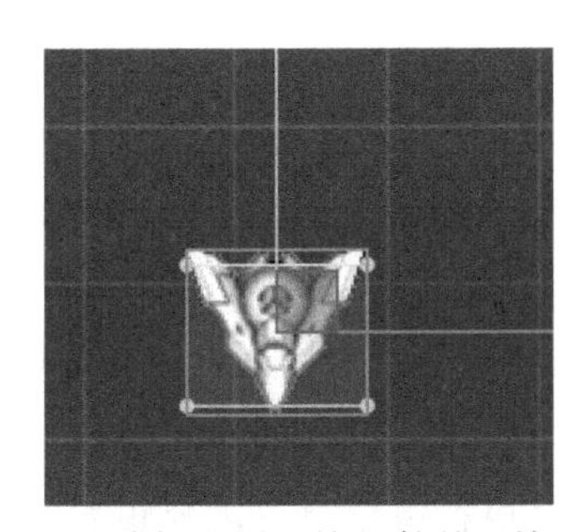

图 8-2 编辑矩形碰撞组件的碰撞区域

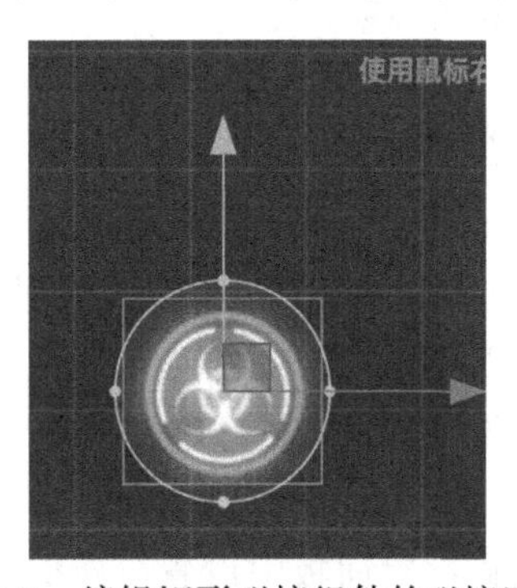

图 8-3 编辑矩形碰撞组件的碰撞区域

如果编辑的是多边形碰撞组件的话，则会发现类似如图 8-4 所示的多边形编辑区域区域中的这些点都是可以拖动的，拖动的结果会反映到多边形碰撞组件的 points 属性中。

当鼠标移动到两点连成的线段上时，鼠标指针会变成“添加”的样子，这时单击鼠标左键会在这个地方添加一个点到多边形碰撞组件中。当按住 ctrl 或 command 键时，移动鼠标到多边形顶点上，会发现顶点以及连接的两条线条变成红色，这时候单击鼠标左键将会删除多边形碰撞组件中的这个点。

在 Cocos Creator 1.5 以及以后的版本中，多边形碰撞组件中添加了一个 Regenerate Points 的功能，这个功能可以根据组件相关节点上的精灵组件的贴图的像素点来自动生成相应轮廓的顶点。Threshold 指明生成贴图轮廓顶点间的最小距离，值越大则生成的点越少，可根据需求进行调节，如图 8-5 所示，为使用 Regenerate Points 功能生成的多边形。

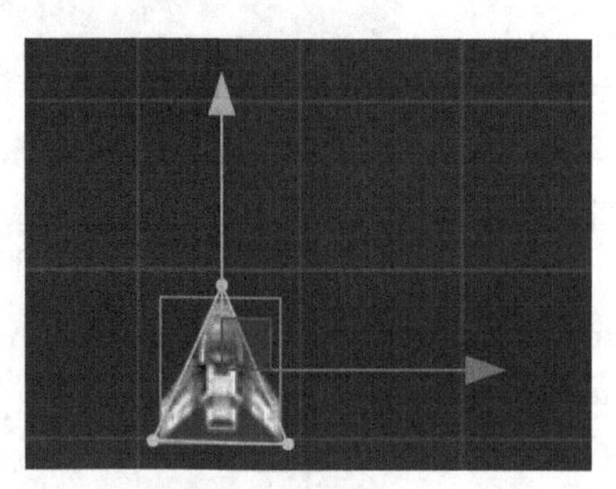

图 8-4 编辑多边形碰撞组件的碰撞区域

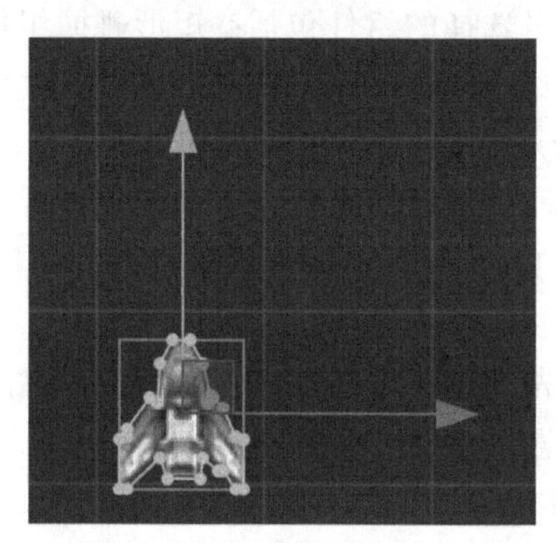

图 8-5 直接生成的多边形碰撞组件的碰撞区域

需要说明的是 Threshold 属性指明的是生成贴图轮廓顶点间的最小距离，也就是说这个值越小，生成的矩形的边数也就越多，粒度也就越细致。但是需要明确的是，这种细致的粒度是有“副作用”的，它会造成处理性能的下降，所以要合理地选择 Threshold 的属性值和处理的粒度。

在所有的碰撞组件编辑中，都可以在各自的碰撞中心区域按住鼠标左键拖拽来快速编辑碰撞组件的偏移量。

8.1.2 碰撞分组管理

一般情况下，在一个“互相碰撞”的世界中，往往要分清“敌军友军”，因为一般在游戏的互相碰撞中，往往需要有分组的概念，比如在飞机游戏中，我方控制的飞机、飞机释放的子弹，以及 npc 的友军飞机和子弹都可以被分到另一组，然后敌人的飞机和敌人的子弹分为另一组，这样在处理碰撞的时候就可以更加有的放矢，我们可以把注意力放到自己关注的碰撞上。

要在项目设置面板中设置分组管理，可通过“菜单栏→项目→项目设置→分组管理”

打开分组管理界面，如图 8-6 所示。

图 8-6　分组管理界面

分组管理默认提供一个 Default 分组，它也是目前所有节点中默认的分组，每次单击“添加分组按钮”都可以添加一个新的分组，但是需要注意的是分组一旦添加就不可以删除，但是可以重新命名。

这个分组为本书第 10 章中飞机大战的分组设置，包括我方飞机（HeroPlane），我方子弹（HeroBullet），敌方飞机（EnemyPlane）和敌方子弹（EnemyBullet）。

在分组管理的下面可以进行碰撞分组配对表的管理，如图 8-7 所示。

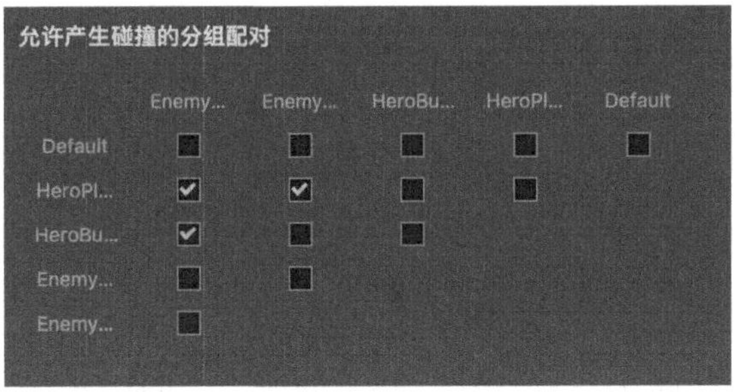

图 8-7　分组配对管理列表

这张表里面的行与列分别列出了分组列表里面的项，分组列表里的修改将会实时映射到这张表里。你可以在这张表里面配置哪一个分组可以对其他的分组进行碰撞检测，假设“a 行”“b 列”被勾选上，那么表示“a 行”上的分组将会与“b 列”上的分组进行碰撞检测。

根据上述的分类，这里面设置的是我方飞机和敌方飞机、我方子弹和敌方飞机、敌方飞机和我方子弹三组碰撞是可以被检测到的。

8.1.3　使用脚本处理碰撞系统

Collider 组件的参考，见表 8-1 所示。

表 8-1 Collider 组件参考

名 称	描 述
tag	碰撞标签。当一个节点上有多个碰撞组件时，在发生碰撞后，可以使用此标签来判断是节点上的哪个碰撞组件被碰撞了
Editing	是否编辑此碰撞组件
offset	组件相对于节点的偏移量
size（矩形碰撞组件属性）	组件的长宽
radius（圆形碰撞组件属性）	组件的半径
point（多边形碰撞组件属性）	组件的定点数组

默认的碰撞系统是关闭的，当一个碰撞组件被启用时，这个碰撞组件会被自动添加到碰撞检测系统中，并搜索能够与他进行碰撞的其他已添加的碰撞组件来生成一个碰撞对，需要注意的是，一个节点上的碰撞组件，无论如何都是不会相互进行碰撞检测的。

碰撞系统的管理和参数设置见代码清单 8-1。

代码清单8-1 碰撞系统管理

```
//碰撞系统管理
//获得碰撞系统
var manager = cc.director.getCollisionManager();

//开启碰撞检测系统
manager.enabled = true;

//开启碰撞检测系统的debug绘制
manager.enabledDebugDraw = true;

//显示碰撞组件的包围盒
manager.enabledDrawBoundingBox = true;
```

碰撞系统开启后，就可以接收碰撞事件并且处理了，事件的处理见代码清单 8-2 所示。

代码清单8-2 碰撞事件添加

```
//事件添加

/**
 * 当碰撞产生的时候调用
 * @param  {Collider} other 产生碰撞的另一个碰撞组件
 * @param  {Collider} self  产生碰撞的自身的碰撞组件
 */
onCollisionEnter: function (other, self) {
    console.log('on collision enter');
},

/**
```

```
 * 当碰撞产生后，碰撞结束前的情况下，每次计算碰撞结果后调用
 * @param  {Collider} other 产生碰撞的另一个碰撞组件
 * @param  {Collider} self  产生碰撞的自身的碰撞组件
 */
onCollisionStay: function (other, self) {
    console.log('on collision stay');
},

/**
 * 当碰撞结束后调用
 * @param  {Collider} other 产生碰撞的另一个碰撞组件
 * @param  {Collider} self  产生碰撞的自身的碰撞组件
 */
onCollisionExit: function (other, self) {
    console.log('on collision exit');
}
```

处理的事件包括碰撞前、碰撞中和碰撞后，你可以根据游戏的需求考虑使用哪几个碰撞回调。

碰撞组件还可以用在触摸事件中，见代码清单8-3。

代码清单8-3 检测触摸点是否在多边形区域内

```
//检测触摸点是否在多边形区域内
cc.eventManager.addListener({
    event: cc.EventListener.TOUCH_ONE_BY_ONE,

    onTouchBegan: (touch, event) => {
        var touchLoc = touch.getLocation();

        // 是否单击点在多边形区域中
        if (cc.Intersection.pointInPolygon(
            touchLoc, this.polygonCollider.world.points)) {

            return true;
        }

        return false;
    },
}, this.node)
```

8.1.4 使用碰撞系统的示例

Cocos Creator自带的示例中提供了一些碰撞系统的使用示例，这些场景都在示例项目的“Collider”文件夹下，首先来看第一个项目“Category”，它的运行效果如图8-8所示。

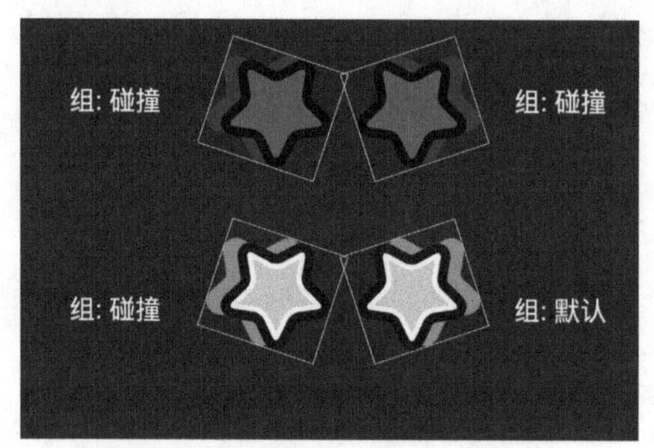

图 8-8 “Category”示例运行效果

这个运行效果展示了分组的作用和碰撞检测回调，这里每个“星星”都以一定的速度旋转，转到一定的位置后，“星星”碰撞触发，在碰撞的过程中，“星星”变色，碰撞完成后，“星星”又恢复到原来的颜色，具体的逻辑见代码清单 8-4。

代码清单8-4 检测碰撞逻辑

```
//检测碰撞逻辑
onLoad: function () {
    //开启碰撞检测
    cc.director.getCollisionManager().enabled = true;
    cc.director.getCollisionManager().enabledDebugDraw = true;

    this.touchingNumber = 0;
},

onCollisionEnter: function (other) {
    //修改碰撞颜色
    this.node.color = cc.Color.RED;
    this.touchingNumber ++;
},

onCollisionStay: function (other) {
},

onCollisionExit: function () {
    //修改碰撞颜色
    this.touchingNumber --;
    if (this.touchingNumber === 0) {
        this.node.color = cc.Color.WHITE;
    }
}
```

项目运行起来可以发现，上方的两个“星星”的碰撞可以被检测，而下方的“星星”在碰撞后不会变色，查看后发现，下方右侧的星星的分组是“Default”，不在可以检测的碰撞组中，所以不会调用回调。

运行实例“Shape”展示了一个节点上可以绑定多个碰撞组件的示例，运行效果如图8-9所示。

图8-9 “Shape”示例运行效果

一个节点上可以绑定多个碰撞形状组件，这个示例里面可以通过单击三个按钮来显示对应的碰撞组件的形状，控制代码见代码清单8-5。

代码清单8-5 显示对应的碰撞组件

```
//显示对应的碰撞组件
onBtnClick: function (event) {
    var target = event.target;
    var shapeClassName = `cc.${target.name}Collider`;
    var nodePath = 'Canvas/root/' + target.parent.name;

    //获得对应组件
    var collider = cc.find(nodePath).getComponent(shapeClassName);
    collider.enabled = !collider.enabled;

    var label = target.getChildByName('Label').getComponent
    (cc.Label);
    if (collider.enabled) {
        label.string = label.string.replace('Show', 'Hide');
    }
    else {
        label.string = label.string.replace('Hide', 'Show');
    }
}
```

使用Cocos Creator自带的碰撞检测系统，可以基本模拟Box2D的碰撞系统，在示例“platform”中就是这样，运行效果如图8-10所示。

图 8-10 “platform”示例运行效果

在这个示例中，处理按钮移动“星星”左右移动和弹跳，当“星星”碰撞后会变色，主要的处理逻辑在 onCollisionEnter 碰撞处理函数中，见代码清单 8-6。

代码清单8-6 处理碰撞函数

```
//处理碰撞函数
onCollisionEnter: function (other, self) {
    this.node.color = cc.Color.RED;

    this.touchingNumber ++;

    //获得碰撞预设体
    var otherAabb = other.world.aabb;
    var otherPreAabb = other.world.preAabb.clone();

    var selfAabb = self.world.aabb;
    var selfPreAabb = self.world.preAabb.clone();

    //处理X轴的碰撞
    selfPreAabb.x = selfAabb.x;
    otherPreAabb.x = otherAabb.x;

    if (cc.Intersection.rectRect(selfPreAabb, otherPreAabb)) {
        if (this.speed.x < 0 &&
            (selfPreAabb.xMax > otherPreAabb.xMax)) {
            this.node.x = otherPreAabb.xMax - this.node.parent.x;
            this.collisionX = -1;
        }
    else if (this.speed.x > 0 &&
            (selfPreAabb.xMin < otherPreAabb.xMin)) {
        this.node.x = otherPreAabb.xMin - selfPreAabb.width
        - this.node.parent.x;
        this.collisionX = 1;
    }
```

```
            this.speed.x = 0;
            other.touchingX = true;
            return;
        }

        //处理Y轴的碰撞
        selfPreAabb.y = selfAabb.y;
        otherPreAabb.y = otherAabb.y;

        if (cc.Intersection.rectRect(selfPreAabb, otherPreAabb)) {
        if (this.speed.y < 0 && (selfPreAabb.yMax > otherPreAabb.yMax)) {
            this.node.y = otherPreAabb.yMax - this.node.parent.y;
            this.jumping = false;
            this.collisionY = -1;
        }
        else if (this.speed.y > 0 && (selfPreAabb.yMin < otherPreAabb.yMin))
        {
            this.node.y = otherPreAabb.yMin - selfPreAabb.height
            - this.node.parent.y;
            this.collisionY = 1;
        }

        this.speed.y = 0;
        other.touchingY = true;
        }

    },
```

主要的处理流程是首先获得碰撞体的包围框，然后分别在 X 轴和 Y 轴检测是否碰撞。你可能会有点疑惑，为什么碰撞回调已经调用了，还要检测一遍？这和具体的需求有关，这个示例类似于我们之前玩的红白机上的超级马里奥，在纵轴方向上的处理是为了单独处理 Y 轴的弹起的效果。另外一个原因就是，物体和平台本身不能有穿透的效果，所以只能让它们的 Y 轴方向一致，然后再处理是否碰撞。

8.2　Cocos Creator 中的 Box2D

碰撞检测系统之所以更多地被使用，是因为它的使用规则相对简单，但是也恰恰因为它的简单，并不能满足我们的所有需求。比如对于摩擦力、杠杆效果等物理效果的模拟，必须使用物理引擎才能帮助我们实现。Cocos Creator 使用 Box2D 作为内部的物理系统，并隐藏了大部分的实现，比如创建刚体、同步刚体信息的节点等，可以通过物理系统访问一些 Box2D 的信息。

8.2.1　Box2D 简介

Box2D 是用 C++ 编写的，开发者是 Erin Catto，他从 2005 年开始就在著名的 GDC

（Game Developers Conference，游戏开发者会议）上作物理模拟相关的演讲。2007 年 9 月，他公布了 Box2D 物理引擎，Box2D 以其出色的物理模拟效果和开源的特性得到了开发者的认同，从那以后，基于 Box2D 引擎的开发就十分活跃，Box2D 的各种实现版本层出不穷，包括用于 Flash 网页游戏的版本。Box2D 和手机游戏的结缘可以说是从 Box2D 的 Java 版本出现开始，开发者喜欢在开发 Android 游戏时集成 Box2D 来帮助开发更玄的游戏效果，自从 Box2D 集成到 Cocos2D 系列引擎以后，Box2D 和手游的联系更加紧密。

需要注意的是，在 Cocos Creator 2.0 版本中，Box2D 不再使用 Cocos2D-X 的版本，而是使用 Box2D-tx 分支。Box2D-tx 分支是一个 Box2D 的 TypeScript 接口，具体的接口和细节不一定和 Box2D 完全一致，在使用过程中需要特别注意。

Box2D 的基本概念包括：

1）刚体：即不会发生形变的物体，它的任何两点间的距离是不变的。

2）形状：依附于物体的二维的形状结构，形状具有摩擦和恢复的材料属性。

3）约束：约束就是限制物体自由的物理链接，在二维中，物体有三个自由度，比如我们把一个物体固定在墙上，它只能绕着固定的点旋转，失去了 2 个自由度。

4）接触约束：自动创建的约束，防止刚体穿透、模拟摩擦和恢复的特殊约束，不需要手动创建。

5）关节：把两个物体固定在一起的约束，包括旋转、距离和棱柱等等，关节可以支持限制和马达。

6）关节马达：一个关节马达依靠自由度来驱动物体，比如可以使用马达来驱动旋转。

7）关节限制：限制关节的运动范围，如同我们的骨骼一样。

8）世界：物体、形状和约束互相作用形成的世界，允许创建多个世界。

物理引擎需要首先定义一个描述类，然后再根据描述类通过世界创建某个对象。创建刚体时需要有两个步骤，一是生成一个刚体定义，二是根据刚体定义生成刚体。在刚体创建时定义中的信息会被复制，也就是说创建完成后刚体只要没被释放掉，就还可以重复使用。

通常在 box2D 引擎中新建一个物体需要经历如下步骤：

1）使用位置和阻尼等参数定义物体。

2）使用世界对象创建物体。

3）使用几何结构、摩擦和密度等参数定义对象。

4）调整物体质量和形状相匹配。

8.2.2 Cocos Creator 中的 Box2D

Cocos Creator 作为一款编辑器类的游戏引擎，无论是集成方式还是使用方式，和一般的代码框架类游戏引擎都不太一样，Cocos Creator 将 Box2D 作为内部的物理系统，封装了很多细节，开发者无须考虑游戏引擎的具体实现，只需要使用相应的组件就可以了。

从性能上考虑，物理系统默认是关闭的，如果想要让自己做的物理效果在游戏中可以有效果，那么需要开启物理系统，见代码清单8-7。

代码清单8-7 开启物理系统

```
//开启物理系统
cc.director.getPhysicsManager().enabled = true;
//开启调试绘制
cc.director.getPhysicsManager().debugDrawFlags =
    cc.PhysicsManager.DrawBits.e_aabbBit |
    cc.PhysicsManager.DrawBits.e_pairBit |
    cc.PhysicsManager.DrawBits.e_centerOfMassBit |
    cc.PhysicsManager.DrawBits.e_jointBit |
    cc.PhysicsManager.DrawBits.e_shapeBit;
//关闭绘制
cc.director.getPhysicsManager().debugDrawFlags = 0;
```

系统默认不绘制任何调试信息，可以设置debugDrawFlags来开启绘制信息，当debugDrawFlags设置为0时，即为关闭信息绘制。

由于Box2D采取现实世界的米作为计量长度的单位（采取公斤作为重量单位，采用秒作为时间单位）。因为Box2D采取浮点数，很多时候都要使用公差来保证正常工作，因为这些公差公式已经被调整得适合米－千克－秒（MKS）。虽然作为一个游戏引擎，以像素为单位可以使我们更加方便地使用，但是，那样会产生一些不好的模拟效果。这里要注意的是长度范围在0.1 m到10 m的物体模拟的效果更好。由于Box2D对于这个长度范围做了优化，使得小到罐头盒，大到公共汽车都会有很好的模拟，所以如果要把游戏中的像素级的长度单位转换为米的单位就要除以PTM_RATIO（定义32像素为1米）。

注意 尽量将物体的长度定义在1米左右，当然，你也可以定义长度范围在0.1 m到10 m范围以外的物体，不过可能会产生一些意料之外的物理模拟。

要创建世界对象，首先应定义整个世界的重力系统，包括设置重力大小和方向，方向符合基本坐标轴方向，定义完重力后，便可以以重力为参数定义世界，设置重力值见代码清单8-8。

代码清单8-8 设置重力值

```
//设置重力，默认值，为cc.v2(0, -320);
cc.director.getPhysicsManager().gravity = cc.v2();
//设置重力为其他的值
cc.director.getPhysicsManager().gravity = cc.v2(0, -640);
```

通常可能需要知道在给定的场景中都有哪些实体。如果一个炸弹爆炸了，在范围内的物体都会受到伤害，或者在策略类游戏中，可能会希望让用户选择一个范围内的单位进行拖动，这时候需要使用测试方法检测物体，目前物理引擎提供三种方式进行测试，分别为：

点测试、矩形测试和射线测试，具体的使用见代码清单 8-9。

代码清单8-9 测试方法

```
//点测试
//测试是否有碰撞体会包含一个世界坐标系下的点，成功会返回碰撞体，如果结果有多个，那么会随机返回一个
var collider = cc.director.getPhysicsManager().testPoint(point);

//矩形测试
//测试指定的一个世界坐标系下的矩形，如果一个碰撞体的包围盒与这个矩形有重叠部分，则这个碰撞体会给
  添加到返回列表中。
var colliderList = cc.director.getPhysicsManager().testAABB(rect);

//射线测试
//检测给定的线段穿过哪些碰撞体，可以获取到碰撞体在线段穿过碰撞体的那个点的法线向量和其他一些有用
  的信息。
var results = cc.director.getPhysicsManager().rayCast(p1, p2, type);

for (var i = 0; i < results.length; i++) {
    var result = results[i];
    //指定射线穿过的是哪一个碰撞体。
    var collider = result.collider;
    //指定射线与穿过的碰撞体在哪一点相交。
    var point = result.point;
    //指定碰撞体在相交点的表面的法线向量。
    var normal = result.normal;
    //指定相交点在射线上的分数。
    var fraction = result.fraction;
}
```

射线检测的最后一个参数指定检测的类型，目前支持四种不同的方式，物理引擎将根据射线检测传入的检测类型来决定是否对 Box2D 检测结果进行排序，这个类型会影响到最后返回给用户的结果，射线检测参数类型见表 8-2。

表 8-2 射线检测参数类型

名 称	描 述
cc.RayCastType.Any	检测射线路径上任意的碰撞体，一旦检测到任何碰撞体，将立刻结束检测其他的碰撞体
cc.RayCastType.Closest	检测射线路径上最近的碰撞体，这是射线检测的默认值
cc.RayCastType.All	检测射线路径上的所有碰撞体，检测到的结果顺序不是固定的。在这种检测类型下一个碰撞体可能会返回多个结果，这是因为 Box2D 是通过检测夹具（fixture）来进行物体检测的，而一个碰撞体中可能有多个夹具（fixture）
cc.RayCastType.AllClosest	检测射线路径上所有碰撞体，但是会对返回值进行删选，只返回每一个碰撞体距离射线起始点最近的那个点的相关信息

8.2.3 Cocos Creator 中的 Box2D 组件

Cocos Creator 目前提供了三个 Box2D 组件：刚体组件、碰撞组件和关节组件。

刚体是构成物理世界的基本对象，它是 Box2D 中最重要的元素之一。Cocos Creator 中提供了四种类型的刚体，见表 8-3。

表 8-3　射线检测参数类型

名　称	描　述
cc.RigidBodyType.Static	静态刚体、零质量，零速度，即不会受到重力或速度影响，但是可以设置他的位置来进行移动
cc.RigidBodyType.Dynamic	动态刚体，有质量，可以设置速度，会受到重力影响
cc.RigidBodyType.Kinematic	运动刚体，零质量，可以设置速度，不会受到重力的影响，但是可以设置速度来进行移动
cc.RigidBodyType.Animated	从 Kinematic 类型衍生出来的，一般的刚体类型修改旋转或位移属性时，都是直接设置的属性，而 Animated 会根据当前“旋转或位移”“属性与目标”“旋转或位移”属性计算出所需的速度，并且赋值到对应的“移动或旋转”速度上

其中 Static、Dynamic 和 Kinematic 都是 Box2D 中自有的刚体类型，最后一个是游戏引擎 Cocos Creator 中独有的类型。

刚体的旋转、位移与缩放是游戏开发中最常用的功能，几乎每个节点都会对这些属性进行设置。而在物理系统中，系统会自动对节点的这些属性与 Box2D 中对应属性进行同步。需要注意的是 Box2D 中只有旋转和位移，并没有缩放，所以如果设置节点的缩放属性时，会重新构建这个刚体依赖的全部碰撞体。一个有效避免这种情况发生的方式是将渲染的节点作为刚体节点的子节点，缩放只对这个渲染节点作缩放，尽量避免对刚体节点进行直接缩放。另外每个物理事件同步之后会把所有刚体信息同步到对应节点上去，而出于性能考虑，节点的信息只有在用户对节点相关属性进行显示设置时才会同步到刚体上，并且刚体只会监视它所在的节点，即如果修改了节点的父节点的旋转位移是不会同步这些信息的。

获得刚体坐标以及转换坐标的方式的具体方法的使用见代码清单 8-10。

代码清单8-10　处理刚体坐标

```
//直接获取世界坐标
var out = rigidbody.getWorldPosition();

//第二种方法获取世界坐标
out = cc.v2();
rigidbody.getWorldPosition(out);

//世界坐标转换到局部坐标
var localPoint = rigidbody.getLocalPoint(worldPoint);
//第二种方法
localPoint = cc.v2();
rigidbody.getLocalPoint(worldPoint, localPoint);
```

```
//局部坐标转换到世界坐标
var worldPoint = rigidbody.getWorldPoint(localPoint);
//第二种方法
worldPoint = cc.v2();
rigidbody.getLocalPoint(localPoint, worldPoint);

//获得旋转值
var rotation = rigidbody.getWorldRotation();

//局部向量转换为世界向量
var worldVector = rigidbody.getWorldVector(localVector);
//第二种方法
worldVector = cc.v2();
rigidbody.getWorldVector(localVector, worldVector);

//世界向量转换为局部向量
var localVector = rigidbody.getLocalVector(worldVector);
//第二种方法
localVector = cc.v2();
rigidbody.getLocalVector(worldVector, localVector);
```

当对一个刚体进行力的施加时，一般会选择刚体的质心作为施加力的作用点，这样能保证力不会影响到旋转值。移动一个物体有两种方式，可以施加一个力或者冲量到这个物体上。力会随着时间慢慢修改物体的速度，而冲量会立即修改物体的速度。应该尽量去使用力或者冲量来移动刚体，这会减少可能带来的问题，处理力的方式见代码清单 8-11。

代码清单8-11　处理刚体的力

```
//处理刚体的力
//获取本地坐标系下的质心
var localCenter = rigidbody.getLocalCenter();

//通过参数获取本地坐标系下的质心
localCenter = cc.v2();
rigidbody.getLocalCenter(localCenter);

//获取世界坐标系下的质心
var worldCenter = rigidbody.getWorldCenter();

//通过参数来获取世界坐标系下的质心
worldCenter = cc.v2();
rigidbody.getWorldCenter(worldCenter);

//施加一个力到刚体上指定的点上，这个点是世界坐标系下的一个点
rigidbody.applyForce(force, point);

//直接施加力到刚体的质心上
rigidbody.applyForceToCenter(force);
```

```
//施加一个冲量到刚体上指定的点上，这个点是世界坐标系下的一个点
rigidbody.applyLinearImpulse(impulse, point);

//施加扭矩到刚体上，因为只影响旋转轴，所以不再需要指定一个点
rigidbody.applyTorque(torque);

//施加旋转轴上的冲量到刚体上
rigidbody.applyAngularImpulse(impulse);

//获取刚体在某一点上的速度，当物体碰撞到一个平台时，需要根据物体碰撞点的速度来判断物体相对于平台
  是从上方碰撞的还是下方碰撞的。
rigidbody.getLinearVelocityFromWorldPoint(worldPoint);
```

物理碰撞组件继承自 Cocos Creator 中的碰撞系统，编辑和设置的方法和碰撞系统的一致，添加一个碰撞组件时，同时会添加碰撞组件，刚体组件和物理碰撞组件，它的具体属性见表 8-4。

表 8-4　碰撞组件属性

名　称	描　述
sensor	指明碰撞体是否为传感器类型，传感器类型的碰撞体会产生碰撞回调，但是不会发生物理碰撞效果
density	碰撞体的密度，用于刚体的质量计算
friction	碰撞体摩擦力，碰撞体接触时的运动会受到摩擦力影响
restitution	碰撞体的弹性系数，指明碰撞体碰撞时是否会受到弹力影响

要接收碰撞事件，首先要开启碰撞监听，见代码清单 8-12。

代码清单8-12　开启碰撞监听

```
//开启碰撞监听
rigidbody.enabledContactListener = true;
```

定义一个碰撞回调，只需要在刚体所在的节点上挂一个带有回调函数的脚本，见代码清单 8-13。

代码清单8-13　碰撞回调

```
//碰撞回调
cc.Class({
    extends: cc.Component,

    //两个碰撞体开始接触时被调用一次
    onBeginContact: function (contact, selfCollider, otherCollider) {
    },

    //两个碰撞体结束接触时被调用一次
```

```
    onEndContact: function (contact, selfCollider, otherCollider) {
    },

    //每次将要处理碰撞体接触逻辑时被调用
    onPreSolve: function (contact, selfCollider, otherCollider) {
    },

    //每次处理完碰撞体接触逻辑时被调用
    onPostSolve: function (contact, selfCollider, otherCollider) {
    }
});
```

回调的参数包含了所有的碰撞接触信息，每个回调函数都提供了三个参数：contact、selfCollider 和 otherCollider。selfCollider 指的是回调脚本的节点上的碰撞体，otherCollider 指的是发生碰撞的另一个碰撞体。contact 中比较常用的信息就是碰撞的位置和法向量，contact 内部是按照刚体的本地坐标来存储信息的，而我们一般需要的是世界坐标系下的信息，我们可以通过 contact.getWorldManifold 函数来获取这些信息。需要注意的是回调中的信息在物理引擎都是以缓存的形式存在的，所以信息只有在这个回调中才是有用的，不要在脚本里缓存这些信息，但可以复制这些信息到缓存中来使用。获得碰撞信息的方法见代码清单 8-14 所示。

代码清单8-14　获得碰撞信息

```
//获得碰撞信息
var worldManifold = contact.getWorldManifold();
//碰撞点数组
var points = worldManifold.points;

//碰撞点上的法向量，由自身碰撞体指向对方碰撞体，指明解决碰撞最快的方向
var normal = worldManifold.normal;
```

Box2D 物理引擎包含了一系列用于链接两个刚体的关节组件。关节组件可以用来模拟真实世界物体间的交互，比如铰链、活塞、绳子、轮子、滑轮、机动车和链条等。学习使用关节组件可以有效地帮助创建一个真实有趣的场景。

目前包含的关节类型见表 8-5。

表 8-5　可用的关节类型

名　称	描　述
Revolute Joint	旋转关节，可以看作一个铰链或者钉，刚体会围绕一个共同点来旋转
Distance Joint	距离关节，关节两端的刚体的锚点会保持在一个固定的距离
Prismatic Joint	棱柱关节，两个刚体位置间的角度是固定的，它们只能在一个指定的轴上滑动
Weld Joint	焊接关节，根据两个物体的初始角度将两个物体上的两个点绑定在一起
Wheel Joint	轮子关节，由 Revolute 和 Prismatic 组合成的关节，用于模拟机动车车轮

（续）

名　称	描　述
Rope Joint	绳子关节，将关节两端的刚体约束在一个最大范围内
Motor Joint	马达关节，控制两个刚体间的相对运动

关节组件的公用属性包含见表 8-6。

表 8-6　关节组件属性

名　称	描　述
connectedBody	关节链接的另一端的刚体，每个关节都需要链接上两个刚体才能够发挥他的功能，把和关节挂在同一节点下的刚体视为关节的本端，把 connectedBody 视为另一端的刚体
anchor	关节本端链接的刚体的锚点
connectedAnchor	关节另一端链接的刚体的锚点
collideConnected	关节两端的刚体是否能够互相碰撞，允许你决定关节两端的刚体是否需要继续遵循常规的碰撞规则。比如如果你现在准备制作一个布娃娃，你可能会希望大腿和小腿能够部分重合，然后在膝盖处链接到一起

8.3　本章小结

Cocos Creator 的物理系统提供了两个部分：碰撞检测系统和物理引擎，动力学模拟需要大量使用碰撞检测系统，以正确地模拟物体多种物理行为，包括从另一个物体弹开，在摩擦力下滑行、滚动，并最终静止。当然，碰撞检测系统也可以不结合动力学系统，Cocos Creator 使用 Box2D 游戏引擎来作为主要的碰撞系统，这是从 Cocos2D-X 就一以贯之的物理引擎，也是使用率最高的物理引擎，Cocos Creator 对于 Box2D 进行了进一步的封装，你无须关注更多细节就可以使用物理引擎。

本章分别介绍了 Cocos Creator 中的碰撞系统和物理引擎的使用方式及注意事项，通过 Cocos Creator 中的物理系统，可以开发出效果真实的 2D 物理游戏。

第三部分 Part 3

实 例 篇

- 第 9 章　消除类游戏：快乐消消乐
- 第 10 章　射击类游戏：飞机大战
- 第 11 章　棋牌类游戏：欢乐斗地主

Chapter 9 第 9 章

消除类游戏：快乐消消乐

从本章起，将以案例的形式介绍如何使用Cocos Creator进行游戏开发。本章使用Cocos Creator进行三消游戏的开发，将模仿《天天爱消除》这款三消游戏。

9.1 三消游戏的特点

休闲游戏泛指比较轻量的、占据玩家碎片时间的游戏。由于具有短小精悍的特点，使休闲游戏成为一种比较适合移动平台的游戏类型。三消游戏是休闲游戏中的一种，游戏规则十分简单，三个同颜色的方块连成一竖列或一横行可以消除，玩家通过移动物块可对其进行消除。图 9-1 所示为移动端经典三消游戏《天天爱消除》的截图。

图 9-1 《天天爱消除》游戏截图

9.2 快乐消消乐游戏简介

快乐消消乐主要模仿《天天爱消除》，主角小图块如图 9-2 所示，主要选择卡通的图案和比较好辨识的图形作为游戏主要物块。

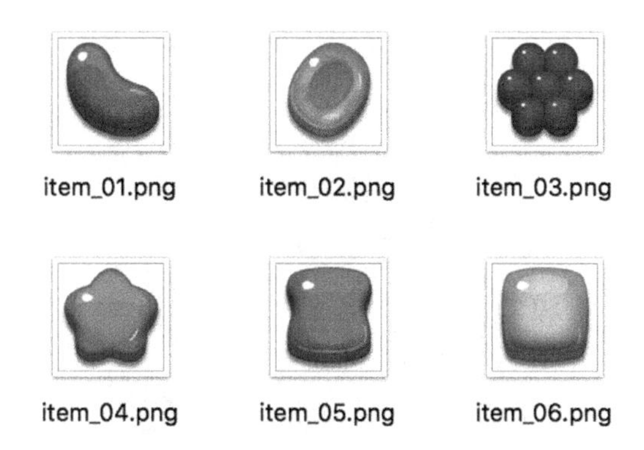

图 9-2　小图块

快乐消消乐的游戏规则非常简单：可以用手指拖动交换相邻的两个图块，如果移动后同一列或者同一行有三个或三个以上相同的色块时，这些色块消除，从上方会补进新的色块，并根据消除的物块数量和整个消除的个数类型进行计分。

游戏的主要逻辑会分为生成物块、处理玩家输入、处理消除逻辑、计分逻辑等，本章后续会陆续实现这些逻辑。

快乐消消乐界面和流程较简单，包括开始界面、游戏主场景界面、游戏暂停界面等。

开始界面是游戏启动后的欢迎界面，开始界面如图 9-3 所示。游戏中界面如图 9-4 所示。

图 9-3　主菜单界面

图 9-4　游戏中界面

游戏中暂停界面如图 9-5 所示。

图 9-5 游戏中暂停界面

9.3 游戏模块的开发

消除游戏的结构比较简单，除了根据需求开发的每个页面以外，主要的就是主游戏界面（消除页面），即消除小物块的模块，整体流程如图 9-6 所示。

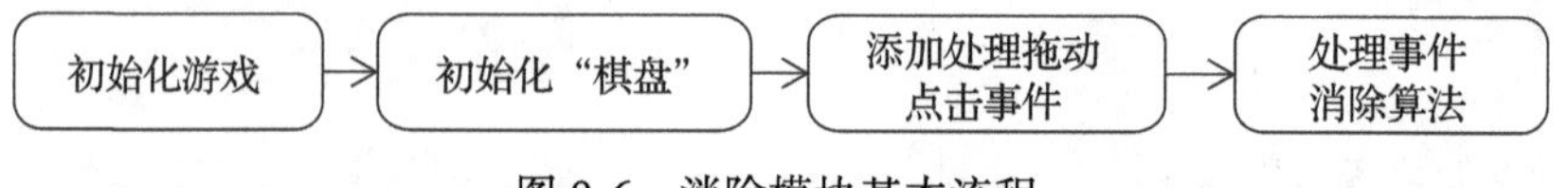

图 9-6 消除模块基本流程

消除页面首先要处理一些游戏整体初始化的事情，包括分数等。然后要初始化“棋盘”。习惯上把消除的小物块组成的方阵称为“棋盘”，虽然并不是真的棋盘，但是这样比喻比较形象。这部分需要特定的生成棋盘算法，所谓算法，其实是一些规则，比如相邻的三个物块不要是同一类型的等。然后就是要处理消除逻辑了，消除逻辑其实是通过拖动小物块触发的，所以首先要添加处理拖动小物块的事件，在处理点击事件中，加入检查消除和处理消除逻辑的算法。

消除游戏貌似简单，其实最核心的部分就是消除逻辑和消除物块后的下落处理，这里处理得好坏，将决定你的消除游戏的手感，因此需要特别注意。

9.3.1 开始游戏模块

使用 Cocos Creator 开发一个游戏界面的流程主要分为两步，第一步就是界面搭建，第二步是实现代码逻辑。首先是界面搭建，开始界面的结构十分简单，如图 9-7 所示的层级管理器。

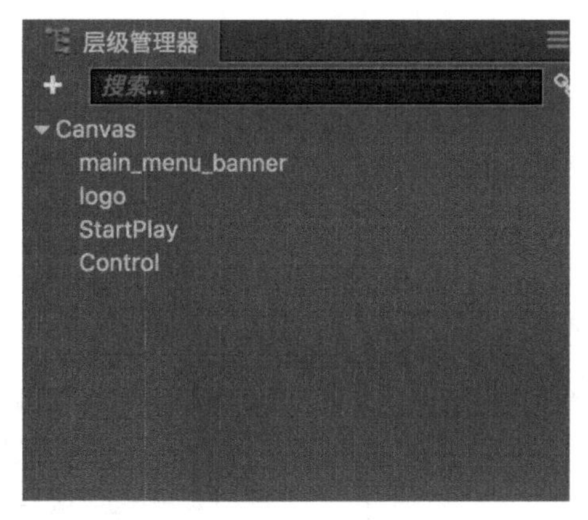

图 9-7　开始界面的界面逻辑

界面的结构十分简单，包含界面背景、上层的 logo 和开始游戏按钮，另外一个"Control"是一个空节点，是用来放置开始界面逻辑组件的空节点，游戏逻辑函数见代码清单 9-1。

代码清单9-1　开始界面逻辑函数

```
//显示
cc.Class({
    extends: cc.Component,

    properties: {
        playBtn: {
            default: null,
            type: cc.Button
        }
    },

    start () {

    },

    onPlay() {
        cc.director.loadScene('db://assets/Scene/gameMenu.fire', this.onLoadSceneFinish.
            bind(this));
    },
});
```

Cocos Creator 编辑器可以让我们项目的代码量大幅减少，从而将主要精力放在处理用户输入的逻辑，即 onPlay 函数上，这个函数里会调用游戏主场景并将其启动，启动界面效果如图 9-8 所示。

9.3.2 游戏初始化模块

游戏的初始化，主要是界面的拼接和全局变量的创建和初始值设置，也就是展示和逻辑分别初始化，首先来看展示初始化。

游戏主界面的结构如图 9-9 所示。

图 9-8 启动界面

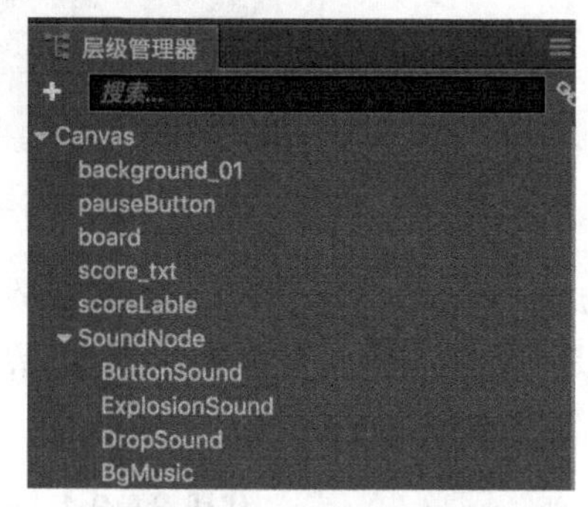

图 9-9 主界面结构

主界面的层级包括背景层、按钮和文字信息，另外包括 board 这个物块层的根节点，游戏主逻辑的代码主要在 gameControl 中，游戏的初始数据定义主要在 Global 中，Global 的定义见代码清单 9-2。

代码清单9-2 游戏全局变量定义

```
var BOARD_ROW = 9
var BOARD_COL = 10

function get_board_row()
{
    return BOARD_ROW
}

function get_board_col()
{
    return BOARD_COL
}

function getRandomInt(min, max) {
    return Math.floor(Math.random() * (max - min)) + min;
}

module.exports = {
    getRandomInt: getRandomInt,
    get_board_row: get_board_row,
```

```
    get_board_col: get_board_col
};
```

游戏的全局设置和函数主要包括两部分，一部分是物块的行列数量，一部分是随机数的获得函数，把这部分放在全局中比较有利于后续的修改和扩展。gameControl 中的全局定义见代码清单 9-3。

代码清单9-3 gameControl的全局定义

```
var Global = require('Global');
//物块的状态值
//这里的处理，把物块的各种状态制作成有限状态机
var ICON_STATE_NORMAL = 1
var ICON_STATE_MOVE   = 2
var ICON_STATE_PRECANCEL = 3
var ICON_STATE_PRECANCEL2 = 4
var ICON_STATE_CANCEL = 5
var ICON_STATE_CANCELED = 6

cc.Class({
    extends: cc.Component,

    properties: {
        canvas: cc.Node,
        soundNode: {
            default: null,
            type: cc.Node
        },

        board: {
            default: null,
            type: cc.Node
        },

        scoreLabel: {
            default: null,
            type: cc.Label
        },

        iconPrefab: {
            default: null,
            type: cc.Prefab
        },
    },
}
```

这里主要包括“Global”的全局句柄、物块的状态定义及主界面上需要操作的元素的定义（包括声音管理节点、分数文字等）。游戏的主角——小物块是使用预制体的方式来定义的，预制体在这部分也预留了设置的位置。

初始化好的界面如图 9-10 所示。

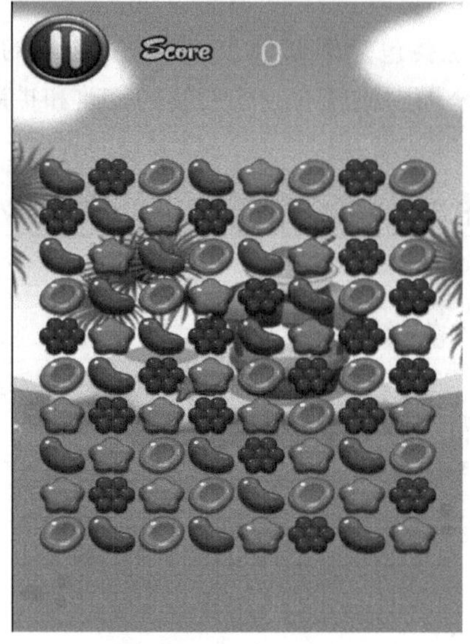

图 9-10 游戏中界面

9.3.3 初始化“棋盘”

准备工作完成后，开始进入正式逻辑部分，首先是游戏初始化的逻辑，见代码清单 9-4。

代码清单9-4 游戏初始化

```
//游戏初始化
onLoad: function () {
    var self = this
    //初始化数据
    this.initGameData()
    //初始化物块
    this.initGameBoard()
    //点击事件
    this.canvas.on(cc.Node.EventType.TOUCH_START,this.onmTouchBagan,this);
    this.canvas.on(cc.Node.EventType.TOUCH_MOVE,this.onmTouchMove,this);
    this.canvas.on(cc.Node.EventType.TOUCH_END,this.onmTouchEnd,this);
},
```

初始化部分主要分为初始化数据、初始化物块的显示和初始化触摸事件。初始化数据函数见代码清单 9-5。

代码清单9-5 初始化数据函数

```
//初始化数据
initGameData:function(){
```

```
    this.row = 9 //小方块行数
    this.col = 11//小方块列数
    this.typeNum = 6//方块数量
    this.isControl = false  //是否控制着小方块
    this.chooseIconPos = cc.p(-1,-1) //控制小方块的位置
    this.deltaPos = cc.p(0,0) //相差坐标
    this.score = 0
    this.iconsDataTable = []
    for(var i = 1;i < this.row;i ++)
    {
        this.iconsDataTable[i] = []
        for(var j = 1;j < this.col;j ++)
        {
            this.iconsDataTable[i][j] = {"state":ICON_STATE_NORMAL,"iconType":1,"obj":null}
            this.iconsDataTable[i][j].iconType = this.getNewIconType(i,j)
        }
    }
},
```

初始化数据主要是定义一些需要用到的全局数据和数组，另外一部分是初始化整张“棋盘”，生成所有小物块的数据，getNewIconType 函数是生成物块的类型数据，这个函数的具体逻辑见代码清单 9-6。

代码清单9-6　生成小物块类型数据

```
//生成小物块的类型数据
getNewIconType:function(i,j){
    var exTypeTable = [-1,-1]
    if(i > 1)
    {
        exTypeTable[1] = this.iconsDataTable[i - 1][j].iconType
    }
    if(j > 1)
    {
        exTypeTable[2] = this.iconsDataTable[i][j - 1].iconType
    }
    var typeTable = []
    var max = 0
    for(var i = 1;i < this.typeNum;i ++)
    {
        if(i != exTypeTable[1] && i != exTypeTable[2])
        {
            max = max + 1
            typeTable[max] = i
        }
    }
    return typeTable[Global.getRandomInt(1,max)]
},
```

整张“棋盘”是从下至上的生成，所以生成这个物块类型的时候需要考虑和它相邻的已经生成的物块类型，要排除这些类型，然后再用随机数生成物块类型，初始化数据后，

就要初始化“棋盘”，这部分代码见代码清单 9-7。

代码清单9-7 初始化显示

```
//初始化显示
initGameBoard:function(){
    this.iconsTable = []
    this.iconsAnimTable = []
    this.iconsPosTable = []
    var row = this.row
    var col = this.col
    var i,j
    //初始化棋盘
    for(i = 1;i < row;i ++)
    {
        this.iconsTable[i] = []
        this.iconsPosTable[i] = []
        this.iconsAnimTable[i] = []
        for(j = 1;j < col;j ++)
        {
            var item = cc.instantiate(this.iconPrefab)
            this.iconsTable[i][j] = item
            this.iconsAnimTable[i][j] = item.getComponent(cc.Animation)
            this.board.addChild(item)
            var x = -320 + 71 * i
            var y = -360 + 71 * j
            //设置坐标
            this.iconsPosTable[i][j] = cc.p(x,y)
            item.setPosition(x,y)
        }
    }
    //初始化状态
    for(i = 1;i < row;i ++)
    {
        for(j = 1;j < col;j ++)
        {
            this.iconsDataTable[i][j].obj = this.iconsAnimTable[i][j]
            this.setIconNormalAnim(i,j)
        }
    }
},
```

9.3.4 处理用户输入和物块消除逻辑

初始化之后，棋盘就会展示出来，接下来就是处理用户输入，用户点击物块代码见代码清单 9-8。

代码清单9-8 用户点击物块代码

```
//用户点击物块代码
onmTouchBagan:function (event) {
    var touches = event.getTouches();
```

```
    var touchLoc = touches[0].getLocation();
    for(var i = 1;i < this.row;i ++)
    {
        for(var j = 1;j < this.col;j ++)
        {
            if(this.iconsTable[i][j].getBoundingBoxToWorld().contains(touchLoc))
            {
                this.isControl = true
                this.chooseIconPos.x = i
                this.chooseIconPos.y = j
                  this.deltaPos.x = this.iconsTable[i][j].getPosition().x - touchLoc.x
                  this.deltaPos.y = this.iconsTable[i][j].getPosition().y - touchLoc.y
                this.iconsTable[i][j].setLocalZOrder(1)
                break
            }
        }
    }
},
```

这部分主要是判断点击的是否是方块，以及点击的是哪个方块，然后获得位移信息并将其存储在全局变量中，用于后续控制物块的代码。物块的移动逻辑见代码清单 9-9。

代码清单9-9　用户移动物块代码

```
//用户移动物块代码
onmTouchMove:function (event) {
    if(this.isControl){
        var touches = event.getTouches()
        var touchLoc = touches[0].getLocation()
        var startTouchLoc = touches[0].getStartLocation()
        var deltaX = touchLoc.x - startTouchLoc.x
        var deltaY = touchLoc.y - startTouchLoc.y
        var deltaX2 = deltaX * deltaX
        var deltaY2 = deltaY * deltaY
        var deltaDistance = deltaX2 + deltaY2
        var anchor = 1
        //获得点击方向
        if(deltaX2 > deltaY2)
        {
            if(deltaX < 0)
            {
                anchor = 1
            }else{
                anchor = 3
            }
        }else{
            if(deltaY > 0)
            {
                anchor = 2
            }else{
                anchor = 4
            }
        }
        //判断拖动区域是否出界
```

```
        if(this.chooseIconPos.x == 1 && anchor == 1)
        {
            this.iconsTable[this.chooseIconPos.x][this.chooseIconPos.y].setPosition(this.
                iconsPosTable[this.chooseIconPos.x][this.chooseIconPos.y])
            this.iconsTable[this.chooseIconPos.x][this.chooseIconPos.y].setLocalZOrder(0)
            this.isControl = false
            return
        }else if(this.chooseIconPos.x == this.row && anchor == 3)
        {
            this.iconsTable[this.chooseIconPos.x][this.chooseIconPos.y].setPosition(this.
                iconsPosTable[this.chooseIconPos.x][this.chooseIconPos.y])
            this.iconsTable[this.chooseIconPos.x][this.chooseIconPos.y].setLocalZOrder(0)
            this.isControl = false
            return
        }else if(this.chooseIconPos.y == this.col && anchor == 2)
        {
            this.iconsTable[this.chooseIconPos.x][this.chooseIconPos.y].setPosition(this.
                iconsPosTable[this.chooseIconPos.x][this.chooseIconPos.y])
            this.iconsTable[this.chooseIconPos.x][this.chooseIconPos.y].setLocalZOrder(0)
            this.isControl = false
            return
        }else if(this.chooseIconPos.y == 1 && anchor == 4)
        {
            this.iconsTable[this.chooseIconPos.x][this.chooseIconPos.y].setPosition(this.
                iconsPosTable[this.chooseIconPos.x][this.chooseIconPos.y])
            this.iconsTable[this.chooseIconPos.x][this.chooseIconPos.y].setLocalZOrder(0)
            this.isControl = false
            return
        }
        //点击到物块自动判断是否可以消除
        if(deltaDistance > 4900)
        {
            this.iconsTable[this.chooseIconPos.x][this.chooseIconPos.y].setPosition(this.
                iconsPosTable[this.chooseIconPos.x][this.chooseIconPos.y])
            this.iconsTable[this.chooseIconPos.x][this.chooseIconPos.y].setLocalZOrder(0)
                this.isControl = false
            this.handelMessage("exchange",{"pos":touchLoc,"anchor":anchor})
        //移动物块
        }else{
            this.iconsTable[this.chooseIconPos.x][this.chooseIconPos.y].setPosition(cc.
                p(touchLoc.x + this.deltaPos.x,touchLoc.y + this.deltaPos.y))
            }
    }
},
```

首先根据位移的坐标判断方向，一共四个方向，然后判断这个方向上是否已经出界，最后判断是否已经移动到其他小物块上，如果移动到这个物块上就做和触摸事件结束一样的逻辑，否则移动小物块到相应位置，见代码清单 9-10。

代码清单9-10 触摸事件结束

```
//触摸事件结束
onmTouchEnd:function (event) {
    if(this.isControl){
```

```
        var touches = event.getTouches()
        var touchLoc = touches[0].getLocation()
        var startTouchLoc = touches[0].getStartLocation()
        var deltaX = touchLoc.x - startTouchLoc.x
        var deltaY = touchLoc.y - startTouchLoc.y
        var deltaX2 = deltaX * deltaX
        var deltaY2 = deltaY * deltaY
        var deltaDistance = deltaX2 + deltaY2
        var anchor = 1
        if(deltaX2 > deltaY2)
        {
            if(deltaX < 0)
            {
                anchor = 1
            }else{
                anchor = 3
            }
        }else{
            if(deltaY > 0)
            {
                anchor = 2
            }else{
                anchor = 4
            }
        }
        this.iconsTable[this.chooseIconPos.x][this.chooseIconPos.
            y].setPosition(this.iconsPosTable[this.chooseIconPos.x][this.
            chooseIconPos.y])
        this.iconsTable[this.chooseIconPos.x][this.chooseIconPos.
            y].setLocalZOrder(0)
            this.isControl = false
        this.handelMessage("exchange",{"pos":touchLoc,"anchor":anchor})
    }
},
```

接下来就是处理交换状态，这里涉及 handelMessage 函数，见代码清单 9-11。

代码清单9-11　处理事件函数

```
//处理事件函数
if(message == "exchange")
{
    if(this.exchangeIcon(data.anchor))
    {
        this.handelMessage("cancel")
    }
    else
    {
        this.exchangeBack(data.anchor)
    }
}
```

逻辑很简单，如果可以消除，那么执行下一阶段消除物块，否则再把物块交换回来，检测物块是否可以被消除的逻辑，见代码清单 9-12。

代码清单9-12 检测物块是否可被消除

```
//检测物块是否可被消除
exchangeIcon:function(anchor){
    var oneIcon = this.iconsDataTable[this.chooseIconPos.x][this.chooseIconPos.y]
    var anotherIcon
    if(anchor == 1)
    {
       anotherIcon = this.iconsDataTable[this.chooseIconPos.x - 1][this.chooseIconPos.y]
    }else if(anchor == 2){
        anotherIcon = this.iconsDataTable[this.chooseIconPos.x][this.chooseIconPos.y + 1]
    }else if(anchor == 3){
        anotherIcon = this.iconsDataTable[this.chooseIconPos.x + 1][this.chooseIconPos.y]
    }else if(anchor == 4){
        anotherIcon = this.iconsDataTable[this.chooseIconPos.x][this.chooseIconPos.y - 1]
    }
    var typeVal = oneIcon.iconType
    oneIcon.iconType = anotherIcon.iconType
    anotherIcon.iconType = typeVal
    this.setIconNormalAnimObj(oneIcon)
    this.setIconNormalAnimObj(anotherIcon)
    var isCancel = [false,false,false]
    //根据不同的方向交换物块
    if(anchor == 1)
    {
        isCancel[1] = this.checkCancelH(this.chooseIconPos.y)
        this.setCancelEnsure()
        isCancel[2] = this.checkCancelV(this.chooseIconPos.x)
        this.setCancelEnsure()
        isCancel[3] = this.checkCancelV(this.chooseIconPos.x - 1)
    }else if(anchor == 2){
        isCancel[1] = this.checkCancelH(this.chooseIconPos.y)
        this.setCancelEnsure()
        isCancel[2] = this.checkCancelH(this.chooseIconPos.y + 1)
        this.setCancelEnsure()
        isCancel[3] = this.checkCancelV(this.chooseIconPos.x)
    }else if(anchor == 3){
        isCancel[1] = this.checkCancelH(this.chooseIconPos.y)
        this.setCancelEnsure()
        isCancel[2] = this.checkCancelV(this.chooseIconPos.x)
        this.setCancelEnsure()
        isCancel[3] = this.checkCancelV(this.chooseIconPos.x + 1)
    }else if(anchor == 4){
        isCancel[1] = this.checkCancelH(this.chooseIconPos.y)
        this.setCancelEnsure()
        isCancel[2] = this.checkCancelH(this.chooseIconPos.y - 1)
        this.setCancelEnsure()
        isCancel[3] = this.checkCancelV(this.chooseIconPos.x)
    }
    this.setCancelEnsure()
    return (isCancel[1] || isCancel[2] || isCancel[3])
}
```

上面的逻辑首先是交换物块，然后根据不同的方向来检测物块是否可以被消除，通过两个函数 checkCancelH 和 checkCancelV 来检测水平方向和竖直方向是否可以消除，两个检测函数大同小异，这里展示 checkCancelH，见代码清单 9-13。

代码清单9-13 检测水平方向是否可以被消除函数

```
//检测水平方向是否可以被消除函数
checkCancelH:function(col){
    var cancelNum = 1
    var iconType = this.iconsDataTable[1][col].iconType
    var isCancel = false
    this.setIconState(1,col,ICON_STATE_PRECANCEL)
    for(var i = 2;i < this.row;i ++)
    {
        if(iconType == this.iconsDataTable[i][col].iconType)
        {
            cancelNum = cancelNum + 1
            this.setIconState(i,col,ICON_STATE_PRECANCEL)
            if(cancelNum >= 3)
            {
                isCancel = true
                if(cancelNum == 3)
                {
                    this.score = this.score + 30
                }
                else if(cancelNum == 4)
                {
                    this.score = this.score + 60
                }
                else if(cancelNum >= 5)
                {
                    this.score = this.score + 100
                }
            }
        }else
        {
            if(cancelNum < 3)
                {
                    for(var k = (i - 1);k > 0;k --)
                    {
                        if(iconType == this.iconsDataTable[k][col].iconType)
                        {
                        this.setIconState(k,col,ICON_STATE_NORMAL)
                        }else{
                        break
                        }
                    }
                }
            }
            if(i < (this.row - 2))
            {
                cancelNum = 1
                iconType = this.iconsDataTable[i][col].iconType
```

```
                    this.setIconState(i,col,ICON_STATE_PRECANCEL)
                }else{
                    break
                }
            }
        }
        return isCancel
    }
```

在检测可以被消除后，接下来执行消除逻辑，展示消除动画，消除后继续填充物块，然后移动物块，逻辑见代码清单 9-14。

代码清单9-14　重新生成并移动物块

```
    //重新生成并移动物块
    //重新生成
    else if(message == "produce")
    {
        this.refreshScoreLabel()
        this.moveNum = 0
        for(var i = 1;i < this.row;i ++)
        {
            for(var j = 1;j < this.col;j ++)
            {
                if(this.iconsDataTable[i][j].state == ICON_STATE_CANCELED)
                {
                    this.moveNum = this.moveNum + 1
                    this.setIconState(i,j,ICON_STATE_MOVE)
                    this.iconsDataTable[i][j].moveNum = 0
                    var isFind = false
                    if(j != this.col)
                    {
                        for(var k = (j + 1);k < this.col;k ++)
                        {
                            this.iconsDataTable[i][j].moveNum = this.iconsData-
                                Table[i][j].moveNum + 1
                            if(this.iconsDataTable[i][k].state != ICON_STATE_CANCELED)
                            {
                                this.iconsDataTable[i][k].state = ICON_STATE_CANCELED
                                isFind = true
                                this.iconsDataTable[i][j].iconType = this.
                                    iconsDataTable[i][k].iconType
                                break
                            }
                        }
                    }
                    if(! isFind)
                    {
                        this.iconsDataTable[i][j].iconType = this.getNewIcon-
                            Type(i,j)
                    }
                }
```

```
            }
        }
        this.handelMessage("move")
    }
    else if(message == "move")
    {
        var finished = cc.callFunc(function(target) {
            this.moveNum = this.moveNum - 1
            if(this.moveNum == 0)
            {
                 this.handelMessage("check")
            }
        }, this)
        for(var i = 1;i < this.row;i ++)
        {
            for(var j = 1;j < this.col;j ++)
            {
                if(this.iconsDataTable[i][j].state == ICON_STATE_MOVE)
                {
                    this.soundNode.getComponent("SoundControl").playDrop()
                    this.setIconNormalAnimObj(this.iconsDataTable[i][j])
                    var pos = this.iconsTable[i][j].getPosition()
                    var num = this.iconsDataTable[i][j].moveNum
                    this.iconsTable[i][j].setPosition(this.iconsTable[i][j +
                        num].getPosition())
                    this.iconsTable[i][j].runAction(cc.sequence(cc.moveTo(0.1 *
                        num, pos.x, pos.y),finished))
                }
            }
        }
    }
```

由于生成物块落位后还有可能进行连续消除，需要继续进行检查，见代码清单 9-15。

代码清单9-15　检查物块是否可以继续消除

```
//检查物块是否可以继续消除
//检测
else if(message == "check")
{
    var isCancelV = false
    var isCancelH = false
    for(var i = 1;i < this.row;i ++)
    {
        var isCancel = this.checkCancelV(i)
        if(isCancel)
            isCancelV = true
        }
        if(isCancelV)
            this.setCancelEnsure()
        for(var j = 1;j < this.col;j ++)
        {
            var isCancel = this.checkCancelH(j)
```

```
            if(isCancel)
                isCancelH = true
        }
        if(isCancelH)
            this.setCancelEnsure()
        if(isCancelV || isCancelH)
            this.handelMessage("cancel")
    }
```

继续检查，如果有可以消除物块，则继续进行“消除 - 生成”逻辑，如果没有可以消除的，那么这次消除逻辑结束，继续等待用户的下一轮输入。

9.3.5 声音和暂停

暂停界面作为一个独立的布局加在游戏界面上，在游戏进行过程中，暂停界面是关闭的，暂停界面的层次结构如图 9-11 所示。

图 9-11 游戏中暂停界面结构

暂停界面的结构包括背景和三个按钮，游戏中暂停界面显示效果如图 9-12 所示。

图 9-12 游戏中暂停界面

暂停界面的两个界面逻辑都是和声音有关的，关于声音控制的代码在声音控制函数——SoundControl中，见代码清单9-16。

代码清单9-16 声音控制函数

```
//声音控制逻辑
cc.Class({
    extends: cc.Component,

    properties: {
        buttonSound: {
            type: cc.AudioSource,
            default: null
        },
        explosionSound: {
            type: cc.AudioSource,
            default: null
        },
        dropSound: {
            type: cc.AudioSource,
            default: null
        },
        bgMusic: {
            type: cc.AudioSource,
            default: null
        }
    },

    start () {
        this.musicOn = true
        this.soundOn = true
    },
    //所有声音关闭
    setMusicOnOff(){
        this.musicOn = ! this.musicOn
        if(this.musicOn)
        {
            this.allMusicStart()
        }else{
            this.allMusicPause()
        }
    },
    //播放下落音效
    playDrop(){
        if(this.soundOn)
            this.dropSound.play()
    },
    //播放爆炸
    playExp(){
        if(this.soundOn)
            this.explosionSound.play()
```

```
    },
    //按钮音效
    playButton(){
        if(this.soundOn)
            this.buttonSound.play()
    },
    setSoundOnOff(){
        this.soundOn = ! this.soundOn
    },
    //所有声音暂停
    allSoundPause(){
        this.buttonSound.pause()
        this.explosionSound.pause()
        this.dropSound.pause()
    },
    //背景音乐暂停
    allMusicPause(){
        this.bgMusic.pause()
    },
    //背景音乐开始
    allMusicStart(){
        this.bgMusic.play()
    }
});
```

这个组件除了背景音乐以外，还包括播放音效的逻辑，GameControl 中也需要调用这个组件来播放相关的音效。

9.4 本章小结

本章介绍了一款简单的三消类游戏的实现过程。通过本章的介绍，学习了采用 Cocos Creator 实现一款游戏具体功能的方法，包括制作界面、添加逻辑等，作为一款正式上线的游戏，本实例还有许多地方有待完善，读者可以自己进一步完善游戏。

第 10 章 Chapter 10

射击类游戏：飞机大战

上一章使用 Cocos Creator 制作了三消游戏，相信相比起之前使用 Cocos2D-X 或者其他游戏引擎开发游戏，你已经体会到了使用 Cocos Creator 开发一款游戏的便捷了。由于借助 Cocos Creator 进行编辑器驱动的开发方式，所以开发时的代码量比起之前使用其他引擎少了不少，开发者可以将更多注意力集中在主要逻辑开发当中。这一章采用 Cocos Creator 开发一款纵版射击类游戏——飞机大战。

10.1 纵版射击游戏的特点

纵版射击游戏是一种比较经典的游戏类型，从早期的红白机平台上到如今的智能手机平台上，一直有非常经典的游戏作品。

纵版射击游戏只需要控制飞行器躲避敌机和子弹并攻击敌机，玩法和操作都非常简单，适合移动平台上的操作。

对于游戏开发者来说，这种游戏题材非常适合加入特效和创新的玩法，但是无论怎样改变，该类游戏都具备以下共同的特点：

1）滚动的背景：因为玩家控制的主角一直在屏幕范围内，让玩家感觉到“在移动”的方式就是背景的上下滚动，可以使用缓冲背景并移动的方式来达到滚动的效果。

2）主角：主角是由玩家控制的对象，玩家控制它的移动，在有按键的平台上通过按键来控制移动，在触摸平台上通过触摸移动主角。

3）敌人：主角攻击的对象，通过程序控制其移动，可以用不同的移动方式（路径、速度等）来提升玩家的感受，也可以通过敌机不同的编队来丰富敌人的运行效果。

4）子弹：子弹在纵版射击游戏中的分量比较重，和敌人的地位一样重要，可以有不同运行轨迹、杀伤效果等方式。

5）特效：包括爆炸特效和子弹特效等，丰富游戏的表现。

图 10-1 所示为经典纵版射击游戏《雷电》的游戏截图。

图 10-1 《雷电》游戏截图

10.2 飞机大战游戏简介

飞机大战使用比较传统的飞机设计，采用滚屏的方式进行游戏的关卡设计，游戏的背景和世界观采用星球和宇宙的世界观，比较有利于玩家进入这个游戏的主题。主角飞机分为三个状态，其实表示的就是主角飞机的血量，如图 10-2 所示。

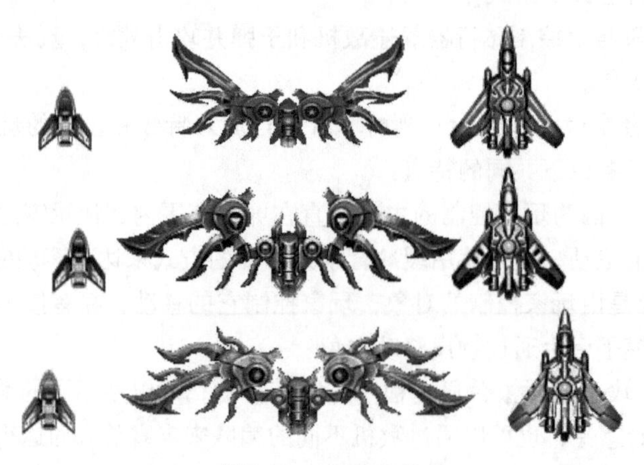

图 10-2 主角飞机

主角的飞机分为三种不同的颜色，在预备出击的界面可以供玩家进行选择，游戏设计了五种不同的敌人，它们的速度、子弹和移动的路线不尽相同，如图 10-3 所示。

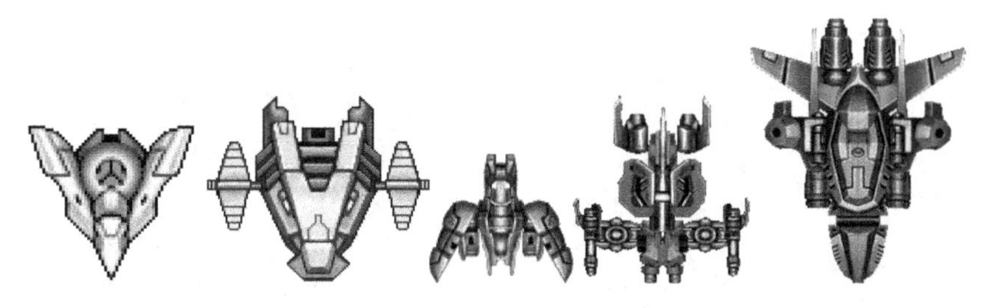

图 10-3　敌机

飞机大战的游戏规则是：用手指控制主角飞机的移动，当飞机处于被控制状态时，会放出子弹，敌机不断地从屏幕上部出现，玩家要做的就是移动飞机主角打中敌机，同时躲避敌机和子弹。

该游戏采用移动游戏中流行的生存模式，即没有关卡的限制，主角有三次失败（撞上敌机或子弹）的机会，第三次撞上敌机或子弹游戏结束，每次撞上后主角飞机的形象都会有所变化。

飞机大战界面和流程较简单，包括开始、战前准备、游戏主场景和游戏结束等界面。

开始界面是游戏启动后的欢迎界面，如图 10-4 所示。

游戏战前准备界面如图 10-5 所示。

图 10-4　开始界面

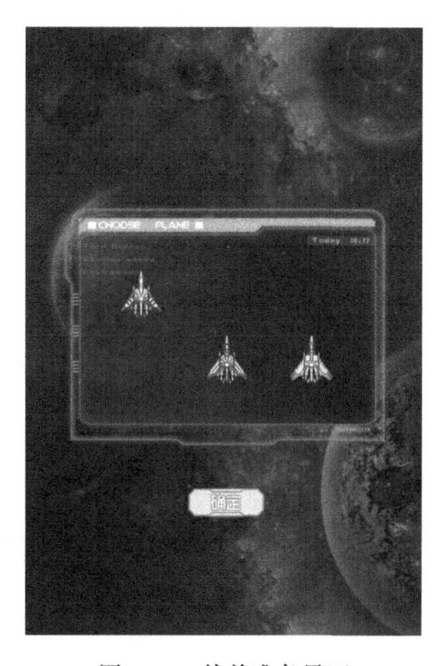

图 10-5　战前准备界面

游戏中界面如图 10-6 所示。

游戏结束界面如图 10-7 所示。

图 10-6 游戏中界面

图 10-7 游戏结束界面

10.3 游戏模块的开发

和消除类游戏类似，飞行类游戏的核心组成也是主战斗的场景，游戏的基本流程如图 10-8 所示。

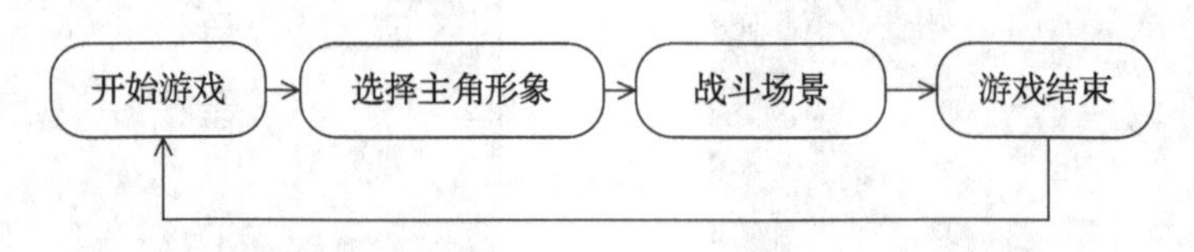

图 10-8 游戏主要流程

飞机大战的游戏模式使用的是“生存模式”，即我方角色有一定的受伤机会，即常说的“血量”，当所有机会都用掉了，游戏结束，可以继续重新开始一局游戏。

主游戏逻辑可以分为三个部分：地图滚动模块、主角飞机模块和敌机模块。主角的行为主要是由玩家控制，敌人飞机则要沿着一些特殊的飞行轨迹飞行，不然游戏就会显得非常单调，实际项目的开发中，这部分会由专门的关卡策划完成。

10.3.1　开始游戏模块

开始界面由背景和开始按钮构成，如图 10-9 所示。

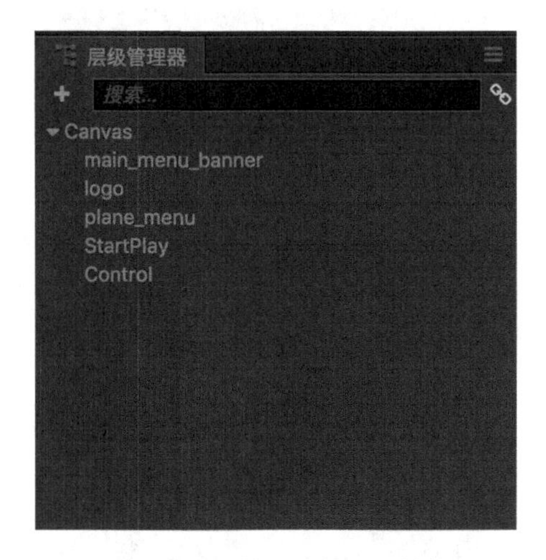

图 10-9　开始界面的界面结构

界面的结构十分简单，包含一个界面背景、上层的 logo 和开始游戏按钮，另外一个“Control”是一个空节点，是用来放置开始界面逻辑组件的空节点，另外还有一个飞机的图素 plane_menu 用来装饰。游戏逻辑函数见代码清单 10-1。

代码清单10-1　开始界面逻辑函数

```
//开始界面
cc.Class({
    extends: cc.Component,

    properties: {
        playBtn: {
            default: null,
            type: cc.Button
        }
    },

    start () {

    },

    onPlay() {
        //载入游戏准备场景
        cc.director.loadScene('db://assets/Scene/planeReady.fire',this.onLoadSceneFinish.
            bind(this));
    },
});
```

这个界面的逻辑十分简单，主要处理的就是用户输入的逻辑，通过 onPlay 函数完成，这个函数里会调用游戏准备界面的逻辑，启动界面效果如图 10-10 所示。

图 10-10 启动界面

这个界面加入了帧动画，主要是背景的动画和飞机飞入场景的界面，动画都用 Cocos Creator 自带的动画编辑器编辑，前面的飞机加入一个飞入场景的坐标变化，动画的编辑如图 10-11 所示。

图 10-11 坐标动画编辑

这部分在编辑的时候采用 Cocos Creator 自带的动画编辑器。添加属性后在属性中加入坐标的关键帧，在每个关键帧编辑对应的坐标，实现飞机从屏幕外飞到屏幕中心位置的效果。

同样，背景的图片也是使用 Cocos Creator 自带的动画编辑器制作的。添加关键帧，这个关键帧使用的属性是 spriteFrame，也就是图片的变化，如图 10-12 所示。

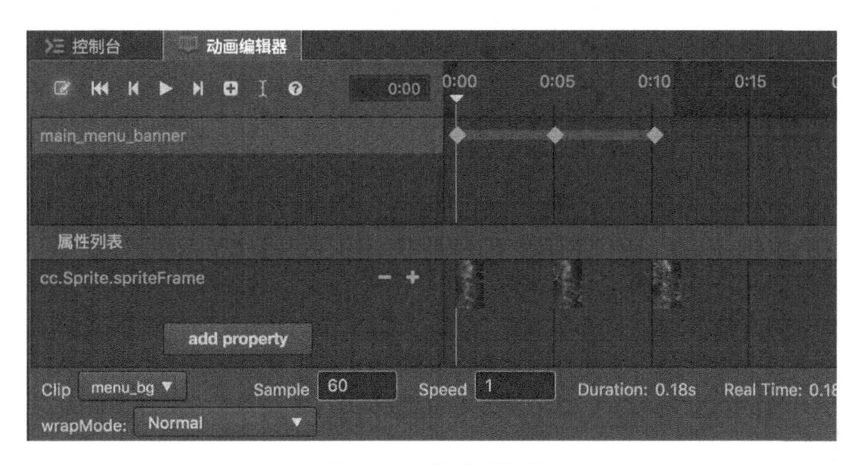

图 10-12　帧动画编辑

10.3.2　选择角色模块实现

游戏准备界面中用户选择使用哪种类型的飞机，然后单击开始进入游戏主场景，界面结构如图 10-13 所示。

游戏准备界面包括一个背景，一个弹板上有三架示意的飞机供选择，这里用的是按钮，okBtn 是进入游戏的按钮，Control 是控制节点，负责装载整个界面的控制逻辑，整个界面的主要逻辑都在 PrepreControl.js 中，主要的逻辑见代码清单 10-2。

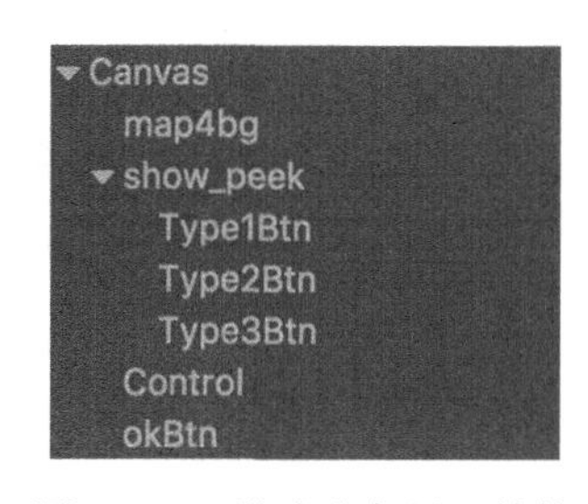

图 10-13　游戏准备界面结构

代码清单10-2　开始界面逻辑函数

```
//游戏准备界面
//初始化
onLoad() {
    //选择飞机
    this.selectIndex = 1
    this.planeArr = []
    this.planeArr[1] = this.plane1
    this.planeArr[2] = this.plane2
    this.planeArr[3] = this.plane3
},

choosePlane(index) {
    //选择主角飞机形象
    if(this.selectIndex != index){
        this.planeArr[this.selectIndex].node.setPosition(cc.p(this.planeArr[this.
            selectIndex].node.getPosition().x,-60))
```

```
            this.selectIndex = index
            this.planeArr[this.selectIndex].node.setPosition(cc.p(this.planeArr[this.
                selectIndex].node.getPosition().x,60))
        }
    },

    //飞机单击逻辑
    onSelectIndex1() {
        this.choosePlane(1)
    },

    onSelectIndex2() {
        this.choosePlane(2)
    },

    onSelectIndex3() {
        this.choosePlane(3)
    },

    //进入游戏逻辑
    onPreparePlay() {
        Global.selectIndex = this.selectIndex
        cc.director.loadScene('db://assets/Scene/mainGame.fire',
            this.onLoadSceneFinish.bind(this));
    },
```

这个界面的逻辑较为简单，主要是处理选择哪个类型的飞机，这里把飞机的形象做成按钮，单击按钮就可以修改 selectIndex 的值，因为这个值需要在场景中传递，所以要使用 Global.selectIndex 的值，界面的运行效果如图 10-14 所示。

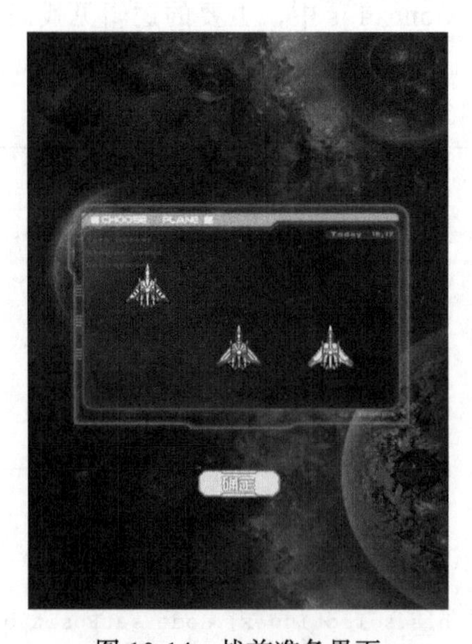

图 10-14 战前准备界面

10.3.3　游戏主界面显示模块

主游戏模块是这个游戏最核心的部分，主要可以分为三个部分的逻辑：显示及地图滚动、主角和敌机的逻辑。

游戏主界面的结构如图 10-15 所示。

主界面的层级包括背景层、敌人层、主角层和 UI 层，其中 UI 层分为血条信息和游戏结束弹板两个部分，游戏主逻辑首先从游戏初始化部分开始，游戏初始化代码见代码清单 10-3。

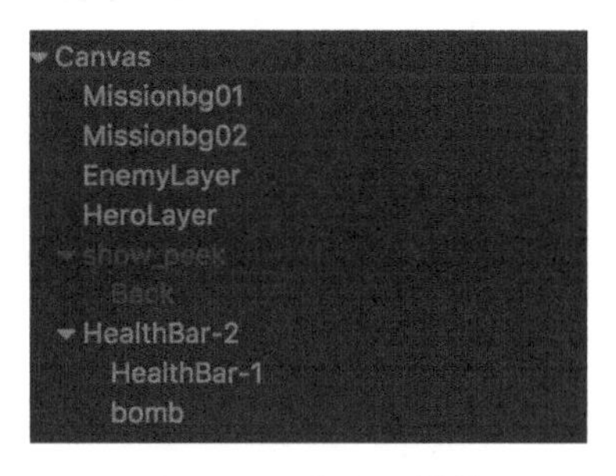

图 10-15　主界面结构

代码清单10-3　游戏初始化

```
//游戏初始化
onLoad: function () {
    var self = this
    cc.loader.loadRes(
    "Prefabs/Hero" + Global.selectIndex + ".prefab",
        function (err, prefab) {
        //创建主角飞机
        self.heroPlane = cc.instantiate(prefab)
        self.heroPlane.
    getComponent("HeroPlaneControl")
        .setControlNode(self.canvas)
        self.heroPlane.setPosition(cc.p(0,-400))
        self.heroLayer.addChild(self.heroPlane)
        //注册事件
        self.registerMoveEvent()
    })
    //背景移动
    this.moveBg11(this.bg1)
    this.moveBg21(this.bg2)
    this.createEnemyLogic()
    //开启碰撞
    var manager = cc.director.getCollisionManager();
    manager.enabled = true;
},
```

纵版射击游戏中处理关卡的移动和更新是一个重要的内容，使用背景图片的移动为玩家制造出整个场景在移动的效果是一种常见的方法，具体处理逻辑的代码见代码清单 10-4。

代码清单10-4　背景移动逻辑

```
//背景移动逻辑
moveBg11: function(node){
        node.setPosition(cc.p(0,-480))
        var finished = cc.callFunc(function(target){
            this.moveBg12(node)
```

```
        }, this)
        node.runAction(cc.sequence(cc.moveTo(1, 0, -960),finished))
    },

    moveBg12: function(node){
        node.setPosition(cc.p(0,960))
        var finished = cc.callFunc(function(target){
            this.moveBg12(node)
        }, this)
        node.runAction(cc.sequence(cc.moveTo(4, 0, -960),finished))
    },

    moveBg21: function(node){
        node.setPosition(cc.p(0,480))
        var finished = cc.callFunc(function(target){
            this.moveBg12(node)
        }, this)
        node.runAction(cc.sequence(cc.moveTo(3, 0, -960),finished))
    },
```

这里主要通过两张背景图交替移动来实现背景移动效果的。大部分情况下，界面上都显示出来两张背景，当一张背景彻底移动出屏幕外以后，移动它的位置到屏幕的上方重新向下移动，从而造成滚屏的效果。

主角飞机通过初始化主角飞机预设体的方式创建。在创建主角飞机后，为主角创建处理移动的代码，然后处理背景图片移动的逻辑，最后开启碰撞的管理，使碰撞的回调函数有效，处理触摸的逻辑见代码清单 10-5 所示。

代码清单10-5　初始化触摸函数

```
//初始化数据
registerMoveEvent: function(){
    //处理用户的单击事件，根据滑动的坐标移动主角机
    var self = this
    //移动的位置
    self.moveToPos = cc.p(0, 0)
    //是否移动
    self.isMoving = false
    self.canvas.on(cc.Node.EventType.TOUCH_START, function (event) {
        var touches = event.getTouches()
        var touchLoc = touches[0].getLocation()
        self.isMoving = true
        self.moveToPos =
            self.heroPlane.parent.convertToNodeSpaceAR(touchLoc)
    }, self.node)
    self.canvas.on(cc.Node.EventType.TOUCH_MOVE, function (event) {
        var touches = event.getTouches()
        var touchLoc = touches[0].getLocation()
        self.moveToPos =
            self.heroPlane.parent.convertToNodeSpaceAR(touchLoc)
```

```
        }, self.node)
        self.canvas.on(cc.Node.EventType.TOUCH_END, function (event) {
            self.isMoving = false
        }, self.node)
    },
```

初始化触摸的部分就是注册触摸的事件函数，需要使用 isMoving 记录是否用户的单击事件在移动，另外需要记录主角移动的地点——moveToPos，移动的逻辑代码在每帧更新的 Update 函数中。Update 见代码清单 10-6。

代码清单10-6　每帧逻辑Update

```
    //每帧逻辑Update
    updateHeroPos: function(dt){
        if(!this.isMoving)
            return
        var oldPos = this.heroPlane.position
        //获得移动方向
        var direction = cc.pNormalize(cc.pSub(this.moveToPos, oldPos))
        //偏移方向
        this.heroPlane.setPosition(cc.pAdd(oldPos, cc.pMult(direction, 300 * dt)))
    },
    update: function (dt) {
        this.updateHeroPos(dt)
    },
```

这个部分的逻辑主要在 updateHeroPos 函数中，主要作用是主角根据时间向之前记录的 moveToPos 目标地点移动。

10.3.4　敌机模块

初始化的最后就是处理敌机的逻辑，需要创建敌机然后为敌机添加移动和释放子弹的逻辑，见代码清单 10-7。

代码清单10-7　创建敌机逻辑

```
    //创建敌机代码
    createEnemyLogic: function(){
        this.enemyPools = []
        for (var i = 1; i <= 5; ++i) {
            this.enemyPools[i] = new cc.NodePool();
            for (var j = 1; j <= 5; ++j)
            {
                var enemy = cc.instantiate(this["enemyPrefabs" + i])
                cc.log("enemyPrefabs" + i)
                enemy.getComponent("EnemyControl").setControlNode(this.canvas,i)
                this.enemyPools[i].put(enemy)
            }
        }
        var EnemyLogic = cc.callFunc(function(target) {
```

```
        //敌机类型
        var enemyType = GlobalHandle.getRandomInt(1,5)
        //创建敌机
        var enemyPool = this.enemyPools[enemyType]
        var enemy
        if (enemyPool.size() > 0) {
            enemy = enemyPool.get()
        } else {
            enemy = cc.instantiate(this["enemyPrefabs" + enemyType])
            enemy.getComponent("EnemyControl").setControlNode(self.canvas)
        }
        enemy.parent = this.enemyLayer
        //敌机横坐标
        var enemyPosX = GlobalHandle.getRandomInt(-300,300)
        var pos = cc.p(enemyPosX,700)
        enemy.setPosition(pos)
        var finished = cc.callFunc(function(target) {
            enemyPool.put(enemy);
        }, this)

        if(enemyType == 1)
        {
            enemy.runAction(cc.sequence(cc.moveTo(4, -pos.x, -600),finished))
        }else if(enemyType == 2)
        {
            enemy.runAction(cc.sequence(cc.moveTo(5, pos.x, -600),finished))
        }else if(enemyType == 3)
        {
            enemy.runAction(cc.sequence(cc.moveTo(4, -pos.x, -600),finished))
        }else if(enemyType == 4)
        {
            enemy.runAction(cc.sequence(cc.moveTo(4, pos.x, -600),finished))
        }else if(enemyType == 5)
        {
            enemy.runAction(cc.sequence(cc.moveTo(3, -pos.x, 0),cc.moveTo(3,
                -pos.x, -600),finished))
        }
        this.node.runAction(cc.sequence(cc.delayTime(5),EnemyLogic))
    }, this)
    this.node.runAction(cc.sequence(cc.delayTime(1),EnemyLogic))
},
```

首先通过对象池创建敌机，因为飞行游戏中，敌机和子弹都是需要被频繁创建的，所以使用对象池的方式有利于飞机对象的创建。敌机有五种，分别有不同的移动逻辑，另外敌机起始的横坐标也会通过随机数创建，从而可以让玩家不会觉得敌机的逻辑单调，觉得游戏更好玩。

敌机的逻辑主要在 Enemy.js 中，其用于处理敌机的子弹释放逻辑，这部分逻辑见代码清单 10-8。

代码清单10-8　敌机逻辑

```
//敌机逻辑
onLoad: function () {
    this.bulletPool = new cc.NodePool();
    var initCount = 5;
    for (var i = 0; i < initCount; ++i) {
        var enemy = cc.instantiate(this.bulletPrefab);
        enemy.test = function(other, self){
            console.log('enemy.onCollisionEnter1');
        }
        this.bulletPool.put(enemy);
    }
    //创建子弹逻辑
    var bulletLogic = cc.callFunc(function(target) {
        var bullet
        if (this.bulletPool.size() > 0) {
            bullet = this.bulletPool.get()
        } else {
            bullet = cc.instantiate(this.bulletPrefab)
        }
        bullet.parent = this.node.parent
        var pos = this.node.getPosition()
        bullet.setPosition(pos)
        var finished = cc.callFunc(function(target) {
            this.bulletPool.put(bullet);
        }, this)
        bullet.runAction(cc.sequence(cc.moveTo(1, pos.x, -600),finished))
        this.node.runAction(cc.sequence(cc.delayTime(1),bulletLogic))
        }, this)
        this.node.runAction(cc.sequence(cc.delayTime(1),bulletLogic))
},
```

和敌机一样，子弹也使用对象池的方式来创建和维护，因为子弹在射击游戏中是会被频繁创建和回收的，每当子弹移动出屏幕后，就会被回收，从而可以被重新使用。当创建子弹时，如果对象池中有空闲的对象，那么会直接从对象池中取得子弹对象。

创建出的游戏界面如图 10-16 所示。

10.3.5　主角飞机模块

这款游戏中最重要的逻辑都在主角飞机中，主角飞机的结构层次如图 10-17 所示。

之前展示过主角的组件，一个主角飞机由三个部分组成，其中两个部分作为飞机的“配件”，作为子节点加入飞机的主要部分当中，主角飞机的效果如图 10-18 所示。

图 10-16 游戏界面

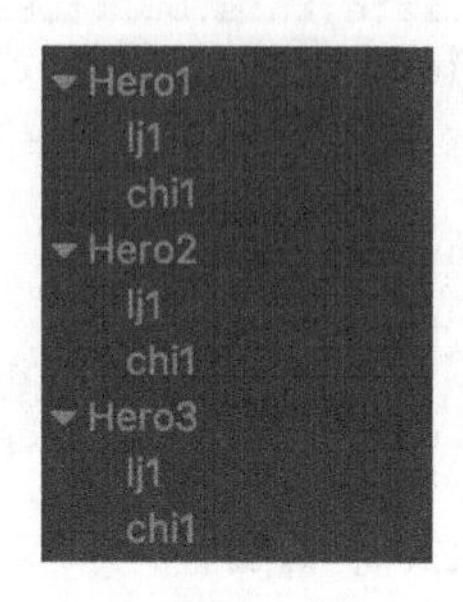

图 10-17 游戏界面

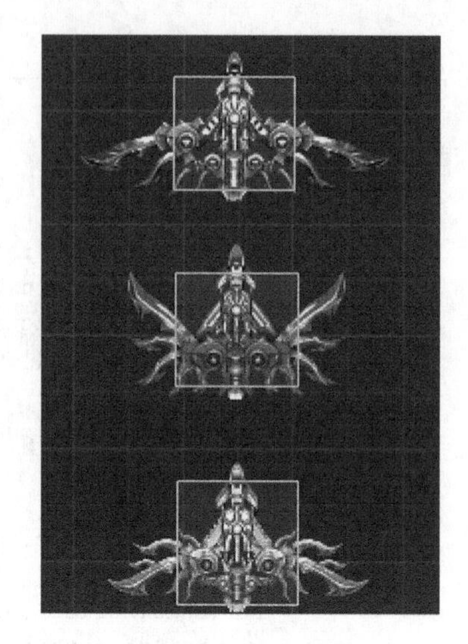

图 10-18 主角飞机

主角飞机的主要逻辑代码见代码清单 10-9。

代码清单10-9 主角飞机逻辑

```
//主角飞机逻辑
onLoad: function () {
    this.state = 3
    this.bulletPool = new cc.NodePool();
    var initCount = 5;

    for (var i = 0; i < initCount; ++i) {
         var enemy = cc.instantiate(this.bulletPrefab);
         this.bulletPool.put(enemy);
    }

    var bulletLogic = cc.callFunc(function(target) {
        if(this.state <= 0)
           return
        var bullet
        if (this.bulletPool.size() > 0) {
            bullet = this.bulletPool.get()
        } else {
            bullet = cc.instantiate(this.bulletPrefab)
        }

        bullet.parent = this.node.parent
        var pos = this.node.getPosition()
        bullet.setPosition(pos)

        var finished = cc.callFunc(function(target) {
```

```
            this.bulletPool.put(bullet);
        }, this)

        bullet.runAction(cc.sequence(cc.moveTo(1, pos.x, 600),finished))
        this.node.runAction(cc.sequence(cc.delayTime(1),bulletLogic))
    }, this)

    this.node.runAction(cc.sequence(cc.delayTime(1),bulletLogic))
},
```

主角的逻辑主要分为两部分，初始化部分和处理碰撞的部分，初始化的部分和之前敌人的逻辑类似，也是处理子弹的逻辑，使用对象池来维护子弹的列表，子弹也使用预制体的方式进行创建。

10.3.6　游戏控制逻辑

处理碰撞的逻辑，主要通过 Cocos Creator 中的碰撞逻辑来制作，首先通过“项目设置 - 分组管理”来创建和管理碰撞分组，碰撞分组的创建界面如图 10-19 所示。

图 10-19　碰撞分组

碰撞主要分为四个组：主角飞机、主角子弹、敌机和敌机子弹，分开分组可以区分开不同的分组之间的碰撞，我们可以通过分组来设置哪些碰撞需要被处理，哪些碰撞可以被忽略，如图 10-20 所示。

在这个游戏中，我们需要处理主角飞机和敌人飞机的碰撞，主角飞机和敌机子弹的碰撞，以及主角子弹和敌人飞机的碰撞。

处理好碰撞的分组后，就可以在相应的节点的逻辑中添加碰撞回调，主角飞机的碰撞回调函数见代码清单 10-10。

允许产生碰撞的分组配对

	Enemy...	Enemy...	HeroBu...	HeroPl...	Default
Default	☐	☐	☐	☐	☐
HeroPl...	☑	☑	☐	☐	
HeroBu...	☑	☐	☐		
Enemy...	☐	☐			
Enemy...	☐				

图 10-20 碰撞分组配对

代码清单10-10 主角飞机碰撞

```
//主角飞机碰撞逻辑
onCollisionEnter: function (other, self) {
    if( this.state == 3 ){
        this.state = 2
        this.com2.active = false
    }else if( this.state == 2 ){
        this.state = 1
        this.com3.active = false
    }else if( this.state == 1 ){
        this.state = 0
        //创建爆炸
        var exp = cc.instantiate(this.explodePrefab)
        var onFinished = function()
        {
            exp.destroy();
        }
        exp.getComponent(cc.Animation).on('finished', onFinished,this);
        self.node.addChild(exp)

        //游戏结束
        this.nodeControl.getComponent("GameControl").setGameOver()
    }
}
```

游戏的设计思路是主角分为三个形态，代表主角有三次被击中的机会，每次被击中后state的值就会减一，而主角上面的一部分组件就会消失，直到第三次被击中，调用爆炸特效，表示主角被消灭，同时调用GameControl中的setGameOver回调函数。

GameControl的setGameOver函数主要弹出游戏结束界面，具体逻辑见代码清单10-11。

代码清单10-11 游戏结束界面

```
//游戏结束界面
setGameOver:function(){
```

```
        this.gameOver.active = true
    },

    //回到主菜单回调
    onBack:function(){
        cc.director.loadScene('db://assets/startMenu.fire',
    this.onLoadSceneFinish.bind(this));
    },
```

游戏结束界面如图 10-21 所示。

图 10-21　游戏结束界面

游戏结束界面是一个弹板，弹板上有一个按钮，按钮的回调绑定为 onBack 函数，单击按钮会回到开始游戏界面，然后可以重新开始游戏。

敌机的处理碰撞逻辑在 EnemyControl 文件中，见代码清单 10-12。

代码清单10-12　敌机碰撞处理函数

```
    //敌机碰撞处理函数
    onCollisionEnter: function (other, self) {
        //爆炸特效创建
        var exp = cc.instantiate(this.explodePrefab)
        var onFinished = function()
        {
            //删除爆炸特效
            exp.destroy();
        }
        exp.getComponent(cc.Animation).on('finished', onFinished,this);
```

```
        self.node.addChild(exp)

    //敌机被消灭回调
    this.nodeControl.getComponent("GameControl").enemyDes(this.enmeyIndex,this)
    }

    //主游戏逻辑GameControl中敌机被消灭回收
    enemyDes: function(index,enemy){
        this.enemyPools[index].put(enemy)
    },
```

除了被消灭后创建碰撞回调以外，需要注意的是在敌机被消灭后，主逻辑需要维护GameControl中的对象池，让对应的敌机对象被回收，从而方便敌机对象被重新使用。

10.4 本章小结

本章介绍了一款纵版射击游戏的实现过程。通过本章，学习了采用Cocos Creator实现飞行射击游戏的具体功能的方法，包括制作界面、添加逻辑等，作为一款正式上线的游戏，本实例还有许多地方有待完善，读者可以通过进一步的学习来完善游戏。

飞行射击类游戏作为一种比较流行的游戏类型，它的很多游戏逻辑和设计都有非常普遍的代表性，因此学习这个类型的游戏可以为后续制作更加复杂的游戏打下基础。下一章将介绍棋牌类游戏的制作。

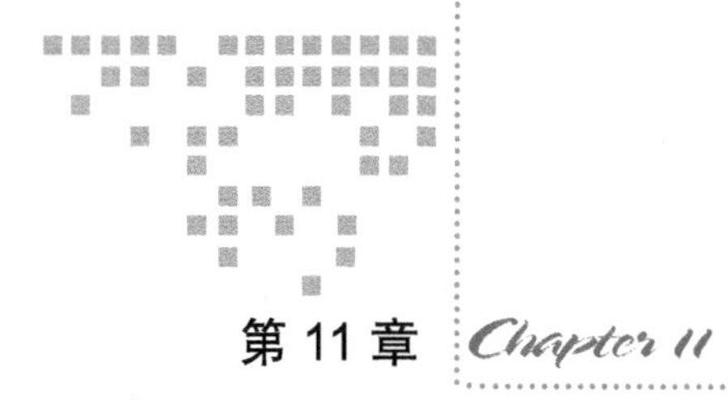

第 11 章 Chapter 11

棋牌类游戏：欢乐斗地主

近年来，越来越多的中老年用户转到智能手机平台，他们对于移动游戏也有需求，而市面上现有的大部分游戏并不是他们的首选。在这个背景下棋牌类游戏凭借着玩法上先天的优势在手机游戏行业整体增速放缓的局面下逆势崛起，成为最近这两年最火爆的游戏品类。而棋牌类也成为很多中小团队进入游戏行业或转型的首选。虽然受到政策的制约，但相信棋牌类游戏凭借着玩法上的优势和移动平台用户年龄层的优势，依然会有很旺盛的生命力。

11.1 棋牌类游戏特点

棋牌类游戏是传统棋盘游戏和牌类游戏的统称，包括扑克牌、斗地主、象棋、军棋和麻将等，棋牌游戏有如下特点：

1）棋牌游戏生命周期长，很多玩法几十年，甚至上百年都在用，只是在新的平台体验过去的玩法。

2）棋牌游戏用户覆盖面广，之前的棋牌游戏很多都是中老年玩家在玩，最近用户群体正在趋向年轻化，产品在慢慢符合整个市场用户的口味。

3）棋牌游戏很容易上手，用户黏度更高，棋牌游戏常常是用户茶余饭后休闲的第一选择。

4）棋牌游戏不在乎有多少玩家同时在线，传统网游需要用户花费很长时间在游戏上，用户往往会觉得“很累”，但是棋牌类游戏不会因为在线时间的长短影响之前的成就和积分。

5）对于开发和运营，棋牌类游戏准入门槛比较低，适合小公司进行制作开发。

虽然近年来，棋牌类游戏受到政策的重点“关照”，增速放缓，但是凭着其独特的玩法优势和易上手并具有社交性的特点，棋牌类游戏仍然是未来比较重要的一个游戏品类。

11.2 斗地主游戏简介

斗地主是一种扑克游戏，最少需要 3 个玩家参与，共有 54 张牌，其中一方为地主，其余两家为农民，双方对战，先出完牌的一方获胜。斗地主首先命名的牌型是“飞机”，然后是“火箭”，如今斗地主已风靡整个中国，并流行于互联网上。斗地主、德克萨斯扑克及百家乐是世界上三种最流行的扑克游戏，如图 11-1 所示，是从 PC 时代就非常流行的 QQ 斗地主的游戏截图。

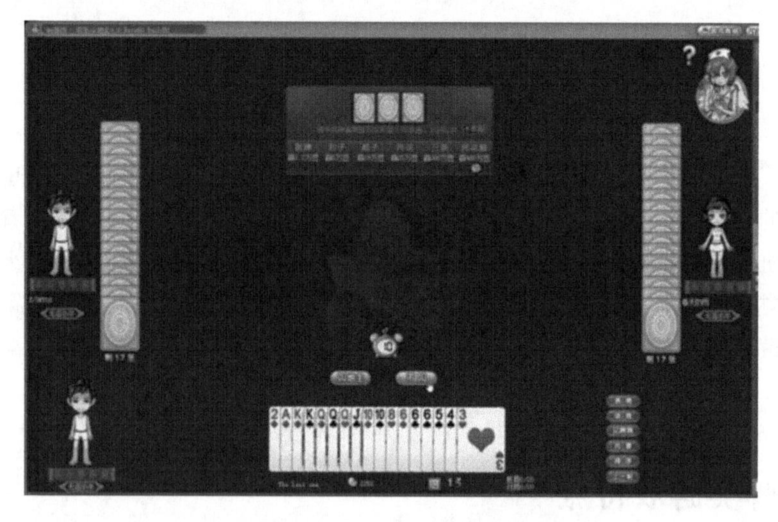

图 11-1 QQ 斗地主游戏截图

斗地主的牌只有一副，王只有两张，一正一副，两张王可为王炸（又称火箭），是最大的一副炸，最大的一手牌，其余炸都是四张数字相同的牌。斗地主的玩法中有顺子、连对、飞机的玩法：所谓顺子，就是连着的五张或以上的单牌，如 3、4、5、6、7 等；连对是连着的三个以上的双牌，如两个 3、两个 4、两个 5 等；飞机是连着的两个以上的三张牌，如三个 3、三个 4 等，另外在飞机的时候是可以带牌的，如三个 3、三个 4，可以带两张随意的单牌。牌的大小规则是从 3 到 K 到 A 到 2 到王，依次增大，大的可压小的，火箭最大，可以打任意其他的牌。炸弹比火箭小，比其他牌大。都是炸弹时按牌的分值比大。

游戏分为抢地主阶段和出牌阶段，谁来当地主由叫牌来决定，地主将独自对抗两个农民。叫牌按出牌的顺序轮流进行，每人只能叫一次。叫牌时可以叫“1 分”，“2 分”，“3 分”，“不叫”，后叫牌者只能叫比前面玩家高的分或者不叫。叫牌结束后所叫分值最大的玩家为地主；如果有玩家叫“3 分”则立即结束叫牌，该玩家为地主；如果三个玩家都不叫，那么本局牌就荒牌，并且重新发牌。如果有人叫了牌，那么叫牌就按逆时针继续，直到连续两人不叫或者某人叫了 3 分才结束。最后一个叫“分”最高的定约者就成为地主，并且拿走三张面朝下的底牌，所以地主手上有 20 张牌。地主先出牌，可以出一张牌或一组合法的牌型。按逆时针顺序，下一个玩家要么不出，要么出张数和类型都相同但比上一组牌更大的牌。但有两种牌型例外——火箭能盖过任何牌型，炸弹能盖过除火箭和更大的炸弹外的任何牌型。出牌将这样沿着牌桌持续多轮，直到连续两个玩家不出为止。然后把这些出过的牌扣下去放在一边，并从上次出牌的人开始，出任何一张或一组合法的牌型，具体的牌型包括：

1）三带一：三张并带上任意一张牌，例如 6-6-6-8。

2）三带一对：三张并带上一对，类似扑克中的副路，例如 Q-Q-Q-6-6。

3）顺子：至少 5 张连续大小（从 3 到 A，2 和王不能用）的牌，例如 8-9-10-J-Q。

4）连对：至少 3 张连续大小（从 3 到 A，2 和王不能用）的对子，例如 10-10-J-J-Q-Q-K-K。

5）四带二：有两种牌型，一个四张带上两个单张，例如 6-6-6-6-8-9，或一个四张带上两对，例如 J-J-J-J-9-9-Q-Q。

6）三张带一对的顺子：每个三张都带上额外的一对，只需要三张是连续的就行，例如 8-8-8-9-9-9-4-4-J-J。

7）飞机：每个三张都带上额外的一个单张，例如 7-7-7-8-8-8-3-6。

8）炸弹：四张大小相同的牌，炸弹能盖过除火箭外的其他牌型，大的炸弹能盖过小的炸弹。

9）火箭（王炸）：一对王，这是最大的组合，能够盖过包括炸弹在内的任何牌型。

11.3　游戏模块的开发

整个斗地主游戏分为两个阶段，抢地主阶段和出牌阶段，抢地主阶段通过“叫牌”决定谁是地主，然后进入出牌阶段，如果两个农民玩家其中任何一名可以先出完牌则农民获胜，否则地主获胜。根据完整的游戏流程，整个游戏的模块可以分为四个部分，第一个部分是基础的卡牌和玩家类的设计；第二个部分是游戏规则模块，由于棋牌游戏相对于一般游戏来说，出牌规则比较复杂，所以对应的规则也就比较复杂，因此单独分出一个模块来作为游戏规则的判定和控制；第三个部分是根据游戏规则开发的 AI 模块，这个模块绑定在第四部分具体流程的控制中，整个的游戏模块如图 11-2 所示。

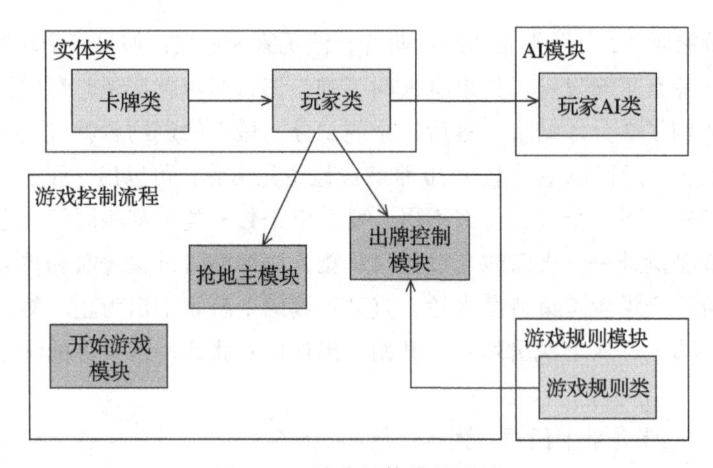

图 11-2 游戏整体模块设计

11.3.1 开始游戏模块

和其他类型的游戏一样，游戏的入口还是从开始游戏界面进入，开始游戏的界面就是一个带有标题的欢迎界面，点击“开始游戏”按钮就进入具体的游戏场景，这个界面的结构很简单，就是一个背景图精灵加上一个“开始游戏”按钮。开始游戏模块的结构如图 11-3 所示。

图 11-3 开始游戏模块层级结构

开始界面的运行效果如图 11-4 所示。

图 11-4 开始模块界面

开始界面的代码见代码清单 11-1。

代码清单11-1　开始界面逻辑函数

```
//开始界面
cc.Class({
    extends: cc.Component,

    properties: {

    },

    //游戏加载函数
    onLoad: function () {
    },

    onPlay() {
        //进入游戏场景
        cc.director.loadScene('db://assets/Scene/mainGameScene.fire', this.onLoadSceneFinish.
            bind(this));
    },
});
```

把 onPlay 函数绑定在“开始游戏”按钮上，回调函数中调用主游戏场景。

11.3.2　卡牌类和玩家类

在游戏中，用 Card 类表示卡牌，见代码清单 11-2。

代码清单11-2　卡牌类

```
//卡牌类
function Card(name,ctype,num) {
    //图片名
    this.name  = name
    //花色
    this.type = ctype
    //点数
    this.val   = num
}
//打印信息
Card.prototype.print = function(){
    console.log("card name->" + this.name + " type->" + this.ctype + " val->" +
        this.val)
}

module.exports = Card;
```

一张卡牌保留三个信息，对应的图片资源信息——name，花色信息——type，点数信息——val，卡牌的洗牌发牌程序用 CardManager 类进行管理，在 CardManager 中的

randomCard 函数进行洗牌发牌的流程，见代码清单 11-3。

代码清单11-3 洗牌函数

```
//洗牌函数
CardManager.prototype.randomCard = function(){
    this.array_player = new Array(3)
    this.array_player[0] = new Array()
    this.array_player[1] = new Array()
    this.array_player[2] = new Array()
    this.array_cardforower = new Array()

    this.randnumber = new Array(54)
    var number = new Array(54)
    //洗牌
    for (var n = 0; n < 54; n++)
    {
        this.randnumber[n] = -1
    }
    for (var k = 0; k < 54; k++)
    {
        number[k] = k
    }

    //发牌
    var index = 0;
    while (index < 54)
    {
        var num = Math.floor(Math.random() * 54)
        if(this.isInSet(number[num]))
        {
            this.randnumber[index] = number[num]
            index ++;
        }
    }
    //保留的底牌
    for (var n = 51; n < 54; n++)
    {
        this.array_cardforower.push(this.getCard(this.randnumber[i]))
    }
    //三个玩家的牌
    var index = 0
    for (var i = 0; i < 3; i ++)
    {
        for (var j = 0; j < 17; j ++)
        {
            this.array_player[i].push(this.getCard(this.randnumber[index]))
            index = index + 1
        }
    }

    //排序
```

```
    var compare = function (card1, card2){
        if (card1.val < card2.val){
            return 1;
        }else if(card1.val > card2.val){
            return -1;
        } else {
            return 0;
        }
    }
    this.array_player[0].sort(compare)
    this.array_player[1].sort(compare)
    this.array_player[2].sort(compare)

    //打印信息
    for (var i = 0; i < 3; i ++)
    {
        for (var j = 0; j < 17; j ++)
        {
            this.array_player[i][j].print()
        }
    }
}
```

在这个函数中，首先进行洗牌，然后留三张底牌，最后发牌整理后并打印信息，洗牌的时候实际是打乱 1 到 54 的顺序，把它映射到 54 张扑克牌的函数见代码清单 11-4。

代码清单11-4　映射牌面值函数

```
//映射牌面值函数
CardManager.prototype.getCard = function(proNum){
    var num  = proNum % 4
    var num2 = Math.floor(proNum / 4)
    var fram,framtype
    cc.log("getCard->"+proNum)
    //方片
    if(num == 0)
    {
        if(num2 == 12)
        {
            framtype = "xiaowang"
            num2 = 16
        }
        else
        {
            if(num2 == 11)
                num2 = -2
            if(num2 == 12)
                num2 = -1
            framtype = "fang" + (num2 + 3)
        }
```

```
    }
......
}
```

这里省略部分代码，只从一个花色的处理就可以说明这个映射关系，通过牌面值的值对4取余数就可以获得牌面的花色，而除以4的值就是对应的牌面值，大王小王单独拿出来处理。洗牌发牌的程序结束后，就可以将牌数组传递给玩家了，玩家的定义见代码清单11-5。

代码清单11-5 玩家类Player定义

```
//玩家类定义
function Player(index,array) {
    //初始化玩家身份变量
    this.isLandlord = false
    //玩家编号
    this.pIndex = index
    //是否是AI玩家
    this.isAI = true
    //牌组
    this.cardList = array
    //下一家
    this.nextPlayer = null
    //分数
    this.score = 0
}

Player.prototype.follow = function(score){
    this.score = score
}

module.exports = Player;
```

在玩家类中存储着玩家的信息，包括是否是地主和是否用AI控制，另外保留玩家的牌组及玩家下一家的信息。

11.3.3 游戏规则模块

对于卡牌游戏来说，最重要的就是游戏规则模块，我们的项目使用CardRule类来定义游戏的规则，包括牌型的判定函数等，整体的牌型判定函数见代码清单11-6。

代码清单11-6 牌型判定函数

```
//牌型判定函数
CardRule.prototype.typeJudge = function(cards){
    var len = cards.length;
    //根据张数来判定
    if(len == 1){
        return {'cardType': this.ONE, 'val': cards[0].val, 'size': len};
    }else if(len == 2){
```

```
        if(this.isPairs(cards))
            return {'cardType': this.PAIRS, 'val': cards[0].val, 'size': len};
        else if (this.isKingBomb(cards))
            return {'cardType': this.KING_BOMB, 'val': cards[0].val, 'size': len};
        else
            return null;
    }else if(len == 3){
        if(this.isThree(cards))
            return {'cardType': this.THREE, 'val': cards[0].val, 'size': len};
        else
            return null;
    }else if(len == 4){
        if(this.isThreeWithOne(cards)){
            return {'cardType': this.THREE_WITH_ONE, 'val': this.getMaxVal(cards, 3),
                'size': len};
        } else if (this.isBomb(cards)) {
            return {'cardType': this.BOMB, 'val': cards[0].val, 'size': len};
        }
        return null;
    }else{
        if(this.isProgression(cards))
            return {'cardType': this.PROGRESSION, 'val': cards[0].val, 'size': len};
        else if(this.isProgressionPairs(cards))
            return {'cardType': this.PROGRESSION_PAIRS, 'val': cards[0].val, 'size':
                len};
        else if(this.isThreeWithPairs(cards))
            return {'cardType': this.THREE_WITH_PAIRS, 'val': this.getMaxVal(cards,
                3), 'size': len};
        else if(this.isPlane(cards))
            return {'cardType': this.PLANE, 'val': this.getMaxVal(cards, 3),
                'size': len};
        else if(this.isPlaneWithOne(cards))
            return {'cardType': this.PLANE_WITH_ONE, 'val': this.getMaxVal(cards,
                3), 'size': len};
        else if(this.isPlaneWithPairs(cards))
            return {'cardType': this.PLANE_WITH_PAIRS, 'val': this.getMaxVal(cards,
                3), 'size': len};
        else if(this.isFourWithTwo(cards))
            return {'cardType': this.FOUR_WITH_TWO, 'val': this.getMaxVal(cards,
                4), 'size': len};
        else if(this.isFourWithPairs(cards))
            return {'cardType': this.FOUR_WITH_TWO_PAIRS, 'val': this.getMaxVal(cards,
                4), 'size': len};
        else
            return null;
    }
};
```

斗地主最烦琐复杂的就是不同牌型的定义，这也是这个游戏最复杂的部分，对于牌型的定义见代码清单 11-7。

代码清单11-7 牌型定义

```
//牌型定义是否是对子
CardRule.prototype.isPairs = function(cards) {
    return cards[0].val === cards[1].val;
};
//是否是王炸
CardRule.prototype.isKingBomb = function(cards) {
    return cards[0].type == '0' && cards[1].type == '0';
};
//是否是三根
CardRule.prototype.isThree = function(cards) {
    return (cards[0].val === cards[1].val && cards[1].val === cards[2].val);
};
//是否是三带一对
CardRule.prototype.isThreeWithPairs = function(cards) {
    if(cards.length != 5)
        return false;
    var c = this.valCount(cards);
    return c.length === 2 && (c[0].count === 3 || c[1].count === 3);
};
//是否是顺子
CardRule.prototype.isProgression = function(cards) {
    if(cards.length < 5 || cards[0].val === 15)
        return false;
    for (var i = 0; i < cards.length; i++) {
        if(i != (cards.length - 1) && (cards[i].val - 1) != cards[i + 1].val){
            return false;
        }
    }
    return true;
};
//是否是连对
CardRule.prototype.isProgressionPairs = function(cards) {
    if(cards.length < 6 || cards.length % 2 != 0 || cards[0].val === 15)
        return false;
    for (var i = 0; i < cards.length; i += 2) {
        if(i != (cards.length - 2) && (cards[i].val != cards[i + 1].val || (cards[i].
            val - 1) != cards[i + 2].val)){
            return false;
        }
    }
    return true;
};
//是否是飞机
CardRule.prototype.isPlane = function(cards) {
    if(cards.length < 6 || cards.length % 3 != 0 || cards[0].val === 15)
        return false;
    for (var i = 0; i < cards.length; i += 3) {
        if(i != (cards.length - 3) && (cards[i].val != cards[i + 1].val || cards[i].
            val != cards[i + 2].val || (cards[i].val - 1) != cards[i + 3].val)){
```

```
                return false;
            }
        }
        return true;
    };
```

这里省略部分牌型的定义，需要说明的是，这个部分还可以通过修改 typeJudge 函数来扩展不同的玩法。

11.3.4　抢地主模块

整个斗地主游戏可以分为两个阶段：抢地主阶段和出牌阶段，这两个阶段都在游戏主界面，也就是主场景 mainGameScene 中进行，抢地主的流程如图 11-5 所示。

游戏的主要逻辑都在 mainGameLayer 中，其中开始抢地主的逻辑在 restartGame 中，见代码清单 11-8。

代码清单11-8　开始游戏逻辑

```
//开始游戏逻辑
restartGame () {
    //按钮消失
    this.prepareBtn.node.setPosition(cc.p(-1000,-1000))
    //洗牌
    this.cardManager.randomCard()

    //初始化玩家
    this.player1 = new Player(1,this.cardManager.array_player[0])
    this.player2 = new Player(2,this.cardManager.array_player[1])
    this.player3 = new Player(3,this.cardManager.array_player[2])

    //下家
    this.player1.nextPlayer = this.player2
    this.player2.nextPlayer = this.player3
    this.player3.nextPlayer = this.player1
    //是否AI
    this.player1.isAI = true
    this.player2.isAI = false
    this.player3.isAI = true
    //创建AI逻辑
    this.AILogic1 = new AILogic(this.player1)
    this.AILogic2 = new AILogic(this.player2)
    this.AILogic3 = new AILogic(this.player3)

    this.AILogic1.nextAIPlayer = this.AILogic2
    this.AILogic2.nextAIPlayer = this.AILogic3
    this.AILogic3.nextAIPlayer = this.AILogic1

    //显示牌
    this.curPlayerAI = this.AILogic1
```

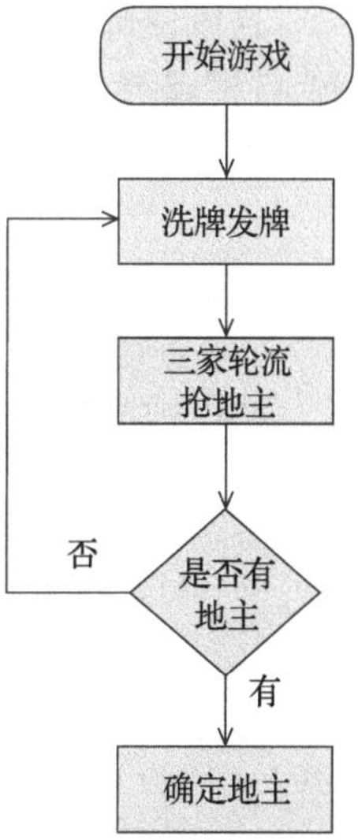

开始游戏
洗牌发牌
三家轮流抢地主
是否有地主
否
有
确定地主

图 11-5　抢地主流程

```
        this.playerCardLayer.removeAllChildren()
        this.player1CardLayer.removeAllChildren()
        this.player3CardLayer.removeAllChildren()
        for(var i = 0;i < 17;i ++){
            this.playerCard[i] = cc.instantiate(this.cardPrefabs)
            this.playerCard[i].setPosition(cc.p(110 + i * 20,60))
            this.playerCard[i].setScale(0.6)
            this.playerCard[i].getComponent("PlayerCardShow").setCanvas(this.canvas)
            this.playerCard[i].getComponent("PlayerCardShow").setCardShow(this.
                cardManager.array_player[1][i].name)
            this.playerCard[i].getComponent("PlayerCardShow").setIndex(i)
            this.playerCard[i].getComponent("PlayerCardShow").setIsCanChick()
            this.playerCardLayer.addChild(this.playerCard[i])

            this.player1Card[i] = cc.instantiate(this.cardBackPrefabs)
            this.player1Card[i].setPosition(cc.p(50,-20 + 5 *i))
            this.player1Card[i].setScale(0.3)
            this.player1CardLayer.addChild(this.player1Card[i])

            this.player3Card[i] = cc.instantiate(this.cardBackPrefabs)
            this.player3Card[i].setPosition(cc.p(-50,-20 + 5 *i))
            this.player3Card[i].setScale(0.3)
            this.player3CardLayer.addChild(this.player3Card[i])
        }
        //开始抢地主
        this.snatchIndex = -1
        this.snatchRound = 1
        this.snatchScore = 0
        this.snatchLandlord()
    },
```

这段逻辑中，首先是洗牌，调用 CardManager 中的 randomCard 函数，然后创建玩家类和 AI 逻辑类，最后将这些牌显示出来，牌的显示和触摸逻辑在 setCardShow 函数中，见代码清单 11-9。

代码清单11-9 卡牌显示

```
    //卡牌显示
    //设置显示的图片
    setCardShow(name) {
        var self = this
        cc.loader.loadRes("pic1/" + name, cc.SpriteFrame, function (err, spriteFrame) {
            self.sprite.spriteFrame = spriteFrame;
        });
    },
    //设置是否可以点击
    setIsCanChick() {
        var self = this
        this.canvas.on(cc.Node.EventType.TOUCH_END, function (event) {
            var touches = event.getTouches()
```

```
            var touchLoc = touches[0].getLocation()
            var pos = self.node.parent.convertToNodeSpaceAR(touchLoc)
            var x = pos.x
            var y = pos.y
            if(y < 20 || y > 90)
                return
            if(x >= 90 + self.index * 20 && x < 110 + self.index * 20)
                self.setCardYPos(true)
        }, self.node)
    },
```

卡牌显示的逻辑中，重要的函数就是设置卡牌牌面显示的图片函数和设置卡牌可以点击的函数。设置卡牌显示的牌面函数，通过传入的卡牌牌面名称（Card 中的 name），调用载入图片的方法来设置显示的 spriteFrame。

玩家的卡牌是可以点击的，用于玩家出牌的逻辑，当点击卡牌后，这张卡牌的 Y 坐标会改变，同时也会给卡牌设置一个标记 isChoose，点击卡牌的效果如图 11-6 所示。

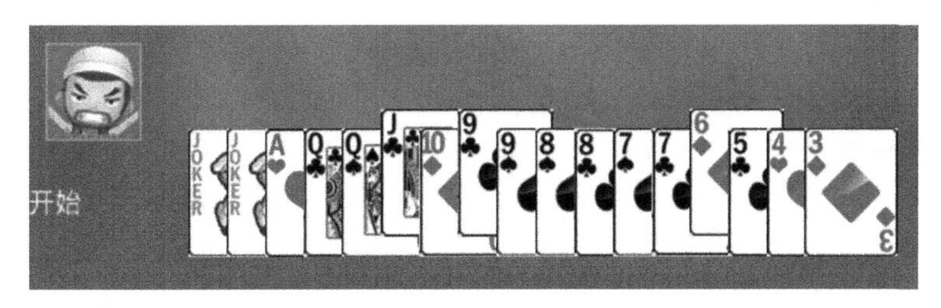

图 11-6　点击卡牌效果

抢地主的逻辑在洗牌发牌后，从第一家开始依次报分抢地主，也可以不抢，AI 的逻辑是评估一下自己牌的分数，然后根据当前牌的评分来决定是否抢地主，每次叫分必须大于上一次，有一家叫到 3 分则叫地主过程结束，如果没有人抢则重新调用 retartGame 重新发牌进行重新抢地主，这个逻辑见代码清单 11-10。

代码清单11-10　抢地主流程

```
    //抢地主流程
    //每轮结算
    sumLandlord(){
        this.snatchRound++
        if(this.snatchRound > 3)
        {
            if(this.snatchIndex != -1)
            {
                this.endSnatch()
            }
            else
            {
                cc.log("重新洗牌")
```

```
                this.restartGame()
            }
        }else{
            if(this.snatchScore == 3)
            {
                this.endSnatch()
            }
            else
            {
                this.curPlayerAI = this.curPlayerAI.nextAIPlayer
                this.snatchLandlord()
            }
        }
    },
    //决定抢地主状态
    setSnatchState(ret){
        var retstr
        if(ret < 4 && ret > this.snatchScore)
        {
            retstr = "抢地主 " + ret + "分"
            this.snatchIndex = this.curPlayerAI.player.pIndex
            this.snatchScore = ret
        }
        else
        {
            retstr = "不抢"
        }
        this["tip" + this.snatchRound].string = retstr
        this.sumLandlord()
    },
```

电脑的AI通过对手牌进行评分来决定是否抢地主，以及叫分高低，这部分逻辑在AILogic中，见代码清单11-11。

代码清单11-11 手牌评分

```
    //手牌评分
    AILogic.prototype.judgeScore = function() {
        var self = this,
            score = 0;
        //有炸弹加六分
        score += self._bomb.length * 6;
        //有王炸加八分
        if(self._kingBomb.length > 0 ){
            score += 8;
        } else {
            if(self.cards[0].val === 17){
                score += 4;//大王
            } else if(self.cards[0].val === 16){
```

```
            score += 3;//小王
        }
    }
    for (var i = 0; i < self.cards.length; i++) {
        if(self.cards[i].val === 15){
            score += 2;
        }
    }
    if(score >= 7){
        return 3;
    } else if(score >= 5){
        return 2;
    } else if(score >= 3){
        return 1;
    } else {//4相当于不叫
        return 4;
    }
};
```

AI 逻辑通过对手牌的评分来决定是否叫地主，而玩家则自主决定是否叫地主，轮到玩家选择的时候给玩家四个按钮，由玩家来决定是否叫地主和叫分多少，当然，叫分低于上家相当于不叫，选择界面如图 11-7 所示。

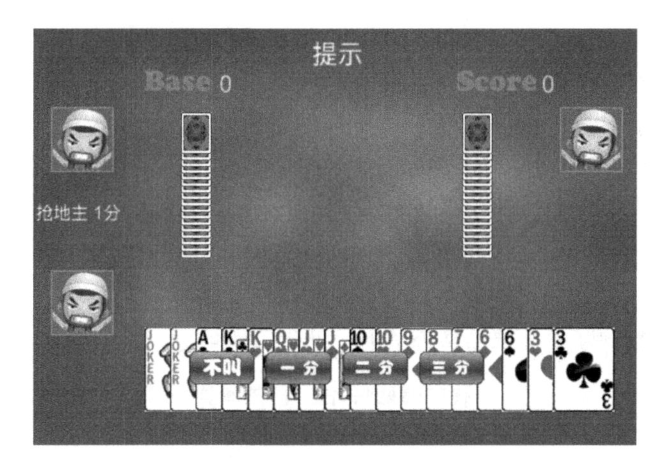

图 11-7 抢地主界面

11.3.5 正式游戏模块

抢地主阶段结束后，就该进入到正式的出牌阶段了，抢地主阶段的界面如图 11-8 所示。

在抢地主的结算阶段，除了初始化分配牌的信息，就是对游戏中变量的初始化，见代码清单 11-12。

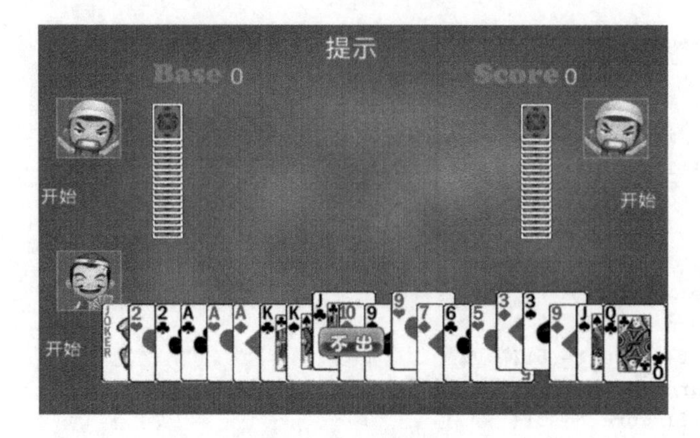

图 11-8 出牌阶段

代码清单11-12 出牌准备

```
//出牌准备
//上一次出牌的牌型
this.lastCardType = -1
//上一次最小牌
this.lastMin = -1
//上一次牌的数量
this.lastNum = 0
//出牌起始
this.curPlayerAI = this.landlordAi
this.curPlayerAI.player.isLandlord = true
this.curPlayerAI.player.cardNum = 20
//农民数量
this.framerNum = 2
this.cardRound()
```

在这些变量中，有一些是记录上一次出牌信息的：比如牌型、最小牌和出牌数量等，另外就是记录出牌的起始人，也就是地主，出牌从地主开始，另外要记录在场的农民数量，每轮出牌结束后，都判断整个牌局是否结束，见代码清单 11-13。

代码清单11-13 出牌结算

```
//出牌结算
//结束一个出牌轮次
sumRound(){
    this.curPlayerAI.player.cardNum =
    this.curPlayerAI.player.cardNum - this.lastNum
    if(this.curPlayerAI.player.cardNum == 0)
    {
        this.curPlayerAI.player.isEnd = true
        //地主胜利
        if(this.curPlayerAI.player.isLandlord)
        {
            this.endGame()
```

```
        }
        //农民胜利
        else
        {
            this.framerNum --
            if(this.framerNum == 0)
                this.cardRound()
        }
    }
},
```

每轮出牌首先判断这个玩家是否结束出牌，如果这个玩家手中已经没有牌了，则移动到下一个出牌者，如果下一出牌者是 AI 则调用 AI 的出牌逻辑；如果是玩家则弹出选择界面让玩家决定出什么牌，整个流程见代码清单 11-14。

代码清单11-14　出牌流程

```
//出牌流程
cardRound(){
    if(this.curPlayerAI.player.isEnd)
    {
        this.curPlayerAI = this.curPlayerAI.nextAIPlayer
        this.cardRound()
    }
    else if(this.curPlayerAI.player.isAI)
    {
        //具体出牌逻辑
        //这里暂时省略...
    }
    else
    {
        this.playNode.setPosition(cc.p(0,-100))
    }
},
```

当玩家决定出牌后，要通过 CardRule 的 typeJudge 函数判定牌型是否符合之前的牌型，见代码清单 11-15。

代码清单11-15　判定牌型

```
//牌型判断
CardRule.prototype.typeJudge = function(cards){
    var len = cards.length;
    //根据张数来判定
    if(len == 1){
        return {'cardType': this.ONE, 'val': cards[0].val, 'size': len};
    }else if(len == 2){
        if(this.isPairs(cards))
            return {'cardType': this.PAIRS, 'val': cards[0].val, 'size': len};
        else if (this.isKingBomb(cards))
```

```
            return {'cardType': this.KING_BOMB, 'val': cards[0].val, 'size': len};
        else
            return null;
    }else if(len == 3){
        if(this.isThree(cards))
            return {'cardType': this.THREE, 'val': cards[0].val, 'size': len};
        else
            return null;
    }else if(len == 4){
        if(this.isThreeWithOne(cards)){
            return {'cardType': this.THREE_WITH_ONE, 'val': this.getMaxVal(cards, 3),
                'size': len};
        } else if (this.isBomb(cards)) {
            return {'cardType': this.BOMB, 'val': cards[0].val, 'size': len};
        }
        return null;
    }else{
        if(this.isProgression(cards))
            return {'cardType': this.PROGRESSION, 'val': cards[0].val, 'size': len};
        else if(this.isProgressionPairs(cards))
            return {'cardType': this.PROGRESSION_PAIRS, 'val': cards[0].val,
                'size': len};
        else if(this.isThreeWithPairs(cards))
            return {'cardType': this.THREE_WITH_PAIRS, 'val': this.getMaxVal(cards,
                3), 'size': len};
        else if(this.isPlane(cards))
            return {'cardType': this.PLANE, 'val': this.getMaxVal(cards, 3), 'size':
                len};
        else if(this.isPlaneWithOne(cards))
            return {'cardType': this.PLANE_WITH_ONE, 'val': this.getMaxVal(cards,
                3), 'size': len};
        else if(this.isPlaneWithPairs(cards))
            return {'cardType': this.PLANE_WITH_PAIRS, 'val': this.getMaxVal(cards,
                3), 'size': len};
        else if(this.isFourWithTwo(cards))
            return {'cardType': this.FOUR_WITH_TWO, 'val': this.getMaxVal(cards,
                4), 'size': len};
        else if(this.isFourWithPairs(cards))
            return {'cardType': this.FOUR_WITH_TWO_PAIRS, 'val': this.getMaxVal(cards,
                4), 'size': len};
        else
            return null;
    }
};
```

首先根据牌的数量判定是哪个牌型，然后去对应判定牌型函数中获得当前出牌的牌型，然后根据和前面出牌的牌型和最小值对比，得出这个出牌是否合法的结论。

在游戏的 AILogic 类中，首先会分析当前的牌型，见代码清单 11-16。

代码清单11-16　判定牌型

```
//定义牌型
//单张
this._one = [];
//对子
this._pairs =[];
//三张
this._three = [];
//炸弹
this._bomb = [];
//飞机
this._plane = [];
//顺子
this._progression = [];
//连对
this._progressionPairs = [];
//王炸
this._kingBomb = [];
```

这个数组会被保留在每个玩家的 AILogic 类中，每次出牌后会更新。这里的判定类似于 CardRule 中的牌型分析，只是逻辑变成为从固定的牌中抽取对应的牌型，然后排序，因为每次都要选择最小的牌型，比如代码清单 11-17 实现的功能为判定并抽取三连。

代码清单11-17　抽取三连

```
//抽取三连
AILogic.prototype.judgeThree = function (cards){
    var stat = cardRule.valCount(cards);
    for (i = 0; i < stat.length; i++) {
        if(stat[i].count === 3){
            var list = [];
            this.moveItem(cards, list, stat[i].val);
            this._three.push(new AICardType(list[0].val, list));
        }
    }
};
```

通过调用 CardRule 中的函数获得某个值的牌的数量，如果有三张的则把它加入到三连的牌型中，其实在棋牌类游戏中，大量的开发工作都是在编写这类棋牌逻辑的代码，因此使用脚本很适合做这样的工作。

对于游戏 AI 来说，拿到这些牌型就可以根据自身的策略来决定如何出牌了。跟牌的逻辑相对简单，就是根据上一次玩家打出的牌来出牌，牌的大小需要压住上一次的出牌，而牌型则需要一致。AI 的出牌还涉及一些策略因素，比如首先判断当前最大牌是否是地主出的，如果是，且下一轮出牌方是农民，则 AI 可以选择拆对来压住地主；玩家出牌时，优先选择最小的牌，并且根据当前对手手中的牌的数量来决定如何出牌，具体的 AI 逻辑如图 11-9 所示。

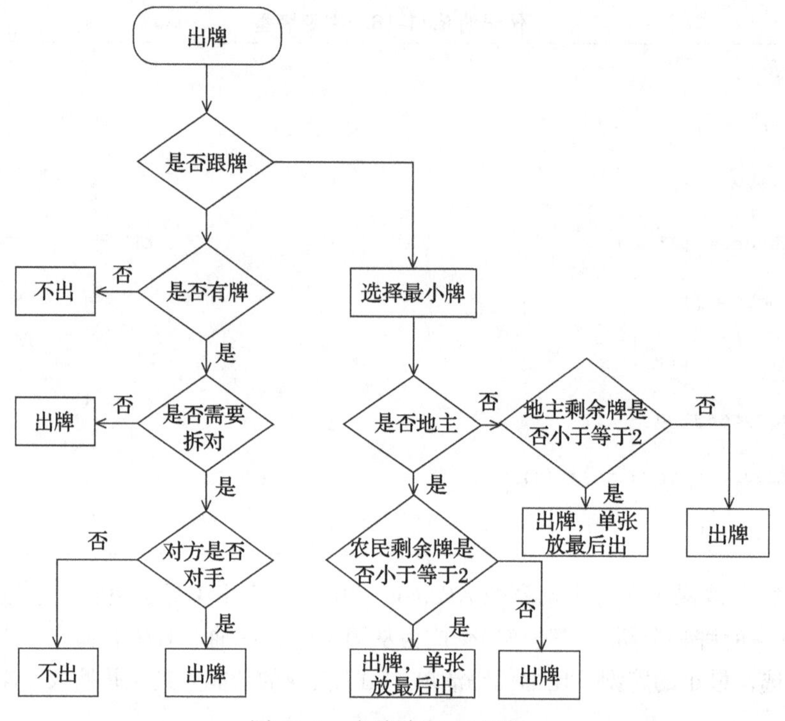

图 11-9 出牌阶段 AI 逻辑

棋牌类游戏包含大量的游戏规则和 AI 代码，这里给出实现的逻辑思路，具体的代码可以参考范例代码。

11.4 本章小结

本章使用 Cocos Creator 开发一款著名的棋牌游戏——斗地主，这是一款经典的扑克牌游戏，每局的游戏分为抢地主阶段和出牌阶段，整个游戏的模块被分为卡牌和玩家类、游戏规则模块、AI 模块、抢地主流程控制和出牌流程控制，本章分别介绍这几个阶段的设计和开发。

本书提供的项目工程文件中，会提供一些多余的资源，你可以使用这些资源完善和扩展游戏的玩法，从而可以帮助你更好地理解和熟悉棋牌类游戏的开发。

第四部分

扩　展　篇

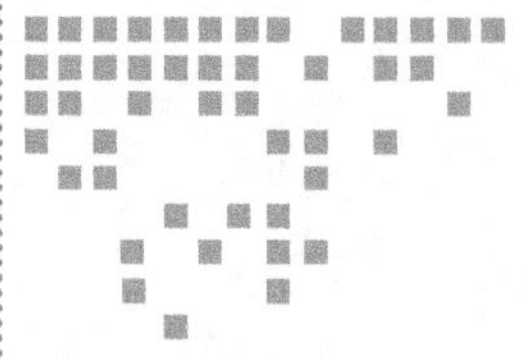

Chapter 12 第 12 章

使用 Cocos Creator 开发微信小游戏

进入智能手机时代，不止是游戏，手机上的各种 App 也方兴未艾。评价一款 App 最重要的因素包括用户数量、下载数量和日活跃用户数量等。然而，有这么一款 App，它取得的成绩和重要程度已经不能简单地用这些数据衡量，它就是微信。不知不觉中，微信已经悄然改变了我们的生活。在之前，我们的移动通信主要通过两个方式：语音通话和短信，虽然移动运营商也曾经推出过类似飞信这种移动通信应用，但是受限于运行商自身的考虑，都未能取得突破。微信则不同，它取得了前所未有的成功，成为了第三种移动通信方式，甚至对之前的两种通信方式构成了威胁，是一款颠覆性的产品。

借助强大的平台，微信推出了各种功能，从在朋友圈中添加推荐广告，到微信游戏的引入，通过微信好友的功能增加游戏的社交功能，著名的 MOBA（Multiplayer Online Battle Arena，多人在线战术竞技类）游戏——《王者荣耀》的火爆就是一个最好的例子。除此以外，微信继续扩展着自己的功能：2017 年 1 月 9 日，微信小程序平台上线，微信小程序附着在微信内，以网页的形式存在，它不用安装便可使用；2017 年 12 月 28 日，万众瞩目的微信小游戏上线了，开发者可以把网页游戏嵌入到微信中，原理和微信小程序类似，都是在微信中嵌入了网页浏览器，并用浏览器打开网页应用。Cocos Creator 从微信小游戏发布伊始就提供对它的支持，开发者可以通过使用 Cocos Creator 开发并导出微信小游戏，本章就介绍如何使用 Cocos Creator 开发并发布微信小游戏。

12.1 微信简介

微信（WeChat）是腾讯公司于 2011 年 1 月 21 日为移动智能终端推出的一款免费的即时通信应用。

除了常规的通信功能，微信还提供公众平台、朋友圈、消息推送等功能，用户可以通过直接搜索号码，或者通过“摇一摇”、“附近的人”等功能添加好友和关注公众平台，同时微信还支持将内容分享给好友、将不错的内容分享到朋友圈等功能。

截至 2018 年第一季度，微信的活跃用户已经突破了 10 亿，达到了 10.4 亿，在如此大的用户规模下，微信已经成为最具影响力的用户平台。

基于微信这个平台，腾讯开发了微信支付、微信公众号和微信小程序等功能，这些功能既扩展了微信作为一个 App 本身的功能，同时，也增强了微信作为平台的功能，微信平台的相关大事件时间表如下：

1）微信公众平台于 2012 年 8 月 23 日上线，微信公众平台主要面向名人、政府、媒体、企业等机构推出的合作推广业务。在 2013 年 8 月 5 日，微信公众平台被分为订阅号和服务号，运营主体是组织（比如企业、媒体、公益组织）的可以申请服务号，运营主体是组织或个人的可以申请订阅号。

2）微信游戏中心于 2013 年 8 月 5 日上线，微信游戏《天天爱消除》和《飞机大战》等一系列借助微信好友的社交游戏上线，微信扩展为游戏发行平台。

3）2014 年 3 月，微信开放支付功能，移动支付从此席卷全国，已经逐渐改变人们的消费方式。

4）2016 年 9 月 21 日，微信小程序开启内测，在微信生态下，腾讯云提供上线微信小程序解决方案，提供小程序在云端的技术方案

2017 年 1 月 9 日，万众瞩目的微信小程序正式上线，用户可以体验到各种各样的微信小程序的开发。

5）2018 年 12 月 28 日，微信小游戏上线，同步上线微信重点推出的游戏——《跳一跳》，从此，一个个微信小游戏成为用户“地铁时间”的最佳伴侣。

12.2　微信小程序

我们常常有这样的困扰，随着智能手机使用时间的增长，手机上会安装越来越多的应用，手机的存储不论多大都会遇到不够用的情况，这种问题能否得到解决呢？微信小程序就是一种不需要安装也可以使用的应用，对于开发者而言，它的开发难度不及 App，并且门槛相对较低，能够满足简单的基础应用需求，适合生活服务类线下商铺等使用。小程序能够实现消息通知、线下扫码、公众号关联等七大功能。其中，通过公众号关联，用户可以实现公众号与小程序之间相互跳转。由于都是采用网页嵌入的方法，因此从原理上，两者是类似的，系出同源，本节介绍微信小游戏的“哥哥”——微信小程序。

12.2.1 微信小程序简介

微信小程序是腾讯内部针对微信的第三个内部项目，是一种不需要安装就可以使用的应用，它实现了应用触手可及的梦想，用户可以通过“扫一扫”或者名称搜索找到相关应用即可打开，同时它也实现了用完即走的理念，用户不用关心是否安装太多应用的问题。应用将无处不在，随时可用，但又无须安装卸载。

2017年，微信小程序一共经历了10多次的更新，微信小程序的目标也逐步转变为“把微信从连接人和人，变成连接人和服务”。微信小程序经历的变化如下：

1）2016年9月21日，微信小程序正式开启内测。

2）2017年1月9日，第一批微信小程序正式上线，用户可以体验到各种各样第三方提供的微信小程序。

3）2018年1月18日，微信提供了电子化的侵权投诉渠道，用户或者企业可以在微信公众平台以及微信客户端入口进行投诉。

4）2018年1月25日，微信团队在“微信公众平台”发布公告称，“从移动应用分享至微信的小程序页面，用户访问时支持打开来源应用。同时，为提升用户使用体验，开发者可以设置小程序菜单的颜色风格，并根据业务需求，对小程序菜单外的标题栏区域进行自定义。

5）2018年3月，微信正式宣布小程序广告组件启动内测，内容还包括第三方可以快速创建并认证小程序、新增小程序插件管理接口和更新基础能力，开发者可以通过小程序来赚取广告收入。除了公众号文中、朋友圈广告以及公众号底部的广告位都支持小程序落地页投放广告外，小程序广告位也可以直达小程序。

开发一款微信小程序，包括注册、信息完善、开发、提交审核和发布等步骤，如图12-1所示。

12.2.2 申请开发账号

想要开发一款微信小程序，你首先要有一个微信公众平台账号，通过在微信公众平台的官网进行注册，地址：https://mp.weixin.qq.com/wxopen/waregister?action=step1，如图12-2所示。

根据如图12-2所示的指引填写信息和提交相关资料，就可以注册微信小程序账号。注册完毕后，就可以登录小程序管理平台，管理小程序的相关信息，首先要同意开发者的相关协议，如图12-3所示。

点击页面左侧菜单中的“开发→基本配置”就可以进入开发者协议，点击同意《微信公众平台开发者服务协议》就可以成为微信开发者，进入小程序后台管理页面，如图12-4所示。

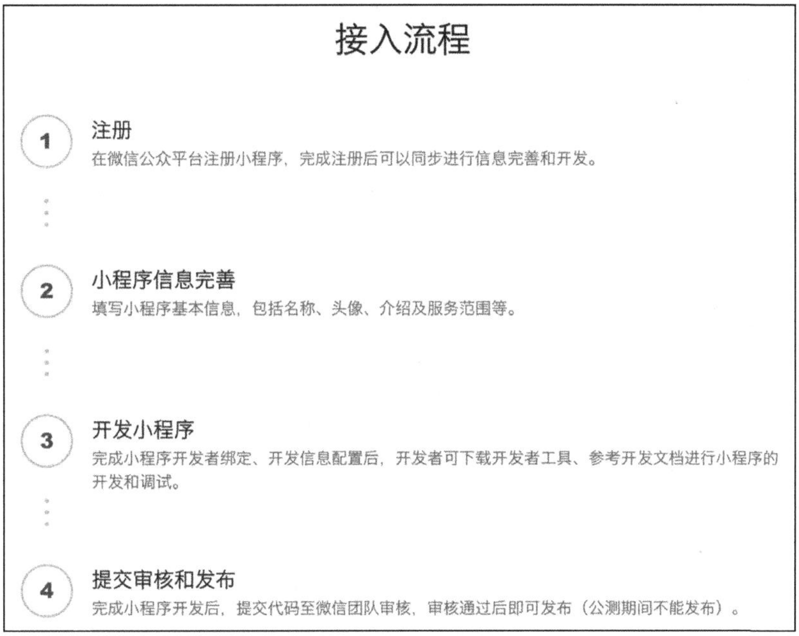

接入流程

1 注册
在微信公众平台注册小程序，完成注册后可以同步进行信息完善和开发。

2 小程序信息完善
填写小程序基本信息，包括名称、头像、介绍及服务范围等。

3 开发小程序
完成小程序开发者绑定、开发信息配置后，开发者可下载开发者工具、参考开发文档进行小程序的开发和调试。

4 提交审核和发布
完成小程序开发后，提交代码至微信团队审核，审核通过后即可发布（公测期间不能发布）。

图 12-1　微信小程序开发接入流程

小程序注册

①帐号信息 — ②邮箱激活 — ③信息登记

每个邮箱仅能申请一个小程序

已有微信小程序？立即登录

邮箱
作为登录帐号，请填写未被微信公众平台注册，未被微信开放平台注册，未被个人微信号绑定的邮箱

密码
字母、数字或者英文符号，最短8位，区分大小写

确认密码
请再次输入密码

验证码　换一张

你已阅读并同意《微信公众平台服务协议》及《微信小程序平台服务条款》

注册

图 12-2　申请小程序开发者账号

基本配置
你还没有成为开发者
成为微信公众平台开发者，你将可以使用公众平台的开发接口，在你自身服务器上接收用户的微信消息，并可按需回复。此外，我们还提供了更多更高级的接口来完善公众号的功能：
1. 会话界面的自定义菜单
2. 多客服接口，提供贴心快捷的客服服务
3. 获取用户地址位置，精确提供服务
4. 高级群发接口，实现更灵活的群发能力
5. 用户分组接口，方便管理用户
还有很多接口，等你来体验。
我同意《微信公众平台开发者服务协议》
成为开发者

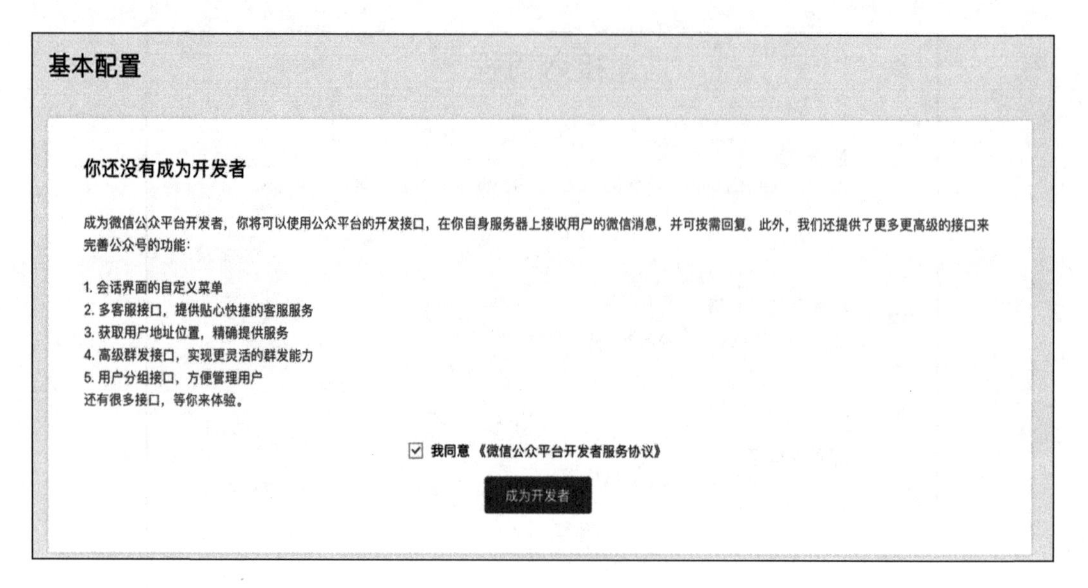

图 12-3 开发者服务协议

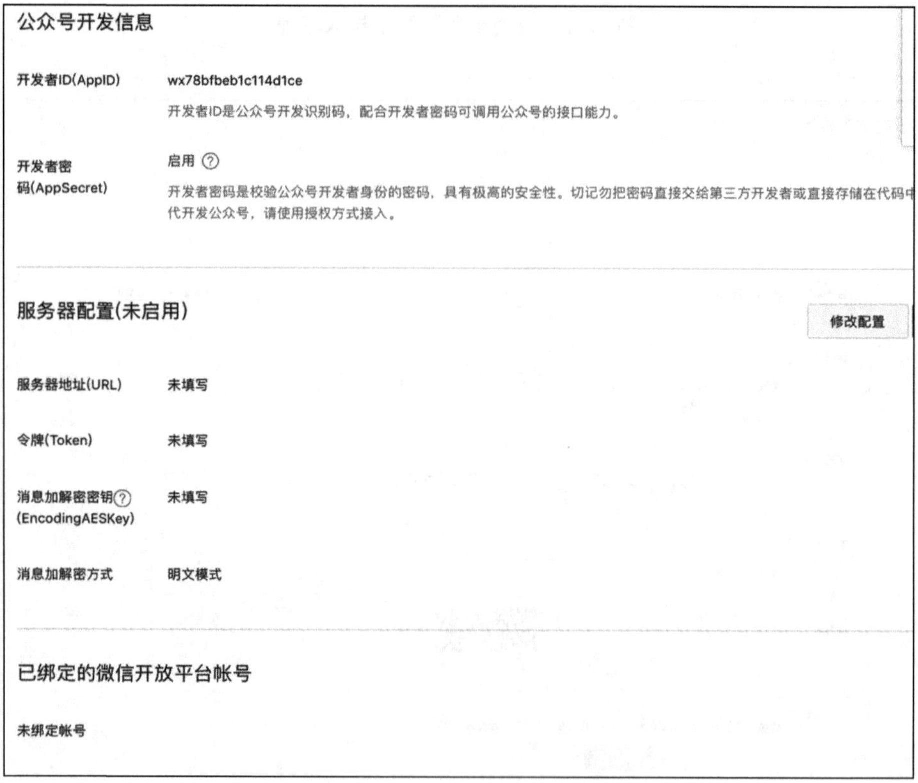

公众号开发信息
开发者ID(AppID)
wx78bfbeb1c114d1ce
开发者ID是公众号开发识别码，配合开发者密码可调用公众号的接口能力。
开发者密码(AppSecret)
启用
开发者密码是校验公众号开发者身份的密码，具有极高的安全性。切记勿把密码直接交给第三方开发者或直接存储在代码中
代开发公众号，请使用授权方式接入。
服务器配置(未启用)
修改配置
服务器地址(URL)
未填写
令牌(Token)
未填写
消息加解密密钥(EncodingAESKey)
未填写
消息加解密方式
明文模式
已绑定的微信开放平台帐号
未绑定帐号

图 12-4 小程序后台管理平台

其中需要说明的是 AppID，相当于小程序平台的一个身份证，后续你会在很多地方要用到 AppID（注意这里要区别于服务号或订阅号的 AppID）。

12.2.3　微信小程序开发工具

开发一款微信小程序，需要微信小程序的开发工具，开发微信小程序需要使用官方提供的开发工具，下载地址为：https://developers.weixin.qq.com/miniprogram/dev/devtools/download.html?t=2018614。

开发工具目前支持 Windows（包括 32 位和 64 位）以及 Mac 系统等平台，本书成书之时，微信小程序开发工具的最新版本为 2.1.0 版，同时支持微信小程序和微信小游戏的开发。

在微信小程序开发工具中，可以实现小程序的代码开发、程序调试运行预览及项目的发布等功能。具体的小程序开发工具的更多功能，可以参见开发者文档，文档地址为 https://developers.weixin.qq.com/miniprogram/dev/devtools/download.html?t=2018614。

下载完开发工具后，按照指引安装即可，安装完成后双击微信小程序开发工具，就可以运行了，扫描二维码登录后，运行效果如图 12-5 所示。

开发者工具提供两种开发模式：

（1）公众号网页项目。选择公众号网页调试，将直接进入公众号网页项目调试界面，在地址栏输入 URL，即可调试该网页的微信授权以及微信 JS-SDK 功能。

（2）小程序项目。选择小程序调试，将进入小程序本地项目管理页，可以新建、删除本地的项目，或者选择进入已存在的本地项目。

图 12-5　微信开发者工具启动页面

选择“小程序项目”就可以开发微信小程序了。开发一个微信小程序项目，需要三个条件：

1）需要一个小程序 AppID，没有 AppID 的话可以在本地使用，是体验版本，不能上传和真机预览。

2）登录的微信号，需要是 AppID 的开发者。

3）选择空目录，或者选择非空目录，但是目录下要存在项目启动文件 app.js 和项目配置文件 project.config.json。

开发者工具允许同时打开多个项目，可以新建项目，也可以选择目录去打开项目，还可以通过最近打开项目去打开一个过去打开过的项目。这里新建一个项目，如图 12-6 所示。

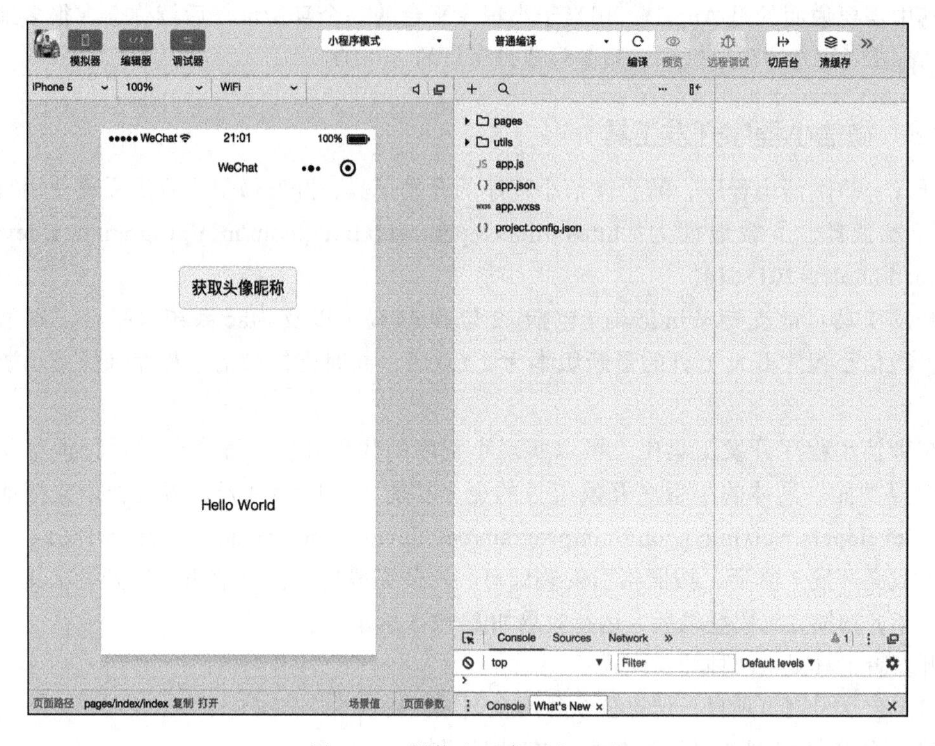

图 12-6 微信小程序开发工具

小程序开发工具包含菜单栏、工具栏、模拟器、编辑器和调试器五大部分。菜单栏和工具栏包含开发工具所具有的功能。工具栏中间，可以选择普通编译，也可以新建并选择自定义条件进行编译和预览。通过切后台按钮，可以模拟小程序进入后台的情况。工具栏上提供了清缓存的快速入口。可以便捷地清除工具上的文件缓存、数据缓存，还有后台的授权数据，方便开发者调试。工具栏右侧是开发辅助功能的区域，在这里可以上传代码、申请测试、上传腾讯云、查看项目信息。在工具栏上点击鼠标右键，可以打开工具栏管理。

模拟器可以模拟小程序在微信客户端的表现。小程序的代码通过编译后可以在模拟器上直接运行。开发者可以选择不同的设备，也可以添加自定义设备来调试小程序在不同尺寸机型上的适配问题。在模拟器底部的状态栏，可以直观地看到当前运行的小程序的场景值、页面路径及页面参数，如图 12-7 所示。

在小程序上方的开发工具中点击左上角的“模拟器 / 调试器”按钮，可以使用独立窗口显示模拟器 / 调试器。

12.2.4 微信小程序程序结构

新建一个空的微信小程序项目，可以看到微信小程序项目的结构，如图 12-8 所示

图 12-7　模拟器分辨率设置

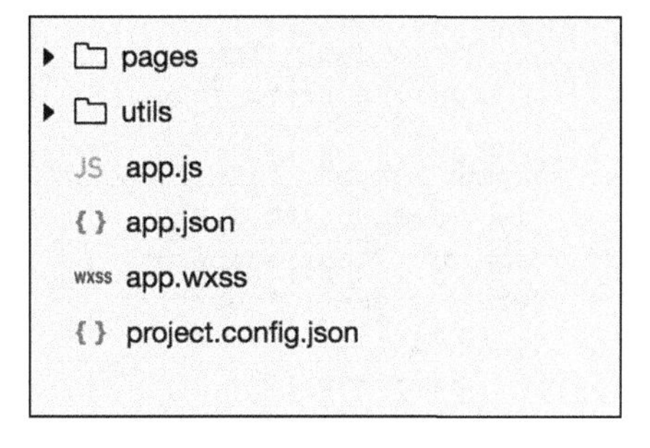

图 12-8　微信小程序结构

首先来看 app.json 文件，这个文件包含了小程序的全局配置，包括了小程序的所有页面路径、界面表现、网络超时、底部 tab 等。app.json 的结构代码如下所示。

```
{
    "pages":[
        "pages/index/index",
        "pages/logs/logs"
    ],

    "window":{
        "backgroundTextStyle":"light",
        "navigationBarBackgroundColor": "#fff",
        "navigationBarTitleText": "WeChat",
        "navigationBarTextStyle":"black"
    }
}
```

其中 pages 字段用于描述当前小程序所有页面路径，这是为了让微信客户端知道当前你的小程序页面定义在哪个目录。window 字段用于描述小程序所有页面的顶部背景颜色、文字颜色。

project.config.json 主要用来保存项目的个性化配置，例如界面颜色、编译配置等，当你重新安装工具或者换电脑工作时，你只要载入同一个项目的代码包，开发者工具就自动会帮你恢复到你开发项目时的个性化配置，其中会包括编辑器的颜色、代码上传时自动压缩等一系列选项，见代码清单 12-1。

代码清单12-1　project.config.json文件内容

```
{
    "description": "项目配置文件。",
```

```
    "packOptions": {
        "ignore": []
    },

    "setting": {
        "urlCheck": true,
        "es6": true,
        "postcss": true,
        "minified": true,
        "newFeature": true
    },
    "compileType": "miniprogram",
    "libVersion": "2.0.4",
    "appid": "touristappid",
    "projectname": "test",
    "condition": {
        "search": {
            "current": -1,
            "list": []
        },

        "conversation": {
            "current": -1,
            "list": []
        },

        "game": {
            "currentL": -1,
            "list": []
        },

        "miniprogram": {
            "current": -1,
            "list": []
        }
    }
}
```

从事过网页编程工作的人都知道，网页编程采用的是 HTML + CSS + JavaScript 这样的组合，其中 HTML 用来描述当前这个页面的结构，CSS 用来描述页面的样式，JavaScript 通常用来处理这个页面和用户的交互。同样的道理，在小程序中也有同样的角色，其中 WXML 充当的就是类似 HTML 的角色。

pages 文件夹下包含的页面，都包含一个 WXML 文件，如 pages/index 文件下的 index.wxml，代码如下所示。

```
<!--index.wxml-->

<view class="container">
    <view class="userinfo">
```

```
        <button wx:if="{{!hasUserInfo && canIUse}}"
         open-type="getUserInfo"
         bindgetuserinfo="getUserInfo">获取头像昵称</button>
        <block wx:else>
            <image bindtap="bindViewTap" class="userinfo-avatar"
             src="{{userInfo.avatarUrl}}" mode="cover"></image>
            <text class="userinfo-nickname">{{userInfo.nickName}}</text>
        </block>
    </view>
    <view class="usermotto">
        <text class="user-motto">{{motto}}</text>
    </view>
</view>
```

WXML 和 HTML 很相似但略有不同，首先标签名字不一样，往往写 HTML 的时候会用到的标签是“div”“p”“span”。开发者在写一个页面的时候可以根据这些基础的标签组合出不一样的组件，例如日历、弹窗等。小程序的 WXML 用的标签是“view”“button”“text”等，这些标签就是小程序给开发者封装好的基本能力，还提供了地图、视频、音频等组件。另外 WXML 多了一些 wx:if 这样的属性以及 {{ }} 这样的表达式。在网页的一般开发流程中，我们通常会通过 JavaScript 操作 DOM（对应 HTML 的描述产生的树），以引起界面的一些变化响应用户的行为。

除 HTML 外，还有 CSS，下面就是微信小程序中的 CSS-WXSS，在每个页面下也有对应的 WXSS 文件，如 pages/index 文件下的 index.wxss，代码如下所示。

```
/**index.wxss**/

.userinfo {
    display: flex;
    flex-direction: column;
    align-items: center;
}

.userinfo-avatar {
    width: 128rpx;
    height: 128rpx;
    margin: 20rpx;
    border-radius: 50%;
}

.userinfo-nickname {
    color: #aaa;
}

.usermotto {
    margin-top: 200px;
}
```

同样的，WXSS也在CSS的基础上进行了扩展和修改，首先新增了尺寸单位。在写CSS样式时，开发者需要考虑到手机设备的屏幕会有不同的宽度和设备像素比，采用一些技巧来换算一些像素单位。WXSS在底层支持新的尺寸单位rpx，开发者可以免去换算的烦恼，交给小程序底层来换算即可。由于换算采用浮点数运算，所以运算结果会和预期结果有一点点偏差。WXSS提供了全局的样式和局部样式，和前面介绍的app.json、page.json的概念相同，你可以写一个app.wxss作为全局样式，以作用于当前小程序的所有页面，局部页面样式page.wxss仅对当前页面生效。

最后，一个页面里还有对应的逻辑，在javascript文件中，如pages/index文件下的index.js，见代码清单12-2。

代码清单12-2　index.js文件内容

```
//index.js
//获取应用实例
const app = getApp()

Page({
    data: {
        motto: 'Hello World',
        userInfo: {},
        hasUserInfo: false,
        canIUse: wx.canIUse('button.open-type.getUserInfo')
    },

    //事件处理函数
    bindViewTap: function() {
        wx.navigateTo({
            url: '../logs/logs'
        })
    },

    onLoad: function () {
        if (app.globalData.userInfo) {
            this.setData({
                userInfo: app.globalData.userInfo,
                hasUserInfo: true
            })
        } else if (this.data.canIUse){
            // 由于 getUserInfo 是网络请求，可能会在 Page.onLoad 之后才返回
            // 所以此处加入 callback 以防止这种情况

            app.userInfoReadyCallback = res => {
                this.setData({
                    userInfo: res.userInfo,
                    hasUserInfo: true
                })
            }
        } else {
```

```
            // 在没有 open-type=getUserInfo 版本的兼容处理
            wx.getUserInfo({
                success: res => {
                    app.globalData.userInfo = res.userInfo
                    this.setData({
                        userInfo: res.userInfo,
                        hasUserInfo: true
                    })
                }
            })
        }
    },

    getUserInfo: function(e) {
        console.log(e)
        app.globalData.userInfo = e.detail.userInfo
        this.setData({
            userInfo: e.detail.userInfo,
            hasUserInfo: true
        })
    }
})
```

上述 JS 文件主要包含和用户交互的逻辑，包括用户的点击和获取用户位置等逻辑，可以在 JavaScript 中调用丰富的程序 api 来获取用户信息并进行本地存储和微信支付等。

12.2.5 发布和上线

发布游戏前的主要工作包括：用户身份完善、程序预览和上传代码等。

管理员可在小程序管理后台统一管理项目成员（包括开发者、体验者及其他成员），设置项目成员的权限（包括开发者 / 体验者权限、登录小程序管理后台、开发管理、查看小程序数据分析等）。

使用开发工具可以预览小程序，帮助开发者检查小程序在移动客户端上的真实表现。点击开发者工具顶部操作栏的预览按钮，开发工具会自动打包当前项目，并上传小程序代码至微信的服务器，成功之后会在界面上显示一个二维码。使用当前小程序开发者的微信扫码即可看到小程序在手机客户端上的真实表现。

点击开发者工具顶部操作栏的上传按钮，填写版本号及项目备注，需要注意的是，这里的版本号及项目备注是为了方便管理员检查版本，开发者可以根据自己的实际要求来填写这两个字段。

小程序的版本包括开发版本、审核中版本和线上版本等。

在开发者工具中上传了小程序代码之后，依次单击“小程序管理后台→开发管理→开发版本”找到提交上传的版本。在开发版本的列表中，单击“提交审核”，按照页面提示，填写相关的信息，即可以将小程序提交以接受审核。需要注意的是，开发者应严格测试版本之后再提交审核，审核多次不通过，可能会影响后续的工作。审核通过之后，管理员的微信中会收到小程序通过审核的通知，此时依次单击“小程序管理后台→开发管理→审核版本”可以看到通过审核的版本。

12.3 微信小游戏

微信小游戏脱胎于微信小程序，也可以理解为它是一种特殊的微信小程序。2017 年 12 月 28 日，微信更新的版本开放了微信小游戏，并开放了微信小游戏的官方文档和开发者工具。2018 年 3 月份下旬，微信小游戏类目终于开放测试，开发者可以在注册小程序账号后，申请游戏类目开发和调试。

目前微信小游戏开放支持微信社交关系链，开发者可以借助这个功能开发好友 PK、排行榜竞技和微信群互动等功能。当然，开发这些功能的前提是要获得开发者工具对于微信数据域的支持。同时微信小游戏也开启了计费，目前移动游戏发行需要获得发行版号：“根据国家政策要求，国内个人及非个人（企业、个体工商户、政府、媒体、其他组织）都可以注册小游戏。在版本提审时，非个人开发者需提供《广电总局版号批文》《文化部备案信息》《计算机软件著作权登记证书》《游戏自审自查报告》；个人开发者需提供《计算机软件著作权登记证书》《游戏自审自查报告》等。”没有版号的小游戏是无法开放支付功能的。

微信小游戏开放后，很多小游戏通过微信快速传播，其中比较火爆的就包括《跳一跳》等游戏，微信小游戏由于其轻量化的特点，可以占据用户的碎片时间，同时微信小游戏还不需安装，可以随时打开玩，这些特点都使得微信小游戏广受玩家好评。《跳一跳》的游戏截图如图 12-9 所示。

图 12-9 小游戏《跳一跳》

12.3.1 微信小游戏简介

从技术的角度说，微信小游戏是在微信小程序的基础上添加了游戏库 API。小游戏只能运行在小程序环境中，所以小游戏既不是原生游戏，也不完全等同于 HTML5 游戏。但实际上小游戏面向的就是 HTML5 游戏开发者，为了让 HTML5 游戏可以尽可能低成本地移植，小游戏尽可能复用了 WebGL、JavaScript 等源自浏览器的 HTML5 技术。可以说小游戏是使用 HTML5 技术搭建，具有原生体验的微信内游戏产品。采用这种技术的优势就是相比于原生游戏，微信小游戏可以在微信内形成闭环，且不容易被篡改或者增加广告。

从移植性上讲，无论是哪个游戏引擎开发的 HTML5 游戏都可以很容易地移植到微信小游戏上，由于目前 HTML5 相关的游戏开发技术和工具都比较完善，所以有一批产品可以通过简单修改快速上线。目前 Cocos Creator、白鹭引擎 Egret 及 Laya 引擎都已经支持微信小游戏的开发和导出，引擎封装出的高层接口可以大大降低开发者的开发门槛，缩短项目周期。

微信开放平台这个优秀的入口，及其微信小游戏自身具有的即点即玩的便捷性，给微信小游戏以极大的潜能。利用好微信的社交生态来获取新用户，将在小游戏的设计中占据非常重要的地位。可以看到，第一批十六款游戏中，除了《跳一跳》有微信闪屏的入口之外，其他的小游戏入口都藏得比较深，所以流量来源主要不是推荐榜，而是社交传播。这点和市面上多数导用户、洗用户、滚服合服的游戏设计思路是不同的。

微信小游戏的结构如图 12-10 所示。

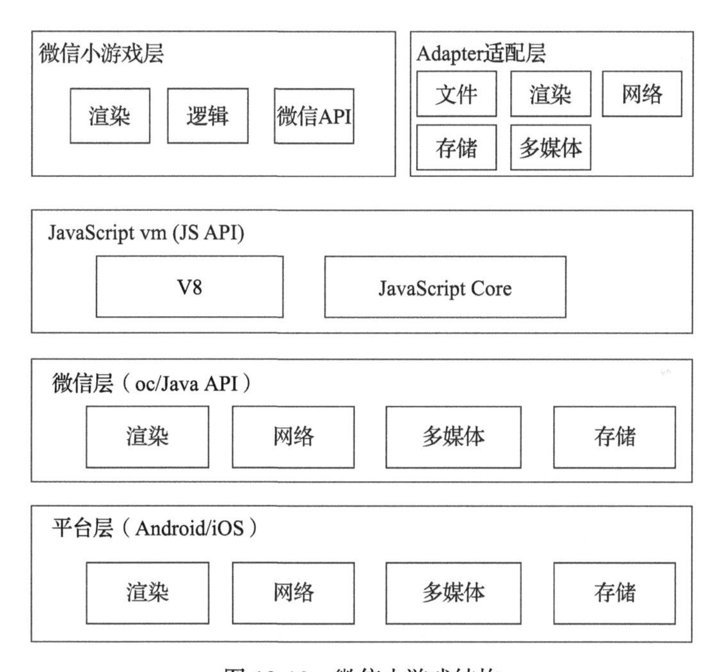

图 12-10 微信小游戏结构

小游戏的运行环境其实是微信的原生环境，游戏的 JavaScript 代码并不是通过浏览器来执行的，而是通过 JavaScript VM 层独立的 JavaScript 引擎来执行的。在 Android 平台使用 Google 的 V8 引擎，在 iOS 上则使用苹果的 JavaScript Core 引擎。通过 JavaScript 绑定技术，对于 JavaScript 的函数调用可以通过 bridge 调用到底层的原生接口来实现，微信小游戏环境用的就是这样的技术，将 iOS/Android 原生平台实现的渲染、用户、网络、音视频等接口绑定为 JavaScript 接口。除此之外，微信小游戏团队还提供了 Adapter 层来降低不同平台的移植成本和处理兼容性问题，但是需要注意的是，目前 Adapter 层已经不再维护，因此推荐大家使用游戏引擎来开发微信小游戏，因为适配工作一般游戏引擎都可以完成。

游戏引擎为游戏开发者提供了高层 API 封装、资源加载适配、各种事件的处理适配、多媒体的处理、窗口和输入框适配等功能。高效率的编辑器带来开发成本的降低；低门槛降低了人力成本；高兼容性和稳定的性能降低了维护成本。

12.3.2 微信小游戏的开发

在微信小程序开发工具中新建一个空的微信小游戏项目，可以发现它的项目结构和微信小程序略有不同，如图 12-11 所示。

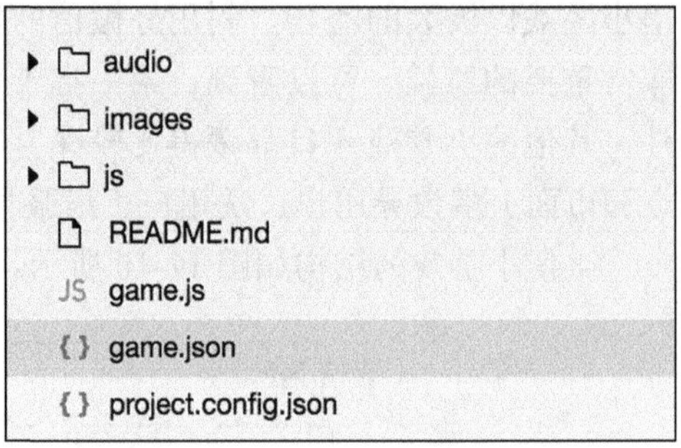

其中，project.config.json 和微信小程序中的配置文件一样，也是用来保存项目的自定义配置，例如界面颜色、编译配置等。

game.json 用来进行游戏相关属性的配置，开发者工具和游戏客户端都需要读取这个配置，完成界面的渲染和属性配置。代码如下所示。

audio
images
js
README.md
game.js
game.json
project.config.json

图 12-11 微信小游戏项目结构

```
//game.json
{
    "deviceOrientation": "portrait",

    "networkTimeout": {
        "request": 5000,
        "connectSocket": 5000,
        "uploadFile": 5000,
        "downloadFile": 5000
    }
}
```

其中每个属性的说明见表 12-1。

表 12-1 game.json 属性说明

game.json 属性	介 绍
deviceOrientation	支持的屏幕方向：portrait（竖屏），landscape（横屏）
showStatusBar	是否支持状态栏
networkTimeout	网络请求超时时间（单位：毫秒）
networkTimeout.request	wx.request 的超时时间（单位：毫秒）
networkTimeout.connectSocket	wx.connectSocket 的超时时间（单位：毫秒）
networkTimeout.upleadFile	wx.uploadFile 的超时时间（单位：毫秒）
networkTimeout.downloadFile	wx.downloadFile 的超时时间（单位：毫秒）
workers	多线程 Worker 配置项

game.js 是微信小游戏的入口文件，代码如下所示。

```
//game.js
import './js/libs/weapp-adapter'
import './js/libs/symbol'

import Main from './js/main'

new Main()
```

这个文件就是游戏的入口，在这里，调用 js 文件夹下的 main.js 文件中的游戏主要逻辑，main.js 文件下的 restart 函数处理游戏的开始逻辑，代码如下所示。

```
//main.js
restart() {
    databus.reset()

    canvas.removeEventListener(
        'touchstart',
        this.touchHandler
    )

    this.bg = new BackGround(ctx)
    this.player = new Player(ctx)
    this.gameinfo = new GameInfo()
    this.music = new Music()

    this.bindLoop = this.loop.bind(this)
    this.hasEventBind = false

    // 清除上一局的动画
    window.cancelAnimationFrame(this.aniId);

    this.aniId = window.requestAnimationFrame(
        this.bindLoop,
        canvas
    )
}
```

微信小游戏建立在 Canvas 画布上，这个画布调用的是微信 API，在 libs 文件夹下的 weapp-adapter.js（即微信官方提供的 adapter 适配文件）中创建 Canavs，代码如下所示。

```
//创建画布
function Canvas() {

    var canvas = wx.createCanvas()

    canvas.type = 'canvas'

    canvas.__proto__.__proto__ = new _HTMLElement2.default('canvas')

    var _getContext = canvas.getContext
```

```
    canvas.getBoundingClientRect = function () {

        var ret = {
            top: 0,
            left: 0,
            width: window.innerWidth,
            height: window.innerHeight
        }
        return ret
    }

    return canvas
}
```

wx.createCanvas 函数创建的是上屏的画布，之后创建离屏的画布。这里创建画布并把画布暴露出来，然后就可以在画布上进行绘制，需要注意的是离屏的画布，只会在画布上显示，并不会在屏幕上显示，也就是同时只会显示一个画布。绘制的方法如下代码所示。

```
//创建画布
var context = canvas.getContext('2d')
context.fillStyle = 'red'
context.fillRect(0, 0, 100, 100)
```

wx.createImage 函数用来创建图片、加载图片，可以加载本地或者网络图片。只有当 image 绘制到当前的画布上时，才会显示出来。创建图片并加载图片的方法如下代码所示。

```
//加载图片
var image = wx.createImage()

image.onload = function () {
    console.log(image.width, image.height)
    context.drawImage(image, 0, 0)
}
image.src = 'test.png'
```

一个画布只有被绘制出来时才会显示在当前屏幕上，代码如下所示。

```
//显示画布
var screenContext = screenCanvas.getContext('2d')
screenContext.drawImage(offScreenCanvas, 0, 0)
```

这些使用 wx API 模拟 BOM 和 DOM 的代码组成的库，我们称为 Adapter。顾名思义，这是对基于浏览器环境的游戏引擎在小游戏运行环境下的适配层，使游戏引擎在调用 DOM API 和访问 DOM 属性时不会产生错误。Adapter 是一个抽象的代码层，并不特指某一个适配小游戏的第三方库，每位开发者都可以根据自己的项目需要实现相应的 Adapter。官方实现了一个 Adapter 为 weapp-adapter，并提供了完整的源码，供开发者使用和参考。

需要强调的是，weapp-adapter 对浏览器环境的模拟是不完整的，仅针对游戏引擎可能访问的属性和调用的方法进行了模拟，且不保证所有游戏引擎都能通过 weapp-adapter 顺利无缝接入小游戏。微信官方目前将 weapp-adapter 提供给开发者，更多是作为开发的参考，开发者可以根据需要在 weapp-adapter 的基础上进行扩展，以适配自己项目使用的游戏引擎。小游戏基础库只提供 wx.createCanvas 和 wx.createImage 等 wx API 常用的 JavaScript 方法。在此之上的 weapp-adapter 是为了让基于浏览器环境的第三方代码更快地适配小游戏运行环境的适配层，并不是基础库的一部分。更准确地说，可以将 weapp-adapter 和游戏引擎都视为第三方库，需要开发者在小游戏项目中自行引入。需要强调的是，目前 weapp-adapter 只是作为一个参考提供给开发者，微信官方推荐使用相关的游戏引擎进行开发。

12.3.3　使用 Cocos Creator 导出微信小游戏项目

对于绝大部分开发者来说，都会将微信小游戏平台当作一个平台来处理，也就是说它和 iOS、Android 以及 HTML5 一样是一个发布平台。所以比起直接使用微信小游戏开发工具进行开发，一般的流程是在引擎中开发游戏项目，待开发调试完成后，再通过引擎工具导到指定平台上进行测试和调试，最后通过微信小游戏开发工具进行提交。

要从 Cocos Creator 导出微信小游戏项目，首先要在 Cocos Creator 中配置微信小游戏戏开发工具的路径，可在 Cocos Creator 中的“偏好设置 - 原生开发环境”中进行设置，如图 12-12 所示。

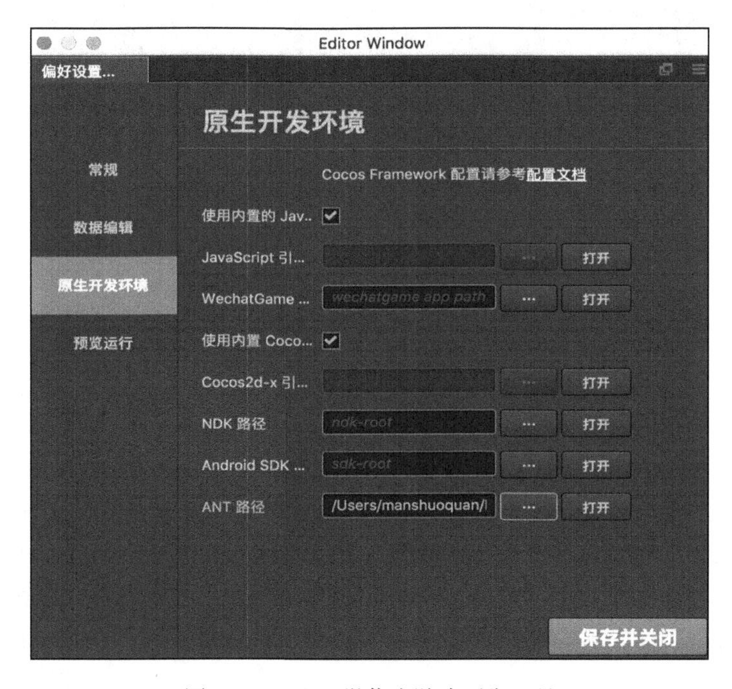

图 12-12　配置微信小游戏开发工具

在“项目 - 构建发布”中可以导出微信小游戏项目，在构建发布面板中，选择发布平台为“Wechat Game”，设置设备方向、AppID、调试模式等，最后点击“构建”按钮即可。需要说明的是，默认的AppID为游客AppID“wx6ac3f5090a6b99c5”，如果需要发布自己的微信小游戏需要在微信开发者平台申请独立的AppID，微信小游戏的构建发布界面如图12-13所示。

图 12-13 构建发布界面

点击“构建”按钮，构建发布面板上方的进度条走完，并显示“complete”，表示构建完成，此时直接点击运行即可自动调用微信开发者工具，并显示正确的场景效果。如果没有自动打开微信开发者工具，或者没有自动打开游戏项目，可以使用微信开发者工具在项目路径下的build/wechatgame作为项目目录创建小游戏体验项目，调用的微信开发者工具如图12-14所示。

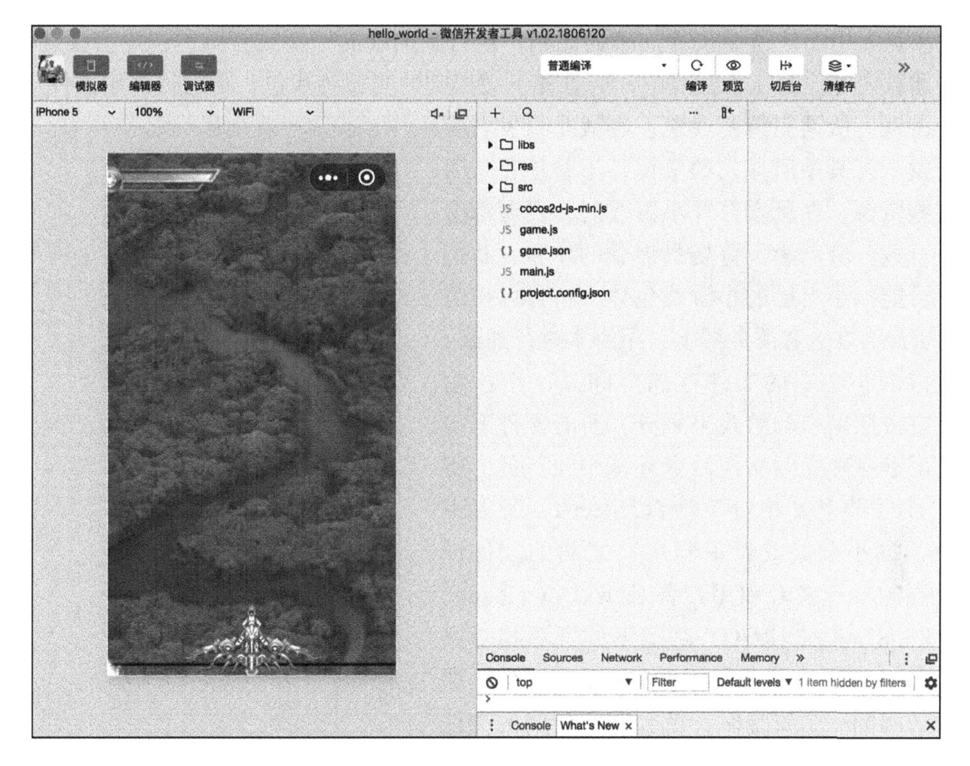

图 12-14　导出微信小游戏项目

12.3.4　微信小游戏的资源管理

微信小游戏对于资源管理有特殊的限制，所以并不是所有使用 Cocos Creator 开发的游戏都可以导到微信小游戏，微信小游戏和一般的浏览器网页游戏不同的是：

1）小游戏的包内体积不能够超过 4MB，包含所有代码和资源，额外的资源必须通过网络请求下载。

2）对于从远程服务器下载的文件，小游戏环境没有浏览器的缓存以及过期更新机制。

3）对于小游戏包内资源，小游戏环境内并不是按需加载的，而是一次性加载所有包内资源，然后再启动页面。

4）不可以从远程服务器下载脚本文件。

对于比较大的游戏，做法是在游戏包内保存脚本文件，其他资源都通过热更新的方式远程下载。Cocos Creator 已经提供了远程下载的解决方案，第 15 章将会详细介绍 Cocos Creator 中的热更新。微信小游戏 API 中，提供了 wxDownloader 对象，设置成 REMOTE_SERVER_ROOT 属性后，引擎下载逻辑如图 12-15 所示。

逻辑开始后，首先检查资源是否在包内，不存在则查询本地资源，然后查询本地缓存资源，如果没有缓存则从远程服务器下载，下载后保存到小游戏缓存内供再次访问时使用。

在浏览器中始终遵循按需加载的原则，执行到加载的标签或者脚本，才会去进行网络请求并加载内容。而在小游戏中，会首先下载提交的完整游戏包，再运行开始文件 game.js 来启动游戏。所谓完整游戏包，也就是开发者在微信开发者工具中所导入的资源，不管项目是否需要这些资源，在玩家打开小游戏时，资源都会被完整下载。所以为了首场景加载的体验，我们应该尽可能减小自己的小游戏包体，将可以按需加载的资源放在远程服务器上，用脚本进行加载。

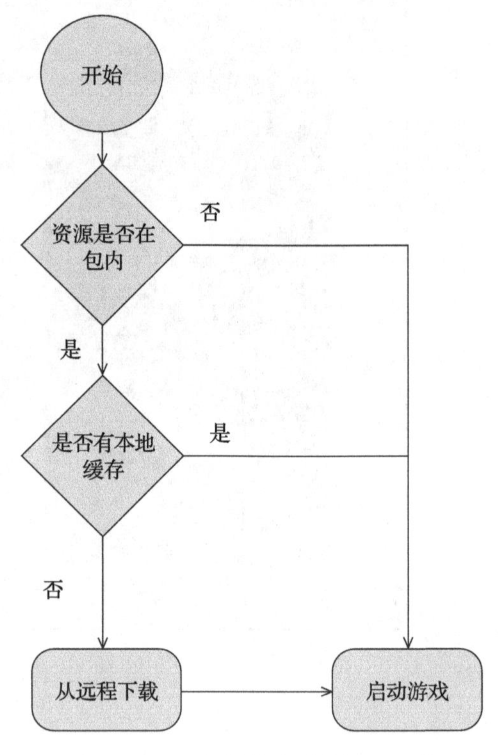

图 12-15 下载微信小游戏资源逻辑

微信内小游戏的文件存储空间是一个沙盒结构，它按照用户和游戏来划分。所有文件系统接口，都是在独立的文件沙盒环境中执行的，所有的文件目录也是相对于沙盒环境的，所以不用担心不同小游戏或者不同用户之间的文件冲突。只要游戏开发者和用户保证 wxDownloader.REMOTE_SERVER_ROOT 路径下的资源相对路径与 Cocos Creator 发布的资源相对路径一致，那么再次访问同一个资源时，就会在小游戏的文件沙盒环境中找到对应的文件。

当开启引擎的 md5Cache 功能后，文件的 URL 会随着文件内容的改变而改变。首先，构建时勾选 md5Cache 功能，将小游戏发布包中的资源文件夹完整地上传到服务器，然后删除发布包内的资源文件夹，在构建发布面板中设置远程服务地址。在测试阶段，需要在本地服务器设置，在微信开发者工具中打开详情界面，勾选项目设置中的不检查安全域名、TLS 版本及 HTTPS 证书选项。

在发布设置面板中有一个“Source Maps”选项。开发者打包过程中引擎会将游戏代码压缩为单一文件，如果选择发布模式，还会进一步混淆并合并代码。这样就会导致调试过程中无法正确使用原始用户脚本进行调试，会加大调试的难度，要避免这种情况可在发布面板中勾选“Source Maps”。同时，还要注意，必须将微信开发者工具中的 ES6 转 ES5 选项去掉，否则开发者工具会在原始脚本内容上多包一层闭包，你之前生成的“Source Map”也就失效了。

12.3.5 接入微信小游戏的子域

微信小游戏为了保护其社交关系链数据，增加了子域的概念，子域又叫开放数据域，是一个单独的游戏执行环境。子域项目工程通过微信 API 获取用户数据来获得排行榜等功能项目，子域中的资源、引擎、程序都和主游戏完全隔离，相当于另外一个独立的页面，开发者只有在子域中才能访问微信提供的 wx.getFriendCloudStorage() 和 wx.getGroupCloudStorage() 两个 API，用于实现一些例如排行榜的功能。由于子域只能在离屏画布 sharedCanvas 上渲染，因此需要我们把 sharedCanvas 绘制到主域上。

接入子域项目的具体步骤包括：

1）首先在主域项目的构建发布面板中填入子域代码目录，该目录是子域构建后所在的路径，并且这个路径需要放在主域构建目录下，如图 12-16 所示。

图 12-16　主域项目的发布设置

该步骤会帮助用于修改发布的 game.json 的设置，见代码清单 12-3。

代码清单12-3　game.json

```
//game.json
{
    "deviceOrientation": "landscape",
    "subContext": "wx-open-data-project",
```

```
        "networkTimeout": {
            "request": 5000,
            "connectSocket": 5000,
            "uploadFile": 5000,
            "downloadFile": 5000
        }
    }
```

2）在子域项目的构建发布面板中的渲染式中选择 canvas 或自动模式，并选择小游戏子域工程，把当前工程打包成子域可用的文件，如图 12-17 所示。

图 12-17 子域项目的发布设置

3）发布路径设置为与主域中填入子域代码目录相同的路径，即指定到主域项目工程的发布包目录下，游戏名称必须和主域项目中设置的“子域代码目录”名称一致。或者可以选择不修改发布路径，在子域项目构建完成后手动将发布包复制到发布目录下。

4）在主域项目工程中点击“运行”按钮以调用微信开发者工具，之后的调试和发布流程和一般的微信小程序或微信小游戏相同。

Cocos Creator 2.0.1 版本中，对于子域部分做了优化，需要在主域中创建一个节点作为开放数据域容器，需要添加微信子内容视图组件——WXSubContextView，这个组件用于设置开放数据域视图以及更新开放数据域贴图，这个节点的宽高比就是开放数据域设计分辨率的宽高比。和之前的版本不一样的地方包括：

1）可以自由控制开放数据域的尺寸，降低分辨率提高性能和分辨率优化效果都可以在子域里完成。

2）开放数据域的内容直接被缩放到主域的容器节点区域内，只要宽高比一致就不会产生拉伸。一般情况下，开放数据域的视窗是固定的。

3）开放数据域的事件响应由游戏引擎处理。当场景切换后，分辨率改变，这时候要调用 updateSubContextViewport 接口来更新子域中的窗口参数，这样事件可以映射到窗口中。

4）开放数据域的贴图更新由引擎处理。当开放数据域被唤起后，只要加载成功，开放数据域贴图就开始更新到主域并显示，之后每帧都会更新贴图，当需要性能优化时，也可以将 enabled 设置为 false 来禁止每帧更新。

5）在 2.0.0 版本以后，开放数据域项目中只可以选择 Canvas 渲染，另外 Canvas 渲染目前只支持如下组件的渲染：Sprite、Label、Graphics、Mask 及 UI 组件。

6）发布项目时，主项目的构建发布和 1.0 版本没有区别，但子域项目发布有变化，发布界面如图 12-18 所示。

图 12-18 2.0.1 版本子域项目的发布设置

需要注意的是，发布路径设置为与主域当中的相同路径，也就是说要发布到主域项目工程的发布包目录下，游戏名称需要和主域项目中设置的名称一致。另外一方面，也可以不修改发布路径，在开放数据域项目构建完成后手动将发布包复制到主域项目的发布包目录下。

7）需要注意的是，目前要先发布主域再发布开放数据域，因为如果先发布开放数据域再发布主域项目，那么开放数据域的发布代码会被覆盖。

12.4 本章小结

本章首先介绍了微信开放平台，接着介绍了微信小程序的开发和原理，然后进一步介绍了微信小游戏的开发原理和开发的具体步骤。通过本章，读者可以学到如何通过 Cocos Creator 快速开发一款微信小游戏。

微信庞大的用户量和微信小游戏本身随玩随走的特性，注定为开发者带来巨大的机遇，然而，开发微信小游戏并不仅仅是简单的移植或者发布，作为游戏设计者应该更多地考虑微信平台的特点和用户需求、体验，开发出专属微信平台的游戏佳作。

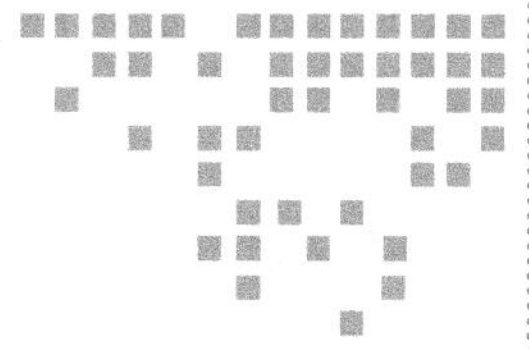

第 13 章 Chapter 13

游戏中的地图算法

算法是指解决方案的准确而完整的描述，是一系列解决问题的清晰指令。算法代表着用系统的方法描述解决问题的策略机制。小到简单的排序算法，大到 A 星路径搜索算法都在游戏开发中扮演很重要的作用，这些游戏开发中的“明星”算法在一次次的使用中被不断地完善和升华，逐渐变得更加高效。而在特定的游戏中，我们也经常会设计一些算法，设计这些算法有时候需要一些相关知识。

地图在游戏中扮演很重要的角色，无论是角色扮演类游戏，还是策略类游戏，都会用到地图，而地图相关的算法也在这些游戏中有广泛的使用。在有些游戏中，地图需要随机生成，比如游戏中的迷宫等，这就需要地图生成的算法；在角色扮演类游戏中，角色需要在地图中找到一条合适的路径，这就需要寻路算法，最常用的寻路算法就是 A 星路径搜索算法，本章介绍地图生成和 A 星算法知识，并将这些知识转化为 Cocos Creator 中实现的算法。

13.1 Roguelike 地图生成算法

地图在很多游戏中扮演着重要的角色，除了在一部分游戏中作为主界面和关卡界面的地图，在很多游戏中，地图都出现在游戏的主要玩法中。生成游戏的方法有两种，根据不同类型和不同玩法的游戏来区分，有些游戏对于地图的复杂程度和生成规则有着很强的要求，而地图的难度、地图中元素的个数也有着很强的限制，这类游戏需要一类独立的策划人员——关卡设计师，这类游戏策划的主要任务就是设计关卡的难度。而也有一些游戏，使用动态生成地图的方法，这时就需要地图生成算法，但是并没有通用的地图生成算法，因为一类游戏有一类游戏的特殊需求，虽然游戏类型一致，不同游戏之间的生成地图依旧规则不同，本节介绍一种最常见的游戏地图生成算法——Roguelike 地图生成算法。

13.1.1 Roguelike 游戏

Roguelike 是角色扮演游戏（RPG）的一个子类（Roguelike-RPG），其原型——《Rogue》是 20 世纪 80 年代初，由 Michael Toy 和 Glenn Wichman 两位软件工程师共同在 UNIX 系统上开发，并在大型机上运行的游戏。这类游戏的理念源自于 20 世纪 70 年代的游戏，包括 Adventure (1975),Dungeon (1975), DND/Telengard (1976), Beneath Apple Manor (1978)，后来衍生出了一系列与“Rogue”类似或者同类型的游戏作品，这些作品被统称为“Roguelike”。在 2008 年的国际 Roguelike 发展会议上 Roguelike 游戏有了明确的定义，它的特点包括：

1）生成随机性。每一次新开局游戏都会随机生成游戏场景、敌人、宝物等不同事物。这样玩家的每一次冒险历程也都将是独一无二，不可复制的。

2）进程单向性。存档功能的唯一作用就是记录你当前的游戏进度，每当存档被读取时，对应的进度就会被清空，直到你进行下一次存档。

3）不可挽回性。在大多数 Roguelike 游戏中，每一个角色只有一次生命，一个角色的死亡意味着玩家将永远失去该角色。无论你是主角、敌人、物品还是场景。在很多玩家眼中，这正是 Roguelike 的乐趣所在。

4）游戏非线性。严谨而不失灵活性的游戏规则，使游戏具备了很高的自由度，在这类游戏中，玩家可以发挥想象力，利用各种方法实现任何他们想做的事情，或合乎常理，或匪夷所思，目的只在于解决他们在游戏中遇到的问题。

5）系统复杂性。可能会在一款游戏中包括多到无法估量的元素，例如地质、气候和生物分布，以及精细到皮肤、肌肉、血液、骨骼和脂肪的战斗系统，甚至战损痊愈后会留下伤疤以及后遗症。在有些游戏里则可能包括数百种的死亡原因，数千种的生物，数万种的物品。

13.1.2 地图生成算法

地图生成算法是这样一个黑盒，它需要你输入地图的限制规则和大小等信息，它的输出是具体的地图数据，具体到 Roguelike 游戏的地图生成算法，它有如下特点：

1）要同时有开放的房间和走廊，房间在 Roguelike 游戏中起着至关重要的作用，开放的空间可以让玩家有空间进行战斗，同时房间也可以通过不同的装饰风格来增强游戏场景的表现力。同时，这个地牢不应该完全由房间组成，玩家需要在游戏过程中有不同的感受，走廊会让他们有封闭感，同时增加游戏的策略性。

2）地图生成中部分参数是可调的，由于关卡的难度要有梯度，所以生成规则应该是可调的，理想的做法是将生成器的一些参数设置成可调，可以通过同一套代码生成不同风格和感觉的地牢。

3）地图不是完美的，完美的地图意味着两点之间只有唯一的一条通路，这样玩起来缺少乐趣。当玩家遇到一个死胡同的时候，必须要回溯到之前的路线去，然后寻找新的可探索的地方。游戏是一个决定和做出不同选择的过程。因此，过于完美的地图不能让游戏变得更有趣。

4）性能上的满足，这点是必须的，再好的地图生成方法，如果需要玩家等太久才生成地图都是一个不好的体验，因此它的性能必须满足玩家的要求。

生成地图的具体步骤包括：

1）随机生成房间，保证房间之间不相互覆盖。

2）计算如何连接各个房间。

3）把房间之外的空地用迷宫填满，移除掉死胡同。

4）连接相连的迷宫和房间，增加少量连接。

首先是生成房间，这个过程需要注意的是要检查房间之间不相互重叠，每一个房间的生成过程包括随机生成房间左下角坐标和尺寸，判断重叠与否，创建房间。需要注意的是横纵方向个数要保证为奇数。

然后是生成迷宫，生成迷宫的过程可以抽象为树的生成，生成的过程为连接每一个节点。首先判断起点上下左右是否在一个方向有连接，不存在就需要将节点放入列表中，如果第一步完成后列表不为空，则将节点向列表中的某一个方向移动两格并将移动后的坐标压入栈中，重复第一步。如果列表为空，则弹出栈顶元素，直到栈为空时。对于每一个走廊的块，如果其四个方向中有 3 个为空，则把它删除，就可以移除死胡同了。

连接迷宫和房间，需要把每个区域联系起来，首先随机找到一个点，连通合并两个区域，然后删除 p 以外所有能连通两个区域的点，继续第一步，直到所有区域连通，为所有连通区域创建走廊，使所有房间可以连通。

13.1.3　地图生成算法的具体实现

在 Cocos Creator 中，把一个地图生成的脚本绑定在空节点上，这个空节点层就可以作为所谓的地图层，我们生成的地图数据可以在这个节点上绘制。值得一提的是，Cocos Creator 中去掉了层的概念，我们可以自己继续用节点延续这个概念。地图生成的入口从 onLoad 进入，首先初始化地图的数据，包括地图单元格的个数，每个单元格的宽高等，然后给横纵方向的房间数一个范围值，这个范围可以由你给定，也可以在开始时设置，初始化地图参数的代码部分，见代码清单 13-1。

代码清单13-1　地图参数初始化

```
//计算房间数量范围
calculateRoomSize(size, cell)
{
    var max = Math.floor((size/cell) * 0.8);
    var min = Math.floor((size/cell) * 0.25);
```

```
        if (min < 2) {
            min = 2;
        }
        if (max < 2) {
            max = 2;
        }
        return [min, max];
    },
    //初始化地图
    initMap()
    {
        //地图宽高的格子
        this._width = 96
        this._height = 64
        this._options = {
            cellWidth: 10,     //单元格宽
            cellHeight: 10,    //单元格高
            roomWidth: [2,10],//房间个数范围
            roomHeight: [2,7],//房间个数范围};
        if (!this._options.hasOwnProperty("roomWidth")) {
            this._options["roomWidth"] = this.calculateRoomSize(
                this._width, this._options["cellWidth"]);
        }
            if (!this._options.hasOwnProperty("roomHeight")) {
                this._options["roomHeight"]=this.calculateRoomSize(
                    this._height, this._options["cellHeight"]);
            }
    },
    //入口函数
    onLoad()
    {
            //初始化
            this.initMap()
            //地图生成
            this.mapGenerate()
            //绘制地图
            this.drawMap()
    },
```

地图生成主要根据如上三步进行，每一步都有一些需要注意的地方。当然，在做这些之前，首先需要进行地图数据的初始化，在这里首先初始化 map 数组，这是一个二维数组。用来存储最后地图表示的数据。首先把这个数组中的每一个值都初始化为 0，也就是所有的位置都是空地，然后初始化房间和房间联通的数组，见代码清单 13-2。

代码清单13-2 地图的初始化和生成步骤

```
    //设置map数值，初始化为一个值
    fillMap(value) {
        var map = [];
```

```
    for (var i = 0;i < this._width;i ++){
         map.push([]);
         for (var j = 0;j < this._height;j ++)
         {
             map[i].push(value);
        }
    }
    return map;
},
//初始化房间的数量
initRooms() {
    for (var i = 0; i < this._options.cellWidth; i++) {
         this.rooms.push([]);
         for(var j = 0; j < this._options.cellHeight; j++) {
             this.rooms[i].push({"x":0, "y":0, "width":0, "height":0,
             "connections":[], "cellx":i, "celly":j});
        }
    }
},
//地图生成过程
mapGenerate(){
    this.map = this.fillMap(0); //初始化地图数据
    this.rooms = [];             //房间
    this.connectedCells = [];    //连通的房间
    //初始化房间
    this.initRooms()
    //连接房间
    this.connectRooms()
    this.connectUnconnectedRooms()
    //创建房间
    this.createRooms()
    //创建走廊
    this.createCorridors()
 },
```

可以发现，在 initRooms 函数里，只是初始化了房间数组，并没有创建房间的数据。生成房间的过程从 connectRooms 开始，首先连接房间，然后遍历一下房间，看看有没有“被遗忘”的角落，一定要确保所有房间都是连通的，这样才能避免死角的出现，最后才生成房间的数据，调用 createRooms 生成房间数据，整个过程见代码清单 13-3。

代码清单13-3　生成房间和连通房间

```
//创建房间
createRooms() {
    var w = this._width;
    var h = this._height;

    var cw = this._options.cellWidth;
    var ch = this._options.cellHeight;

    var cwp = Math.floor(this._width / cw);
```

```
var chp = Math.floor(this._height / ch);
//房间属性
var roomw;
var roomh;
var roomWidth = this._options["roomWidth"];
var roomHeight = this._options["roomHeight"];
var sx;
var sy;
var otherRoom;
//遍历房间中每一个点
for (var i = 0; i < cw; i++) {
    for (var j = 0; j < ch; j++) {
         sx = cwp * i;
         sy = chp * j;

        if (sx == 0) {
            sx = 1;
        }
        if (sy == 0) {
            sy = 1;
        }
        //房间宽高，随机获得
        roomw = GlobalHandle.getRandomInt(roomWidth[0], roomWidth[1]);
        roomh = GlobalHandle.getRandomInt(roomHeight[0], roomHeight[1]);
        if (j > 0) {
            otherRoom = this.rooms[i][j-1];
            while (sy - (otherRoom["y"] + otherRoom["height"] ) < 3) {
                sy++;
            }
        }
        if (i > 0) {
            otherRoom = this.rooms[i-1][j];
            while(sx - (otherRoom["x"] + otherRoom["width"]) < 3) {
                sx++;
            }
        }
        var sxOffset = Math.round(GlobalHandle.getRandomInt(
        0, cwp - roomw)/2);
        var syOffset = Math.round(GlobalHandle.getRandomInt(
        0, chp - roomh)/2);

        while (sx + sxOffset + roomw >= w) {
            if(sxOffset) {
               sxOffset--;
            } else {
                roomw--;
            }
        }
        while (sy + syOffset + roomh >= h) {
            if(syOffset) {
```

```
                    syOffset--;
                } else {
                    roomh--;
                }
            }

            sx = sx + sxOffset;
            sy = sy + syOffset;

            this.rooms[i][j]["x"] = sx;
            this.rooms[i][j]["y"] = sy;
            this.rooms[i][j]["width"] = roomw;
            this.rooms[i][j]["height"] = roomh;

            //设置地图
            for (var ii = sx; ii < sx + roomw; ii++) {
                for (var jj = sy; jj < sy + roomh; jj++) {
                    this.map[ii][jj] = 1;
                }
            }
        }
    }
},
```

这部分代码量比较大，所以只展示 createRooms 的代码，这部分完成后，运行程序，你会发现“房间”已经生成好了，如图 13-1 所示。

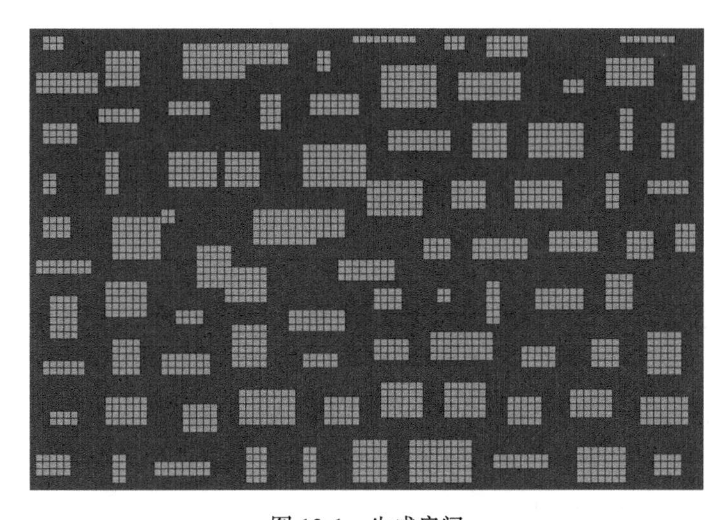

图 13-1　生成房间

如图 13-1 所示，小方块组成的即“房间”。可以发现，房间之间都互相独立，并不能互相连通，这就是后续我们要做的，即生成走廊。首先在数据上，参考之前生成的房间连通数据，生成走廊，随后在绘制走廊的函数里更新 map 数据，见代码清单 13-4。

代码清单13-4 生成走廊

```
//绘制走廊，设置map值
drawCorridor(startPosition, endPosition) {
    var xOffset = endPosition[0] - startPosition[0];
    var yOffset = endPosition[1] - startPosition[1];

    var xpos = startPosition[0];
    var ypos = startPosition[1];

    var tempDist;
    var xDir;
    var yDir;

    var move;
    var moves = [];

    var xAbs = Math.abs(xOffset);
    var yAbs = Math.abs(yOffset);

    var percent = Math.random();
    var firstHalf = percent;
    var secondHalf = 1 - percent;

    xDir = xOffset > 0 ? 2 : 6;
    yDir = yOffset > 0 ? 4 : 0;

    if (xAbs < yAbs) {
        tempDist = Math.ceil(yAbs * firstHalf);
        moves.push([yDir, tempDist]);
        moves.push([xDir, xAbs]);
        tempDist = Math.floor(yAbs * secondHalf);
        moves.push([yDir, tempDist]);
    } else {
        tempDist = Math.ceil(xAbs * firstHalf);
        moves.push([xDir, tempDist]);
        moves.push([yDir, yAbs]);
        tempDist = Math.floor(xAbs * secondHalf);
        moves.push([xDir, tempDist]);
    }

    this.map[xpos][ypos] = 2;

    while (moves.length > 0) {
        move = moves.pop();
        while (move[1] > 0) {
            xpos += GlobalHandle.DIRS[8][move[0]][0];
            ypos += GlobalHandle.DIRS[8][move[0]][1];
            this.map[xpos][ypos] = 2;
            move[1] = move[1] - 1;
        }
```

```
        }
    },
    createCorridors() {
        //创建走廊
        var cw = this._options.cellWidth;
        var ch = this._options.cellHeight;
        var room;
        var connection;
        var otherRoom;
        var wall;
        var otherWall;

        for (var i = 0; i < cw; i++) {
            for (var j = 0; j < ch; j++) {
                room = this.rooms[i][j];

                for (var k = 0; k < room["connections"].length; k++) {
                    connection = room["connections"][k];

                    otherRoom = this.rooms[connection[0]][connection[1]];
                    //获得墙体数量
                    if (otherRoom["cellx"] > room["cellx"]) {
                        wall = 2;
                        otherWall = 4;
                    } else if (otherRoom["cellx"] < room["cellx"]) {
                        wall = 4;
                        otherWall = 2;
                    } else if(otherRoom["celly"] > room["celly"]) {
                        wall = 3;
                        otherWall = 1;
                    } else if(otherRoom["celly"] < room["celly"]) {
                        wall = 1;
                        otherWall = 3;
                    }
                    this.drawCorridor(this.getWallPosition(room, wall),
                    this.getWallPosition(otherRoom, otherWall));
                }
            }
        }
    },
```

生成地图数据后，接下来的任务就是把这个地图绘制出来，在 drawMap 中绘制，根据 map 里每个元素值对应的不同类型渲染不同颜色的方块，见代码清单 13-5。

代码清单13-5　绘制地图

```
    //绘制地图
    drawMap()
    {
```

```
        for (var i = 0;i < this._width;i ++){
            for (var j = 0;j < this._height;j ++) {
                if(this.map[i][j] == 1){ //房间地图格
                    var ctx = this.mapLayer.getComponent(cc.Graphics)
                    ctx.fillColor.fromHEX('#FF0000');
                    ctx.rect((i) * this._options.cellWidth,(j) *
                    this._options.cellHeight,this._options.cellWidth,this._options.
                        cellHeight)
                    ctx.fill()
                    ctx.stroke()
                }
                else if(this.map[i][j] == 2){ //门口地图格
                    var ctx = this.mapLayer.getComponent(cc.Graphics)
                    ctx.fillColor.fromHEX('#7B68EE');
                    ctx.rect((i)  * this._options.cellWidth,(j)  * this._options.
                        cellHeight,this._options.cellWidth,this._options.cellHeight)
                    ctx.fill()
                }
                else if(this.map[i][j] == 3) {//走廊地图格
                    var ctx = this.mapLayer.getComponent(cc.Graphics)
                    ctx.fillColor.fromHEX('#00FF00');
                    ctx.rect((i)  * this._options.cellWidth,(j)  * this._options.
                        cellHeight,this._options.cellWidth,this._options.cellHeight)
                    ctx.fill()
                }
            }
        }
    },
```

生成后的地图显示如图 13-2 所示。

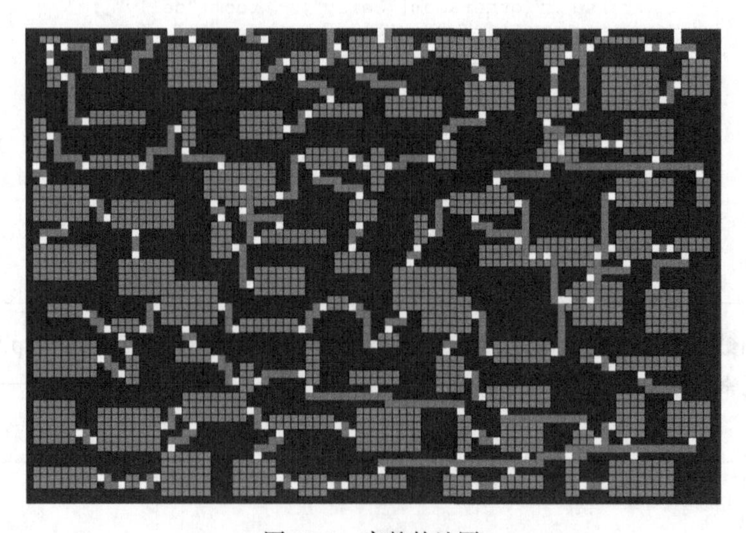

图 13-2　完整的地图

13.2　A 星算法

在游戏中让敌人运动起来是件很容易的事情，既可以采用设置坐标的位置的方法，又可以采用 Cocos 引擎特有的方法，但是有时需要让敌人聪明地动起来，就需要我们给敌人加上一些逻辑，比较著名的 AI 逻辑算法应该就是 A 星算法了，A 星搜索算法用来实现敌人的智能运动，比如敌人巡逻或者角色寻径，游戏中有很多场景需要使用这种算法。

13.2.1　启发式搜索算法原理

A 星算法在人工智能中是一种典型的启发式搜索算法，解决一个搜索问题的过程就是从开始位置点经过每一个过程位置点到目标位置点的过程，这些点构成了一个图的数据结构，这个图就是状态空间，在这些点中找到一条路径的过程就是状态空间搜索过程。

一般情况下，我们使用的状态空间搜索分为深度优先和广度优先两种搜索方式。广度优先是从初始点一层一层向下找，直到找到目标为止。深度优先是按照层的顺序先搜索完成一个分支，再搜索另一个分支，以至找到目标为止。当过程中的点过多的时候，无论是深度优先搜索还是广度优先搜索，都会使得搜索的效率降低，因此就需要使用启发式搜索算法。

启发式搜索就是在状态空间图中对每一个搜索的位置点进行评估，得到评估值更优的位置点，逐个对位置点评估直到目标。启发中的估价用估价函数表示：

$$f(n)=g(n)+h(n)$$

各函数表示的具体含义如下：

1）$f(n)$：节点 n 的估价函数。

2）$g(n)$：在状态空间中从初始位置点到第 n 个位置点的实际代价。

3）$h(n)$：从 n 到目标节点最佳路径的估计代价。

$h(n)$ 体现了搜索的启发信息。在启发式搜索中，对位置的估价，也就是 $h(n)$ 是十分重要的。

采用不同的估价可以有不同的搜索结果，这也是启发式搜索算法中最重要的部分。启发式搜索包括局部择优搜索法、最好优先搜索、A 星搜索等算法。

1）局部择优搜索法是在搜索的过程中的每一步选取最佳节点然后舍弃其他的兄弟节点和父亲节点，而一直搜索下去。因为求解的最佳节点只是在该步骤的时候的最佳并不一定是全局的最佳而没有回溯，因此最佳点有可能会在过程中被舍弃了。

2）最好优先搜索没有舍弃节点（死节点除外），在每一步的估价中都把当前的节点和以前的节点的估价值比较得到一个“最佳的节点”。这样可以有效地防止“最佳节点”的丢失。

3）A 星搜索在搜索的时候能够利用启发式信息，智能地调整搜索策略。

13.2.2　什么是 A 星搜索

A 星搜索是一种迭代的有序搜索，它维护一个状态空间的开放集合。在每次迭代的时候，A 星搜索使用一个评价函数 $f^*(n)$ 评价点集合中各个邻接点的状态，选择最小的代价，直到到达终点为止。定义如下：

$$f^*(n)=g^*(n)+h^*(n)$$

其中各函数表示的具体含义如下：

1）$g^*(n)$：从初始状态到第 n 个点的最短路径。

2）$h^*(n)$：从第 n 个点到目标点的估算代价，注意这个值并不是一个真实值，而是一个估计值。

3）$f^*(n)$：到目前这个迭代阶段估算的从初始点，经过第 n 个点到达目标点的预计值，将这个值与之前的迭代值比较，便可以得出第 n 个点是否应该在"最优路径"中，当迭代进行到目标点的时候，便可以得到一个"最优路径"。

总体来说，A 星算法的步骤就是从起始点开始迭代，下次迭代从目前点的周围点进行迭代，迭代到某一个点的时候，算出目前点的 $f^*(n)$ 和周围点的 $f^*(n)$，每次保留最小的 $f^*(n)$，也就是最小的耗散，不断迭代直到迭代到终点为止，也就是确定搜索区域，再开始搜索并评估 $f^*(n)$ 值，直到终点为止。

A 星算法伪代码见代码清单 13-6。

代码清单13-6　A星算法伪代码

```
AstarSearch（开始点，目标点）

    创建open列表；
    创建close列表；
    向open列表中添加开始点；
    while（open列表不为空）do
        n = min（open）
        向close列表中添加第n点；
        if(第n点是目标点)
            return 路径；
        foreach（第m点在全部点集合）
            next = 第m个点；
            if（m在close列表中）
                if（next.f() <之前列表中m点的f值）{
                    在close表删除之前的记录，在open列表中加入新的记录。
                }
            else
                在open列表中加入next点
```

搜索过程中设置两个表：

1）open 表保存了所有已生成而未考察的点。

2）close 列表中记录已访问过的节点。

A 星算法的每一步是根据估价函数 $f^*(h)$ 重排 open 列表。因此每一步只考虑 open 表中耗费最小的节点。

13.2.3　A 星算法在 JavaScript 中的实现

根据之前的介绍，程序的流程可以分为如下几步：

1）有一个 open 表，一个 close 表，open 表首先存储起点，然后由此出发。

2）把起点放入 close 列表，并检测这点周围点的 f 值（g+h，h 通过本点到终点的横纵索引差估计而来）。

3）把剩下的点放入 open 列表中，并根据 f 值进行堆排序。

4）把 f 值最小的点放入 close 列表中。

5）继续上面的循环，继续处理，直到找到终点为止。

当然，还要根据游戏做一些处理，例如处理地图中的碰撞等，我们要让人物绕过碰撞。

首先创建 A 星算法中每个节点的信息的类，这里叫 Node 类，Node 类代表每个节点的信息，该类的定义见代码清单 13-7。

代码清单13-7　Node类的定义

```
function Node(x, y, walkable) {
    this.x = x;
    this.y = y;
    this.f = 0;
    this.h = 0;
    this.g = 0;
    this.opened = false;
    this.closed = false;
    this.parent = null;
    this.walkable = (walkable == 0 ? false : true);
}

module.exports = Node;
```

Node 节点被管理在 Grid 类中，Grid 类存储着地图上所有的点，并封装了地图是否可以通过，以及获得相邻节点的数组的函数等，Grid 类的定义，见代码清单 13-8。

代码清单13-8　Grid类的实现

```
var Node = require('Node');
//通过的方式：Always：都可以通过；Never:
//IfAtMostOneObstacle：从不斜向；
//OnlyWhenNoObstacles：最多有一个障碍；没有障碍
var DiagonalMovement = {
    Always: 1,
    Never: 2,
    IfAtMostOneObstacle: 3,
    OnlyWhenNoObstacles: 4
};
//定义构造
function Grid(width, height, matrix) {
    this.width = width;
```

```
    this.height = height;
    this.nodes = this.buildNodes(width, height, matrix);
}
//创建数组
Grid.prototype.buildNodes = function(width, height, matrix) {
    var i, j,
        nodes = new Array(width);

    for (i = 0; i < width; ++i) {
        nodes[i] = new Array(height);
        for (j = 0; j < height; ++j) {
            nodes[i][j] = new Node(i, j, matrix[i][j]);
        }
    }
    return nodes;
}
//返回对应的节点
Grid.prototype.getNodeAt = function(x, y) {
    return this.nodes[x][y];
};
//是否可以行走
Grid.prototype.isWalkableAt = function(x, y) {
    return this.isInside(x, y) && this.nodes[x][y].walkable;
};
Grid.prototype.setWalkableAt = function(x, y, walkable) {
    this.nodes[x][y].walkable = walkable;
};
//是否在地图内
Grid.prototype.isInside = function(x, y) {
    return (x >= 0 && x < this.width) && (y >= 0 && y < this.height);
};
//获得相邻节点
Grid.prototype.getNeighbors = function(node, diagonalMovement) {
    var x = node.x,
        y = node.y,
        neighbors = [],
        //上下左右
        s0 = false, s1 = false,
        s2 = false, s3 = false,
        //斜方向
        d0 = false, d1 = false,
        d2 = false, d3 = false,
        nodes = this.nodes;
    // ↑
    if (this.isWalkableAt(x, y - 1)) {
        neighbors.push(nodes[x][y - 1]);
        s0 = true;
    }
    // →
    if (this.isWalkableAt(x + 1, y)) {
        neighbors.push(nodes[x + 1][y]);
```

```
        s1 = true;
    }
    // ↓
    if (this.isWalkableAt(x, y + 1)) {
        neighbors.push(nodes[x][y + 1]);
        s2 = true;
    }
    // ←
    if (this.isWalkableAt(x - 1, y)) {
        neighbors.push(nodes[x - 1][y]);
        s3 = true;
    }
    if (diagonalMovement === DiagonalMovement.Never) {
        return neighbors;
    }

    if (diagonalMovement === DiagonalMovement.OnlyWhenNoObstacles) {
        d0 = s3 && s0;
        d1 = s0 && s1;
        d2 = s1 && s2;
        d3 = s2 && s3;
    } else if (diagonalMovement === DiagonalMovement.IfAtMostOneObstacle) {
        d0 = s3 || s0;
        d1 = s0 || s1;
        d2 = s1 || s2;
        d3 = s2 || s3;
    } else if (diagonalMovement === DiagonalMovement.Always) {
        d0 = true;
        d1 = true;
        d2 = true;
        d3 = true;
    } else {
        throw new Error('Incorrect value of diagonalMovement');
    }

    // ↖
    if (d0 && this.isWalkableAt(x - 1, y - 1)) {
        neighbors.push(nodes[x - 1][y - 1]);
    }
    // ↗
    if (d1 && this.isWalkableAt(x + 1, y - 1)) {
        neighbors.push(nodes[x + 1][y - 1]);
    }
    // ↘
    if (d2 && this.isWalkableAt(x + 1, y + 1)) {
        neighbors.push(nodes[x + 1][y + 1]);
    }
    // ↙
    if (d3 && this.isWalkableAt(x - 1, y + 1)) {
        neighbors.push(nodes[x - 1][y + 1]);
    }
```

```
    return neighbors;
}

module.exports = Grid;
```

这个类主要负责存储地图的数据信息，并且方便A星搜索获得相邻节点的数组，可以选择获得相邻节点的方式，主要区别是是否考虑斜向的相邻节点。这里提供了四种选择方式：不考虑斜向的点；全部考虑斜向的点；没有阻挡才考虑这个点；有一个没有阻挡的就会考虑这个点。不同的类型有不同的处理方式，具体在getNeighbors函数中处理。

A星算法的具体实现绑定在一个节点AstarLayer上，然后为它创建一个脚本，在这个脚本中，首先启动生成地图的函数，然后初始化A星搜索的相关内容，见代码清单13-9。

代码清单13-9　A星初始化函数

```
//初始化
initAstarSearch(){
    this.grid = new Grid(this.mapObj._width,
                         this.mapObj._height,this.mapObj.map)

    //起点终点
    this.startGrid = this.mapObj.rooms[0][0]
    var endX = this.mapObj._options.cellWidth - 2
    var endY = this.mapObj._options.cellHeight - 2
    this.endGrid = this.mapObj.rooms[endX][endY]

    this.openList = []
    this.closeList = []
    this.path = []
    this.startNode =
        this.grid.getNodeAt(this.startGrid.x,this.startGrid.y)
    this.endNode   = this.grid.getNodeAt(this.endGrid.x,this.endGrid.y)

    //加上起点
    this.heuristic(this.startNode)
    this.addOpenList(this.startNode)
},
onLoad(){
    this.mapObj = this.mapLayer.getComponent("MapGen")
    //生成地图
    this.mapObj.startGameMap()
    //初始化a星
    this.initAstarSearch()
    //A星搜索
    this.astarSerch()
    //绘制路径
    this.drawPath()
},
```

初始化 A 星的函数包括初始化 open 列表和 close 列表等，然后将起点加入 open 列表中，要为它计算估值 h，需要通过 heuristic 函数，见代码清单 13-10。

代码清单13-10 函数heuristic的实现

```
//估值函数
heuristic(node){
    node.h = Math.abs(this.endGrid.x - node.x)
        + Math.abs(this.endGrid.y - node.y)
    return node.h
},
//放入open列表
addOpenList(node){
    node.opened = true
    this.openList.push(node)
},

//删除open列表
popOpenList(){
    var node = this.openList.pop()
    //node.opened = false
    return node
},

//放入close
addClosed(node){
    node.closed = true
    this.closeList.push(node)
},

//删除close
removeClosed(node){
    node.closed = false
},
```

A 星算法的入口函数 astarSerch 见代码清单 13-11。

代码清单13-11 函数astarSerch的实现

```
//获得路径
getPath(node){
    this.path = []
    while(node.parent != null)
    {
        this.path.push(node.parent)
        node = node.parent
    }
},

//A星搜索
astarSerch(){
```

```
    var endX = this.endGrid.x
    var endY = this.endGrid.y
    while (this.openList.length != 0){
        var node = this.popOpenList()
        this.addClosed(this.grid.getNodeAt(node.x,node.y))

        if (node.x == this.endGrid.x && node.y == this.endGrid.y){
            this.getPath(node)
            return
        }
        var neighbors = this.grid.getNeighbors(node,4)

        //遍历邻居节点
        for (i = 0, l = neighbors.length; i < l; ++i) {
            var neighbor = neighbors[i];

            if(neighbor.closed){
                continue;
            }

            var x = neighbor.x
            var y = neighbor.y

            var ng = node.g + ((x - node.x == 0 || y - node.y == 0) ? 1 : 1.414);
            if(!neighbor.opened || ng < neighbor.g) {
                neighbor.g = ng
                neighbor.h = neighbor.h || Math.abs(x - endX) + Math.abs(y - endY)
                neighbor.f = neighbor.g + neighbor.h;
                neighbor.parent = node

                if (!neighbor.opened) {
                    this.addOpenList(neighbor)
                } else {
                    for(j = 0; j < this.openList.length;j ++)
                    {
                        if(neighbor.x == this.openList[j].x &&
                            neighbor.y == this.openList[j].y)
                        {
                            this.openList[j].g = neighbor.g
                            this.openList[j].h = neighbor.h
                            this.openList[j].f = neighbor.f
                        }
                    }
                }
                //排序
                var compare = function (node1, node2){
                    if (node1.f < node1.f){
                        return 1;
                    }else if(node1.f > node1.f){
                        return -1;
                    } else {
```

```
                        return 0;
                    }
                }
            }
        }
    },
```

getPath 函数将整个路径放入到 path 数组中，返回整个路径。

A 星算法的逻辑部分基本完成。任何一个算法要在游戏开发过程中使用，需要有特定的场景，这里设定一个简单的场景：就是利用之前的地图生成算法生成一个地图，然后将第一个房间设置为起点，最后一个房间设置为终点，然后在程序会调用 A 星搜索算法来计算出一个路径。整个程序的运行效果如图 13-3 所示。

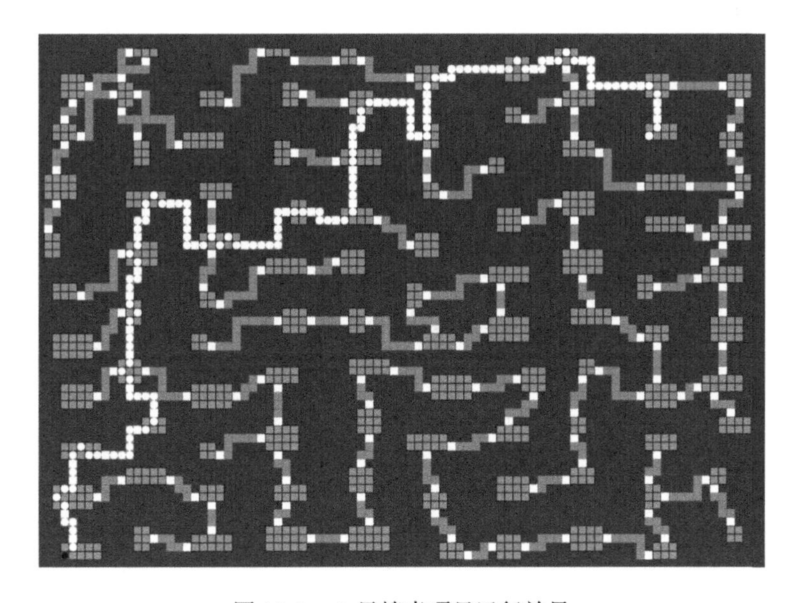

图 13-3　A 星搜索项目运行效果

13.2.4　跳点搜索

制作算法的工作内容，除了设计和制作以外，一项最重要的工作就是算法的优化。作为一个算法，永远是只有更好，没有最好，总会有针对特定的游戏的规则来优化的算法。要优化一个算法，首先要了解这个算法，然后找出可以优化的点。A 星算法的目的是找到较优的从单个起始点到目标节点的路径，它是一个启发式搜索算法，从起点开始，寻找每个点的相邻节点，并从节点再次出发，同样寻找它的可行的相邻节点，每次根据估计路径值和已经确定的路径值的和来判断选择哪个相邻的节点，这样一来，其实这个搜索的过程就会基本上遍历所有的点，那有没有可能减少遍历的节点，从而提高寻路优化算法的效率呢？

跳点搜索（Jump Point Search，JSP）通过利用网格的规律性改进了A星算法。使用A星算法不需要搜索所有可能的路径，因为已知所有路径具有相同的成本。相似地，网格中的大多数节点其实不应该存储在open或close列表中。所以跳点搜索算法可以花费更少的时间来更新打开和关闭的列表。即使这个算法可能搜索较大的区域，整体效率仍可能会更好。

基本搜索算法见代码清单13-12。

代码清单13-12　函数astarJumpSerch的实现

```
//跳点搜索
astarJumpSearch(){
    var endX = this.endGrid.x
    var endY = this.endGrid.y
    while (this.openList.length != 0){
        var node = this.popOpenList()
        this.addClosed(this.grid.getNodeAt(node.x,node.y))

        if (node.x == this.endGrid.x && node.y == this.endGrid.y){
            this.getPath(node)
            return
        }
        var neighbors = this.grid.getNeighbors(node,4)
        //遍历邻居节点
        for (i = 0, l = neighbors.length; i < l; ++i) {
            var neighbor = neighbors[i];

            if(neighbor.closed){
                continue;
            }
            //跳点搜索
            var jumpPoint = this.jumpSearch(neighbor.x,
            neighbor.y, node.x, node.y);

            //找到了可以移动的点
            if (jumpPoint) {

                var jx = jumpPoint[0];
                var jy = jumpPoint[1];
                var jumpNode = this.grid.getNodeAt(jx, jy);

                //将跳点搜索返回的点加入到close列表中
                if (jumpNode.closed) {
                    continue;
                }

                //计算估值，根据两点间实际距离来计算
                var  d = GlobalHandle.octile(Math.abs(jx - node.x),
                Math.abs(jy - node.y));
                var ng = node.g + d;
```

```
                if (!jumpNode.opened || ng < jumpNode.g) {
                    jumpNode.g = ng;
                    jumpNode.h = jumpNode.h ||
                    this.heuristic(jumpNode);
                    jumpNode.f = jumpNode.g + jumpNode.h;
                    jumpNode.parent = node;

                    //加入到open列表中
                    if (!jumpNode.opened) {
                        this.addOpenList(jumpNode)
                    } else {
                        //若已经在open列表中，那么更新其中的值
                        for(j = 0; j < this.openList.length;j ++)
                        {
                            if(neighbor.x == this.openList[j].x &&
                                neighbor.y == this.openList[j].y)
                            {
                                this.openList[j].g = neighbor.g
                                this.openList[j].h = neighbor.h
                                this.openList[j].f = neighbor.f
                            }
                        }
                    }

                    //根据f值做排序
                    var compare = function (node1, node2){
                        if (node1.f < node1.f){
                            return 1;
                        }else if(node1.f > node1.f){
                            return -1;
                        } else {
                            return 0;
                        }
                    }
                    this.openList.sort(compare)
                }
            }
        }
    }
},
```

跳点搜索的基本过程和 A 星算法类似，跳点搜索算法基于 A 星算法，唯一不同的地方就是对于相邻节点的遍历，当寻找到相邻节点时，并不急于先把相邻的节点加入到开闭列表中，而是沿着相邻节点的方向继续“前进”，直到遇到阻挡，也就是说，走直线的部分不用计入到搜索算法的考虑中，这部分运算就被节省了下来。

具体的实现上，跳点搜索使用了递归的调用方法，首先检测某个点是否可以通过，然后沿着这个点的方向继续调用跳点搜索的函数，直到到达终点，或者到达障碍的点，具体实现函数见代码清单 13-13。

代码清单13-13 函数jumpSearch的实现

```
//跳点函数的实现
jumpSearch(x, y, px, py){
    var grid = this.grid,
    dx = x - px, dy = y - py;

    //相邻点是否可行
    if (!this.grid.isWalkableAt(x, y)) {
        return null;
    }

    //已经被检测过了
    this.grid.getNodeAt(x, y).tested = true;

    //到达终点
    if (x == this.endGrid.x && y == this.endGrid.y){
        return [x, y];
    }

    //递归“前进”
    if (dx !== 0 && dy !== 0) {
        if (this.jumpSearch(x + dx, y, x, y) || this.jumpSearch(x, y + dy, x, y)) {
            return [x, y];
        }
    }else {

        //左右方向扫描
        if (dx !== 0) {
            if ((this.grid.isWalkableAt(x, y - 1)
                 && !this.grid.isWalkableAt(x - dx, y - 1)) ||
                (this.grid.isWalkableAt(x, y + 1)
                 && !this.grid.isWalkableAt(x - dx, y + 1))) {
                return [x, y];
            }
        }

        //上下方向扫描
        else if (dy !== 0) {
            if ((this.grid.isWalkableAt(x - 1, y)
                && !this.grid.isWalkableAt(x - 1, y - dy)) ||
                (this.grid.isWalkableAt(x + 1, y)
                && !this.grid.isWalkableAt(x + 1, y - dy))) {
                return [x, y];
            }
        }
    }

    //斜向继续递归前进
```

```
        if (this.grid.isWalkableAt(x + dx, y)
           && this.grid.isWalkableAt(x, y + dy)) {
           return this.jumpSearch(x + dx, y + dy, x, y);
        } else {
            return null;
        }
    },
```

正如在实现函数中的过程，首先判断一下这个点是否可以通过，然后递归地遍历该方向的点，搜索的结果如图 13-4 所示。可以发现，直线移动的点几乎都被省略掉了，减少遍历的节点数量，也就减少了 open 列表的个数，相应的，open 列表的遍历效率也会提高，open 排序算法涉及的元素的个数也会相应减少，这样一来，跳点搜索节省开销的目的也就达到了。

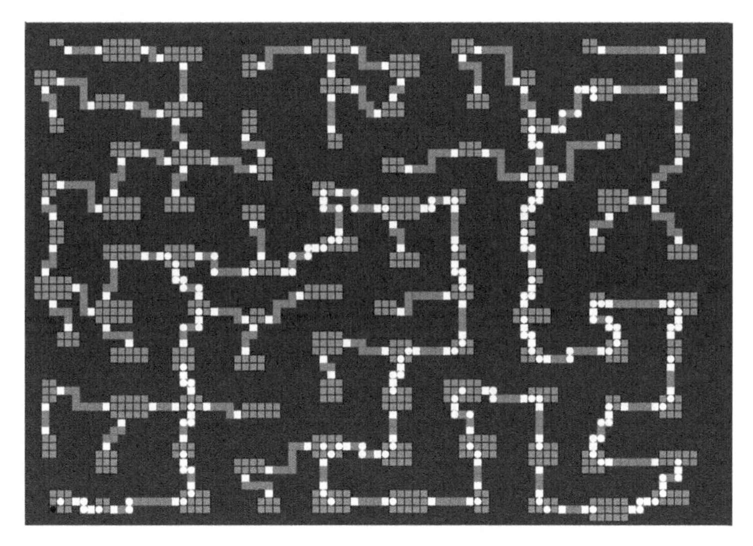

图 13-4　跳点搜索项目运行效果

跳点搜索的本质思想与 A 星搜索类似，算法的基本过程也与 A 星算法一致，但跳点搜索的思路可以帮我们更好地理解算法的优化技巧。

13.3　本章小结

本章介绍了游戏开发中的地图算法，无论是角色扮演游戏还是策略类游戏，地图都占据着重要的位置，所以基于地图的各种开发技巧对于游戏开发者来说也十分重要，本章首先介绍了基于 Roguelike 游戏的地图生成算法，这个地图实际上是一个迷宫，这个生成地图迷宫的算法可以根据我们定义的参数自行调整生成的迷宫参数，比如房间大小等；除了地图生成以外，另一个重要的地图算法就是寻路算法，本章介绍了 A 星搜索算法，它被广泛用于游戏中的地图寻路功能，是一个启发式搜索算法，通过每个点到终点的估值来选出最优的路径。最后介绍了一个A星优化算法——跳点搜索，它基于A星搜索，并在A星的基础上进行了优化，从而可以遍历更少的节点，得出更优的路径。

仅仅一章内容无法涵盖游戏的全部算法，而且针对不同的游戏，有不同的算法开发需求，一般而言，用于一个游戏的算法很难普遍用于其他游戏，所以对于游戏开发者来说，最重要的是学会解决问题的方法和思路，从而可以针对你自己的游戏开发更优的算法。

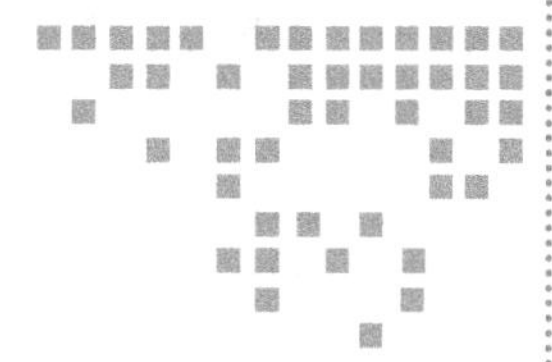

第 14 章 Chapter 14

Cocos Creator 的扩展

游戏引擎分为两种：代码框架类和编辑器类。所谓代码框架类，就是类似 Cocos2D-X，这类游戏引擎主要采用代码的方式驱动，大部分的游戏开发工作集中在代码的开发上；另一种是类似于 Cocos Creator 这样的编辑器类游戏引擎，这类游戏引擎，大部分开发工作都集中在编辑器中，游戏逻辑以脚本组件的方式驱动，这样的游戏引擎没有一个固定的代码框架，整个游戏的启动方式、底层架构对于开发者来说都是黑盒。这两类游戏引擎各有优劣，也分别适应不同的开发场景、开发需求和开发者水平。一般而言，对于快速开发来说，选择编辑器类可以更轻松地开发，让开发者将更多精力集中在游戏本身内容的创造上，而对于代码框架类来说，它的优势在于更强的可扩展性，针对你的需求，可以修改底层代码，甚至架构来满足需求。

那么有没有折中的方法呢，使我们既可以获得编辑器引擎的便捷和所见即所得，又可以兼顾引擎的可扩展性，让引擎更好地满足我们的游戏开发需求。Cocos Creator 提供了引擎扩展接口，可以使用 Electron 开发扩展包的方式扩展引擎，本章就来介绍如何扩展现有的 Cocos Creator 编辑器和引擎。

14.1 第一个扩展包

对于一个编辑器类的游戏引擎来说，如何对引擎进行扩展升级是一个重要的课题，由于编辑器类引擎无法像代码框架类引擎一样根据自己的需求在代码层进行修改和扩展，所以编辑器游戏引擎需要提供可以扩展的接口，我们可以使用开发扩展包的方式进行引擎的扩展，使引擎满足我们的需求。

Cocos Creator 提供了一系列方法来让用户定制和扩展编辑器的功能。这些扩展以包的形式进行加载。用户通过将自己或第三方开发的扩展包安装到正确的路径进行扩展的加载，根据扩展功能的不同，有时可能会要求用户手动刷新窗口或者重新启动编辑器来完成扩展包的初始化，Cocos Creator 的扩展包沿用了 Node.js 的包设计方式，通过 package.json 描述文件来定义扩展包的内容和注册信息。

14.1.1 Node.js 的 package.json

Cocos Creator 是使用 Electron 开发的编辑器引擎。Electron 于 2013 年作为构建 GitHub 上可编程的文本编辑器 Atom 的框架而被开发出来。这两个项目于 2014 春天被开源。它由 GitHub 开发，是一个用 HTML、CSS 和 JavaScript 来构建跨平台桌面应用程序的一个开源库。 Electron 通过将 Chromium 和 Node.js 合并到同一个运行时环境中，并将其打包为 Mac、Windows 和 Linux 系统下的应用来实现跨平台的目的，目前它已成为开源开发者、初创企业和老牌公司常用的开发工具，要了解 Electron 相关的开发和扩展，就需要首先了解 Node.js。

Node.js 是一个 JavaScript 运行时环境，发布于 2009 年 5 月，由 Ryan Dahl 开发，实质是对 Chrome V8 引擎进行了封装。Chrome V8 引擎执行 JavaScript 的速度非常快，性能非常好。Node.js 是一个基于 Chrome JavaScript 运行时建立的平台，用于方便地搭建响应速度快、易于扩展的网络应用。Node.js 使用事件驱动、非阻塞 I/O 模型而得以轻量和高效，非常适合在分布式设备上运行数据密集型的实时应用。

NPM 是随同 Node.js 一起安装的包管理工具，能解决 Node.js 在代码部署上的很多问题，它是 JavaScript 的包管理工具，并且是 Node.js 平台的默认包管理工具。通过 NPM 可以安装、共享、分发代码，管理项目依赖关系。常见的使用场景有：

1）用户从 NPM 服务器下载别人编写的第三方包到本地使用。

2）用户从 NPM 服务器下载并安装别人编写的命令行程序到本地使用。

3）用户将自己编写的包或命令行程序上传到 NPM 服务器供别人使用。

在程序开发中常常需要使用和依赖别人的框架，这些复用的框架被称为包（package）或者模块（module），一个包可能会有很多文件，分散在各处，通常会按照每个文件负责的能力进行划分，NPM 允许我们发布和下载一些 JavaScript 的公用文件，NPM 的官方网站是：https://www.npmjs.com/。

package.json 是一个描述文件，它描述了项目依赖的外部包，它允许我们使用“语义化版本规则”指明项目依赖包的版本，从而使得构建可以更好地被重用。

package.json 中至少包含两个部分：包名称“ name”和版本号“ version”，除此之外，还可以有其他字段，可以记录一些扩展的包的消息，包括描述信息、入口文件名和作者信息等，见代码清单 14-1。

代码清单14-1 package.json

```
{
    //包名称
```

```
    "name": "test-demo-package",

    //版本号
    "version": "1.0.0",

    //描述信息，有助于搜索
    "description": "a test project",

    //入口文件，一般都是 index.js
    "main": "index.js",

   //支持的脚本，默认是一个空的test
    "scripts": {
        "serve": "serve -p 8080"
    },

    //关键字，有助于使用npm search搜索时发现你的项目
    "keywords": [
        "test"
    ],

    //作者
    "author": "test@hzbook.com",

    //证书，默认是MIT
    "license": "MIT",

    //在开发、测试环境中用到的依赖
    "devDependencies": {
        "serve": "^1.4.0",
    },
    //在生产环境中需要用到的依赖
    "dependencies": {
        "weex-html5": "^0.3.2",
    }
}
```

其中“name”要求全部是小写，且没有空格，可以包含下划线或者横线，“version”符合“x.x.x”格式，符合“语义化版本规则”，所谓“语义化版本规则”，就是“x.x.x”的版本格式，三个数字分别描述了“大版本”号、“小版本”号和补丁版本号，按照提供者的版本规范，NPM 包使用者就可以针对自己的需要填写依赖包的版本规则，可以在 package.json 文件中写明可以接受这个包的更新程度。

需要说明的是，如果 package.json 中没有 description 信息，NPM 将使用项目中的项目描述文件 README.md 的第一行作为描述信息。这个描述信息有助于别人搜索你的项目，并了解你的项目的具体功能等信息。

14.1.2 Cocos Creator 的第一个扩展包——Hello World

了解了 NPM 扩展包的原理之后，就可以开始创建第一个在 Cocos Creator 中使用的扩展包——Hello World。

首先创建一个空的文件夹“HelloWorld”，然后在其中创建 main.js 和 package.json 两个文本文件，基本结构如图 14-1 所示。

图 14-1 HelloWorld 包结构

创建完成的包可以放到对应的文件夹下，可以放到应用的文件夹下，也可以放到具体项目的文件夹下。

1）Mac 系统路径：应用所在目录 /Cocos Creator/packages。

2）Windows 系统路径：User\${ 用户名 }\Cocos Creator\packages。

3）项目路径：${ 项目路径 }/ packages。

正如之前 NPM 介绍所述，package.json 用来描述包的用途，通过这个文件，Cocos Creator 可以知道这个包具体扩展的功能是什么，从而可以保证包的正确下载，但是需要说明的是，NPM 的包和 Cocos Creator 还是不同的，从 NPM 社区中下载的包，并不能直接放入 Cocos Creator 中变成插件。Cocos Creator 的扩展包的配置文件 package.json 的内容见代码清单 14-2。

代码清单14-2 Cocos Creator的package.json

```
{
    "name": "HelloWorld",
    "version": "1.0.1",
    "description": "测试扩展包",
    "author": "Cocos Creator",
    "main": "main.js",
    "main-menu": {
        "Packages/HelloWorld": {
            "message": "Hello-World"
        }
    }
}
```

各个字段的定义和 NPM 中的类似，也是除了“ name”和“ version”以外，其余的字段都是可选的。

main.js 是程序的入口文件，见代码清单 14-3。

代码清单14-3 main.js入口程序

```
'use strict';
```

```
module.exports = {
    load () {
        //加载完成时回调
    },

    unload () {
        //卸载完成回调
    },

    messages: {
        'Hello-World' () {
            Editor.log('Hello World!');
        }
    },
};
```

main.js 会在 Cocos Creator 主进程中被加载，加载成功后，load 回调函数会被调用，当扩展被卸载时，unload 函数就会被调用。另外入口函数需要声明 messages 字段。它是进程间通信的回调函数，在 Cocos Creator 中，主窗口是渲染窗口，当界面需要操作时，就会通过进程间通信完成相应的需求。

打开你的项目，在扩展一栏中就可以看到你新建的这个扩展，如图 14-2 所示。

图 14-2 HelloWorld 扩展

点击对应的选项就可以调用定义好的函数，可以在这个函数中实现对应的编辑器扩展逻辑。

14.1.3 进程间通信——IPC

Cocos Creator 是基于 Electron 框架进行开发的，Electron 是一个集成了 Node.js 和 Chromimu 的跨平台开发框架。在 Electron 的架构设计中，每个应用程序由主进程和渲染进程组成，它的主进程负责管理平台相关的调度逻辑，如窗口的开启关闭、菜单选项、对话框等。而每一个新开启的窗口就是一个独立的渲染进程，也就是说，Electron 的主进程相当于一个 Node.js 服务端程序，而每一个窗口则相当于一个客户端网页程序。在 Electron 中，每个进程独立享有自己的 JavaScript 逻辑，彼此之间无法直接访问。当需要在进程之间传递数据时，就需要使用进程间通信（Inter-Process Communication，IPC）。

Cocos Creator 采用 Electron 开发，所以它的设计也采用这种方式，当程序开始运行时，许多服务包括资源数据库、脚本编译器和打包工具等在主进程中开启，然后主界面就是主渲染进程，如果在主界面上点击任意菜单选项，则调用 IPC 来完成请求。

所谓 IPC，本质上就是在一个进程中发消息，然后在另外一个进程中监听消息的过程。Electron 为开发者提供了进程间通信对应的模块——ipcMain 和 ipcRenderer 来帮助我们完成这个任务。由于这两个模块仅完成了非常基本的通信功能，并不能满足编辑器、插件面板与主进程之间的通信需求，所以 Cocos Creator 在这之上又进行了封装，扩展了进程间消息收发的方法，方便插件开发者和编辑器开发者制作更多复杂情景。

IPC 的消息名称就是字符串，可以自由进行命名，但是 Cocos Creator 建议开发者以如下两个方式命名：

```
//模块名-消息名
'module-name:action-name'

//包名-消息名
'package-name:action-name'
```

可以自己定义 IPC 消息，也可以编辑编辑器内部的消息。Cocos Creator 中的一些内置的组件和插件，在对应的操作下，会产生一些消息，见表 14-1。

表 14-1 Cocos Creator 内置消息名

状态（值）	描 述
asset-db:assets-created	新建文件消息
asset-db:assets-moved	文件夹内文件被移动消息
asset-db:assets-deleted	文件被删除消息
asset-db:asset-changed	文件被修改消息
asset-db:script-import-failed	脚本导入错误消息
scene:enter-prefab-edit-mode	预设体进入编辑状态
scene:reloading	场景刷新消息
scene:ready	场景准备完成消息
builder:state-changed	编译状态更新消息
builder:query-build-options	查看构建选项消息

内置的 Panel 也会监听一些公用的消息，可以通过代码创建消息并把消息传给对应的场景，见代码清单 14-4。

代码清单14-4 Panel监听的消息

```
//编辑器内打开一个场景
Editor.Ipc.sendToPanel('scene', 'scene:new-scene');

//使用界面上当前选中的预览设备来进行预览
Editor.Ipc.sendToPanel('scene', 'scene:play-on-device');


//查询当前场景层级数据
Editor.Ipc.sendToPanel('scene', 'scene:query-hierarchy', (error, sceneID, hierarchy)
    => {
});

//获得含有这个组件的节点数组
Editor.Ipc.sendToPanel('scene', 'scene:query-nodes-by-comp-name', 'cc.Sprite',
    (error, nodes) => {
```

```
});

//查询这个节点的dump数据。dump数据是一个字符串，需要使用JSON手动转成对象使用
Editor.Ipc.sendToPanel('scene', 'scene:query-node', '9608cbWFmVIM7m6hasLXYV7',
    (error, dump) => {
});

//查询的节点的基本信息
Editor.Ipc.sendToPanel('scene', 'scene:query-node-info', '9608cbWFmVIM7m6hasLXYV7',
    'cc.Node', (error, info) => {
});

//查询这个节点上所有组件内的函数
Editor.Ipc.sendToPanel('scene', 'scene:query-node-functions', '9608cbWFmVIM7m6hasLXYV7',
    (error, functions) => {
});

//查找最近的动画根节点。并返回这个节点的dump数据
Editor.Ipc.sendToPanel('scene', 'scene:query-animation-node', '9608cbWFmVIM7m6hasLXYV7',
    (error, dump) => {
});
```

14.2　深入开发扩展

由于 Cocos Creator 采用的 Electron 框架集成了 Node.js 和 Chromimu，而无论是 Chromium 还是 Node.js，如果单独展开介绍都会比较复杂。这其实就是手机游戏开发的特点，它涉及的技术面比较广，每一样技术都可以研究得很深入，这就对开发者提出了更高的要求，知其然是一个层次，知其所以然就上升了一个高度，本节就继续以 Cocos Creator 的扩展开发为主线，深入的介绍扩展插件如何开发。

14.2.1　入口程序

在 package.json 中，可以为每一个扩展插件制定一个 JavaScript 入口程序，入口程序在 Cocos Creator 的主进程中被调用，它的主要作用包括：

1）初始化整个扩展。

2）执行包括文件 IO、服务器逻辑等后台操作程序。

3）调用 Cocos Creator 主进程的方法。

4）控制扩展面板的开启和关闭，响应主菜单或其他面板发来的消息。

入口程序示例见代码清单 14-5。

代码清单14-5　Cocos Creator扩展程序入口示例

```
//程序入口示例
'use strict';
```

```
module.exports = {
    load () {
        console.log('package loaded');
    },

    unload () {
        console.log('package unloaded');
    },
};
```

与游戏项目类似，Cocos Creator 的扩展程序入口也要包含生命周期函数，Cocos Creator 扩展程序的生命周期函数包括 load 和 unload 两个，load 函数在扩展包被正确载入时，将会被执行，在这个函数内会做一些初始化的操作，unload 函数会在最后阶段卸载扩展包，在这里可以做一些扩展包卸载前的清理操作。

需要注意的是，Cocos Creator 扩展程序支持编辑器运行时动态地创建和删除，所以要注意如果扩展包依赖编辑器其他模块的特定工作状态时，必须在 load 和 unload 里进行妥善处理。如果插件的动态加载和卸载导致其他模块工作异常时，扩展包的用户总是可以选择关闭编辑器后重新启动。

14.2.2 为扩展包开发相应的功能

一般情况下，开发 Cocos Creator 的扩展包，都是为了扩展编辑器的功能，有一些插件不需要和用户进行交互，比如创建一个文件夹等，有些则需要调出某个界面获得用户输入，进而进行一些对应的操作，本节就分别介绍这两种模式。

如果开发的 Cocos Creator 的扩展包不需要用户的任何输入，只需要在入口程序的 load 函数中完成相应的逻辑开发即可。

创建文件夹扩展项目代码见代码清单 14-6。

代码清单14-6 Cocos Creator扩展程序——创建文件夹

```
//程序入口main.js
//在项目根目录自动创建指定文件夹
module.exports = {
    load () {
        let fs = require('fs');
        let path = require('path');
        fs.mkdirSync(path.join(Editor.projectPath, 'myNewFolder'));
        Editor.success('New folder created!');
    }
}
```

关于这种工作模式，更推荐的变体是将执行工作的逻辑放在菜单命令后触发。首先需要在 package.json 里定义“main-menu”字段和选择菜单项后触发的 IPC 消息，之后就可以在入口程序里监听这个消息并开始实际的扩展的逻辑。扩展程序中可以通过 Editor 的 API

调用编辑器主进程中的相应的功能，比如 Editor.log 和 Editor.success 等接口。

除了可以在入口程序中执行 Node.js 所有的标准接口，扩展程序还可以打开编辑器面板、窗口，并通过 IPC 消息在主进程的入口程序和渲染进程的编辑器面板间进行通信，通过编辑器面板和用户进行交互，获得用户的输入，并在相关的进程中完成业务逻辑的处理。见代码清单 14-7。

代码清单14-7　Cocos Creator扩展程序-打开自定义界面

```
//打开自定义界面
messages: {
    'open' (){

        //打开在package.json中定义好的界面
        Editor.Panel.open('testUI');
    }
}
```

其中 testUI 是自定义的界面名称，在单面板的扩展程序中，这个面板名称和扩展包名是一致的。用户可以通过 package.json 里的 panel 字段声明自定义的编辑器面板。启动面板后，在面板中就需要通过 IPC 传递消息。

14.2.3　扩展主菜单

在 Cocos Creator 中，基本功能都集中在主菜单中，要扩展编辑器的功能，就需要自由扩展主菜单，Cocos Creator 中就提供了这种功能。扩展主菜单的方式就是在 package.json 中的“main-menu”字段里，加入自己定义的菜单路径和菜单设置选项，配置示例见如下代码。

```
{
    "main-menu": {

        "Examples/Test": {
            "message": "my-package:test"
        }
    }
}
```

示例中，我们通过配置菜单路径，在主菜单 Example 中加入 Test 选项，点击这个选项，会将定义在其 message 字段中的 IPC 消息发送到主进程中。

菜单路径采用 POSIX 路径格式，所谓 POSIX，即可移植性操作系统接口，是一种关于信息技术的 IEEE 标准。它包括了系统应用程序接口以及实时扩展。该标准定义了标准的基于 UNIX 操作系统的系统接口和环境来支持源代码级的可移植性。POSIX 路径采用“/”作为分隔符，在主菜单注册过程中，Cocos Creator 会根据路径一级一级往下寻找子菜单项，如果在寻找路径中没有找到对应的子菜单，就会在对应的路径中进行创建，直到最后一级菜单，将被当作菜单项加入。

需要注意的是，如果注册的菜单项已经存在，当扩展包和其他扩展包菜单注册路径相同的时候，就会发生冲突。另外如果优先注册了一份菜单路径，比如"Example/Test"，而第二个注册的菜单路径为一个分级子菜单，比如"Example/Test/Test"，由于上一次的注册已经将"Test"的类型定义为菜单选项，所以会导致注册失败，为了避免用户安装多个插件时，插件任意注册菜单项，导致冲突，推荐所有编辑器扩展插件的菜单都放在统一的菜单分类里，并以插件包名对不同插件的菜单项进行划分。插件专用的菜单分类路径是"i18n:MAIN_MENU.package"，"i18n:MAIN_MENU.package"是多语言专用的路径表示方法，然后在二级菜单中标明包名即可区分了。

14.2.4 扩展编辑面板

简单的扩展只包含逻辑，只需要给用户一个扩展开始的开关菜单按钮就可以，对于复杂的扩展，需要用户提供一些信息，这就需要定义一个面板窗口作为编辑器的界面，与用户进行交互。

可以在 package.json 文件中定义 panel 字段，来定义对应的 UI，见代码清单 14-8。

代码清单14-8 定义一个界面

```
{
    "name": "HelloWorld",
    "version": "1.0.1",
    "description": "测试扩展包",
    "author": "Cocos Creator",
    "main": "main.js",
    "main-menu": {
        "Packages/HelloWorld": {
            "message": "Hello-World"
        }
    },
    //测试面板
    "panel":{
        "main": "panel/index.js", //扩展包在渲染进程的入口
        "type": "dockable",       //类型
        "title": "Panel Example", //标题
        "width": 300,             //窗口宽
        "height": 300             //窗口高
    }
}
```

其中"main"定义的是扩展包在渲染进程的入口，和入口程序的概念类似。另外需要说明的是"type"字段表示的是编辑器类型：

1）dockable：定义一个可停靠面板，所谓可停靠面板，即打开该面板后，可以通过拖拽面板标签到编辑器里，实现扩展面板嵌入到编辑器中。

2）simple：简单 Web 面板，不可停靠到编辑器主窗口，相当于一份通用的 HTML 前端页面。

“ index.js” 为入口程序，通过在入口程序中调用 Editor.panel.extend 函数来注册面板，见代码清单 14-9。

代码清单14-9　入口程序

```
Editor.Panel.extend({
    //定义样式
    style:":host { margin: 5px; }
        h2 { color: #f90; }",

    template:'<h2>标准面板</h2>
        <ui-button id="btn">点击</ui-button>
        <hr />
        <div>状态: <span id="label">--</span></div>',
    //定义面板样式
    $: {
        btn: '#btn',
        label: '#label',
    },

    //处理回调和逻辑
    ready () {
        this.$btn.addEventListener('confirm', () => {
            this.$label.innerText = '你好';
            setTimeout(() => {
                this.$label.innerText = '--';
            }, 500);
        });
    },
});
```

Editor.panel.extend 传入的参数是一个包含特定字段的对象，描述面板的外观和功能，其中 “ style” 定义样式，“ template” 定义具体的面板，通过定义选择器 “ $” 获得面板元素，“ready” 初始化回调函数，对面板元素的事件进行注册和处理。

Cocos Creator 的面板界面采用 HTML5 标准编写，可以为界面指定 HTML 模板和 CSS 样式，然后对界面元素绑定消息编写逻辑和交互代码。除此之外，Cocos Creator 还开发了一套内置的 UI Kit 元素，这套 UI 组件都以 “ui” 开头，提供了丰富的功能。

定义好界面后，就可以在主进程中调用如下代码显示界面了：

```
Editor.Panel.open('helloworld');
```

显示效果如图 14-3 所示。

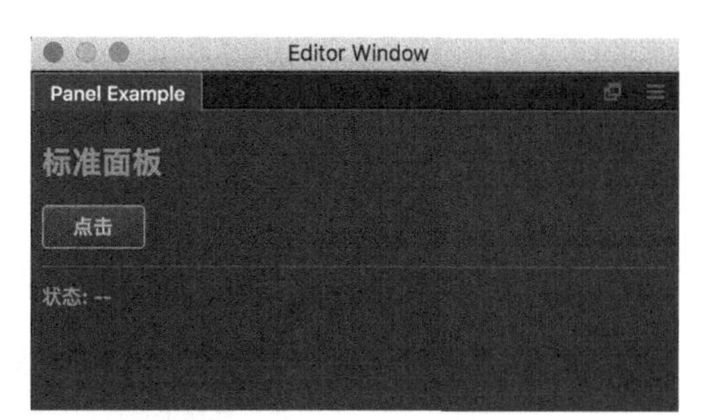

图 14-3　自定义界面

一般情况下，在窗口面板中设置一些数据，然后通过 IPC 消息将任务交给主进程处理，可以通过“Editor.Ipc”模块来完成，在 ready 函数中调用此模块的代码如下所示。

```
this.$btn.addEventListener('confirm', () => {
    Editor.Ipc.sendToMain('HelloWorld:say-hello', 'Hello');
});
```

点击按钮时，就可以给主进程发送“say-hello”的消息，可以传递参数，还可以结合 Electron 的内置 Node 在窗口内“require”需要的 Node 模块，完成任何需要的操作。

如果“type”类型选择的是“simple”，那么“main”字段要定义一个 HTML 页面，页面的定义见代码清单 14-10。

代码清单14-10 简单界面定义

```
<html>
    <head>
        <title>Test</title>
        <meta charset="utf-8">
        <style>
            body {
                margin: 10px;
            }

            h1 {
                color: #f90
            }
        </style>
    </head>

    <body>
        <h1>test</h1>
        <button id="btn">Click</button>

        <script>
            let btn = document.getElementById('btn');
            btn.addEventListener('click', () => {
                Editor.log('on button clicked!');
            });
        </script>
    </body>
</html>
```

网页效果显示如图 14-4 所示。

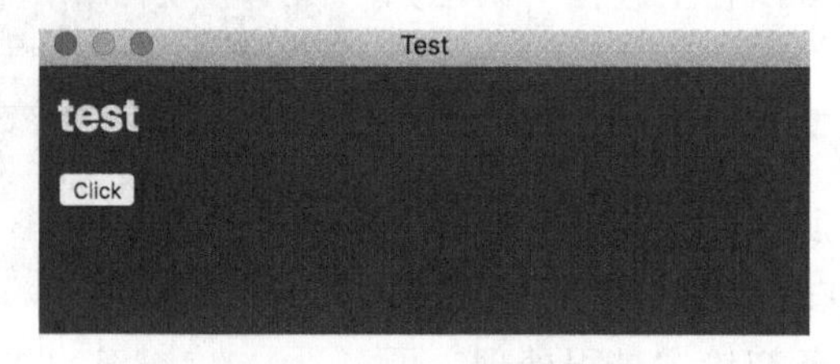

图 14-4 自定义简单界面

同样可以通过 Editor.Panel.open 打开简单 Web 页面，简单页面用于那些将已有网页应用移植或整合到 Cocos Creator 中的情况。

14.2.5　进程间通信的工作流程

IPC 就是在一个进程中发消息，然后在另外一个进程中监听消息的过程。关于 IPC 的概念已经在 14.1.3 节中介绍，本节介绍一些具体的用法：

在主进程中，通过调用 Editor.Ipc.sendToPanel 接口向特定面板发送消息，函数定义为：

```
Editor.Ipc.sendToPanel('panelID', 'message' [,args, callback, timeout)
```

参数含义及用途如下：

1）panelID：面板 ID，插件的包名。

2）message：IPC 消息的全名。推荐在定义 IPC 消息名时使用“-”来连接单词，而不是使用驼峰或下划线。

3）args（可选）：可以定义数量不定的多个传参，用于传递更具体的信息到面板进程。

4）callback（可选）：在传参后面可以添加回调方法，在面板进程中接收到 IPC 消息后可以选择向主进程发送回调，并通过 callback 回调方法进行处理。如果没有错误，回调的第一个参数为 null，之后才是传参。

5）timeout（可选）：回调超时，只能配合回调方法一起使用，如果规定了超时，在消息发送后的一定时间内没有接到回调方法，就会触发超时错误。如果不指定超时，则默认的超时设置是 5000 毫秒。

IPC 不局限于不同的两类进程之间，消息发送方式见表 14-2。

表 14-2　消息发送方式

名　称	描　述
sendToMain	面板向主进程发行消息，参数和 sendToPanel 相比只是没有 panelID
sendToMainWin	任意进程对编辑器主窗口（对主窗口里的所有渲染进程）广播
sendToWins	任意进程对所有窗口（对包括弹出窗口在内的所有窗口渲染进程）广播
sendToAll	任意进程对所有进程广播

接收消息的方法有两种，最简单的方法是在声明对象的 message 字段中注册 IPC 消息名，见如下代码。

```
messages: {
    'my-message': function (event, ...args) {
        //处理逻辑
    }
}
```

另外一种方式是使用 Electron 的 Ipc 消息接口来监听，见如下代码。

```
//渲染进程
require('electron').ipcRenderer.on('foobar:message', function(event, args) {});

//主进程
require('electron').ipcMain.on('foobar:message', function(event, args) {});
```

在回调中需要注意的是，如果发送消息时参数中不包含回调方法，则 event.reply 的检查将返回 undefined，这种情况下调用 event.reply 会产生错误，因此建议总是检查 reply 是否为空。

发送消息时的最后一个参数是超时时限，单位是毫秒，默认值是 5000 毫秒。如果要取消超时限制，最后一次参数应该传入“-1”，这种情况下应该靠其他逻辑保证回调必将触发。从消息发送开始，在超过规定的时限后仍然没有接到消息监听方法中返回的回调的话，就会收到系统发送的超时错误回调。

14.2.6 为插件提供组件和资源

Cocos Creator 采用的组件系统有很高的扩展性和复用性，所以一些运行时相关的功能可以通过单纯开发和扩展组件的形式完成，而扩展包可以作为这些组件和相关资源（比如 Prefab、贴图、动画等）的载体。通过在扩展包中声明字段“runtime-resource”可以将扩展包目录下的某个文件夹映射到项目路径下，并正确参与构建和编译等流程。字段“runtime-resource”需要定义在 package.json 文件中：

```
//将扩展包目录下的某个文件夹映射到项目路径下
"runtime-resource": {
    "path": "path/to/runtime-resource",
    "name": "shared-resource"
}
```

这个声明会将对应目录（projectPath/packages/myPackage/path/to/runtime-resource）下的全部资源都映射到资源管理器中，显示为“[myPackage]-[shared-resource]”。这个路径下的内容（包括组件或其他资源）可以由项目中的其他场景、组件引用。使用这个工作流程，开发者可以将常用的组件、游戏架构以插件形式封装在一起，并在多个项目之间共享。

14.3 开发扩展页面

14.2.4 节中介绍了如何开发一个扩展的界面，其中传给 Editor.panel.extend 的参数是一个包含特定字段的对象，描述面板的外观和功能，这个参数实际上是采用 HTML5 的标准进行编写，是一个 HTML+CSS 的结构，理解这些代码并做一些简单的开发需要一些 Web 前端开发基础，本节就介绍一些扩展界面的开发技巧。

14.3.1 定制界面模板

即使你可能没有前端开发的经验，作为游戏工程师，至少你有开发界面的经验，一般搭建一个界面时，首先要搭建界面的框架，就是定义界面模板，方法见代码清单 14-11。

代码清单14-11　定义界面模板

```
style: `
.wrapper {
    box-sizing: border-box;
    border: 2px solid white;
    font-size: 10px;
    font-weight: bold;
}

.top {
    height: 30%;
    border-color: white;
}

.middle {
    height: 40%;
    border-color: white;
}

.bottom {
    height: 40%;
    border-color: white;
}
`,

template: `
<div class="wrapper top">
    1
</div>

<div class="wrapper middle">
    2
</div>

<div class="wrapper bottom">
    3
</div>
`,
```

其中“style”定义的是页面基本样式，起到的作用就是 HTML 页面中的 CSS（层叠样式表，Cascading Style Sheets）的作用，样式表定义如何显示 HTML 元素，就像 HTML 的字体标签和颜色属性所起的作用那样。样式通常保存在外部的 CSS 文件中。通过仅仅编辑一个简单的 CSS 文档，外部样式表使你有能力同时改变站点中所有页面的布局和外观。“style”中定义的内容起到的作用就和 CSS 文件一致。

“template”顾名思义，就是页面模板，它起到的就是网页中 HTML 页面的作用，或者可以说，它就是一个 HTML 的字符串文件。

14.3.2 界面排版

在代码清单 14-11 中，“ style” 中做了简单的界面排版，有时候需要对页面进行横排纵排或者更复杂的排版，这个时候就需要采用界面排版 CSS-Flex 布局来制作了，但是由于 CSS-Flex 比较复杂，Cocos Creator 对界面排版进行了独立的封装。

首先来看横排和纵排，见代码清单 14-12。

代码清单14-12 纵排和横排

```
<div class="layout horizontal">
 <div>1</div>
 <div class="flex-1">横排</div>
 <div>3</div>
</div>

<div class="layout vertical">
 <div>1</div>
 <div class="flex-1">纵排</div>
 <div>3</div>
</div>
```

可以通过 start、center 和 end 来进行子元素的对齐操作，见代码清单 14-13。

代码清单14-13 对齐操作

```
<div class="layout horizontal start">
 <div>1</div>
 <div>2</div>
 <div>3</div>
</div>
<div class="layout horizontal center">
 <div>1</div>
 <div>2</div>
 <div>3</div>
</div>
<div class="layout horizontal end">
 <div>1</div>
 <div>2</div>
 <div>3</div>
</div>
```

有时候某个元素需要进行调整，可以通过 “ self-” 关键字来操作。在 Cocos Creator 中提供了：self-start、self-center、self-end 和 self-stretch，见代码清单 14-14。

代码清单14-14 自适应调整

```
<div class="layout horizontal">
 <div class="self-start">self-start</div>
 <div class="self-center">self-center</div>
 <div class="self-end">self-end</div>
 <div class="self-stretch">self-stretch</div>
</div>
```

元素分布主要描述元素在排版方向上如何分布。比如所有元素都从排版容器的左边开始排，或者从右边，或者根据元素大小散布在排版容器中。在 Cocos Creator 中提供了：justified、around-justified、start-justified、center-justified 和 end-justified。见代码清单 14-15。

代码清单14-15　元素分布

```
<div class="layout horizontal justified">
 <div>1</div>
 <div>2</div>
 <div>3</div>
</div>
```

有时候元素需要自适应，在 Cocos Creator 中提供了 flex-1，flex-2 等来操作，有时候需要元素本身就撑满容器的整个空间。这个时候就可以考虑使用 fit 这个 class。使用方法见代码清单 14-16。

代码清单14-16　元素自适应

```
<div class="layout horizontal">
 <div class="flex-1">flex-1</div>
 <div class="flex-2">flex-2</div>
 <div class="flex-3">flex-3</div>
</div>
<div class="wrapper">
 <div class="fit">fit</div>
</div>
```

14.3.3　界面元素

布局和样式完成后，就可以通过定义界面元素来添加具体的显示对象。可以使用一些 HTML 的元素来定义，同时也可以使用 Cocos Creator 提供的 UI Kit 元素，这些内置元素都以“ui-”开头，例如 <ui-button>，<ui-input> 等。然后通过标准的事件处理代码来完成面板的逻辑部分。添加逻辑的代码见代码清单 14-17。

代码清单14-17　为元素对象添加事件

```
Editor.Panel.extend({

    $: {
        btn: 'ui-button',
    },

    ready () {
        this.$btn.addEventListener('confirm', () => {
            this.$mkd.value = this.$txt.value;
        });
    },
});
```

14.4 扩展商店——Cocos Store

Cocos Creator 提供了扩展商店——Cocos Store，来为开发者提供一个交流的平台，目前提供的资源包括源码类和插件类。源码类是一些开发者开发的游戏示例，包含源代码和资源，可以供开发者参考和学习，插件类则包含了一些开发者开发的公用插件和工具，本节就介绍插件商店的使用。

14.4.1 从扩展商店获取插件

在“主菜单 - 扩展 - 扩展商店”中可以调用扩展商店，如图 14-5 所示。

图 14-5 扩展商店界面

在 Cocos Creator 扩展商店中可以选择任意的扩展插件来进行安装，点击插件进入插件的详细界面，点击下载进行下载操作，下载完成后可以在下载列表中进行安装，安装时可以选择安装到全局目录或者项目，如图 14-6 所示。

安装到全局目录中会安装到相应平台应用目录下，然后在任意 Cocos Creator 项目中都可以使用这个插件，安装到项目目录下就是只在目前项目上使用，可以根据需求选择不同的路径。如果需要卸载插件，只需删除对应目录下的插件目录即可。

图 14-6 安装界面位置

14.4.2 提交插件到扩展商店

插件开发完成后，首先需要把插件目录压缩打包成 zip 包，目前扩展包安装系统中没有包括安装 NPM 等管理系统的工作流程，因此如果需要使用第三方库的扩展包，应该将“node_modules”等文件夹也一起加入到 zip 包中。

提交插件，首先需要登录 Cocos 开发者平台，地址为 https://open.cocos.com/user，打开界面如图 14-7 所示。

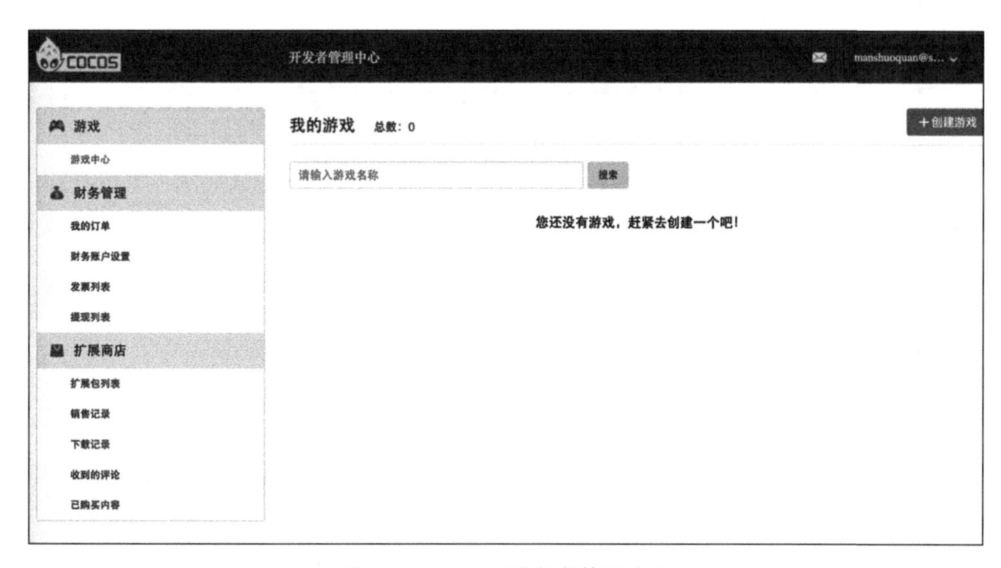

图 14-7　Cocos 开发者管理中心

在左侧扩展商店选项中点击扩展包列表，如图 14-8 所示。

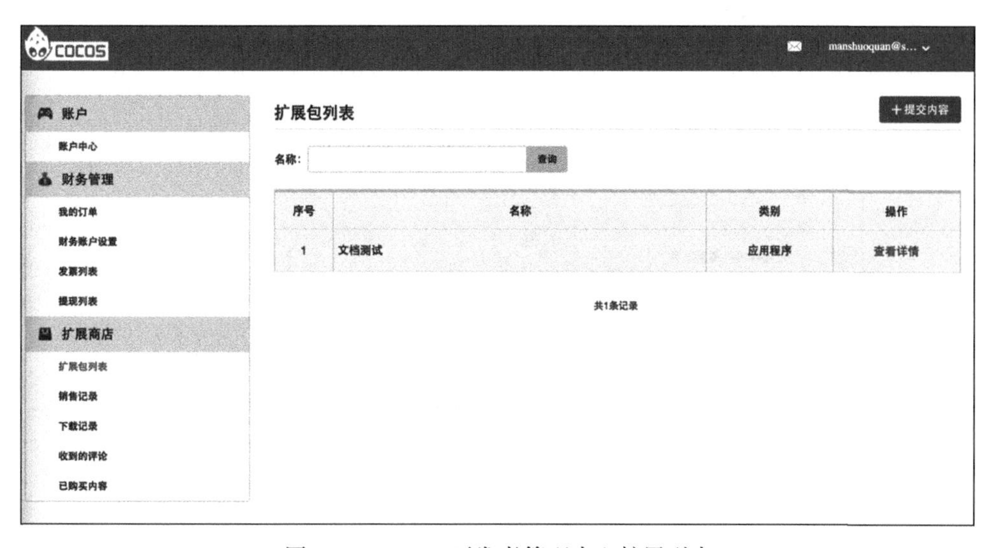

图 14-8　Cocos 开发者管理中心扩展列表

点击提交内容，就可以进行扩展的注册和提交了，如图 14-9 所示。

图 14-9 提交扩展

如图 14-9 所示，提交一个插件到扩展商店中，需要三步：新建内容，完善详情，提交审核。在新建内容界面中，可以定义应用的名称，选择类别。

在完善详情界面中，可以定义扩展的细节信息，从而供开发者后台审核使用，如图 14-10 所示。

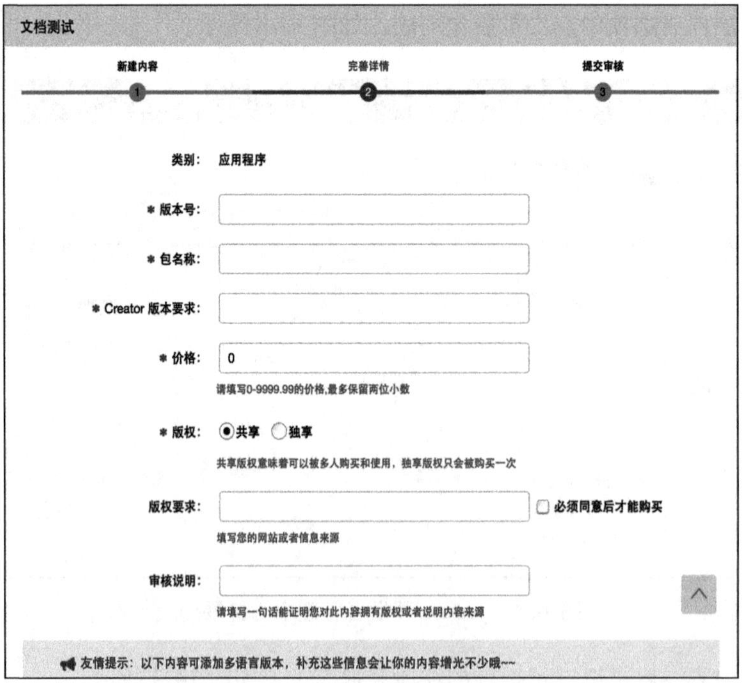

图 14-10 完善扩展详情界面

需要注意的信息有：

1）版本号：需要遵守语义化版本规范。

2）价格：单位是 RMB，数值自定，如果免费，则为 0。

3）下载地址：可以有两种方式提供插件下载：上传到可公开下载的网盘或使用 GitHub 的下载链接；手动上传到 Cocos Store，上传后会自动生成下载链接。

4）图标：建议大小为 512×512。

5）描述：插件的基本功能和使用方法。

6）截图：最多支持上传 5 张，尺寸为 640×960 或者 960×640。

7）支持链接：填写插件首页的地址，或论坛讨论帖地址，方便用户获取帮助和技术支持。

完成信息填写后，就可以提交审核，审核通过后，你的扩展就可以被其他开发者下载使用了。

14.5　多语言支持——i18n

手机应用市场是一个全球的市场，开发者可以通过 App Store 或者其他全球化的 App 市场，将自己开发的 App 或者应用推向全球，多语言版本的开发是游戏开发的一个重要课题，对于很多游戏公司和团队来说，都要针对特殊的市场开发不同的多语言版本，这点和 App 开发略有不同，App 的多语言开发工作一般只限于文字，而游戏中有大量图片，甚至有些文字都是由图片渲染的，所以如何快速有效地开发多语言版本并快速发布是一个重要的课题，Cocos 扩展商店中提供了一个插件 i18n，用于多语言版本的开发。

需要说明的是，多语言国际化和本地化是有区别的，国际化需要软件里包括多种语言的文本和图片数据，并根据用户所用设备的默认语言或菜单选择来进行实时切换。而本地化是在发布软件时针对某一特定语言的版本定制文本和图片内容。

14.5.1　游戏开发的多语言化

在扩展商店中可以找到 i18n 插件，如图 14-11 所示。

图 14-11　多语言化插件 i18n

下载安装完成后，就可以通过“扩展 -i18n”进行多语言的开发了，如图 14-12 所示。

图 14-12 i18n 界面

在界面中，可以点击“+”为项目添加新的语言，新建的语言会在项目的 resource 目录下创建相应的 JavaScript 文件，然后就可以在当前语言选项中选择对应的语言了。

i18n 提供了对应 Cocos 引擎中的文本和精灵的多语言化功能，相应的语言可以在对应的 JavaScript 文件中定义，见代码清单 14-18。

代码清单14-18 多语言的定义

```
'use strict';

if (!window.i18n) {
    window.i18n = {};
}

if (!window.i18n.languages) {
    window.i18n.languages = {};
}

window.i18n.languages['zh'] = {
    // write your key value pairs here
    "label_text": {
        "hello": "你好！",
        "bye": "再见！"
    }
};
```

其中 window.i18n.languages['zh'] 全局变量的写法让我们可以在脚本中随时访问到这些

数据，而不需要进行异步加载。在大括号里面的内容是用户需要添加的翻译键值对，插件使用了 AirBnb 公司开发的 Polyglot 库来进行国际化的字符串查找，翻译键值对支持对象嵌套、参数传递和动态修改数据等功能。

在场景中添加 LocalizedLabel 组件后，在程序中使用 i18n.t 函数获得对应的文字，就可以根据设置的语言获得对应的语言字符串了。

```
const i18n = require('LanguageData');
i18n.init('en');
let helloStr = i18n.t('label_text.hello');
```

在场景中添加 LocalizedSprite 组件，该组件需要手动添加一组语言 id 和 SpriteFrame 的映射，才可以在编辑器预览和运行时显示正确语言的图片。

负责承载语言到贴图映射的属性——spriteFrameSet 是一个数组，可以像操作其他数组属性一样来添加新的映射，首先要设置数组的大小，数组的大小要和语言种类相等，然后为每一项里的 language 属性填入对应语言的 id，如 en 或 zh，最后将语言对应的贴图拖拽到 spriteFrame 属性里。完成设置后，点击下面的刷新按钮，就可以在场景中看到效果了。

可以在 i18n 面板中选择当前语言来设置当前界面显示的语言，也可以在代码中动态设置语言：

```
const i18n = require('LanguageData');
i18n.init('zh');
```

需要保证 init 函数在包含有 LocalizedLabel 组件的场景加载前执行，否则将会因为组件上无法加载到数据而报错。

14.5.2 插件多语言

开发的插件也可以使用多语言的功能，编辑器扩展系统中内置的多语言方案允许你配置多份语言的键值映射，并根据编辑器当前的语言设置在插件界面显示不同语言的文字。要启用多语言功能，需要在扩展包的目录下新建一个 i18n 文件夹，并为每种语言添加一个相应的 JavaScript 文件，作为键值映射数据。数据文件名应该和语言的代号一致，如 en.js 对应英语映射数据。

```
module.exports = {
    'search': 'Search',
    'find'  : 'Find',

};
```

可以在扩展的 JavaScritpt 脚本中通过 Editor.T 获得对应语言。

```
Editor.T('foobar.search');
```

也可以在编辑器模板定义的 HTML 文件中使用 Editor.T 获得对应语言。

```
Editor.Panel.extend(
{
    template: `
        <div class="btn">${Editor.T('foobar.edit')}</div>
    `
}
);
```

在扩展包的package.json中注册菜单路径时也支持i18n格式的路径，该类路径以“i18n:${key}”的形式表示。可以写“i18n:MAIN_MENU.package.title/menu/i18n:menu.edit”，Cocos Creator 运行时会查找对应的 i18n 字符串并进行替换。

14.6 本章小结

对于一个游戏引擎来说，可扩展性和易用性一样重要，对于一般的编辑器型游戏引擎来说，可扩展性一直是一个难题，也是很多开发者更喜欢代码框架类的游戏引擎的原因。Cocos Creator 可以说在设计之初就考虑了可扩展性的问题，Cocos Creator 是基于 Electron 框架进行开发的，Electron 是一个集成了 Node.js 和 Chromimu 的跨平台开发框架。Cocos Creator 可以采用 Electron 包扩展的方式来扩展游戏引擎，本章介绍了开发编辑器扩展的整个流程，通过本章的学习，你可以根据自己项目的需要开发对应的扩展插件，当然，如果这个插件具有普遍应用性，你也可以把它传到 Cocos Store 上供更多开发者使用。

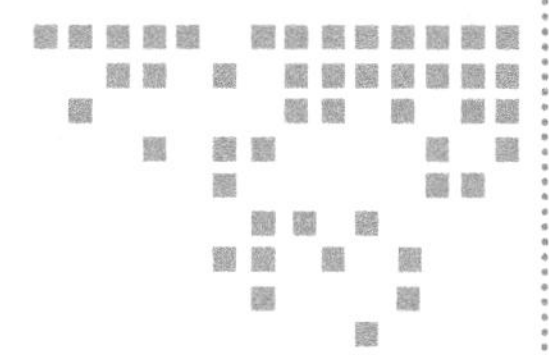

第 15 章 Chapter 15

Cocos Creator 中的网络和 SDK

网络游戏（简称网游）是指通过计算机网络，与专用的服务器和用户的客户端设备相连，包含让多名玩家共同进行游戏的软件的服务。

早期的智能手机移动端游戏以短连接游戏为主，游戏中大部分网络请求都通过 HTTP 请求获得，这主要因为受制于移动平台的性能和移动网络的局限，随着 4G 技术的发展，移动网络越来越便捷迅速，同时移动设备的性能不断提升，强联网游戏逐渐占领市场，由于强联网游戏可以进行用户间的实时对战，实时互动性更强，可以给玩家更强的游戏性，所以未来肯定会有更多的强联网游戏面世。

Cocos Creator 提供了用于短连接的 XMLHttpRequest 和用于长连接的 WebSocket，这其实是 Web 平台上浏览器支持的两个接口。Cocos Creator 秉承了跨平台的“一套代码，多平台”运行的特性，Cocos Creator 发布的原生版本（Android/iOS）也支持这两个接口，这可以保证我们不需在原生平台上重新开发一套网络逻辑，本章将介绍 Cocos Creator 支持的网络接口。

对于一款网络游戏来说，如何动态更新一直以来是一个重要的课题，由于在 iOS 的 AppStore 审核时间和流程非常繁复，很难保证客户端更新的内容快速上线，于是移动平台客户端游戏更加依赖资源热更新功能，Cocos Creator 中的热更新主要源于 Cocos 引擎中的 AssetsManager 模块对热更新的支持，本章将介绍 Cocos Creator 的资源热更新方法及原理。

一款网络游戏要上线，一般要接入各个应用市场和平台，但是繁杂的工作量常常让各位开发者头疼。对此，Cocos 引擎提供了 AnySDK 这个“神器”，让 SDK 的接入更加简单，不需要开发者自行开发，Cocos Creator 也提供了对于 AnySDK 的支持；数据统计是网络游戏中比较重要的功能模块，一般的网络游戏上线前都要开发对应的数据统计平台，游戏的运营人员只有通过数据统计平台的信息，才可以获得用户的反馈，从而使得游戏的数据和投放更加有的放矢，一般情况下，游戏公司都要自己开发独立的数据统计，有些公司也会使用一些第三方的 SDK，但是需要付出一定的时间成本，Cocos Creator 支持一套独立完善的数据统计平台—Cocos Analytics，只需要配置一些基本信息就可以使用数据统计平台了，本章就介绍 AnySDK 和 Cocos 数据统计 SDK 的接入和使用。

15.1 Cocos Creator 中的网络接口

目前的网络游戏使用的联网方式主要有两种：短连接和长连接。所谓短连接游戏是使用 Http 协议开发的游戏，它的特点是发送请求，然后等待服务器端的回复，也就是说请求的发起者一定是客户端，一定是客户端主动发起一个请求，然后等待服务器对应的回应。长连接则是在初始化的时候开始一个连接，连接经过服务器和客户端的“握手”确认后就一直存在，就好像客户端和服务器端有一条无形的“通道”，服务器端和客户端都可以使用这个“通道”互相传递信息，也就是说，不一定要客户端发起请求，服务端就可以发送信息给客户端。二者的应用方向也不尽相同，短连接一般用于卡牌游戏或者一些弱联网游戏，特点是没有实时对战，而需要实时对战或者是有实时 PVP 战斗的游戏都需要长连接，Cocos Creator 支持 Web 上的标准网络接口 XMLHttpReaquest 和 WebSocket，本节介绍两种接口的概念和使用方法。

15.1.1 XMLHttpRequest 的使用

HTTP 协议（超文本传输协议，HyperText Transfer Protocol）是在互联网上应用最广泛的一种网络协议，它是一个客户端和服务器端请求和应答的标准，所有的 WWW 文件都必须遵守这个标准。设计 HTTP 最初的目的是为了提供一种发布和接收 HTML 页面的方法。1960 年美国人 Ted Nelson 构思了一种通过计算机处理文本信息的方法，并称之为超文本。通过使用 Web 浏览器、网络爬虫或者其他工具，客户端发起一个到服务器上指定端口（默认端口为 80）的 HTTP 请求，HTTP 服务器则在那个端口监听客户端发送过来的请求。一旦收到请求，服务器就向客户端发回一个状态码，代表正确的返回或者错误的返回等。

XMLHttpRequest 是一个标准接口，它为客户端提供了在客户端和服务器之间传输数据的功能。它提供了一个通过 URL（统一资源定位符，Uniform Resource Locator）来获取数据的简单方式，并且不会使整个页面刷新。这使得网页只更新一部分页面而不会打扰到用户。XMLHttpRequest 在 AJAX（异步 JavaScript 和 XML，Asynchronous Javascript And XML）中被大量使用。

XMLHttpRequest 最初由微软设计，随后被 Mozilla、Apple 和 Google 采纳。如今，该对象已经被 W3C 组织标准化。通过它可以很容易地取回一个 URL 上的资源数据。尽管名字里有 XML，但它并不局限于 XML，XMLHttpRequest 可以取回所有类型的数据资源。除了 HTTP，它还支持 file（主要用于访问本地计算机中的文件，就如同在 Windows 资源管理器中打开文件一样）和 FTP（文件传输协议，File Transfer Protocol）协议。

使用 XMLHttpRequest，首先要创建 XMLHttpRequest，同时要设置回调函数和超时时间，使用方法见代码清单 15-1。

代码清单15-1 创建XMLHttpRequest

```
//创建XMLHttpRequest
sendXHRTimeout: function () {
    var xhr = new XMLHttpRequest();
    //另一种创建方式
    //var xhr = cc.loader.getXMLHttpRequest();
    //请求回调
    xhr.onreadystatechange = function () {
        if (xhr.readyState === 4 &&
            (xhr.status >= 200 && xhr.status < 300)) {
                //对应的处理逻辑
            }
        };

        xhr.open("GET", "https://192.168.22.222", true);

        //5秒超时
        xhr.timeout = 5000;
        //发送请求
        xhr.send();
},
```

首先创建 XMLHttpRequest，有两种方式创建一个 XMLHttpRequest。创建完成后通过 onreadystatechange 设置状态设置回调函数，这是一个 JavaScript 函数对象，当 readyState 属性改变时会调用它。回调函数会在用户界面线程中调用，需要注意的是不能在本地代码中使用。也不应该在同步模式的请求中使用。

在回调函数中，通过 readyState 和 status 判断网络返回的状态，readyState 代表请求处理的状态，对应的解释见表 15-1。

表 15-1 readyState 对应的值

状态（值）	描　述
UNSENT（0）	未打开，open 还未调用
OPENED（1）	未发送，open 已经被调用
HEADERS_RECEIVED（2）	HEADERS_RECEIVED（2）已获取响应头，send() 方法已经被调用，响应头和响应状态已经返回
LOADING（3）	正在下载响应体，响应体下载中，已经获取了部分数据
DONE（4）	整个请求过程已经完毕

status 代表该请求的响应状态码（比如，状态码 200 表示一个成功的请求）。一般的请求可以选择“POST”和“GET”，“GET”是从指定的资源请求数据，它可以被缓存并且可以保留在浏览器历史记录中，它可被收藏为书签，但是有长度限制，只应当用于取回数据；而“POST”是向指定的资源提交要被处理的数据，它不可以被缓存且不可以保留在浏览器历史记录中，不能被收藏为书签，请求对数据长度没有要求。与“POST”相比，“GET”的安全性较差，因为所发送的数据是 URL 的一部分。在发送密码或其他敏感信息时绝不要使用“GET”，“POST”比“GET”更安全，因为参数不会被保存在浏览器历史或 Web 服务器日志中。使用方法见代码清单 15-2。

代码清单15-2　不同的请求方式

```
//不同的请求方式
//GET
xhr.open("GET", "https://httpbin.org/get?show_env=1", true);
if (cc.sys.isNative) {
    xhr.setRequestHeader("Accept-Encoding","gzip,deflate");
}

xhr.send();

//POST
xhr.open("POST", "https://httpbin.org/post");
xhr.setRequestHeader("Content-Type","text/plain");
xhr.send(new Uint8Array([1,2,3,4,5]));
```

15.1.2　WebSocket 的使用

如同它的英文原意一样，Socket 像一个多孔插座，一台主机犹如布满各种插座的房间，每个插座有一个编号，客户软件将插头插到不同编号的插座，就可以得到不同的服务。作为 BSD（伯克利软件套件，Berkeley Software Distribution）UNIX 的进程通信机制，它通常也称作“套接字”，用于描述 IP 地址和端口，是一个通信链的句柄，可以用来实现不同虚拟机或不同计算机之间的通信。在 Internet 上的主机一般运行了多个服务软件，同时提供几种服务。每种服务都打开一个 Socket，并绑定到一个端口上，不同的端口对应于不同的服务。

最重要的是，Socket 是面向客户 / 服务器模型而设计的，针对客户和服务器程序提供不同的 Socket 系统调用。客户随机申请一个 Socket，系统为之分配一个 Socket 号；服务器拥有全局公认的 Socket，任何客户都可以向它发出连接请求和信息请求。

Socket 的连接需要三个步骤：开启服务器监听，客户端请求，连接确认。

1）开启服务器监听：服务器端套接字并不定位具体的客户端套接字，而是处于等待连接的状态，实时监控网络状态。

2）客户端请求：由客户端的套接字提出连接请求，要连接的目标是服务器端的套接字。为此，客户端的套接字必须首先描述它要连接的服务器的套接字，指出服务器端套接字的地址和端口号，然后向服务器端套接字提出连接请求。

3）连接确认：服务器 socket 接收到客户端 socket 请求，被动打开，开始接收客户端请求，直到客户端返回连接信息。这时候 socket 进入阻塞状态，所谓阻塞即 accept() 方法一直到客户端返回连接信息后才返回，开始接收下一个客户端连接请求，客户端连接成功，向服务器发送连接状态信息，然后服务器 accept 方法返回，连接就建立好了。而服务器端套接字继续处于监听状态，继续接收其他客户端套接字的连接请求。

socket 的交互流程如图 15-1 所示。

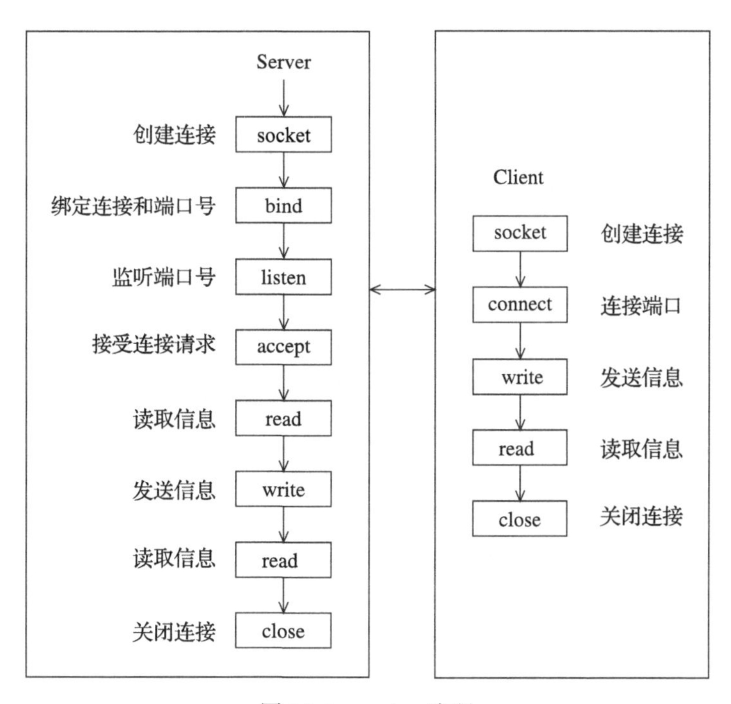

图 15-1 socket 流程

WebSocket 对象提供了用于创建和管理 WebSocket 连接，以及可以通过该连接发送和接收数据的 API。WebSocket 构造器方法接受一个必须的参数和一个可选的参数，它的创建方法见代码清单 15-3。

代码清单15-3 WebSocket的创建

```
//webSocket创建
var self = this;
var websocketLabel = this.websocket;
var respLabel = this.websocketResp;
this._wsiSendBinary = new WebSocket("ws://echo.websocket.org");
this._wsiSendBinary.binaryType = "arraybuffer";

//用于连接打开事件的事件监听器。当readyState的值变为 OPEN 的时候会触发该事件。
```

```
this._wsiSendBinary.onopen = function(evt) {
    //处理连接打开逻辑
};

//一个用于消息事件的事件监听器，这一事件当有消息到达的时候该事件会触发
this._wsiSendBinary.onmessage = function(evt) {
    //处理消息逻辑
};

//错误发生时的事件监听器
this._wsiSendBinary.onerror = function(evt) {
    //处理出错逻辑
};

//监听连接关闭事件监听器
//当WebSocket对象的readyState状态变为CLOSED时会触发该事件
this._wsiSendBinary.onclose = function(evt) {
    //处理关闭逻辑
};
```

创建 WebSocket 的方式需要传入连接的 URL，同时一个可选的参数是 protocols，此参数可以是一个单个的协议名字字符串或者包含多个协议名字字符串的数组。这些字符串用来表示子协议，这样做可以让一个服务器实现多种 WebSocket 子协议，如果没有指定这个参数，它会被默认设为一个空字符串。

创建好 WebSocket 后，应给它设置一个 binaryType 值，一般为一个字符串表示被传输二进制的内容的类型。取值应当是“blob”或者“arraybuffer”。“blob”表示使用 DOMBlob 对象，而“arraybuffer”表示使用 ArrayBuffer 对象。

接下来就是为连接的事件设置监听函数，在监听函数中，可以获得 readyState，readyState 代表连接的状态，对应的解释见表 15-2。

表 15-2 readyState 对应的值

状态（值）	描　述
CONNECTING（0）	连接还没开启
OPEN（1）	连接已开启并准备好进行通信
CLOSING（2）	连接正在关闭的过程中
CLOSED（3）	连接已经关闭，或者连接无法建立

根据不同的 readyState，处理不同逻辑的示范见代码清单 15-4。

代码清单15-4 根据不同状态处理不同逻辑

```
//根据不同状态处理逻辑
//判断是否为空
if (!this._wsiSendBinary) { return; }
//是否连接已经打开
```

```
if (this._wsiSendBinary.readyState === WebSocket.OPEN)
{
    this.websocket.textKey = "";
    var buf = "";

    var arrData = new Uint16Array(buf.length);
    for (var i = 0; i < buf.length; i++) {
        arrData[i] = buf.charCodeAt(i);
    }

    this._wsiSendBinary.send(arrData.buffer);
}
else
{
    var warningStr = "";
    this.websocket.string = "";
    this.scheduleOnce(function () {
    this.sendWebSocketBinary();
    }, 1);
}
```

15.1.3　SoekctIO 的使用

WebSocket 是 SocketIO 的一个子集，WebSocket 是 Web 的最新规范，目前虽然主流浏览器都已经支持，但仍然可能有不兼容的情况。为了兼容所有浏览器，给程序员提供一致的编程体验，SocketIO 将 WebSocket、AJAX 和其他通信方式全部封装成了统一的通信接口，也就是说，在使用 SocketIO 时，不用担心兼容问题，底层会自动选用最佳的通信方式。SocketIO 提供一种基于 WebSocket API 的封装，可以用于 Node.js 服务端。如果需要使用这个库，开发者可以自己引用 SocketIO。

需要说明的是 Cocos Creator 并未在 Web 平台上提供 SocketIO 的官方支持，需要用户自己在项目中添加，并且原生平台的 SocketIO 也已废弃，并不推荐使用。

在 Cocos Creator 中使用 SocketIO 需要如下的步骤：

1）下载 SocketIO，地址为 https://socket.io。

2）将下载后的文件放入 / 拖入资源管理器中需要保存的路径。

3）修改 SocketIO 脚本文件以避免在原生环境中被调用，见代码清单 15-5。

代码清单15-5　避免在原生环境中被调用

```
//避免在原生环境中被调用
if (!cc.sys.isNative) {
    //SocketIO调用代码
}
```

4）将 SocketIO 脚本文件设为插件脚本，这样在组件中直接使用 window.io 就能访问到 SocketIO。

5）在组件中使用 SocketIO，具体的使用方式，见代码清单 15-6。

代码清单15-6 使用SocketIO

```
//使用SocketIO
var self = this;

//原生平台不使用，直接返回
if (cc.sys.isNative) {
     return;
}

//io没有被设置为插件
if (typeof io === 'undefined') {
    cc.error('You should import the socket.io.js as a plugin!');
    return;
}

//创建连接
var sioclient = io.connect("ws://tools.itharbors.com:4000", {"force new connection"
     : true});
this._sioClient = sioclient;

//如果有多个连接，可以加标签来区分
this.tag = sioclient.tag = "Test Client";

//注册事件回调
//连接
    sioclient.on("connect", function() {
    if (!self.socketIO)
        { return; }

        var msg = sioclient.tag + " Connected!";

        //发送下一条消息
        self._sioClient.send("Hello Socket.IO!");
});

//多个消息回调被共享
sioclient.on("message", this.message.bind(this));

sioclient.on("echotest", function (data) {
    if (!self.socketIO) { return; }
});

sioclient.on("testevent", this.testevent.bind(this));

sioclient.on("disconnect", this.disconnection.bind(this));
```

创建 SocketIO 之前，首先判断是否已经把 SocketIO 设置成插件脚本，然后调用对应的创建方式创建 SocketIO，最后为 SocketIO 添加各种回调事件。

需要说明的是，目前已经不推荐在原生平台使用 SocketIO，所以如果你要开发原生平台的游戏，最好不要在你的项目中使用 SocketIO。

15.2 热更新解决方案

一款游戏的生命周期可以被分为两个阶段：开发期和运营期，尤其是网络游戏，运营期的工作甚至比开发期重要，运营的好坏直接决定了一款游戏的生命周期。在运营期，一款游戏最主要的工作就是更新，更新又分两种：大版本更新和小更新。大版本更新包含游戏比较大的内容改变和功能的添加，甚至包含底层性能的优化，一般手机网络游戏的大版本更新周期是一个月左右；而小更新包含已经开发好的功能的上线，运营活动的开启和关闭，某些新关卡的添加，新人物或者卡牌的上线。每次更新都是一件令项目组头疼的事，并不是因为开发任务繁重，而是提交平台和审核，一般的手机网络游戏都要提交各大应用平台，每次更新都要重新打一遍平台包并提交，提交审核流程又是一件耗时耗力的工作，因为一般平台的审核都要经过人工测试，尤其像苹果 APP Store 的审核周期甚至达到半个月到一个月，所以往往造成“一月一更新，更新更一月”的尴尬局面，大大降低了游戏的体验和玩家对于游戏的粘性，如何快速更新游戏的版本成为摆在各个项目组面前的课题。

为游戏运行时动态更新资源而设计的热更新技术在一定程度上解决了这个问题，其中的资源可以是贴图、动画、音乐音效甚至是脚本。在游戏漫长的运营周期中，可以上传新的资源到服务器，在游戏客户端登录时同步远程服务器上的修改，自动下载新的资源到用户的设备上，从而绕过各个渠道平台的审核机制，达到快速更新迭代产品的目的，一般的功能更新，数值修改，角色添加及 bug 修改都可以通过热更新完成。需要说明的是，更新的代码只限于实时运行的脚本代码，这也是为什么很多游戏公司把大量的游戏逻辑放在脚本中开发的原因，本节介绍 Cocos Creator 中的热更新解决方案。

15.2.1 Cocos 引擎的热更新原理及流程

本质上，Cocos Creator 中的热更新机制依赖于 Cocos2D-X 的 AssetManager，这个功能在 Cocos2D-X 3.0 时发布，同时发布的 Cocos2D-JS 3.0 版本中也含有这个功能，之后在 Cocos2D-X 升级了这个功能，加入了多线程并发实现，之后又在 Cocos Creator 1.4.0 版本和 Cocos2d-X 3.15 版本中经过一次重大重构，系统性解决了热更新过程中的问题。

Cocos2D-JS 的设计主要是针对 Web 平台发布游戏，所以需要考虑浏览器的缓存机制。服务器端保存了一份完整的 Web 页面内容，浏览器请求一个网页后，就会在浏览器缓存这个网页的资源，当浏览器重新请求这个网页时会查询服务器版本最后的修改时间或者是唯一标识，如果不同则下载新的文件来更新缓存，如果相同就使用缓存的文件。

对于市面上的手游，目前比较常用的热更新机制是补丁包机制，即每个新版本对比上一个版本的差异生成一个补丁包，每个版本对应一个版本号，在客户端保存一个当前资源的版本号，每次检测热更新的时候客户端首先和服务器通信，对比版本号，如果版本号落后于服务器版本号，就开始热更新流程，否则正常进入游戏。更新流程就是按顺序下载版本差之间的一个或多个资源包，这样更新的问题是资源包如果由人工整理，很难确保不会出错，而有些项目也尝试使用 git 上的工具，动态对比资源文件夹下的资源，从而生成不同版本之间的虚拟资源文件包，然而由于不具有足够的灵活性和资源间的可拆解性，这种版本差异“打包”的方式终究不是一个完美的解决方案。

Cocos Creator 所采用的更新基本流程是为每个文件制定一个版本号，这样当对比更新文件时，会以每个文件为单位判断是否需要更新，增加了灵活性。

它的更新的基本流程是：

1）客户端每次启动时发送请求和服务端版本进行比对获得差异列表。

2）如果差异列表为空，则直接进入游戏，否则从服务端下载所有新版本中有改动的资源文件。

3）用新下载的资源覆盖旧缓存以及应用包内的文件。

在这种设计思路下，所有资源文件以离散的方式保存在服务器端，更新时会以文件为单位进行更新检查和文件下载。

AssetManager 以包内的一个配置文件——manifest 为检查更新的标准，manifest 是一个 JSON 格式的配置文件，它的基本格式见代码清单 15-7。

代码清单15-7　manifest文件

```
//manifest文件
{
    "packageUrl" :              远程资源的本地缓存根路径
    "remoteVersionUrl" :        [可选项] 远程版本文件的路径，用来判断服务器端是否有新版本的资源
    "remoteManifestUrl" :       远程资源 Manifest 文件的路径，包含版本信息以及所有资源信息
    "version" :                 资源的版本
    "engineVersion" :           引擎版本
    "assets" :                  所有资源列表
    "key" :                     资源的相对路径（相对于资源根目录）
    "md5" :                     md5 值代表资源文件的版本信息
    "compressed" :              [可选项] 如果值为 true，文件被下载后会自动被解压，目前仅支持 zip 压缩格式
    "size" :                    [可选项] 文件的字节尺寸，用于快速获取进度信息
    "searchPaths" :             需要添加到 FileUtils 中的搜索路径列表
}
```

客户端每次启动时发送请求和服务端版本进行比对获得差异列表，remote 信息（包括 packageUrl、remoteVersionUrl、remoteManifestUrl）是该 manifest 所指向的远程包信息。

如果差异列表为空，则直接进入游戏，否则从服务端下载所有新版本中有改动的资源文件。另外，md5 信息可以是某个版本号，完全由用户决定，本地和远程 manifest 对比时，只要 md5 信息不同，就可以认为文件版本有改动。

需要说明的是，编辑器的 asset 文件夹并不等于资源文件夹，资源热更新是更新构建出来的资源，在使用构建面板构建原生版本时，在构建目录下找到 res 和 src 文件夹，这两个

文件夹内保存的才是真正让游戏运行起来的游戏包内资源。其中 src 包含所有脚本，res 包含所有资源。

开始更新的流程如图 15-2 所示。

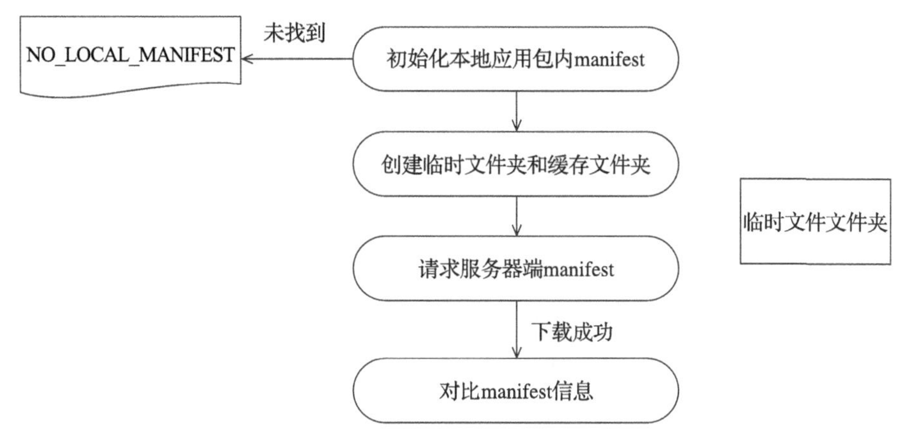

图 15-2　开始更新流程

尤其启动后，首先检查包内有没有 manifest 配置文件，然后创建临时的缓存文件夹，同时开始启动请求服务器的 manifest 信息，和本地的信息对比。

移动游戏作为一个独立的本地包安装到手机设备上时，它是以 iOS 的 ipa 或者 Android 的 apk 形式存在的，包在安装后，它是以整体存在的，它其中的内容是无法被修改或者添加的，包内的任何资源都会一直存在。因此在热更新机制中，只能更新本地缓存到手机的可写目录下（应用存储空间或者 SD 卡指定目录），并通过 Cocos2D-X 的 FileUtils 的搜索路径机制完成本地缓存对包内资源的覆盖。在更新过程中会首先将新版本资源放到一个临时文件夹中，只有当本次更新正常完成，才会替换到本地缓存文件夹内。如果中途中断更新或者更新失败，此时的失败版本不会污染现有的本地缓存，这样可以确保更新不会因为中途中断而造成不可修复的 bug。

下载并更新的全部逻辑如图 15-3 所示。

首先检查文件列表，是否有下载的文件，如果有可以下载的文件，就开始一个一个下载文件，下载完成后拷贝整个内容到缓存文件夹，替换新的 manifest 配置文件，然后重启游戏并设置缓存路径为最高的搜索优先级目录。之所以要重启游戏，有两个原因，首先是更新下来的脚本需要干净的 JavaScript 环境才能正常运行。因为在热更新完成后，游戏中的所有脚本实际上已经执行过，所有的类、组件、对象都已经存在于 JavaScript 上下文环境中了，此时如果不重启直接加载脚本，同名的类和对象的确会被覆盖，但是已经用旧的类创建的对象是一直存在的，而被直接覆盖的全局对象在运行过程中修改的状态也全部丢失了。另外一个原因是场景配置，AssetsLibrary 中的配置都需要更新到最新才能够正常加载场景和资源，Cocos Creator 的资源也依赖于配置，场景依赖于 settings.js 中的场景列表，而 raw assets 依赖于 settings.js 中的 raw assets 列表。如果 settings.js 没有重新执行，并被 main.js 和 AssetsLibrary 重新读取，那么游戏中是加载不了新的场景和资源的。

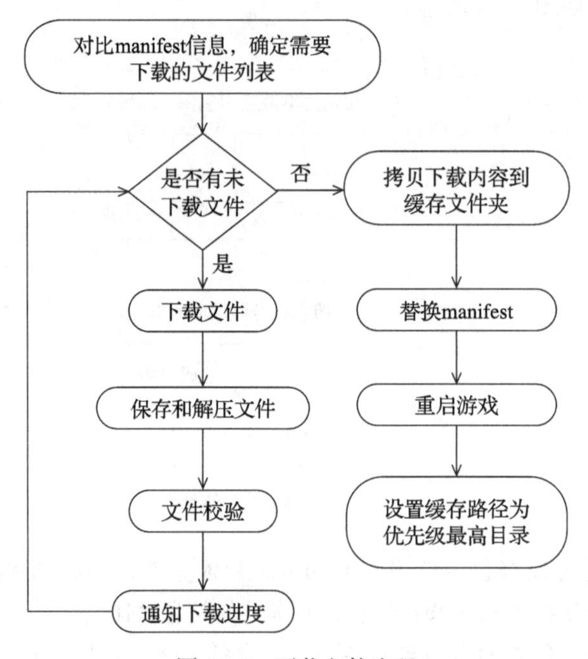

图 15-3 下载文件流程

如果传输过程中有任何中断，都会通过断点续传机制重新开始下载，那么如何开始断点续传呢？ manifest 配置文件中会标识每个文件的状态，包括：未开始、下载中和下载成功。在更新的过程中，每个文件下载完成后都会被标识为完成，同时会被写入到内存中，每当下载的文件数量完成到某一个进度节点时都会将内存中的数据写入到临时文件夹中的 manifest 文件中，再次启动时，会优先检查临时文件夹中的文件，如果有未下载完成的文件则继续进行临时文件夹中的下载。

热更新流程中很重要的步骤是比较客户端和服务端的版本，默认情况下只有当服务端主版本比客户端主版本更新时才会去更新。引擎中实现了一个版本对比的函数，它的最初版本使用了最简单的字符串，对于某些版本号的情况会给出错误的结果，比如出现“1.9 > 1.10”。在 Cocos Creator 升级到 1.4 版本之后，引擎的版本对比函数升级为支持“ x.x.x.x”序列版本的对比函数，不符合这种版本号模式的情况下会继续使用字符串比较函数。

下载过程中可能会由于一些原因导致文件下载的错误，所以下载完成后需要检查文件是否正确，一般情况下是对比 md5 码，校验文件的代码见代码清单 15-8。

代码清单15-8 校验文件

```
//校验文件
assetsManager.setVerifyCallback(function (filePath, asset) {
```

```
    var md5 = calculateMD5(filePath);
    if (md5 === asset.md5)
        return true;
    else
        return false;
});
```

当用户环境中已经包含一个本地缓存版本时，热更新管理器会比较缓存版本和应用包内版本，使用较新的版本作为本地版本。如果在游戏运行时服务器的版本有更新，热更新管理器在更新过程中，按照正常流程会使用临时文件夹来下载服务器版本。当服务器版本更新成功后，临时文件夹的内容会被复制到本地缓存文件夹中，如果有同名文件则覆盖，最后删除临时文件夹。需要注意的是，这个过程并不会删除本地缓存中的原始文件，因为这些文件仍然可能是有效的，只是它们没有在这次版本中被修改。

版本更新的方式有两种，在设计小版本热更新的时候，也要考虑如何进行大版本的更新，当每次大版本更新的时候，需要将热更新的文件清理，否则就会出现新文件被旧文件覆盖的情况，清理文件操作见代码清单 15-9。

代码清单15-9　清理文件

```
//清理更新文件
//之前版本号
var previousVersion =
parseFloat(cc.sys.localStorage.getItem('currentVersion'));
//当之前版本号比现有版本号大的时候
if (previousVersion < game.currentVersion) {
    //清理热更新的储存路径
    jsb.fileUtils.removeDirectory(storagePath);
}
```

15.2.2　Cocos 引擎的热更新的使用方法

1）搭建热更新系统，首先要生成 manifest 文件，可以使用 JavaScript 脚本生成配置文件，这是一个 manifest 的 Node.js 脚本，下载地址为 https://github.com/cocos-creator/tutorial-hot-update/blob/master/version_generator.js。

使用方式如下所示。

```
node version_generator.js -v 1.0.0
-u http://your-server-address/tutorial-hot-update/remote-assets/
-s native/package/ -d assets/
```

其中，“-v”对应的是 manifest 的版本，“-u”是服务器服务器包的地址，“-s”是与原生本地包相对路径，“-d”是 manifest 的地址。

2）搭建服务器端，这部分不在本书讨论的范围内，任何搭建服务器端的方法都可以，需要根据你对应的服务器开发人员来做相应的选择。

3）打原生包，一款游戏需要发布，但是如果要加入热更新功能，则需要加入对应的代码，比如添加搜索路径等，见代码清单 15-10。

代码清单15-10 添加搜索代码

```
if (cc.sys.isNative) {
    var hotUpdateSearchPaths =
    cc.sys.localStorage.getItem('HotUpdateSearchPaths');
    if (hotUpdateSearchPaths) {
        jsb.fileUtils.setSearchPaths(JSON.parse(hotUpdateSearchPaths));
    }
}
```

这部分代码需要加入到 main.js 中，Cocos2D-X 提供的搜索路径功能，可以使优先级更高的文件夹覆盖原有的文件，文件夹的搜索路径是在上一次更新的过程中使用 cc.sys.localStorage（符合 Web 标准的 Local Storage API）固化保存在用户机器上，HotUpdateSearchPaths 这个键值是在 HotUpdate.js 中指定的，保存和读取过程使用的名字必须匹配。

4）使用 Downloader 下载文件，对比完版本后，需要下载对应的文件，Downloader 的具体使用见代码清单 15-11。

代码清单15-11 Downloader的使用

```
onLoad () {
    //创建Downloader
    this._downloader = new jsb.Downloader();

    //下载成功回调
    this._downloader.setOnFileTaskSuccess(
    this.onSucceed.bind(this));

    //下载进展回调
    this._downloader.setOnTaskProgress(
    this.onProgress.bind(this));
    //下载失败回调
    this._downloader.setOnTaskError(
    this.onError.bind(this));

    //搜索文件夹
    this._storagePath = jsb.fileUtils.getWritablePath()
    + '/example-cases/downloader/';
    this._inited = jsb.fileUtils.createDirectory(this._storagePath);
},

//下载成功回调
onSucceed (task) {
}

//下载进程回调
```

```
onProgress (task, bytesReceived, totalBytesReceived, totalBytesExpected) {
},

//下载失败回调
onError (task, errorCode, errorCodeInternal, errorStr) {
}

//下载进程开始
downloadImg () {
        //创建下载任务
        this._imgTask = this._downloader.createDownloadFileTask(
        this.imgUrl, this._storagePath + 'download1.png');
},
```

15.3　Cocos Creator 与游戏平台 SDK

SDK（Software Development Kit，软件开发包）是一些软件工程师为特定的软件包、软件框架、硬件平台、操作系统等建立应用软件时的开发工具的集合，广义上一般指包括辅助开发某一类软件的相关文档、范例和工具的集合。但在游戏中 SDK 有特殊的含义，一般的游戏上线时都要在各个应用商店进行发行，iOS 系统游戏大多数都在苹果应用市场 App Store 进行发行，有时候会发行到一些“越狱”平台。Android 的应用商店要多很多，尤其国内的各大应用市场不胜枚举，这些发行平台一般都要制作自己独立的 SDK 以供在其平台上发行的游戏接入，一般提供两项主要的功能：登录和支付。登录是为了更好地管理平台上的用户，使他们不会流失；支付，也是最最重要的功能，是为了解决平台分账的问题。平台为游戏推广发行，并帮助游戏获得用户，所以一款游戏的收入需要在游戏开发商、游戏发行商和平台商之间分配。对于大部分游戏来说，如果想要接入更多的平台，获得更多的用户，接入 SDK 是一个前提。同时，接入 SDK 的工作对于很多游戏开发者来说是个头疼的事，而 AnySDK 的出现在一定程度上解决了我们的问题，它使我们无须编写代码便可以接入各个平台，同时可以进行版本管理，本节就来介绍 Cocos Creator 使用 AnySDK 导出项目的方法。

除了 SDK 以外，对于一款移动游戏来说，数据统计是一个重要的功能模块，一般的网络游戏上线前都要开发对应的数据统计平台，游戏的运营人员只有通过数据统计平台的信息，才可以获得用户的反馈，从而使得游戏的数据和投放更加有的放矢。在一款游戏的上线初期，该游戏的运营人员可能会更关注游戏的留存和付费率，运营期可能会对比数据以便及时发现游戏中的一些异常。一般情况下，游戏公司都要自己开发独立的数据统计平台，有些公司也会使用一些第三方的 SDK，但是需要付出一定的时间成本，Cocos Creator 提供了一套独立完善的数据统计平台——Cocos Analytics，只需要配置一些基本信息就可以使用数据统计平台了，本节就介绍如何在 Cocos Creator 中使用 Cocos Analytics。

15.3.1 AnySDK 简介

AnySDK 是一套帮助研发商快速接入第三方 SDK 的解决方案。整个接入过程，不改变任何 SDK 的功能、特性、参数等，对于最终玩家而言是完全透明无感知的。我们的目的是让 CP 研发商可以快速轻松接入第三方 SDK，从而有更多时间去提升游戏的品质。使用 AnySDK 能够快速接入的第三方 SDK 包括：渠道 SDK、用户、支付、广告、统计和分享系统等。研发商只需要在游戏中集成一次 AnySDK Framework，然后通过 AnySDK 提供的可视化打包工具，经过简单的勾选和配置即可完成多达几百个的 SDK 接入工作，并能直接打出各种渠道包。

AnySDK 客户端下载地址为 http://www.anysdk.com/downloads。安装完成后，运行起来就可以配置项目了，配置项目的界面如图 15-4 所示。

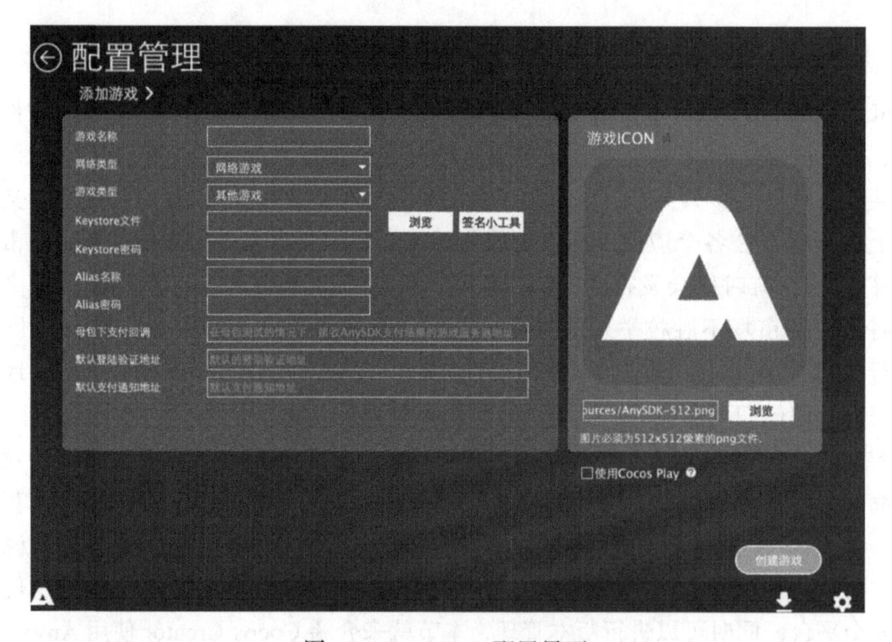

图 15-4 AnySDK 配置界面

使用 AnySDK 接入主要包括 5 步：

1）开通 AnySDK 服务。

2）集成 AnySDK Framework，这也是唯一一次需要开发的部分，你也可以理解为接入一个特殊的 SDK。

3）服务器端接入。

4）使用打包工具生成渠道包。

5）测试和上线发布。

15.3.2 在 Cocos Creator 中使用 AnySDK

为了更好地支持 AnySDK,Cocos Creator 提供了独立的扩展界面，可通过“扩展”→“AnySDK”进入 AnySDK 界面，如图 15-5 所示。

图 15-5 Cocos Creator 中的 AnySDK 配置界面

需要说明的是：Keystore 文件、Keystore 密码、Alias 名称、Alias 密码，这四个字段是关于 APK 的签名信息，在打包完成时我们需要对打出来的包进行签名，才能够正常安装（若是后面有配置渠道签名，则打包以渠道签名为主，若是没有则以游戏签名为主，若是此处不填写则将使用 AnySDK 自带默认签名，建议填写你的签名信息，优先级为：渠道签名 > 游戏签名 > AnySDK 自带签名）。

配置完成后，就可以在 Cocos Creator 中的导出界面中选择集成 AnySDK 选项了。根据不同的需求，在代码中调用对应的 AnySDK 接口就可以使用对应的服务了。目前包含的 AnySDK 服务有用户系统、支付系统、统计系统、分享系统、广告系统、推送系统、崩溃分析系统和广告追踪系统等，需要说明的是，目前 HTML5 版本的导出仅限于 AnySDK 的企业版用户。

需要注意的是，在 Cocos Creator 2.0 版本中，已经不再有 AnySDK 的界面，点击扩展”→“AnySDK”将直接进入 AnySDK 的界面。

具体 AnySDK 的使用，可以参照 AnySDK 的官方文档的 API 介绍进行代码的开发，文档地址为 http://docs.anysdk.com。

15.3.3 Cocos Analytics 简介

数据统计平台的信息可以帮助游戏运营商获得用户的反馈，从而使得游戏的数据和投放更加有的放矢。从 1.7.0 版本开始，Cocos Creator 支持了数据统计系统，只需要进行简单的设置就能够开启，方便在游戏开发过程中快速接入。Cocos Analytics 为开发人员提供符合行业标准的运营分析指标，简单而实用，并及时便捷地监测游戏生命周期中的运营状况，使他们可以更专注地进行游戏开发。

Cocos Analytics 目前可在 iOS、Android 和 HTML5 三个平台上运行，在不同的平台有不同的 SDK，下载地址：https://analytics.cocos.com/docs/get_sdk.html。

接入 Cocos Analytics 主要有如下几个步骤。

1）创建游戏，在 https://open.cocos.com/app 上创建游戏，如图 15-6 所示。

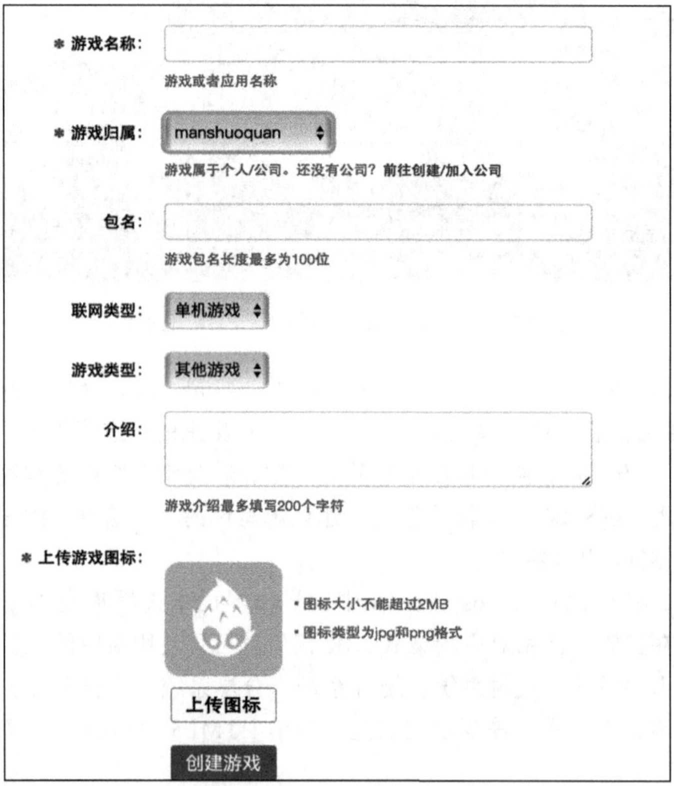

图 15-6 后台创建游戏界面

创建游戏后，就可以获得 AppID 和 AppSecret，用于游戏的接入。

2）开通统计服务，创建游戏后，进入游戏中心页面，点击统计服务，即可开通统计服务，开通统计后，就可以看到游戏数据的统计，如图 15-7。

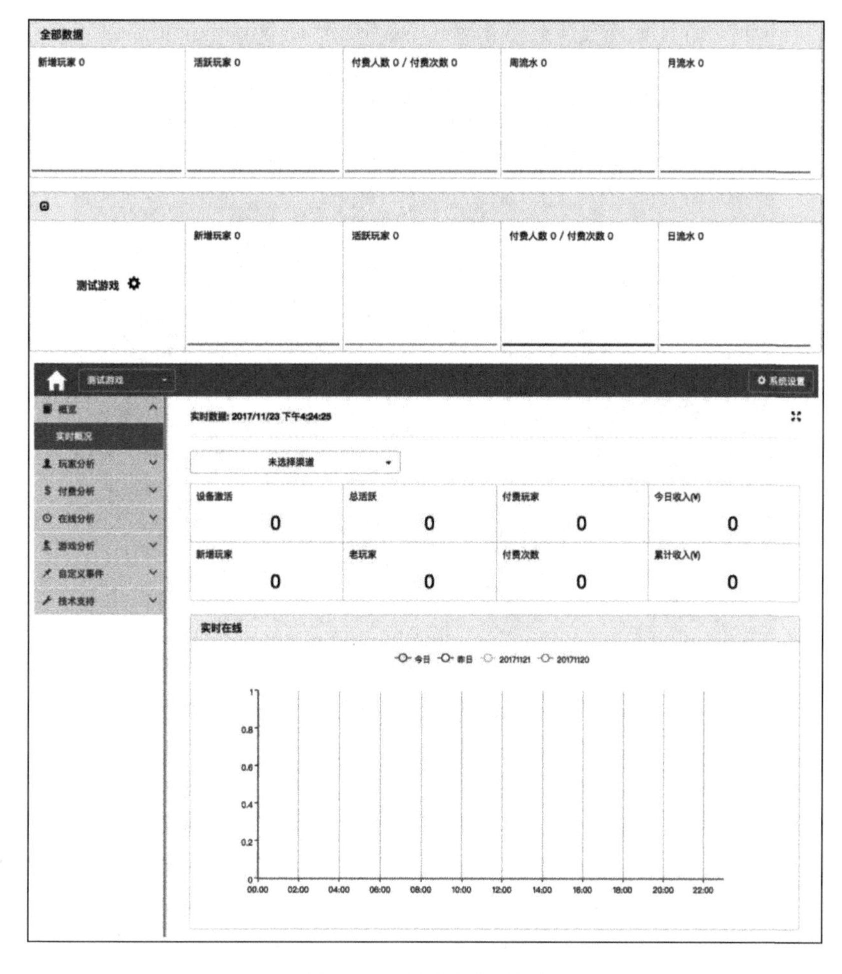

图 15-7　后台统计界面

3）根据选择的平台，接入对应的 SDK。Cocos Analytics 目前支持 iOS、Android 和 HTML5 三个平台，在不同的平台有不同的 SDK，需要不同的接入。具体方法可查阅相关参考文档。接入文档地址：https://analytics.cocos.com/docs/integration.html。

4）调试测试，接入后，就可以进行调试测试，确定游戏的数据可以反应到后台后，就可以完成接入数据统计系统了。

15.3.4　在 Cocos Creator 中使用 Cocos Analytics

Cocos Creator 中提供了一键集成 Cocos Analytics 的功能，可以省去开发者接入 SDK 的工作量，支持 iOS、Android 和 HTML5 平台。

打开项目设置面板，路径为“菜单栏→项目→项目设置”，在服务中可以选择 Cocos Analytics 设置，如图 15-8 所示。

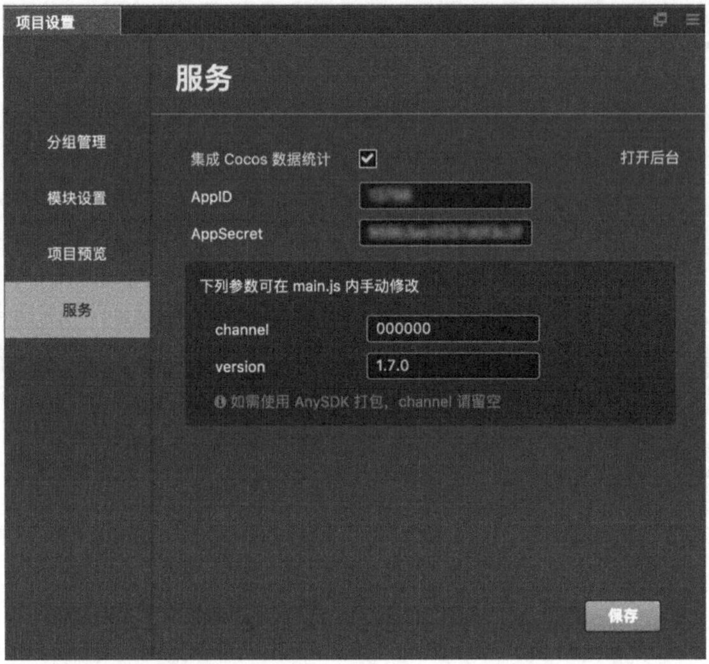

图 15-8 Cocos Creator 中接入 Cocos Analytics 界面

其中 AppID 和 AppSecret 是在游戏创建界面中获得的，channel 和 version 是渠道 ID 和版本号。这两个参数可以任意设置，只要在获取统计结果时能够区分就行。在原生平台上，渠道 ID 如果为空并且由 AnySDK 打包，启动时就会自动读取 AnySDK 打包后的渠道 ID。

游戏加载后，统计 SDK 会在项目构建后的 main.js 文件中初始化，并且传入上面设置的参数。如果有批量发布的需要，也可以手动在 main.js 中修改这些参数。初始化后，就能直接调用统计的 SDK，发送各种统计数据给服务器。

15.4 本章小结

本章介绍 Cocos Creator 中的网络和 SDK 的接入，Cocos Creator 提供了用于短连接的 XMLHttpRequest 和用于长连接的 WebSocket，这其实是 Web 平台上浏览器支持的两个接口，Cocos Creator 秉承了跨平台的“一套代码，多平台”运行的特性；了解了网络协议的原理和在 Cocos 中的使用以后，本章介绍了一个网络相关的应用——热更新，热更新是为游戏运行时动态更新资源而设计的，其中的资源可以是贴图、动画、音乐音效，甚至是脚本。在游戏漫长的运营周期中，热更新可绕过各个渠道平台的审核机制，达到快速更新迭代产品的目的。最后本章介绍了 Cocos Creator 中接入 SDK 的方法，Cocos Creator 集成了 AnySDK 和 Cocos Analytics 的相关功能，使用户可以轻松使用。

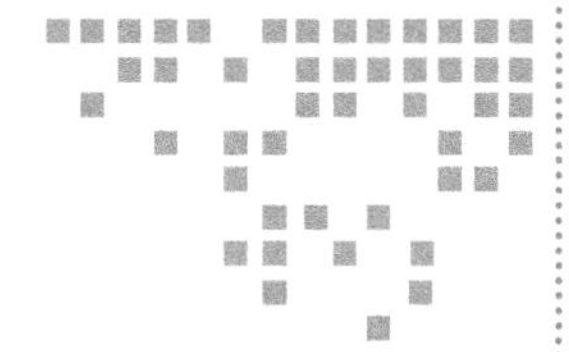

第 16 章 Chapter 16

游戏开发优化

本书的大部分章节都在介绍如何使用 Cocos Creator 引擎开发游戏，大多数内容都是关于使用引擎的介绍。引擎的使用是开发游戏的基础，它固然重要，但是，想要成为一个合格的游戏工程师，仅仅掌握一门编程语言，或者一个游戏引擎的使用是远远不够的。当游戏引擎不能满足我们的开发需求时，我们要尝试去改造游戏引擎；当游戏的设计架构不满足扩展性时，我们要尝试用更好的设计模式来重构游戏；当游戏的性能遇到了瓶颈的时候，我们要尝试优化游戏的性能。

本章介绍游戏开发的优化，这个“优化”不止是性能方面的，也有代码和设计方面的，同时，对于一款游戏引擎最重要的部分，你也应该对游戏引擎的渲染部分有一定了解。本章将首先介绍 Cocos 引擎的底层渲染框架和原理，介绍 OpenGL ES 的基本渲染流程和可编程管线，介绍 Cocos2D-X 的渲染架构和 Shader 以及如何在 Cocos Creator 项目中使用 Shader；然后介绍 Cocos 引擎和游戏开发中常用的设计模式，以及如何用这些设计模式优化代码结构；最后介绍一些 Cocos 引擎游戏的性能优化方法，包括包体大小的优化、内存的优化和游戏运行效率的优化等。

16.1 Cocos 引擎渲染原理

Cocos Creator 是基于 Cocos2D-X 开发的一款编辑器类的游戏引擎，Cocos2D-X 引擎作为一个基于 OpenGL ES 的二维游戏引擎，它主要的功能是将 OpenGL 的绘制功能封装在更加贴近游戏中的对象里，因此它的主要设计思路是将游戏的各个部分抽象成特殊的概念，包括导演、场景、布景层和人物精灵，然后用这些接近游戏中的概念的对象来封装 OpenGL ES 的渲染，更好地供游戏开发者调用。

Cocos2D-X采取的是一种层级管理的结构，这种结构就是，导演类直接控制整个游戏的根节点，既场景，再由场景控制子节点布景层之间的切换，最后是布景层控制所有显示的节点，任何二维游戏都是通过不同的图片通过不同的位置，显示层次拼接而成的。渲染树是由各种游戏元素按照层次关系构成的树结构。

Cocos2D-X 3.0版本之前的渲染系统是通过每个节点递归地调用visit函数再在visit函数中调用绘制函数，最后再调用底层的OpenGL ES函数来绘制，但是这样造成了两个问题：一是渲染和游戏逻辑混在一起，代码结构不清晰；二是绘制顺序的灵活性没有了，后调用visit函数的节点肯定会覆盖先调用visit函数的节点，也就是说节点被加入场景中的顺序决定了绘制的顺序，这样一来，如果我们想改变节点的遮挡顺序的话，就必须要重新排序，使用起来非常麻烦，并且运行效率非常低。对此Cocos2D-X 3.0对于渲染系统进行了比较大的改动，将渲染指令存入一个队列中，等待进一步处理，这样做首先从设计上分离了渲染和游戏逻辑，其次让渲染有了更多的灵活性，队列中的渲染命令还没有被执行就有被修改的可能，同时将调用OpenGL ES的渲染逻辑代码从主线程分出去单独开了一个线程，这样引擎会在多核CPU的设备上有更好的性能表现。

本节就来详细介绍Cocos2D-X引擎的渲染原理，由于Cocos2D-x的渲染功能是基于OpenGL ES进行开发，所以本节就首先介绍OpenGL ES。

16.1.1 OpenGL ES简介

OpenGL（开放图形程序接口，Open Graphics Library）是一个跨编程语言，跨平台的图形程序接口，它是行业内应用最为广泛的图形应用程序接口，自诞生至今已催生了各种计算机平台及设备上的数千款优秀应用程序。OpenGL是独立于视窗操作系统或其他操作系统的，亦是网络透明的。在包含CAD、内容创作、能源、娱乐、游戏开发、制造业、制药业及虚拟现实等的行业领域中，OpenGL帮助程序员实现在PC、工作站、超级计算机等硬件设备上的高性能、极具冲击力的高视觉表现力图形处理软件的开发。

OpenGL ES（嵌入式系统开放图形程序接口，OpenGL for Embedded System）是免授权费的、跨平台的、功能完善的2D和3D图形应用程序接口API，主要针对多种嵌入式系统专门设计，包括控制台、移动电话、手持设备、家电设备和汽车。它是OpenGL图形接口的子集，由OpenGL删减定制而来，去除了glBegin/glEnd、四边形和多边形等复杂图元的许多非绝对必要的特性。OpenGL ES包含浮点运算和定点运算系统描述以及EGL针对便携设备的本地视窗系统规范。OpenGL ES面向功能固定的硬件所设计并提供加速支持、图形质量及性能标准。

从OpenGL ES 2.0版本开始，OpenGL ES引入了可编程管线的概念。所谓可编程管线，是相对于固定编程管线而言的，固定编程管线即标准的几何和光照管线，它的功能是固定的，但是渲染结果可以通过OpenGL中的状态机的数据进行控制。

OpenGL 是一个状态机。它将一直处于被指定的各种状态或模式中，直到状态被修改为止。比如当前颜色就是一个状态，可以将当前的颜色设置为红色或其他任意一种颜色，接下来的物体都用这种颜色绘制，直到被设置为其他颜色。OpenGL 中存储了很多状态变量，比如当前视点变化和投影变换、直线和多边形的点画模式、多边形绘制模式、像素封装方式、光源的位置和特征、物体的材质属性等内容，还有很多状态实际上是模式，可以使用函数 glEnable 和 glDisable 来启用和禁用这些模式。

OpenGL 的整个渲染过程被称为渲染流水线，无论是固定编程管线还是可编程管线，都遵循这个操作顺序，如图 16-1 所示。

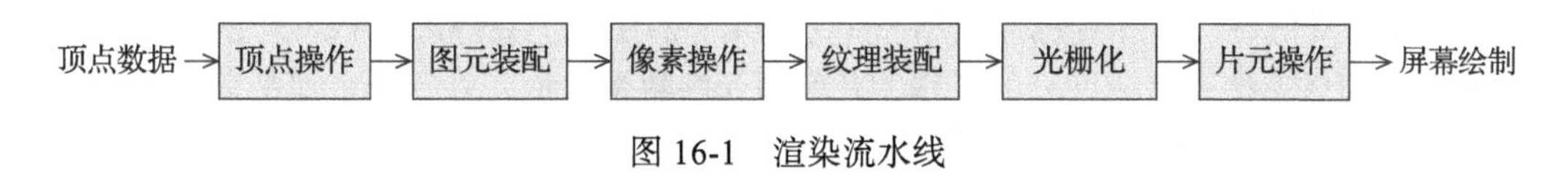

图 16-1　渲染流水线

1）顶点操作：这部分操作把顶点数据转换成图元，需要对顶点做一系列转换。

2）图元装配：对输入的图元信息进行变换和裁剪操作，输出结果是完整的图元，变换和裁剪后的顶点及相关颜色、深度、纹理坐标值和光栅化准则。

3）像素操作：将内存中的像素数组进行拆封，对数据进行缩放、偏移和像素映射，然后对得到的数据进行截取，并将其写入纹理内存或发送给光栅化操作进行处理。

4）纹理装配：将纹理图像黏贴到几何物体上，如果使用了多个纹理图像，则将它们存储在纹理对象中，这样可以方便在它们之间进行切换。

5）光栅化：将几何数据和像素数据转换为片元，每个片元都对应于帧缓存中的一个像素，这个阶段确定了每个片元的颜色和深度值。

6）片元操作：将片元值写入帧缓存之前，进行一系列操作，可能会丢弃一些片元，比如裁剪和剔除等操作。

我们可以这样理解，渲染流水线内部有两台机器，一台负责顶点变换、光照、纹理坐标变换和裁剪等顶点变换操作，另一台负责纹理应用和环境，颜色求和、雾应用和抗锯齿等片段操作，我们调用相应函数并传入相应的参数来执行这些操作，如同我们通过按钮操作机器，我们并不知道也不能控制机器的内部流程。

可编程管线就是在渲染流水线的基础上，在顶点操作和片元操作等步骤加入了可编程的功能，可以通过代码定制某个阶段的操作方式。

16.1.2　可编程管线

相比固定编程管线，可编程管线更加灵活。在可编程管线中，着色器扮演了重要的角色，可以通过编程完全控制着色器的处理方式。渲染流水线的步骤中，顶点着色器和片元着色器都是必要的，其余的着色器是可选的，可编程渲染流水线的处理过程如图 16-2 所示。

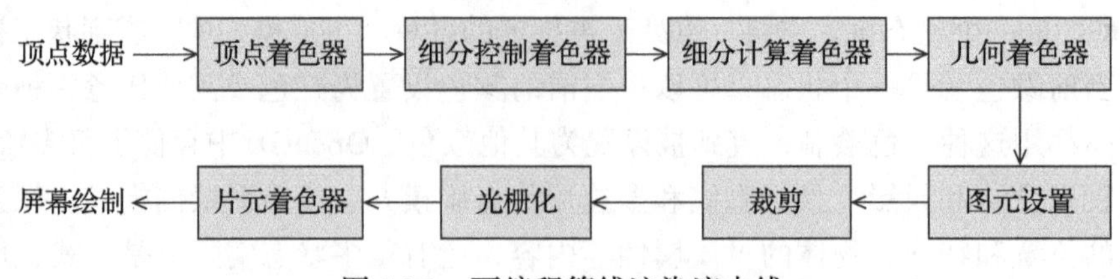

图 16-2 可编程管线渲染流水线

1）顶点着色器：顶点着色器处理顶点数据并把数据传递给下一阶段，一个复杂的程序可能包含多个顶点着色器，但是同一时刻，只有一个着色器起作用。

2）细分着色器：细分着色器使用一个 Patch 来描述一个物体的形状，并使用相对简单的 Patch 几何体连接来完成细分的工作，几何图元的数量增加，外观会更加平滑，通常细分着色器会分为控制着色器和计算着色器两个阶段。

3）几何着色器：允许在光栅化之前对每个几何图元做进一步的处理，例如创建一个新的图元。

4）图元设置：将顶点数据转换成为几何图元，将顶点和几何图元之间组织起来。

5）剪切：裁剪落在视口之外的区域。

6）光栅化：生成片元，但是这些片元只是"候选"，也有可能被最后剔除。

7）片元着色器：通过编程控制屏幕上显示的像素，片元着色器非常强大，可以计算显示颜色和深度值，会使用纹理映射的方式，对顶点处理阶段所计算的颜色值进行补充，如果觉得哪个片元不需要绘制，也可以在这个阶段丢弃。

顶点着色器决定了片元的位置，片元着色器决定了片元的样子。

8）逐片元操作：处理独立片元的过程，使用深度测试和模板测试决定片元是否可见。

16.1.3 着色器

OpenGL 从 2.0 版本开始引入了基于着色器的图形编程机制，从而支持 OpenGL 着色语言（OpenGL Shading Language，GLSL）。我们可以通过着色语言用自定义的程序来替代那些固定功能的管线。需要注意的是，由于应用程序对于速度的要求不断提高以及硬件的发展，OpenGL 和 GLSL 依然处于不断的发展与完善中。

GLSL 并不是一个独立完整的程序或者项目工程，GLSL 着色器程序本身可以理解为字符串，这个字符串从程序内部的 OpenGL 函数接口进入。这些字串集会传送到硬件厂商的驱动程序，着色器可从程序内部定义字符串或读入纯文字档来（读入字符串）即时建立，最终都会以字符串形式传送到驱动程序。

Cocos2D-X 的 3.0 版本基于 OpenGL ES 的 2.0 版本，该版本全部顶点和片段处理都需要通过着色器来完成，而且 OpenGL ES 是 OpenGL 的一个精简版本，所以需要注意的是，Cocos2D-X 提供的并不是一个功能完整的 GLSL，但是几乎也可以满足我们的需求了。

着色器语言与 C 语言有很多相似点，语法规则基本相同，两者拥有相同的整数和无符号整数集、循环和条件结构、运算符以及预处理功能等。但是也有些不同，包括去掉了一些 C 语言的某些功能项，并加入了输入变量 / 输出变量，可以控制着色器之间的数据传递，并对操作符和函数进行了适度扩展。本节从一段程序示例讲起，逐步介绍着色器语言，首先来看一个着色器的例子，代码如下所示。

```
#ifdef GL_ES
precision mediump float;
#endif
uniform sampler2D u_texture;
varying vec2 v_texCoord;
varying vec4 v_fragmentColor;
void main(void)
{
float alpha = texture2D(u_texture, v_texCoord).a;

float grey = dot(texture2D(u_texture, v_texCoord).rgb, vec3(0.299, 0.587, 0.114));
gl_FragColor = vec4(grey, grey, grey, alpha);
}
```

这是一段把图片灰化的着色器语言代码，我们在后面的示例程序中还会用到这个例子。可以看到，大部分代码的特点和 C 语言类似，不同之处就是修饰符不一样。那是因为除了 C 语言的布尔型、整型和浮点类型之外，着色器语言还有一些“专属”的类型。着色器语言的类型修饰符见表 16-1。

表 16-1　着色器语言的类型

类　型	描　述
bvec2,bvec3,bvec4	包含 2、3、4 个布尔变量成分（数量以后缀名为准）的向量
ivec2,ivec3,ivec4	包含 2、3、4 个整型变量成分（数量以后缀名为准）的向量
vec2,vec3,vec4	包含 2、3、4 个浮点型型变量成分（数量以后缀名为准）的向量
mat n * m	n * m（n 和 m 为任意整数）浮点型矩阵
sampler1D, sampler2D, sampler3D	引用 1D、2D、3D 纹理常量

可以看到上述代码里使用到了 sampler2D、vec2 以及 vec4 内容。

另外除了 C 语言本身具有的 const 等修饰符外，shader 着色器中还有些“专属”的修饰符，见表 16-2。

表 16-2　类型限定符

类　型	描　述
attribute	仅可在顶点着色器中进行访问，并且是只读变量，可以访问顶点数据，包括 float、vec 以及 mat 数据类型
uniform	在图元中保持不变的全局变量，只读变量，可以用于任意基本数据类型以及结构和数组
varying	顶点着色器和片断着色器之间通讯的变量，片段着色器不进行写操作

除了以上两种“陌生的”符号外，还有一个 dot 函数，这是着色器语言包含的几何函数，具体几何函数的介绍见表 16-3。

表 16-3 几何函数

类 型	描 述
length	向量长度计算
distance	两点间距离
dot	向量点积，如向量（x，y)(a，b）的点积就是 x * a + y * b
cross	向量叉积
normalize	同方向的单位向量

和 C 语言一样，着色器语言也是从 main 函数开始，当然也可以自定义函数，函数也有一些新的参数类型，比如形式参数复制并不返回的 in（默认形式)，函数结束后返回的 out（不需要传值）以及既是输入又是输出的 inout。

函数的最后一句，又出现了一个“从来没有被定义”的“gl_FragColor”，这又是何方神圣？由于着色器语言并不获得任何输入（直接读取图片或文件）也不做终端的绘制工作，我们可以把它理解为是一个流水线上的一步，这样的一步需要前一步的输入以及进行后一步的输出，它只是一个“中介”，于是就有了负责和“中介”交流的内置变量，“gl_FragColor”就是比类变量，表 16-4 是输入属性，16-5 是输出属性。

表 16-4 输入属性

名 称	描 述
gl_Vertex	物体空间的顶点位置
gl_Color	顶点颜色
gl_Normal	顶点法线
gl_MutiTexCoordn	顶点纹理坐标
gl_FogCoord	顶点雾坐标
gl_TextCoord	纹理坐标的只读插值输入数组

表 16-5 输出属性

名 称	描 述
gl_Vertex	物体空间的顶点位置
gl_FragColor	颜色，用于后面的像素操作
gl_FragData[]	任意数据数组输出，不能与 FragColor 共用
gl_FragDepth	深度输出，如果没有被写入，则值为固定功能的管线
gl_TexCoord[]	纹理坐标 varying 数组

（续）

名　称	描　述
gl_FogFragCoord	雾坐标 varying 数组
gl_ClipVertex	用户裁剪平面的裁剪坐标输出
gl_FrontColor	正面主颜色的输出
gl_BackColor	背面主颜色的输出
gl_PointSize	以像素为单位的需要进行光栅化的点输出

通过对于这些“陌生”的“小伙伴们”的了解，回过头去再看这段代码就知道了是通过输入的二维纹理 u_texture，首先获得 alpha 值，然后通过 dot 得到灰度值，最后把灰度值和保持不变的 alpha 值赋给 gl_FragColor 进行图片的灰化绘制。

上面着色器的例子是一个将图片灰化的例子，那么什么时候我们会用到图片灰化呢？比如我们让按钮无效时需要将按钮置灰时就需要使用这个 shader 程序，本章的后续内容将具体演示使用这个 shader 的过程。

这其实就是一个简单的片断着色器的例子，对灰化的结果还可以对颜色进行调色，首先获得这个颜色的灰度值，然后把灰色值乘以一个颜色向量，这个颜色向量加强某些颜色通道，并减弱其他颜色通道的强度，代码如下所示。

```
#ifdef GL_ES
precision mediump float;
#endif
uniform sampler2D u_texture;
varying vec2 v_texCoord;
varying vec4 v_fragmentColor;
void main(void)
{
    float alpha = texture2D(u_texture, v_texCoord).a;

    float grey = dot(texture2D(u_texture, v_texCoord).rgb, vec3(0.299, 0.587, 0.114));
    gl_FragColor = vec4(grey * vec3(1.2,1.0,0.8), alpha);
}
```

代码清单 16-3 实现了一个照片曝光的反色效果，算法很简单，获得图片的 RGB 值（0.0 到 1.0，如果以 255 为基准的色值需要除以 255），然后用 1 减去这个色值，就可以获得相应的反色效果，如下代码所示。

```
void main(void)
{
    gl_FragColor.rgb = 1.0 - gl_Color.rgb;
    gl_FragColor.a = 1.0;
}
```

介绍完了片断着色器的示例，再来看一个顶点着色器的示例，代码如下所示。

```
void main(void)
{
    gl_Position = gl_ModelViewProjectionMatrix * gl_Vertex;
    gl_FrontColor = gl_Color;
}
```

第一句将模型视图和投影矩阵结合在一起，称为 MVP 矩阵，把位置转换到裁剪空间，第二句将顶点的颜色从输入复制到输出。

顶点着色器也用于增加光照效果：

```
void main(void)
{
    gl_Position = gl_ModelViewProjectionMatrix * gl_Vertex;
    vec3 N = normalize(gl_NormalMatrix * gl_Normal);
    vec4 V = gl_ModelViewMatrix * gl_Vertex;
    vec3 L = normalize(lightPos[0] - V.xyz)
    float NdotL = dot (N,L)
    gl_FrontColor = gl_Color * vec4(max(0.0, NdotL))
}
```

这段代码使用了比较复杂的算法，其中 N 是顶点的单位法线，L 表示从顶点到光源的单位向量方向，通过计算 N×L 的乘积与 0 比较，再取较大值，乘以贴图的颜色，可获得光照处理后的颜色，得到散射光照效果（这实际上是一个散射光照的方程式）。

如果要更深入地介绍着色器语言，那么可能需要一本书的篇幅来讲解，而且，从之前的例子可以发现，着色器关联的是一些图形学的算法，所以我们需要在使用时根据实际需要搜索相关的算法，推荐一个非常好的学习 shader 的工具，同时也是一个所见即所得的 shader 编辑器——shaderific，我们可以从它的官方网站上获得这个应用的相关信息，它的应用图标见图 16-3。

图 16-3 Shaderific 图标

shaderific 是一个可以运行在 iOS 操作系统上的所见即所得的着色器语言编辑器，它非常适合移动开发者的是，它是运行在 iOS 设备上的，所以完全是基于 OpenGL ES 版本。这和 Cocos2D-X 的原理是一样的，也就是说，我们完全可以把在 shaderific 编辑好的 shader 程序移到 Cocos2D-X 中使用，而完全不用担心兼容性的问题。图 16-4 和 16-5 分别是编辑文件界面和显示效果界面。

在参考资料方面，可以参考机械工业出版社出版的《OpenGL 编程指南》，来进一步深入学习 OpenGL 的相关知识和 shader 语言的特性，本章侧重在 shader 的基础介绍与 shader 在 Cocos Creator 引擎中的使用。

```
01 - DepthShader

//
//  DepthShader.vsh
//  created with Shaderific
//

attribute vec4 position;

uniform mat4 modelViewProjectionMatrix;
uniform vec4 materialDiffuseColor0;

varying lowp vec4 colorVarying;

void main()
{

    float z = (position.z + 0.5) * 1.2;

    colorVarying =
      vec4(materialDiffuseColor0.x * z,
      materialDiffuseColor0.y * z,
      materialDiffuseColor0.z * z, 1.0);
    gl_Position = modelViewProjectionMatrix *
      position;

}
```

```
//
//  DepthShader.fsh
//  created with Shaderific
//

varying lowp vec4 colorVarying;

void main()
{

    gl_FragColor = colorVarying;

}
```

图 16-4 shaderific 的 shader 文件编辑器

图 16-5 运行 shader 效果界面

16.1.4 Cocos 引擎渲染原理

前文提到，Cocos2D-X 3.0 版本的一个重大改变就是整个渲染系统的修改，具体改动如下：

1）将渲染从场景树上解耦，这是这次渲染部分重构最重要的一个修改，这个改动解决了之前的渲染系统存在的两个重大的问题。在 visit 函数中不再调用任何 OpenGL 函数，而是将渲染指令存入一个队列中，等待进一步处理，这样做首先从设计上分离了渲染和游戏逻辑，第二是让渲染有了更多的灵活性，队列中的渲染命令只要还没有被执行就有被修改的可能，从而解决了之前的两个问题。

2）渲染线程，将调用 OpenGL 的渲染逻辑代码从主线程分出去单独开了一个线程，这样引擎会在多核 CPU 的设备上有更好的发挥。

3）自动裁剪和自动加入批处理精灵，这两个功能点都对效率有显著的提升，首先自动裁剪将屏幕外的节点自动不调用绘制。然后将使用相同图片的精灵的渲染采用批处理的方法，减少的函数的调用次数。这两个功能都是由于将渲染命令提前存入队列中，然后在对队列进行再处理才变得可行的。

4）自定义节点，可以以节点为单位自定义 OpenGL 命令。另外一个特点就是不止支持二维渲染，对三维渲染也有同样的支持。

5）全新的渲染排序函数，之前引擎，改变节点间的遮挡关系是件相当麻烦的，这也对 Cocos2D-X 可开发的游戏类型是个制约，虽然可以通过调用 setZOrder 的函数来实现改变节点间的前后顺序，从而改变渲染顺序，改变遮挡关系。可是这些节点如果在不同的父节点上，那么它们所属父节点的遮挡顺序也将决定它们之间的遮挡顺序，这样就有了“本地”遮挡关系和“全局”遮挡关系两个方面，Cocos2D-X 的 3.0 版本由于不是直接在 visit 中调用，而是将渲染指令存入到队列中，就使在处理遮挡关系方面更加的灵活，我们可以通过调用 setLocalZOrder 和 setGlobalZOrder 来分别处理不同的遮挡关系的需求，灵活地为节点排序。

在主线程的循环里，会调用导演类 Director 的 drawScene 函数调用绘制场景函数，场景绘制函数，见代码清单 16-1。

代码清单16-1 绘制场景函数

```
//绘制场景
void Director::drawScene()
{
    //计算间隔时间
    calculateDeltaTime();

    if (_openGLView)
    {
        _openGLView->pollEvents();
    }

    //非暂停状态
    if (! _paused)
    {
        _eventDispatcher->dispatchEvent(_eventBeforeUpdate);
        _scheduler->update(_deltaTime);
        _eventDispatcher->dispatchEvent(_eventAfterUpdate);
```

```
    }

    _renderer->clear();
    experimental::FrameBuffer::clearAllFBOs();

    _eventDispatcher->dispatchEvent(_eventBeforeDraw);

    //切换下一场景，必须放在逻辑后绘制前，否则会出bug
    if (_nextScene)
    {
        setNextScene();
    }

    pushMatrix(MATRIX_STACK_TYPE::MATRIX_STACK_MODELVIEW);

    //绘制场景
    if (_runningScene)
    {
#if (CC_USE_PHYSICS || (CC_USE_3D_PHYSICS && CC_ENABLE_BULLET_INTEGRATION) || CC_
     USE_NAVMESH)
        _runningScene->stepPhysicsAndNavigation(_deltaTime);
#endif
        //clear draw stats
        _renderer->clearDrawStats();

        //render the scene
        _openGLView->renderScene(_runningScene, _renderer);

        _eventDispatcher->dispatchEvent(_eventAfterVisit);
    }

    //绘制观察节点，如果你需要在场景中设立观察节点，请调用摄像机的setNotificationNode函数
    if (_notificationNode)
    {
        _notificationNode->visit(_renderer, Mat4::IDENTITY, 0);
    }

    updateFrameRate();

    //绘制屏幕左下角的状态
    if (_displayStats)
    {
#if !CC_STRIP_FPS
        showStats();
#endif
    }
    //渲染
    _renderer->render();
    //渲染后
```

```
    _eventDispatcher->dispatchEvent(_eventAfterDraw);

    popMatrix(MATRIX_STACK_TYPE::MATRIX_STACK_MODELVIEW);

    _totalFrames++;

    //缓存的界面交换显示
    if (_openGLView)
    {
        _openGLView->swapBuffers();
    }
    //计算绘制时间
    if (_displayStats)
    {
#if !CC_STRIP_FPS
        calculateMPF();
#endif
```

其中和绘制相关的是 visit 的调用和 render 的调用，其中 visit 函数会调用节点的 draw 函数，在 3.0 之前的版本中，draw 函数就会直接调用绘制代码，3.0 版本是在 draw 函数中将绘制命令存入 renderer 中，然后由 renderer 函数去进行真正的绘制，想要理解 draw 函数，要去看具体节点的绘制函数，看精灵类 sprite 的绘制函数。代码如下所示。

```
_trianglesCommand.init(_globalZOrder,
                       _texture,
                       getGLProgramState(),
                       _blendFunc,
                       _polyInfo.triangles,
                       transform,
                       flags);

renderer->addCommand(&_trianglesCommand);
```

在具体节点的 draw 函数中，只是将这个节点的具体信息传递给 renderer，真正的绘制都在 renderer 中进行。具体的绘制流程如图 16-6 所示。

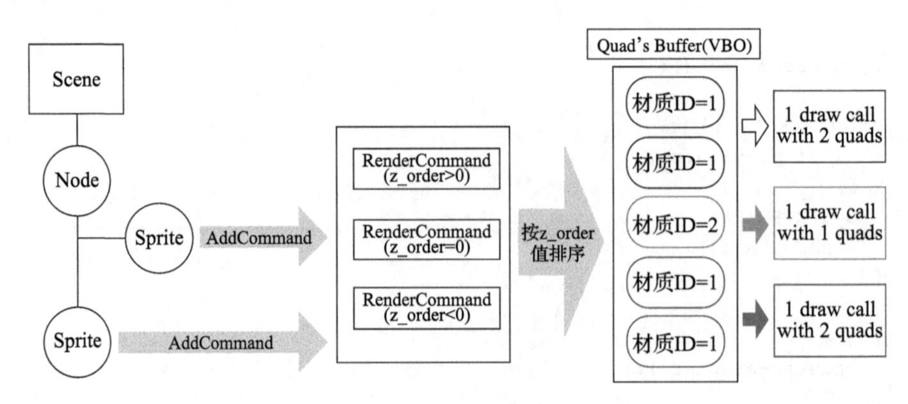

图 16-6 Cocos2D-X 3.0 渲染流程

每一个节点都通过 addcommand 将绘制命令传递给 renderer，然后 renderer 进行具体的绘制，目前一共有 7 种绘制命令，见表 16-6。

表 16-6　绘制命令介绍

类　型	描　述
QUAD_COMMAND	所有绘制图片的命令都会调用到这里，处理这个类型命令的代码就是绘制贴图的 OpenGL 代码
CUSTOM_COMMAND	类自定义绘制，自己定义绘制函数，在调用绘制时只需调用已经传进来的回调函数就可以，裁剪节点、绘制图形节点都采用这个绘制，把绘制函数定义在自己的类里。这种类型的绘制命令不会在处理命令的时候调用任何一句 OpenGL 代码，而是调用你写好并设置给 func 的绘制函数，后续文章会介绍引擎中的所有自定义绘制，并自己实现一个自定义的绘制
BATCH_COMMAND	类批处理绘制，批处理精灵和粒子，其实它类似于自定义绘制，也不会在 render 函数中出现任何一句 openGL 函数，它调用一个固定的函数
GROUP_COMMAND	绘制组，一个节点包括两个以上绘制命令的时候，把这个绘制命令存储到另外一个 _renderGroups 中的元素中，并把这个元素的指针作为一个节点存储到 _renderGroups[0] 中。addCommand 有“真假”两个，几乎所有添加渲染命令的地方，调用的都是第一个“假”addCommand，它实际上不是真正把命令添加到 _renderGroups 中，而是获得需要把命令加入到 _renderGroups 位置中的索引，这个索引是从 _commandGroupStack 获得的，_commandGroupStack 是个栈，当我们创建一个 GROUP_COMMAND 时，需要调用 pushGroup 函数，它把当前这个命令在 _renderGroups 的索引位置压到栈顶，当 addCommand 时，调用 top，获得这个位置，GROUP_COMMAND 一般用于绘制的节点有一个以上的绘制命令，把这些命令组织在一起，无须排定它们之间的顺序，它们作为一个整体被调用，所以一定要记住，栈是 push，pop 对应的，关于这个节点的所有的绘制命令被添加完成后，请调用 pop，将这个值从栈顶弹出，否则后面的命令也会被添加到这里
MESH_COMMAND	用于 3D 绘制的命令，绘制网格
PRIMITIVE_COMMAND	绘制图形，比如线、点和三角
TRIANGLES_COMMAND	绘制三角形

16.1.5　在 Cocos2D-X 中使用 shader

Cocos2D-X 渲染的基本单位是节点，所有绘制在屏幕上的对象都是节点或者节点的子类，所以在 Cocos2D-X 引擎中，使用 shader 的基本单位也是节点类，节点类通过调用 setShaderProgram 函数传入一个 GLProgram 对象来设置 shader。GLProgram 相当于一个封装着 shader 程序的对象，本节首先来看 shader 程序的编译执行流程。认识 GLProgram 类和 ShaderCache 类，然后进一步介绍 GLProgram 类的使用方法。

按照规则写好了顶点着色器和片断着色器，若执行它们，需要调用哪些 OpenGL 接口呢？主要分为两大步，创建着色器容器和链接成完整程序，首先来看创建着色器容器的步骤。

1）调用 glCreateShader 创建 shader 容器，参数是 shader 的类（GL_VERTEX_SHADER 代表创建顶点着色器，GL_FRAGMENT _SHADER 代表创建片断着色器）。

2）调用 glShaderSource 以字符串的形式为 shader 输入代码。

3）调用 glCompileShader 编译着色器代码。

创建的着色器容器虽然万事俱备，但是仍然不能让我们看到效果，需要一个“平台”，下面的过程是链接并执行 shader 的步骤。

1）调用 glCreateProgram 创建程序句柄。

2）调用 glAttachShader 将已经封装好的 shader 容器。

3）调用 glLinkProgram 链接程序。

4）调用 glUseProgram 加载并使用定义和链接完成的程序，此时 shader 效果起作用了。

其实你并不需要手动执行这些操作，因为它们早已经被封装进 shader 执行者—GLProgram 中了，但是你依然有必要知道引擎为你做了什么。

GLProgram 是 Cocos2D-X 中 shader 程序的具体执行者，虽然表面上我们调用节点类的 setShaderProgram 是我们需要做的“执行”shader 的工作，其实它只是把这个节点需要的 shader 信息封装在 GLProgram 类里存放在这个节点里，在需要执行的时候，GLProgram 再执行相应的 shader 程序。

GLProgram 继承自 Object，也就是说它的内存管理方式就是 Cocos2D-X 的管理方式。GLProgram 的相关函数介绍，见表 16-7。

表 16-7 GLProgram 相关函数介绍

名 称	描 述
createWithByteArrays	参数以字符串数组形式给出，将顶点着色器代码和片断着色器代码的字符串传入函数初始化 GLProgram
createWithFilenames	将顶点着色器代码（vsh）和片断着色器代码（fsh）的文件名以参数形式传入函数初始化 GLProgram
addAttribute	向着色器传入参数分为颜色参数（a_color）、坐标参数（a_position）和贴图参数（a_texCoord）
link	调用 glLinkProgram 链接程序
logForOpenGLObject	返回 OpenGL 信息字符串
getVertexShaderLog	获得顶点着色器信息字符串，内部调用 logForOpenGLObject
getFragmentShaderLog	获得片断着色器信息字符串，内部调用 logForOpenGLObject
getProgramLog	返回 glCreateProgram 产生的 OpenGL 程序句柄信息
compileShader	调用 glCompileShader 编译 shader 程序
updateUniforms	调用 glGetUniformLocation 获得一致变量的存储位置创建并更新着色器中全局变量的值，并且会在内部调用 use 函数，因此调用了它就不必要调用 use。一般在 link 调用后调用，因为已知变量的存储位置需要在 link 后才能获得
getUniformLocationForName	通过调用 glGetUniformLocation 根据传入的名称获得已知变量的存储位置
updateUniformLocation	返回该已知变量的存储位置是否需要更新，如果需要更新或者值更新则存储到 _hashForUniforms 哈希表中，下次同样的更新则不需要再次更新了，私有函数

（续）

名　　称	描　　述
setUniformLocationWith{n}i setUniformLocationWith{n}f{n} 是 1-4 变量，下面同上	首先调用 updateUniformLocation 检查已知变量的存储位置是否需要更新，如果需要更新则调用 glUniform{n}i 设置，后缀名 i 代表整数，f 代表浮点数
setUniformLocationWith{n}iv setUniformLocationWith{n}fv	功能同上，就是传入的是数组
setUniformsForBuiltins	更新内建的一致变量，流程同上类似
setUniformLocationWithMatrix{n}fv {n} 是 2-4 变量	功能同上，更新对象为矩阵

其中以 init 开头的函数会调用本节前面提到的 shader 执行流程调用 glAttachShader 函数这一步，之后调用 updateUniforms 函数再调用 use 函数，因为函数的名称不能完全概括它的所有操作，所以我们必须了解每个函数为我们做了什么，并且对应完成这个动作的顺序，这样才不会重复调用一个功能（比如 updateUniforms 后面调用 use），或者忘记某个功能的调用。

Cocos2D-X 中大量使用了管理者模式，这种模式就是将资源类的对象放入一个单例中，通过键值对的方式存储，在使用的时候直接通过名字获得相应对象，这样做的好处就是可以统一完整加载的操作，并把信息或者资源存储到程序里，shader 也有这样的一个管理类—shaderCache 作为存放 GLProgram 对象的容器。

管理者是个单例，所以就不必调用他的构造函数，直接调用 sharedShaderCache 就可以获得它的单例对象，具体的功能函数见表 16-8。

表 16-8　shaderCache 相关函数介绍

名　　称	描　　述
loadDefaultShader	通过传入的对象的类型（shader 名称）和 GLProgram 指针初始化相关 GLProgram(调用相关 initWithVertexShaderByteArray 和 addAttribute 等)，这是个私有函数
loadDefaultShaders	加载默认的几个 GLProgram 对象（创建并初始化它们，并且把它们存储到键值对映射表中）
reloadDefaultShaders	重新加载默认的几个 GLProgram 对象，和 loadDefaultShaders 不同之处就是不创建对象，而是获得原对象重新设定值
getProgram	通过名字查找键值对表，获得 GLProgram 对象
addProgram	向键值对表中加入新的 GLProgram 对象

shaderCache 管理着一个以名称和 GLProgram 对象对应的键值对表，通过这个表预加载并存储一些 shader 程序，并在需要时获得并使用，对于在程序中需要重复使用的 shader 程序，可以通过 shaderCache 进行管理和加载。

16.1.6　实例：在 Cocos Creator 中使用 shader

回到我们的主题，本节所有介绍的 OpenGL 和渲染知识都是要在 Cocos Creator 中使用的。

首先介绍 Cocos Creator 1.0 版本中使用 shader 的方法，在 Cocos Creator 中使用 shader，首先要自己封装一个加载使用 shader 的类 ShaderUtil，见代码清单 16-2。

代码清单16-2 ShaderUtil

```
var ShaderUtils = {
    shaderPrograms: {},

    setShader: function(sprite, shaderName) {
        //查看缓存
        var glProgram = this.shaderPrograms[shaderName];
        if (!glProgram) {
            //调用C++借口
            glProgram = new cc.GLProgram();

            //获得shader
            var vert = require(cc.js.formatStr("%s.vert",
            shaderName));
            var frag = require(cc.js.formatStr("%s.frag",
            shaderName));
            //初始化
            glProgram.initWithString(vert, frag);
            if (!cc.sys.isNative) {
                //传入信息
                glProgram.initWithVertexShaderByteArray(vert, frag);

                glProgram.addAttribute(cc.macro.ATTRIBUTE_NAME_POSITION
                , cc.macro.VERTEX_ATTRIB_POSITION);

                glProgram.addAttribute(cc.macro.ATTRIBUTE_NAME_COLOR,
                cc.macro.VERTEX_ATTRIB_COLOR);

                glProgram.addAttribute(cc.macro.ATTRIBUTE_NAME_TEX_COOR
                D, cc.macro.VERTEX_ATTRIB_TEX_COORDS);
            }
            //链接
            glProgram.link();
            glProgram.updateUniforms();
            this.shaderPrograms[shaderName] = glProgram;
        }
        //使用
        sprite._sgNode.setShaderProgram(glProgram);
        return glProgram;
    },
};

module.exports = ShaderUtils;
```

在 ShaderUtil 中，调用 GLProgram，后续的流程和 Cocos2D-X 中使用的类似。

1）调用 glCreateProgram 创建程序句柄。

2）调用 glAttachShader 将已经封装好的 shader 容器。

3）调用 glLinkProgram 链接程序。

4）调用 glUseProgram 加载并使用定义和链接完成的程序，此时 shader 起作用。

shader 以字符串的方式传递给 GLProgram，在 ShaderUtil 创建一个缓存，这个缓存在第二次调用同一个 shader 的时候会确保不需要再一次去获取字符串。

顶点着色器见如下代码：

```
module.exports =
`
attribute vec4 a_position;
attribute vec2 a_texCoord;
attribute vec4 a_color;
varying vec4 v_fragmentColor;
varying vec2 v_texCoord;
void main()
{
    gl_Position = CC_PMatrix * a_position;

    v_fragmentColor = a_color;

    v_texCoord = a_texCoord;
}
```

顶点着色器中，进行顶点的变换，把顶点和顶点矩阵相乘，得到对应的结果，然后传递给下一个阶段。片元着色器见如下代码：

```
module.exports =
`
#ifdef GL_ES
precision lowp float;
#endif

varying vec4 v_fragmentColor;
varying vec2 v_texCoord;
void main()
{
    vec4 c = v_fragmentColor * texture2D(CC_Texture0, v_texCoord);

    gl_FragColor.xyz = vec3(0.2126*c.r + 0.7152*c.g + 0.0722*c.b);

    gl_FragColor.w = c.w;
}
`
```

在片元着色器中，做具体的颜色操作，重新获得对应的颜色，将对应的精灵置灰操作，这里采用的是置灰的对应色值方法，具体在精灵的 onload 中使用，调用如下代码：

```
onLoad: function () {
    ShaderUtils.setShader(this.spGray, "gray");
},
```

运行效果如图 16-7 所示，

图 16-7　置灰效果

左边的效果是正常的图片，右边的效果是置灰操作后的图片，这个置灰操作可以在任意的精灵的节点或者含有精灵的节点中使用，可以用于将按钮设置为无效时表示按钮不可以点击的效果。

和 Cocos Creator 1.0 不同，Cocos Creator 2.0 重新构建了渲染流程，把渲染模块也做成组件，实现了渲染组件化，如图 16-8 所示，是 Cocos Creator 2.0 的渲染流程。

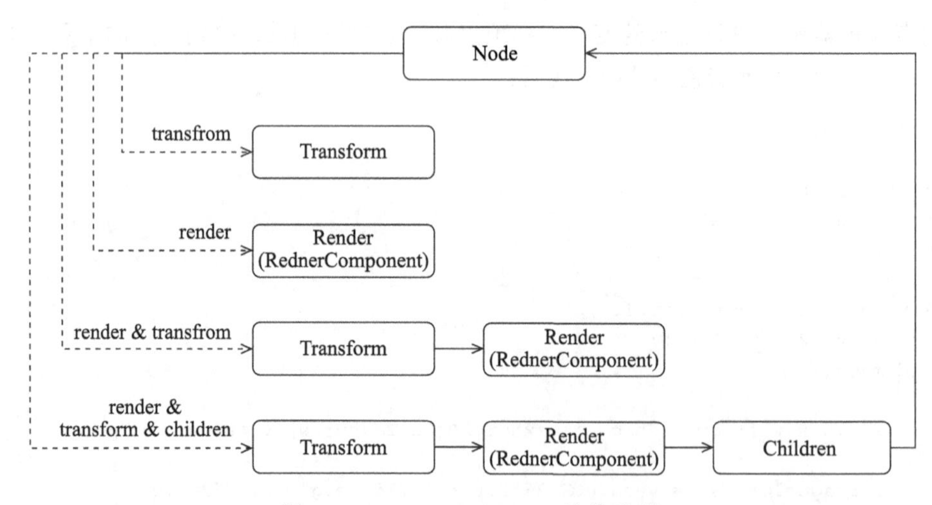

图 16-8　Cocos Creator 2.0 渲染流程

整个渲染框架的重构，将之前依赖于 Cocos2D-JS 的渲染框架改写为独立的渲染，基于渲染组件的处理，形成渲染数据，再传入到场景中进行渲染，如图 16-9 所示，是 Cocos Creator 2.0 的渲染框架。

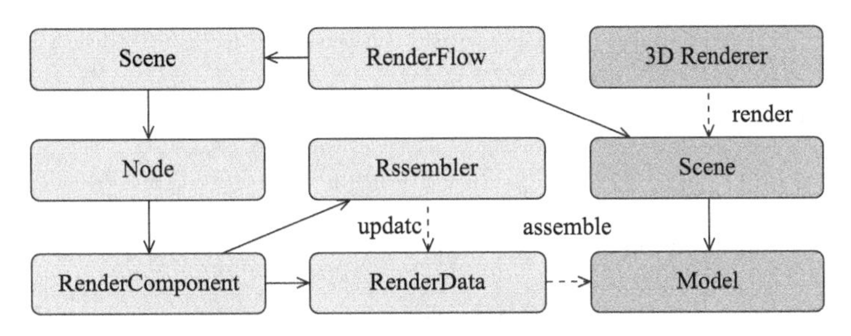

图 16-9　Cocos Creator 2.0 渲染流程

独立成渲染组件的好处是使得整个系统统一了，同时也提高了渲染流程的扩展性等，为 Cocos Creator 向 3D 引擎方向发展打下了基础。

提到 3D 引擎化，Cocos Creator 不止是把渲染模块组件化，还引入了一些 3D 的渲染概念，比如材质（material）。所谓材质，就是在 3D 渲染引擎中，一些光照的参数和渲染的参数，都会存储在材质这个数据结构中，在 2.0 版本中，材质的概念只是被“提取”出来，还只是一个雏形，后续的引擎版本会逐步完善材质，也就是 Cocos Creator 会逐步往 3D 引擎方向发展。

定义一个材质的方式，如代码清单 16-3 所示。

代码清单16-3　定义材质

```
const math = cc.vmath;
const renderEngine = cc.renderer.renderEngine;
const renderer = renderEngine.renderer;
const gfx = renderEngine.gfx;
const Material = renderEngine.Material;

require('GrayShader');

function GrayMaterial () {
    Material.call(this, false);

    var pass = new renderer.Pass('grayColor');
    pass.setDepth(false, false);
    pass.setCullMode(gfx.CULL_NONE);
    pass.setBlend(
        gfx.BLEND_FUNC_ADD,
        gfx.BLEND_SRC_ALPHA, gfx.BLEND_ONE_MINUS_SRC_ALPHA,
        gfx.BLEND_FUNC_ADD,
        gfx.BLEND_SRC_ALPHA, gfx.BLEND_ONE_MINUS_SRC_ALPHA
    );

    let mainTech = new renderer.Technique(
        ['transparent'],
        [
            { name: 'iTexture', type: renderer.PARAM_TEXTURE_2D },
```

```
        ],
        [
            pass
        ]
    );

    this._texture = null;

    this._effect = this.effect = new renderer.Effect(
        [mainTech],{},[]
    );

    this._mainTech = mainTech;
}
cc.js.extend(GrayMaterial, Material);
cc.js.mixin(GrayMaterial.prototype, {
    getTexture () {
        return this._texture;
    },

    setTexture (val) {
        if (this._texture !== val) {
            this._texture = val;
            this._texture.update({
                flipY: false,
                mipmap: true
            });
            this.effect.setProperty('iTexture', val.getImpl());
            this._texIds['iTexture'] = val.getId();
        }
    },
});

module.exports = GrayMaterial;
```

材质中主要是定义传给 Shader 程序的参数，同时承接定义材质时传入的参数，这里面传入的参数就是贴图，Shader 的定义在 GrayShader 中，见代码清单 16-4 所示。

代码清单16-4 定义Shader

```
let shader = {
    name: 'grayColor',

    defines: [
    ],
    //顶点着色器
    vert:
    `
    uniform mat4 viewProj;
    uniform mat4 model;
    attribute vec3 a_position;
```

```
    attribute vec2 a_uv0;
    varying vec2 uv0;
    void main () {
        mat4 mvp;
        mvp = viewProj * model;

        vec4 pos = mvp * vec4(a_position, 1);
        gl_Position = pos;
        uv0 = a_uv0;
    }`,
    //像素着色器
    frag:
    `
    #ifdef GL_ES
    precision lowp float;
    #endif
    uniform sampler2D iTexture;
    varying vec2 uv0;
    void main()
    {
        vec4 c = texture2D(iTexture, uv0);
        gl_FragColor.xyz = vec3(0.2126*c.r + 0.7152*c.g + 0.0722*c.b);
        gl_FragColor.w = c.w;
    }`,

};

cc.game.once(cc.game.EVENT_ENGINE_INITED, function () {
    cc.renderer._forward._programLib.define(shader.name, shader.vert, shader.
        frag, shader.defines);
});

module.exports = shader;
```

定义完成材质后，就可以在组件中创建材质，代码如下所示。

```
if(this._material == null){
    //创建材质
    this._material = new GrayMaterial();
}
if (this.target) {
    //为材质设置贴图
    let texture = this.target.spriteFrame.getTexture();
    this._material.setTexture(texture);
    this._material.updateHash();
    this.target._material = this._material;
    this.target._renderData._material = this._material;
}
```

运行效果如图 16-10 所示。

图 16-10 灰化图片效果

在后续的开发计划中，渲染组件和材质都会进一步扩展，Cocos Creator 也会逐步增加 3D 渲染相关的功能，如图 16-11 所示。

图 16-11 后续版本计划

16.2 游戏常用的设计模式

将一款好玩的游戏的性能变得高效要比将一款高性能的游戏变得有趣简单一些，所以一般游戏项目的开发重点都在游戏的内容创作上，作为一款游戏来说，进行性能优化和代码架构上的优化都是后期的事。除了性能方面的考虑以外，进行游戏架构设计的同时，还需要考虑设计的灵活性，因为一款游戏在开发阶段可能会涉及比较大的调整，一个折中的办法是保持代码的灵活性，直到游戏的设计稳定下来，然后去除一些抽象，从而提高游戏性能。

设计模式是一套被反复使用、多数人知晓的、经过分类的、代码设计经验的总结。使用设计模式的目的：为了代码可重用性、让代码更容易被他人理解、保证代码可靠性。设计模式代表了最佳的实践，通常被有经验的面向对象的软件开发人员所采用。设计模式是软件开发人员在软件开发过程中面临的一般问题的解决方案。这些解决方案是众多软件开发人员经过相当长的一段时间的试验和错误总结出来的。设计模式使代码编制真正工程化，设计模式是软件工程的基石，如同大厦的一块块砖石一样。项目中合理地运用设计模式可以完美地解决很多问题，每种模式在现实中都有相应的原理来与之对应，每种模式都描述了一个在我们周围不断重复发生的问题，以及该问题的核心解决方案，这也是设计模式能被广泛应用的原因。

提到设计模式，不得不提到 GoF（四人组，Gang Of Four），1995 年出版的《Design Patterns: Elements of Reusable Object-Oriented Software》（《数据模式》）一书，由 Erich Gamma、Richard Helm、Ralph Johnson 和 John Vlissides 四位作者合著，这四位合称设计模式 GoF。

常见的设计模式有 23 种，其中包括三大类：创建型模式、结构型模式和行为型模式，这些设计模式可以帮助我们提升软件的灵活性，遵循开闭原则，在程序需要进行拓展的时候，不能去修改原有的代码，而是要扩展原有代码，实现一个热插拔的效果。所以一句话概括就是：为了使程序的扩展性好，易于维护和升级。

游戏软件和一般软件的一些特点及开发方式和一般软件不尽相同，所以游戏开发也有其特殊的设计模式和设计原则，本节就来具体介绍设计模式在游戏中的使用。

16.2.1　命令模式

命令模式是一种数据驱动的设计模式，它属于行为型模式。请求以命令的形式包裹在对象中，并传给调用对象。调用对象寻找可以处理该命令的合适的对象，并把该命令传给相应的对象，该对象执行命令。简而言之，命令就是一个对象化的方法调用，它是一个对象化的方法调用，它的类图如图 16-12 所示。

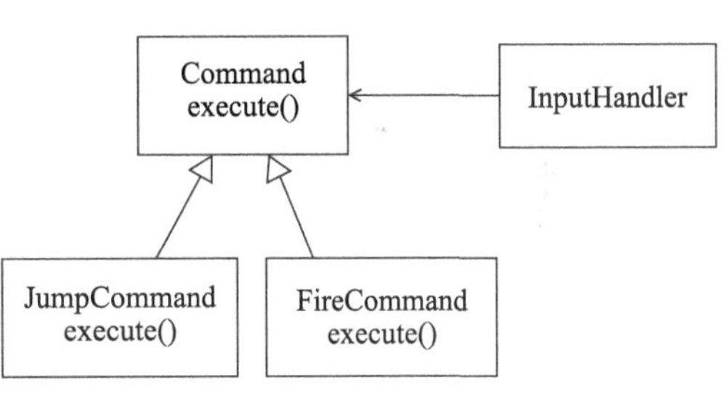

图 16-12　命令模式设计图

试想一下这样的场景，游戏中有一块代码来处理用户输入，通过 InputHandler 获取用户输入，这些用户输入可能是按钮点击、键盘事件、鼠标点击、重力感应或者其他输入，InputHandler 获取用户输入并调用对应的命令去执行对应的命令，比如角色的跳跃和开枪等。

命令模式是通过命令发送者和命令执行者的解耦来完成对命令的具体控制的，它是对功能方法的抽象，并不是对对象的抽象，它将功能提升到对象来操作，以便对多个功能进行一系列处理以及封装。

命令模式可以实现游戏的主要逻辑和具体命令之间的解耦，也可以提高游戏的可扩展性，当需要添加一个新的控制逻辑时，需要继承自 Command 创建一个新的命令类，另外在系统中加入命令模式可以方便我们制作“撤销和重做”功能，在一些游戏中，有时候我们需要加入“撤销”功能，即游戏退回到上一步的功能，使用命令模式，可以在命令类Command中加入undo函数，用来处理每一个命令的撤销功能，从而实现整体的“撤销”。

16.2.2 享元模式

享元模式运用共享技术有效地支持大量细粒度的对象，主要用于减少创建对象的数量，以减少内存占用和提高性能。这种类型的设计模式属于结构型模式，它提供了减少对象数量从而改善应用所需的对象结构的方式。

享元模式通过将对象数据切分成两种类型来解决问题，第一种类型数据是那些不属于单一实例对象并且能够被所有对象共享的数据。GoF将其称为内部状态，在游戏中它们可以被称为内部状态值，其他无关的数据就是外部状态值，对于每一个实例它们都是唯一的。

在OpenGL中，有一个具体的使用享元模式思想的例子—实例化，实例化也称多实例渲染，是一种连续执行多条相同的渲染命令的方法，并且每个渲染命令所产生的结果都会有轻微的差异，这是一种非常有效的，使用少量API调用大量几何体的方法。OpenGL已经提供了一些常用的绘制函数的多变量形式来优化命令的多次执行。实例化是一种只调用一次渲染函数却能绘制出很多物体的技术，它节省了渲染一个物体时CPU到GPU的通信时间，对应glDrawArrays和glDrawElements，有两个实例化绘制函数glDrawArraysInstanced和glDrawElementsInstanced，这两个函数需要多传一个实例化数量的参数，它设置我们打算渲染实例的数量，这样我们只需要把所需要的数据发给GPU一次，然后告诉GPU该如何使用这个参数绘制这些实例。

虽然没有使用实例化的方式，Cocos2D-X中的batchNode方式可以提高相同纹理的渲染效率，但是它使用的绘制方式还是glDrawElements的方式，它只是把相同纹理的绘制命令只提交一次，剩下的重复绘制都调用glDrawElements即可，当绘制中的一些参数变化时，使用glMapBuffer获得数据的指针，然后修改数据，代码如下所示。

```
glBufferData(GL_ARRAY_BUFFER, sizeof(_quads[0]) * _capacity, nullptr,GL_DYNAMIC_DRAW);
void *buf = glMapBuffer(GL_ARRAY_BUFFER, GL_WRITE_ONLY);
memcpy(buf, _quads, sizeof(_quads[0])* _totalQuads);
glUnmapBuffer(GL_ARRAY_BUFFER);
```

把数据传进缓冲的这个方式是向内存请求一个指针，调用glMapBuffer函数OpenGL会返回当前绑定的内存地址，然后需要调用glUnmapBuffer函数可以告诉OpenGL已经用完指针了，这是一个解映射的操作。

另外一个被注释掉的方式就是调用glBufferSubData，glBufferSubData填充特定区域的缓冲而不是填充整个缓冲，第二个参数就是要被填充的缓冲的起始偏移值。

```
glBufferSubData(GL_ARRAY_BUFFER, sizeof(_quads[0])*start, sizeof(_quads[0]) * n ,
    &_quads[start] );
```

16.2.3　观察者模式

观察者模式是常用的软件设计模式的一种。在此种模式中，一个目标物件管理所有相依于它的观察者物件，并且在它本身的状态改变时主动发出通知。这通常透过呼叫各观察者所提供的方法来实现。此种模式通常被用来实现事件处理系统。

在游戏开发中，有时候要实现一些带有全局功能的模块，比如成就系统，它可能包含各个模块中的内容，比如“杀死 100 个敌人”“解锁新的关卡”和“集齐 30 个角色”等，这些满足条件的内容散落到不同的模块中，如果我们在每个系统中加入不同的成就获得代码，整个系统就会变得耦合度比较高，而且感觉实现的也不够优雅。开发者面临的挑战是成就的触发可能跟玩家在游戏世界里面的很多行为相关，要怎样才能使成就系统不耦合在其他的系统中呢？轮到观察者模式出场了。

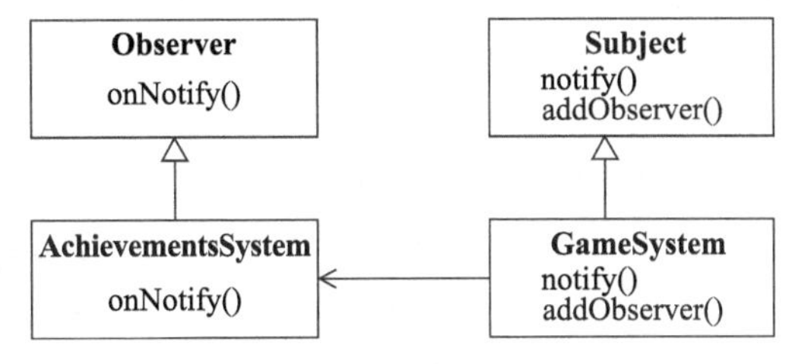

图 16-13　观察者模式设计图

如图 16-13 所示，成就系统抽象成为观察者类，这样游戏中的其他系统要继承自主体类，如果需要添加观察类，就调用对应的 addObserver 函数，将对应的观察者传入到主体当中，当对应的主体系统发出通知的时候（调用 notify），就会调用对应观察者（这里是成就系统）的 onNotify 函数，从而使对应的成就逻辑被调用，从而实现成就系统和主体游戏系统的解耦。

被观察者对象负责和观察者对象沟通，但是，它们并不耦合，同时被观察者对象拥有一个观察者对象的集合，而不是单个观察者，这也是很重要的，它保证了观察者们并不会隐式地耦合在一起。例如，音效系统也注册了战斗胜利的事件，当该成就达成的时候，会播放对应的音效。

在我们的使用场景中，可以发现观察者模式简直是太好用了！然而，和其他所有的设计模式一样，观察者模式也不是万能的，它有时候也不是总能正确地解决问题，比如一个被观察者对象有很多的直接和间接的观察者的话，通知所有的观察者会花费很多时间。另外如果在被观察者之间有循环依赖的话，被观察者会触发它们之间的循环调用，导致系统崩溃。解决办法是维护一个链式的观察者链表，让观察者彼此独立，且去掉间接的观察者。这里你可以发现，万能的设计模式是不存在的，任何设计模式都有它合适运用的场景，所以不要沉迷在某一种设计模式上。

16.2.4　状态模式

在很多情况下，一个对象的行为取决于一个或多个动态变化的属性，这样的属性叫作状态，这样的对象叫作有状态的对象，这样的对象状态是从事先定义好的一系列值中取出的。当一个这样的对象与外部事件产生互动时，其内部状态就会改变，从而使得系统的行为也随之发生变化。允许一个对象在其内部状态改变时改变它的行为的设计模式就是状态模式。

提到状态模式，就不得不提到另外一个在游戏开发中使用很多的概念，即有限状态机（Finite State Machines，FSM）。从历史上来说，有限状态机是一个被数学家用来解决问题的严格形式化的设备，作为一个程序员，有限状态机是一个设备模型，其包含有限数量的状态，可以在任何给定的时间根据输入进行操作，使得从一个状态变换到另一个状态，或者是促使一个输出或者一种行为的发生。一个有限状态机在任何瞬间只有一种状态。也就是说，在任意时刻都处于有限状态集合中的某一状态。比如当其获得一个输入字符时，将从当前状态转换到另一个状态，或者仍然保持在当前状态。任何一个有限状态机都可以用状态转换图来描述，节点可以表示有限状态机中的一个状态，有向加权边表示输入字符时状态的变化。

有限状态机的几个特点是：

1）你拥有一个状态，并且可以在这组状态之间进行切换，比如：正常、跳跃和攻击等。

2）状态机同一时刻只能处于一个状态，主角无法同时处于正常状态并且攻击，防止同时处于两个状态是我们使用有限状态机的原因。

3）状态机会接受一组输入和事件。

4）每个状态有一组转换，每一个转换都关联着一个输入并指向另一个状态，当有一个输入进来的时候，如果输入和当前状态其中的一个转换匹配上，则状态机便会立即转换到事件所指向的状态。

在飞机大战的实例中，我们使用了类似的有限状态机来管理不同状态间的切换，代码如下所示。

```
onCollisionEnter: function (other, self) {
    //状态1，血量为3时
    if(this.state == 3){
        this.state = 2
        this.com2.active = false
    //状态2，血量为2时
    }else if(this.state == 2){
        this.state = 1
        this.com3.active = false
    //状态3，血量为1时
    }else if(this.state == 1){
        this.state = 0
        var exp = cc.instantiate(this.explodePrefab)
        var onFinished = function()
        {
            exp.destroy();
        }
        exp.getComponent(cc.Animation).on(
        'finished', onFinished,this);

        self.node.addChild(exp)

        this.nodeControl.getComponent("GameControl")
```

```
            .setGameOver()
        }
    }
```

在这段代码中，我们使用有限状态机来处理碰撞子弹或者敌机时的状态转换，代码结构可以很清晰地分开不同状态间的切换逻辑。

状态模式更为复杂，它是将不同的状态实例化，然后每个状态都包含自己的逻辑，调用对应状态可以处理状态的逻辑，设计图如图 16-14 所示。

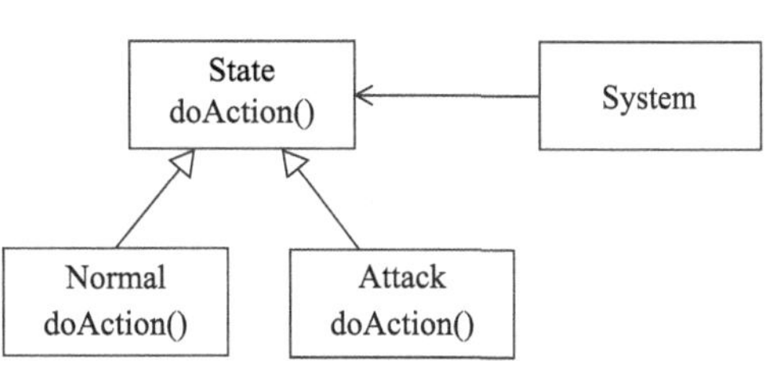

图 16-14　状态模式设计图

状态模式的结构与实现都较为复杂，如果使用不当将导致程序结构和代码的混乱。另外状态模式对 " 开闭原则 " 的支持并不太好，对于可以切换状态的状态模式，增加新的状态类需要修改那些负责状态转换的源代码，否则无法切换到新增状态，而且修改某个状态类的行为也需修改对应类的源代码。在状态模式中，每个状态被独立成一个独立的类，这个类中还包含着对应状态下的处理逻辑，因此它适用于状态比较复杂的情况，在状态逻辑比较简单的情况下，还是建议直接使用简单的有限状态机。

16.2.5　单例模式

单例模式在 Cocos2D-X 中被比较多地使用。所谓单例模式，是设计模式中最简单的形式之一。这一模式的目的是使得类的一个对象成为系统中的唯一实例。要实现这一点，可以从客户端对其进行实例化开始。因此需要用一种只允许生成对象类的唯一实例的机制，“阻止”所有想要生成对象的访问。

单例模式的创建和使用都比较简单，C++ 的描述代码如下所示。

```
//单例模式实例
Util* Util::s_sharedZipUtil = nullptr;
Util * Util::getInstance()
{
    //判断是否为空
    if(s_sharedZipUtil == nullptr)
    {
        //创建和初始化
        s_sharedZipUtil = new (std::nothrow) ZipUtil();

        if(!s_sharedZipUtil->init())
        {
            //如果初始化失败的时候，删除对象
            delete s_sharedZipUtil;

            s_sharedZipUtil = nullptr;

        }
    }
```

```
    return s_sharedZipUtil;
}
```

在 Cocos2D-X 中，导演类、贴图缓存类和文件工具类这些在游戏中经常被使用的只有一个实例的类都是使用单例类来进行开发的，所以，虽然在脚本语言中使用单例模式的时候很少，我们还是需要了解这个模式的一些设计思想。

单例模式有如下特点：

1）不使用它就不会创建，它只在第一次被访问时初始化。

2）运行时初始化，只要不是循环依赖，一个单例甚至可以在其初始化时引用另一个单例。

3）可以继承单例，这点常常被忽视，但是如果需要让文件封装跨平台，就要定义一个抽象单例，然后对应每个具体的平台实现一个文件类就可以了，Cocos2D-X 当中的文件类就是这样实现的，有兴趣的读者可以阅读代码参考一下。

但是单例模式也有一些缺点，首先全局变量促进了耦合，尤其当你滥用单例模式时，你会发现游戏系统中到处都是一个系统中调用了另一些系统中的单例模式。因此，单例虽好，也不要“贪杯”哦，需要严格控制系统中的单例数量，不要为了简单而创建不必要的单例。由上可见，要因地制宜，不要唯设计模式论，以防止向你的项目增添大量的冗余的代码。永远记得，设计模式是帮你把你的代码变得更清晰且易于修改的工具，而不是你必须遵循的原则。

16.3 Cocos 引擎游戏的性能优化

制作移动平台的游戏，性能优化一直是绕不开的话题，也是考验一个移动平台游戏程序员的水平的最好“试题”。性能优化的技巧，具体而言包含两类，一类是基于知识类的，包含对于引擎底层的了解，对于资源格式的了解等；另一类是思想类的，即与使用的引擎以及资源无关。当然只是了解技巧是不够的，还需要在具体的项目中使用，这样知识和技巧才能变成你自己的。

之所以要介绍 Cocos 引擎的性能优化，而不是 Cocos Creator 引擎的性能优化，是因为 Cocos Creator 是基于 Cocos2D-X 引擎的，所以对于 Cocos Creator 的优化，其实就是对于 Cocos2D-X 的优化，所以你需要了解一些 Cocos2D-X 的引擎原理和底层代码，才能更好地使用 Cocos Creator，当你的项目性能遇到瓶颈的时候，你也可以去优化底层代码，即底层 Cocos2D-X 的代码，从而达到优化游戏性能的目标。

了解 Cocos 引擎的底层和优化，首先要从 Cocos2D-X 的内存原理开始。

16.3.1 Cocos2D-X 的内存管理

在 Cocos2D-X 3.0 之前的版本中，所有引擎中的类都继承自 CCObject 类，CCObject 类负责内存管理，这是一种类似 Objective-C 的内存管理方法，虽然这种方法被保留到了

3.0 版本，但是已经去掉了 CCObject 这种容易混淆的名字，而它当中三个最重要的函数：retain、release 和 autorelease 得到了保留。

Cocos2D-X 采用 C++ 语言进行开发，C++ 中的对象是采用 new/delete 机制来进行管理的，即当创建一个对象的时候，调用 new 来申请一部分内存，当你不需要这个对象的时候，直接调用 delete 就可以释放这部分内存，这样处理的优点是程序可以完全掌握内存管理的方方面面，但是，缺点是程序员如果忘记释放内存就会发生内存泄露，导致不可预计的后果。

Cocos2D-X 中推荐采用引用计数的方式管理内存，内存管理的基本原则是当创建一个新对象的时候，内存计数计为 1，每次进行 retain 保留操作的时候，内存计数加 1，每次进行 release 释放操作的时候，内存计数减 1。另外就是自动释放对象操作 autorelease，对一个对象进行 autorelease 操作就表明这个对象处于自动管理的状态，会在内存管理池 CCPoolManager 中添加这个对象，并且在自动释放内存池 CCAutoreleasePool 的堆栈中申请一块内存池放入这个对象。之后在对象不被需要用的时候引擎会自动清除它，引擎是用单一的线程来进行场景的绘制，通过不断调用主循环这个函数，这个函数除了进行场景的绘制，也会调用 PoolManger 的 pop 函数对自动管理的对象进行释放操作，pop 函数会对 AutoreleasePool 堆栈栈顶的内存池进行操作，将池内的对象标记为非自动管理状态，并进行一次 release 操作，清除引用计数为 1 的对象，然后取出前一个入栈的内存池等待下一轮的释放。这里需要说明的是，这种 autorelease 操作并不被推荐，因为这种机制是每帧检测一次，如果某个对象没有进行 retain 操作，很有可能在这一帧的时候就会被释放掉，从而释放掉有用的内存，而如果进行了 retain 操作，释放的时候有可能会造成内存泄露。不仅如此，使用 autorelease 自动释放内存操作还会使得程序的执行效率下降，因此 Cocos2D-X 中并不推荐使用 autorelease 自动释放内存操作，Cocos2D-X 中存在大量的静态工厂函数，这些函数全都使用了 autorelease 函数，通过静态工厂来生成对象可以简化代码。

之所以会存在 autorelease，是由于 Cocos2D-X 来自于 Cocos2D-iPhone，最早版本的 Cocos2D-X 引擎是复写自 Objective-C，所以 retain、release 和 autorelease 其实来自于 Objective-C 的内存管理概念，在一般的概念里，retain 和 release 就可以了，autorelease 的使用场景其实只有一个，即创建函数，代码如下所示。

```
//节点类创建函数
Node * Node::create()
{
Node * ret = new (std::nothrow) Node();
    if (ret && ret->init())
    {
        //创建失败，清除对象
        ret->autorelease();
    }
    else
```

```
    {
        CC_SAFE_DELETE(ret);
    }
    return ret;
}
```

Objective-C 的内存管理的一个最重要原则就是“使用负责制”，调用 retain 的类要对应去调用 release 减小内存计数。大多数情况下，这个原则并不会出现任何问题，然而，当每个类去调用 create 函数时，它并不知道何时去释放，于是就有了 autorelease 的用武之地，对于 autorelease，你可以把它理解为“死缓”，它表示我知道我要负责释放它，但是目前我并不能释放它，于是只是把内存计数减 1，但是并不会因为它的内存计数为 0 就立即释放这个对象，这样就可以保持这个对象直到使用它的类将它的内存计数变为非 0 值。

关于内存管理总结起来有 4 个原则：

1）谁创建，谁释放。使用 new 构造出来的函数引用计数为 1，需要调用 release 或者 delete 释放，Cocos2d-X 中封装的 create 函数其中的步骤是先调用 new 构造出来一个对象，因为要符合谁创建谁释放的原则，而 create 函数需要返回这个对象，所以不能自己释放自己创建的对象，所以要调用 autorelease 将对象放入自动释放池，也就是说 create 出来的对象，如果不调用 retain 函数的话，那么下一帧（再次调用 update 时）这个对象已经被自动释放。

2）谁需要保留并释放。当一个对象被其他指针需要的时候该指针进行保留操作（retain），当不需要时进行 release 释放，需要注意的是，addChild 中已经调用了 retain 函数，所以创建的 Node 节点，不需要 retain，直接传递给 addChild 加在父节点上就可以保留了。

3）传递赋值时，需要先 retain 形参，然后 release 原指针，最后赋值。

4）自动释放池 PoolManager。将对象置于自动释放池中，每帧绘制结束，就自动释放池中的对象。

对于 Cocos2D-X 内存管理的了解是必要的，因为在 Cocos Creator 的脚本中，你也许不会调用 retain 和 release，但是你可能会使用 create 函数或者 addChild 函数，所以你需要知道，在这些函数里实际上做了什么，这样可以确保你不会错用这些函数。

对于创建对象，你需要知道，所有的创建和释放都是有内存开销的，所以当你在做性能优化的时候，如何避免这些开销是你需要考虑的，Cocos Creator 中提供的对象池的概念可以帮助你减小创建和释放对象的开销，对象池其实就是一组可回收的节点对象，通过创建 NodePool 实例来初始化某种节点的对象池。通常当有多个预设体需要实例化时，应该为每个预设体创建一个对象池实例。当需要创建节点时，向对象池申请一个节点，如果对象池里有空闲的可用节点，就会把节点返回给用户，通过调用 addChild 将这个新节点加入到场景节点树中。当销毁节点时，需要调用对象池实例的 put 方法，传入需要销毁的节点实例，对象池会自动完成把节点从场景节点树中移除的操作，然后返回给对象池。在飞机大战实例中，就使用了对象池的办法管理子弹和敌机，因为在飞机项目中，需要大量的子弹和敌机对象，如果每次创建都调用创建函数，会造成大量的性能浪费，有性能浪费的地方就是我们可以改进的地方。

16.3.2　资源的优化

在游戏包体中，纹理图片占据很大部分的体积，纹理图片过大，会影响游戏性能，有如下三点：首先，纹理图片过大或造成包体过大；其次，纹理图片过大会造成占用内存空间过大，从而造成游戏崩溃；最后就是在向 GPU 传递图片数据的时候，图片数据过大会造成内存带宽的占用，从而造成读入大量图片时的卡顿。针对纹理图片的优化主要有两点：纹理图片压缩和纹理图片缓存。

传统的纹理压缩只是单纯压缩纹理图片的数据，在读入到游戏时，还要有一个解压缩的过程，这样其实只是减少了纹理图片占据包体的大小，并没有降低内存中纹理图片所占的大小，除此之外，还增加了一个解压缩的过程，会增加纹理图片读入内存的时间。Cocos2D-X 的渲染底层 -OpenGL 提供了压缩纹理，可以支持压缩纹理图像数据的直接加载。OpenGL ES 2.0 中，核心规范不定义任何压缩纹理图像数据。也就是说，OpenGL ES 2.0 核心简单地定义一个机制，可以加载压缩的纹理图像数据，但是没有定义任何压缩格式。因此，包括 Qualcomm、ARM、Imagination Technologies 和 NVIDIA 在内的许多供应商都提供了特定于硬件的纹理压缩扩展。这样，开发者必须在不同的平台上和硬件上支持不同的纹理压缩格式。比如苹果的设备均采用 Powervr GPU 支持 PVR 格式的压缩格式。

Cocos2D-X 中支持的图片格式如图 16-15 所示。

GUI/CMD value	Description
RGBA8888	default, 4 bytes per pixel, 8 bits per channel
BGRA8888	4 bytes per pixel, 8 bits per channel
RGBA4444	2 bytes per pixel, 4 bits per channel
RGB888	3 bytes per pixel, 8 bits per channel, no transparency
RGB565	2 bytes per pixel, 5 bits for red and blue, 6 bits for green, no transparency
RGBA5551	2 bytes per pixel, 4 bits per color channel, 1 bit transparency
RGBA5555	3 bytes per pixel, 5 bits per channel, not supported on all platforms
PVRTC2	2 bits per pixel, iPhone only, only PVR files, no real-time preview available
PVRTC4	4 bits per pixel, iPhone only, only PVR files, no real-time preview available
PVRTC2_NOALPHA	2 bits per pixel, iPhone only, only PVR files, no real-time preview available
PVRTC4_NOALPHA	4 bits per pixel, iPhone only, only PVR files, no real-time preview available
ALPHA	Black and white image of the alpha channel
ALPHA_INTENSITY	16 bit alpha + intensity, PVR export only
ETC1	ETC1 compression (pkm file only)

图 16-15　Cocos2D-X 中支持的图片格式

在 Cocos2D-X 中，我们采用 TexturePacker 进行图片的压缩和打包，我们一般会选择 PVR.CCZ 的格式，PVR.CCZ 其实就是 PVR 的 ZIP 压缩形式，程序读入 PVR.CCZ 时会先解压缩成 PVR，然后再传给 GPU。PVR 纹理支持 PVRTC 纹理压缩格式。它主要采用的是有损压缩，也就是说在高对比度的情况下，图片会有些瑕疵，和 PVR.CCZ 不同的是，PVRTC 不需要解压缩，一个是图片会有瑕疵，另一个是 Android 的设备基本不支持 PVRTC，一般情况下，在不需要支持 Android 设备时，会在一些粒子效果中使用 PVRTC 格式的纹理图片，因为在高速运动中，图片的瑕疵可能会不是那么明显。

在支持的格式中，如何选择 RGB 和 RGBA 格式呢？RGB 即 16 位色，就是没有 Alpha 透明度通道的格式，图片去除 alpha 通道可以减少图片文件的大小，但是在实际中，由于传递到 OpenGL ES 时需要数据对齐，在内存中会出现 RGB 和 RGBA 图片大小一样的情况。在 16 位色中,RGBA565 可以获得最佳的质量，总共有 65536 种颜色。RGBA 中，RGBA8888 和 RGBA4444 是比较常用的格式，区别就是颜色总量，也就是说 RGBA4444 可以表示的颜色值比较少，我们可以调用 Texture2D 的 setDefaultAlphaPixelFormat 函数来设置默认的图片格式。根据不同的需求选择正确的图片格式，是性能优化关键步骤。

对于图片的处理优化是无止境的，我们还可以通过将一张大图拆分成小图的方式来减小图片的大小。另外对于非渐进的背景，我们可以使用九宫格图片来减小图片的大小。

在 Cocos Creator 中，由于要支持 Web 平台，目前支持的格式主要是 PNG 格式，所以你只需要选择合适格式的图片就可以了。

纹理之外，声音文件也会在游戏中占据一定的内存大小，优化声音文件也可以帮助我们降低游戏的峰值内存。优化方式需要考虑三方面：首先，建议还是采用单一声道，这样可以把文件大小和内存使用都减少一半；然后，尽量采用低的比特率来获得最好的音质效果，一般来说，96 到 128kbps 对于 mp3 文件来说够用了；第三，降低文件的比特率可以减小声音文件的大小。

对于资源的优化，尤其是贴图的优化，不止限于对于格式的了解，比如对于图片，你需要敦促和你配合的美术人员尽量把图片切的小一些，零碎一些，然后在 UI 编辑中去拼接，这样做可以保证所有的图素尽可能地被重用，避免多余图片的浪费。对于贴图和音效，还有一个加载时机的问题，需要平衡性能和内存占用，你需要把一部分常用的资源存入内存，而另一部分则要在不使用时立即删除，这样可以空余出一部分内存，供更需要的资源使用。

16.3.3 利用 Cocos2D-X 的特性进行性能优化

Cocos2D-X 3.0 对于渲染部分的代码进行了重构和优化，采用了命令模式的设计模式，当每个节点调用 onDraw 函数的时候不是直接调用 OpenGL ES 的绘制函数，而是提交一个绘制命令，这就给了绘制命令优化的机会，增加了自动批处理和自动裁剪的功能。

批处理，就是 Cocos2D -X 3.0 之前版本的 SpriteBathNode，它通过整批次处理的方式，减少 OpenGL ES 的调用，从而提升游戏的效率。在 Cocos2D -X 3.0 之前，我们需要显式地把节点作为 SpriteBathNode 的子节点，这样做相对比较复杂，在 Cocos2D -X 3.0 中提供了自动批处理的方式（Auto-BatchNode）。它的实现原理，简而言之，需要绘制的精灵先存放到队列里，然后由专门的渲染逻辑来渲染。将队列中的精灵一个个取出来，材质一样的话（相同纹理、相同混合函数、相同 shader），就放到一个批次里，如果发现不同的材质，则开始绘制之前连续的那些精灵（都在一个批次里）。然后继续取出精灵对象对比材质是否一致。

需要注意的是，由于这个实现原理，不是连续创建的精灵，即使使用相同的纹理，相同的混合方式和相同的 shader，也无法实现 Auto-BatchNode，所以当我们使用相同的纹理绘制不同的精灵的时候，要连续创建，并且使用相同的混合方式和相同的 shader，这样就可以借助 Cocos2D -X 的 Auto-BatchNode 提升游戏的运行效率。

除了自动批处理以外，Cocos2D -X 3.0 还提供了自动裁剪 Auto-Culling 的功能，自动裁剪其实是我们常用的一种优化技巧，就是不绘制不在屏幕范围内的节点，从而节约程序运行的时间，从而提升程序的运行效率，这个优化方式需要我们做的是节点的逻辑部分，当节点移出屏幕之外时，除了停止绘制外，停止该节点的逻辑部分也可以提升程序的运行效率。

性能上的优化要更多地结合游戏的需求本身，提升性能可以减小卡顿，并且降低功耗。还有一种降低功耗的方法：就是动态地设置帧率，可以通过调用游戏系统内导演类的 setAnimationInterval 函数来动态设置帧率，将动画比较少的 ui 界面的帧率设置为 30，将战斗或者动画比较多的界面的帧率设置为 60，这样帧率为 30 的界面就可以降低功耗提高性能。

由于 Cocos Creator 的项目基于 Cocos2D-X，所以利用 Cocos2D-X 的性能优化特性，Cocos Creator 也可以进行自动批处理 Auto-BatchNode 和自动裁剪 Auto-Culling，你需要注意的就是可以让自动批处理起作用。

16.3.4　异步加载

除了纹理文件的大小会造成包体、内存和带宽的浪费以外，加载纹理的时间也是一个优化的重点，当我们开发游戏时，在进入一些比较复杂的场景时，可能会造成游戏的卡顿。Cocos2D-X 提供了两种功能可以解决图片载入卡顿的问题：纹理缓存和异步加载。

纹理缓存顾名思义，就是将图片缓存在内存中，而不需要使用时再加载，使用 SpriteFrameCache 调用 addSpriteFramesWithFile 函数将图片读入内存中，整个读入的过程会完成图片的解压缩（当图片的格式需要解压的时候）、数据读入和数据传到 GPU 的过程，然后用一个 set 来维护在缓存中的图片名集合，当调用 addSpriteFramesWithFile 函数传入图片名称的时候，如果图片名已经在 set 中，那么就不会再进行图片载入的一系列操作，从而提高了游戏的运行效率。

纹理缓存是一把双刃剑，在提升效率的同时，缓存的图片会占用内存，从而增加游戏内存管理上的压力，一般的做法是，在不同的场景切换时，要释放缓存图片，从而释放内存，保持游戏占用的内存一直在安全的范围里。这种处理方式有一个问题，就是当两个场景存在一些共用的图片时，会存在先释放后读入同一张图片的情况，这样既没有节省内存，也浪费了运行效率。解决这个问题的方法，就是将图片分为两类，只在某个场景中使用的图片和公用图片，公用图片就是在一个以上场景中使用的图片，比如在游戏 ui 中使用的按钮等的图片，一般在很多场景中都会使用，这种图片就要"常驻"内存中，需要维护一个图片列表，每个场景需要的图片列表以及公用图片列表，在游戏启动时，就加载公用图片列表，然后这个列表中的图片就一直存贮在缓存中，在进入某个场景时，加载某个场景的图片列表，在离开这个场景的时候，删除这个场景图片列表中的图片，从而腾出内存空间加载其他场景需要的图片和资源。

在进行图片的删除时，有一个需要注意的问题：要真正的删除图片本身才能真正地释放内存。一些开发者误以为在 SpriteFrameCache 中的 removeSpriteFramesFromFile 函数中传入 plist 的名字就会删除这个图片的数据文件，实际并非如此，这个操作只是解除了图片的引用，但是删除具体的图片需要调用 TextureCache 的 removeUnusedTextures，注意，先调用前面的函数，后调用这个函数才会起作用。注意使用 ccb 是会帮你调用 removeSpriteFramesFromFile 的，另外 removeSpriteFramesFromFile 传递的 plist 的名字如果不存在，也会出问题，最好的办法是修改一下 removeSpriteFramesFromFile 函数，做一下容错，检查一下传递的 plist 的名字是否存在；另外一个需要注意的是，需要在前一帧调用 removeSpriteFramesFromFile，后一帧调用 removeUnusedTextures 和 dumpCachedTextureInfo，这样才会起作用，因为引用删除后，才会删除它们引用的图片。

异步加载就是利用多线程，在读入某些比较大的图片（或者 3D 游戏中的模型）时，发起读入图片的"指令"但不等待图片读入后返回而是继续进行其他操作，这样做的好处就是可以消除进入场景时玩家的卡顿感，提升游戏的流畅度。在 Cocos2D-X 中，异步加载时通过调用 Director 类中的 TextureCache 实例的 addImageAsync 函数完成。

Cocos Creator 的项目也可以使用异步加载的方式来优化图片的加载，代码如下所示。

```
cc.loader.loadRes("test", cc.SpriteFrame, function (err, spriteFrame) {
    self.node.getComponent(cc.Sprite).spriteFrame = spriteFrame;
});
```

需要明确的是，游戏的性能瓶颈就是设备的时间和运行空间，在优化性能时，我们优先考虑的是当前项目中是否有浪费的内存空间和设备运行时间。无论在什么情况下，这部分的"浪费"都是需要被优化的，当我们把设备的空间和运行时间都充分利用以后，剩下的课题就是空间和时间哪个更重要，缓存就是空间换时间的一种优化方式，对于一些空间的释放则是时间换空间的方式，而异步加载，则是在二种当时中的一个平衡，它是给用户一种我已经加载完了的错觉，当加载真正完成的时候，再进行页面的二次刷新，在游戏制作中，有时需要给用户一定的"错觉"。

16.4 本章小结

本章介绍了游戏优化的知识和技巧，这些知识和技巧不限于 Cocos 相关引擎的使用，包括渲染原理、设计模式和性能优化等。

在移动游戏开发中，由于设备性能的限制，优化性能是项很重要的工作，一些团队往往在游戏开发的后期才会考虑这个问题，这不是一个正确的方式，性能的优化工作要从项目开始的第一天开始关注，并且需要整个项目组共同的关注，对于新增的需求，要考虑采用什么样的方法才能达到最高的性能，并且考虑功能在性能上的风险，才能保证你的游戏有比较高的运行效率。

Appendix A 附录 A

粒子特效的制作

借助粒子编辑器可以提高开发的效率，并且可以使得粒子的数值调整地更加精确，有许多支持 Cocos 引擎的粒子编辑器，其中比较有名的是 Particle Designer，但是 Particle Designer 只有支持 Mac 系统运行的版本，而且也是收费的软件，由于 Cocos 引擎的跨平台特性，进行 Cocos 相关开发的编辑器等开发工具同时需要支持 Windows 等操作系统版本，因此本节还将介绍一款支持 Windows 操作系统的开源粒子编辑器。

Cocos 引擎的 Windows 粒子编辑器即 Cocos2d Particle Editor，使用 C# 语言开发，可以通过 https://github.com/fjz13/Cocos2d-x-ParticleEditor-for-Windows 网址下载使用程序和源代码，大家还可以支持这个开源的项目。在网址上下载解压到本地目录，双击 ParticleEditor.exe 文件便可运行，运行效果如图 A-1 所示。

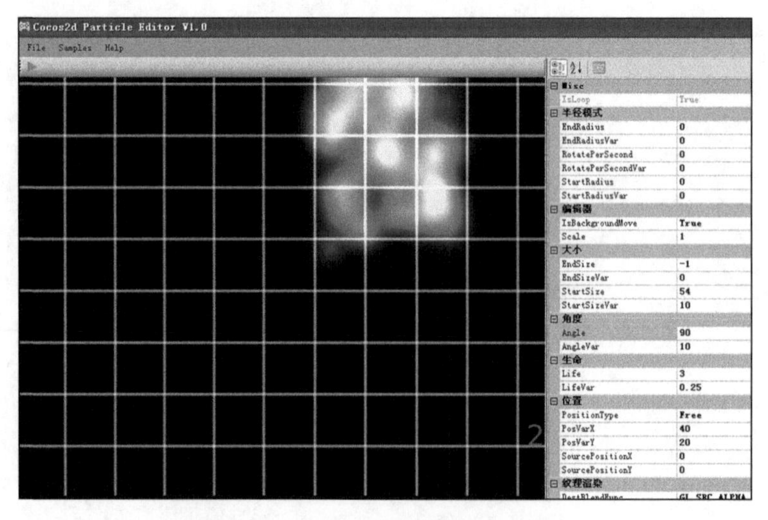

图 A-1　Cocos2d Particle Editor 界面

由于粒子系统的整个效果和发射器与粒子的属性有关，因此粒子编辑器的重点也就是编辑这两个方面的数据，并使开发者可以根据效果作实际的调整，下面就详细介绍 Cocos2D 的 Windows 粒子编辑器的属性编辑部分。

（1）半径模式属性（见图 A-2）

其中 StartRadius 为初始半径，StartRadiusVar 为初始半径浮动值，EndRadius 为结束半径，.EndRadiusVar 为结束半径浮动值，RotatePerSecond 为粒子围绕初始点旋转的角速度，RotatePerSecondPer 为粒子围绕初始点旋转的角速度浮动值。

（2）粒子大小属性（见图 A-3）

半径模式	
EndRadius	0
EndRadiusVar	0
RotatePerSecond	0
RotatePerSecondVar	0
StartRadius	0
StartRadiusVar	0

图 A-2　半径模式属性

大小	
EndSize	-1
EndSizeVar	0
StartSize	54
StartSizeVar	10

图 A-3　粒子大小属性

其中 StartSize 为粒子的初始大小，StartSizeVar 为粒子初始大小的浮动值，EndSize 为粒子的结束大小。若为 -1，则表示结束大小与初始大小一致，EndSizeVar 为粒子结束大小的浮动值。

（3）角度属性（见图 A-4）

其中 Angle 为粒子的发射角度，AngleVar 为粒子发射角度的浮动值。

（4）粒子生命属性（见图 A-5）

角度	
Angle	90
AngleVar	10

图 A-4　角度属性

生命	
Life	3
LifeVar	0.25

图 A-5　粒子生命属性

其中 Life、LifeVar 分别为粒子的生命值及其浮动值。从创建粒子开始计时，一旦超出了生命期，粒子也就消失了。

（5）位置属性（见图 A-6）

PositionType 是位置类型，有 3 种取值：

- ❑ Free（自由）粒子附属于游戏世界，并且不受发射器的位移影响。
- ❑ Relative（相对）粒子附属于游戏世界，但是要跟随发射器移动。
- ❑ Grouped（打组）粒子附属于发射器，并且跟随发射器的变化而变化。

SourcePositionX、SourcePositionY 为发射器的原始坐标。PosVarX、PosVarY 为发射器坐标的浮动值。

（6）编辑器属性（见图 A-7）

位置	
PositionType	Free
PosVarX	40
PosVarY	20
SourcePositionX	0
SourcePositionY	0

图 A-6 位置属性

编辑器	
IsBackgroundMove	True
Scale	0.5

图 A-7 编辑器属性

IsBackgroundMove 为设置左侧预览画面的背景是否移动，Scale 为设置左侧预览画面的缩放比。默认的左侧预览图像实际上是 2 倍显示的，如果需要显示原来的大小，需要把这里设置成 0.5，左侧显示的就是原始大小，也就是在 Cocos 引擎使用时的正确比例这两个属性只影响编辑器内的预览效果，不对保存的 plist 文件产生影响。

（7）纹理渲染属性（见图 A-8）

TexturePath 为纹理贴图的路径，引擎会根据 plist 文件的路径以及此属性判断要加载的文件。一般来说，这里要填相对路径。SrcBlendFunc、DestBlendFunc 为纹理渐变融合的参数。对于一般情况，记住最常使用的 CC_BLEND_SRC 和 CC_BLEND_DST 分别对应 GL_ONE 和 GL_ONE_MINUS_SRC_ALPHA。

（8）颜色属性（见图 A-9）

纹理渲染	
DestBlendFunc	GL_SRC_ALPHA
IsBlendAdditive	True
SrcBlendFunc	GL_ZERO
TexturePath	fire.png

图 A-8 纹理渲染属性

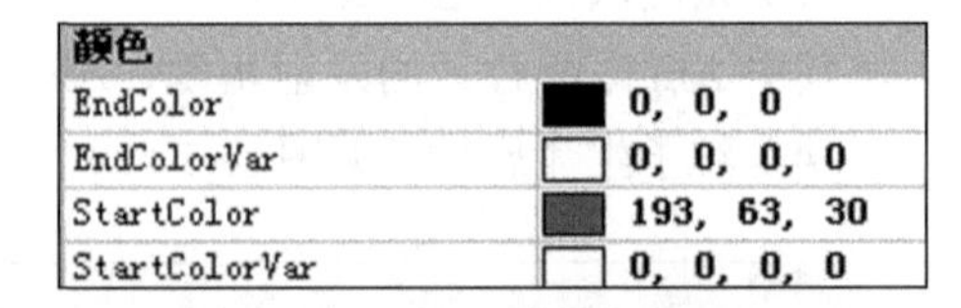

颜色	
EndColor	0, 0, 0
EndColorVar	0, 0, 0, 0
StartColor	193, 63, 30
StartColorVar	0, 0, 0, 0

图 A-9 颜色属性

StartColor、EndColor、StartColorVar、EndColorVar 这 4 个属性代表着粒子的初始颜色、结束颜色以及其浮动值。

注意在 Color4F 中每个颜色分量以及透明度都是用 0.0f～1.0f 表示，而此编辑器使用 0～255 表示，所以有时可能会产生小小的误差。

（9）重力模式（见图 A-10）

Speed 为粒子（初始）速度，SpeedVar 为粒子（初始）速度浮动值，GravityX、GravityY 为粒子在 X 轴和 Y 轴上的加速度，RadialAccel 粒子的径向加速度，RadialAccelVar 为粒子的径向加速度浮动值，TangentialAccel 为粒子的切向加速度，TangentialAccelVar 为粒子的切向加速度浮动值。

（10）发射器属性（见图 A-11）

重力模式	
GravityX	0
GravityY	0
RadialAccel	0
RadialAccelVar	0
Speed	60
SpeedVar	20
TangentialAccel	0
TangentialAccelVar	0

图 A-10　重力模式属性

主要	
Duration	-1
EmissionRate	83.3333359
IsAutoRemoveOnFinish	False
Mode	Gravity
TotalParticles	250

图 A-11　发射器属性

Mode 为发射器类别，现有的发射器分为两种，一种是重力（Gravity）发射器，另一种是放射（状）(Radius）发射器。

发射器的种类决定了它的工作方式。不同种类的发射器根据不同的属性来决定由它发射出的粒子如何运动。可以说，Mode 是发射器最重要的基础属性之一。

TotalParticles 决定了最多同时存活的粒子数量上限。这是一个峰值，主要目的是用来限制内存等资源的消耗。

EmissionRate 为粒子的发射速率，即每秒发射的粒子数量。

Duration 表示发射器执行的时间，单位是秒。如果设置为 -1，那就表示发射器持续发射粒子。零是一个有效值，但是设置为零就没有意义了。

IsAutoRemoveOnFinish 为发射完成后，是否删除粒子系统，默认值为 False。

（11）自旋属性（见图 A-12）

StartSpin、EndSpin、StartSpinVar 和 EndSpinVar 分别为粒子的初始自旋角度、结束自旋角度以及其浮动值。设置了这些值，粒子就开始自转了。

单击 file 选项下的选项便可保存或者打开以前的 plist 文件，如图 A-13 所示。

自旋	
EndSpin	0
EndSpinVar	0
StartSpin	0
StartSpinVar	0

图 A-12　自旋属性

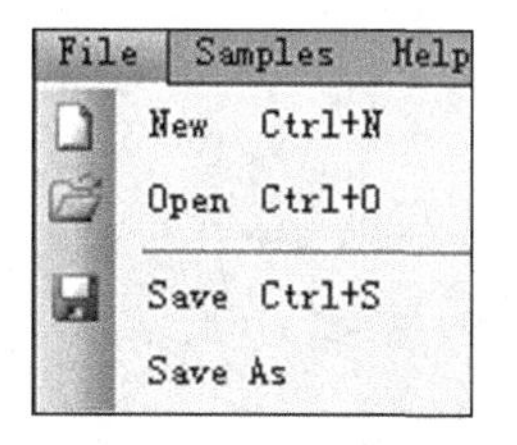

图 A-13　file 选项

Sample 选项下有已经做好的一些粒子系统的粒子，可以在这个基础上进行修改，如图 A-14 所示。

Particle Designer 是用于为 Cocos 引擎和 iOS 系统的程序设计的粒子系统的开发工具。使用这个开发工具，可以省去开发时间。通过网址下载 Particle Designer 的使用版：http://particledesigner.71squared.com/。本书成书之时最新的 Particle Designer 版本是 2.9 版本。注意，试用版不可以导出文件，购买后可以导出文件。下载后运行效果如图 A-15 所示。

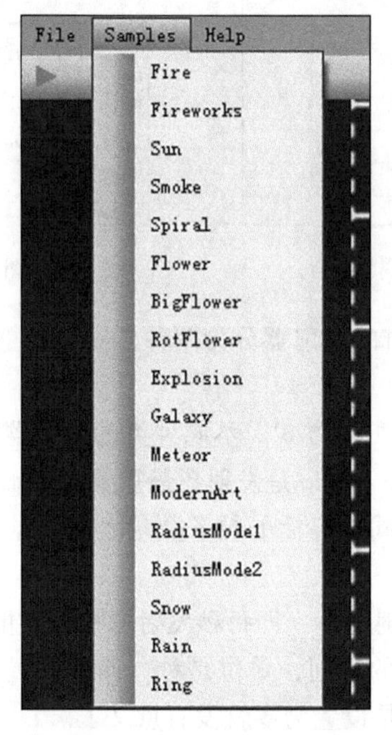

图 A-14 Sample 选项

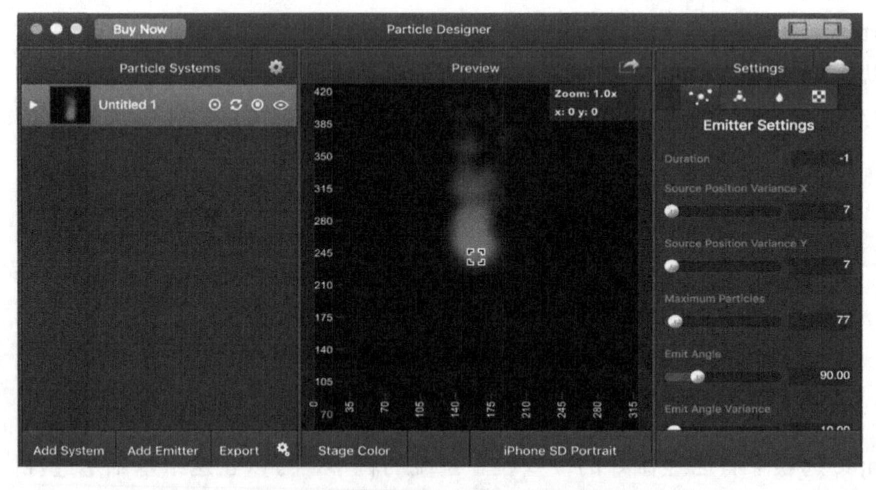

图 A-15 Particle Designer 运行效果

整个界面分为三部分，左边展示了屏幕上现有粒子效果的列表，中间是粒子系统运行效果。右边是现有的粒子效果或者是编辑窗口，这两种模式通过右上角的按钮进行切换。编辑窗口如图 A-16 所示。

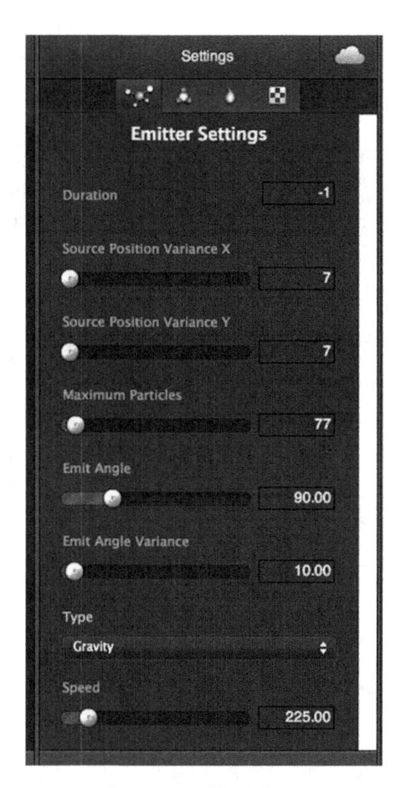

图 A-16　编辑窗口

这一版本的编辑器不仅仅支持 iOS 设备的分辨率以及横纵屏，还包括 Android 设备的分辨率可供选择，帮助你适配跨平台的屏幕，如图 A-17 所示。

Preferences

Stage Size　Stage Settings

Description	Width	Height
iPhone SD Portrait	320	480
iPhone SD Landscape	480	320
iPhone HD Portrait	640	960
iPhone HD Landscape	960	640
iPhone HD Wide Portrait	640	1136
iPhone HD Wide Landscape	1136	640
iPad SD Portrait	768	1024
iPad SD Landscape	1024	768
iPad HD Portrait	1536	2048

Set Default　iPhone SD Portrait　Reset　Add Size

图 A-17　分辨率可供选择，下面是删除支持的分辨率按钮和添加支持的分辨率按钮新版的编辑器更加紧凑，属性编辑界面只占屏幕大约四分之一的部分，你可以通过选择标签来决定是编辑粒子属性还是发射器属性，或者贴图等，标签如图 A-18 所示。

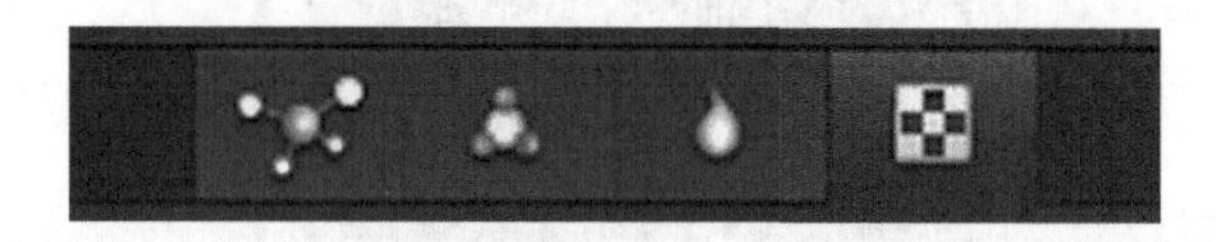

图 A-18 属性标签

属性标签上第一个是发射器属性，第二个是粒子属性，第三个是颜色属性，第四个是贴图属性，这样其实就是把之前的编辑器的四列属性变成了可选择变化的一类，使得界面更加紧凑。

和之前介绍的 Windows 粒子系统编辑器相比，这个属性编辑界面提供了两种编辑属性的方式，一种是拖动条方法，另一种可以填写数字和数字上下调整，这使得开发者可以更轻松地调整粒子相关的属性。下面分别介绍粒子编辑器的相关属性。

（1）粒子配置属性（见图 A-19）

其中 Lifespan 为生命周期，周期越长屏幕上同时存在的粒子数量就越多；LifespanVariance 为生命周期的波动值，例如生命周期为 5，变量为 1，那么生命周期就会在 5-1 和 5+1 之间随机取值。

Start Size 为开始的粒子大小，Start SizeVariance 为开始粒子大小的波动值，Finish Size 为结束的粒子大小，Finish Size Variance 为结束粒子大小的波动值，Rotation Start 为旋转开始角度，Rotation Start Variance 为旋转开始角度波动值，Rotation End 为旋转结束角度，Rotation End Variance 为旋转结束角度波动值。

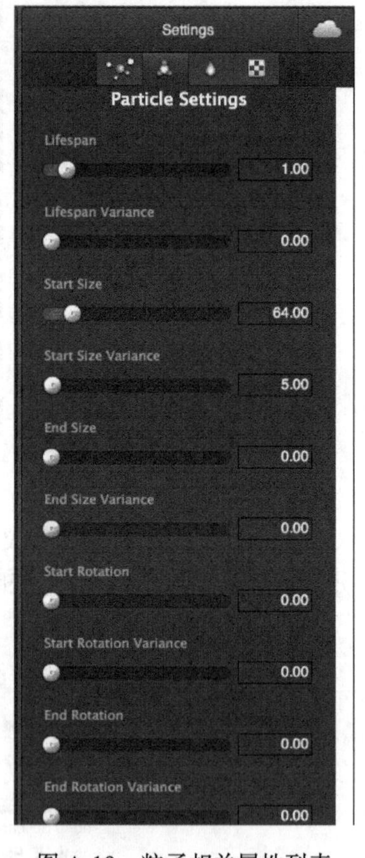

图 A-19 粒子相关属性列表

（2）发射器属性配置（见图 A-20）

包括 Max Particles 为粒子的数量，以及发射源位置，另外 Emit Angle 为粒子发射的角度，Emit Angle Variance 为粒子发射角度变量值。

（3）背景颜色设置界面（见图 A-21）

单击屏幕下方的“Stage Color”按钮，可以弹出颜色设置的窗口，比起之前的 rgb，现在的颜色设定用一个滚动条来实现，更加直观。

（4）模式设置界面（见图 A-22）

粒子系统有重力模式和半径模式两种模式，其中半径模式为粒子沿着一个圆形旋转，可产生漩涡、螺旋效果。

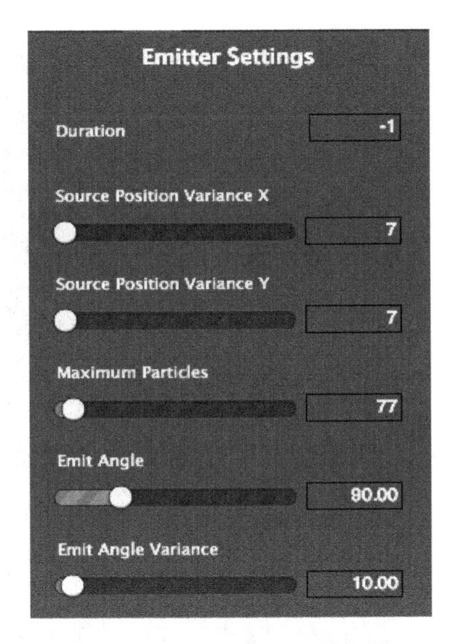

图 A-20　发射器属性配置

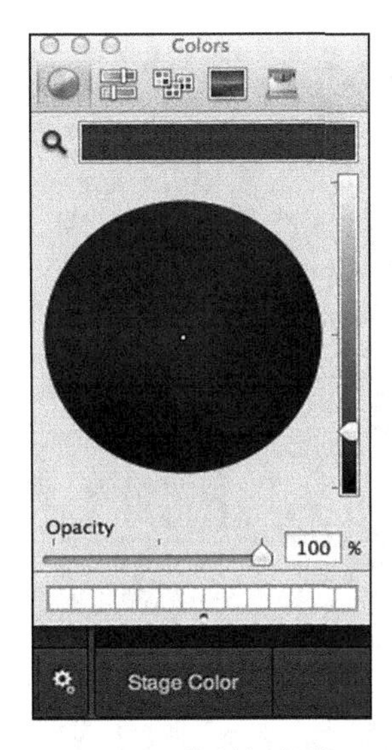

图 A-21　背景颜色设置

其中可以单击选择 Gravity 重力模式和 Radial 半径模式。Duration 为粒子持续时间，为 –1 时是持久的。

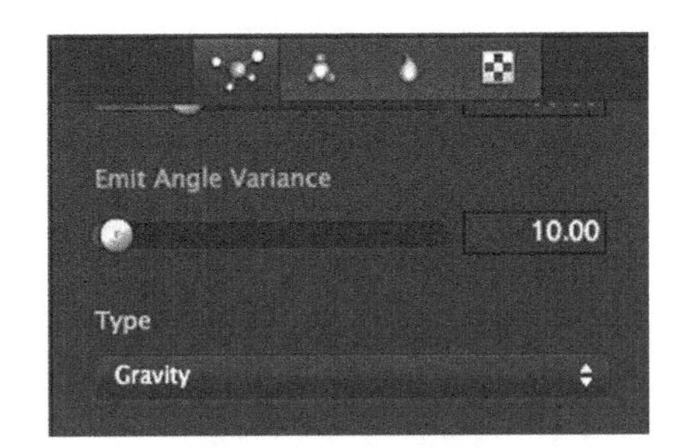

图 A-22　模式选择

（5）重力模式相关属性设置（见图 A-23）

重力模式的相关属性包括：Speed 为粒子速度，Speed Variance 为速度波动值，X Gravity 为粒子重力下 X 轴上的加速度，Y Gravity 为粒子重力下 Y 轴上的加速度。Radial Acceleration 为角加速度，当是正数时，离发射器越远，加速就越大，否则相反。Radial Acceleration Variance 为角加速度波动值。Tangential Acceleration 为线加速度，粒子旋转围着发射器运动，越远该加速度越大。当为正时，逆时针旋转；否则相反。

（6）半径模式的相关属性设置（见图 A-24）

其中 Max Radius 为最大半径，Max Radius Variance 为最大半径浮动值，Min Radius 为最小半径，Degrees Per Second 为影响粒子移动的方向和速度的值，Degrees Per Second Variance 为影响粒子移动的方向和速度的浮动值。

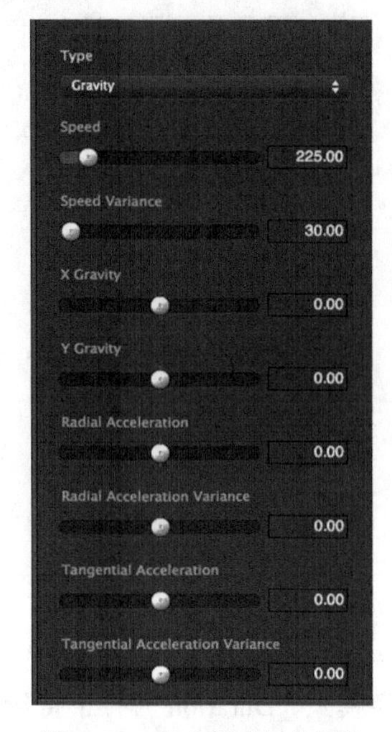

图 A-23 重力模式相关属性

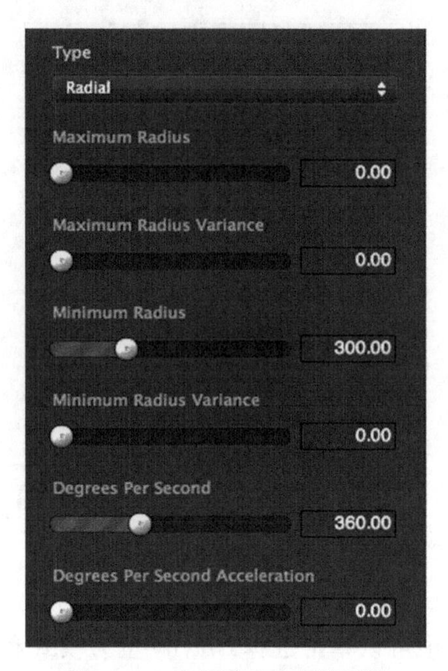

图 A-24 半径模式的相关属性

（7）粒子颜色属性（见图 A-25）

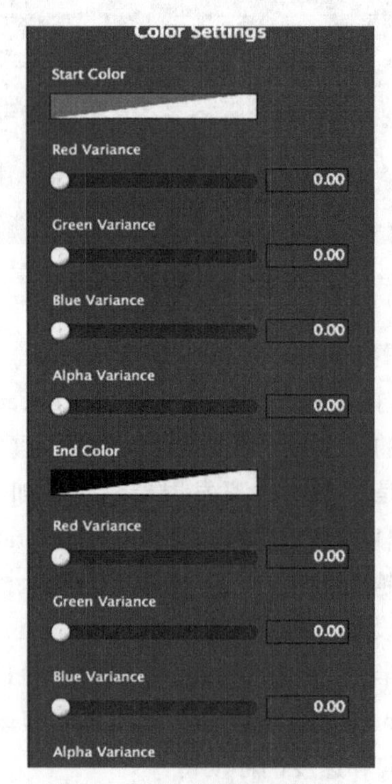

图 A-25 粒子颜色属性设置

分别为颜色值的初始值和结束值，下面两个为颜色值浮动值，均为 RGB 值和透明度的值。

（8）粒子位置和贴图属性（见图 A-26）

贴图可以通过单击图片选择贴图的位置来替换贴图，拖动图片到图片区域也是可以替换贴图的，而且这一版取消了图片大小的限制。

（9）粒子混合模式的开始值和目标值（见图 A-27）

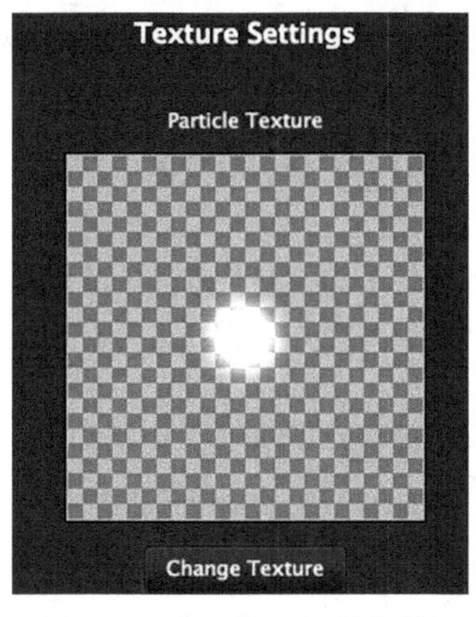

图 A-26　粒子位置和贴图属性

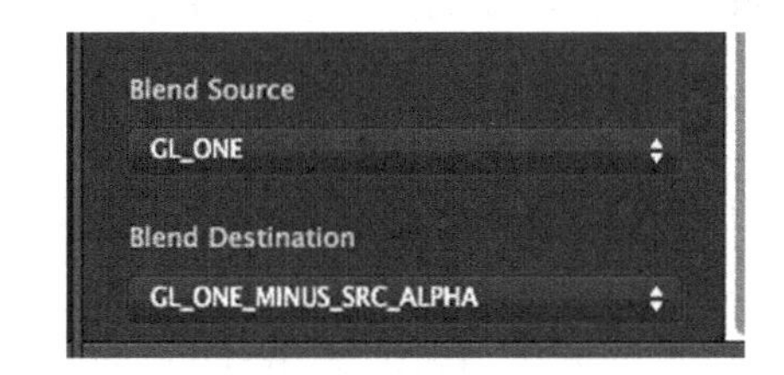

图 A-27　粒子混合模式

左侧的一栏上方可以单击设置坐标设置输出格式等，如果不需要展开则拖动边栏拉回去就可以了，展开图如图 A-28 所示。

图 A-28　输出设置展开

其中中间的四个图标，是设置模拟器的显示，可以设置粒子的暂停循环播放，是否显示粒子等，靠右的四个是输出格式，是否嵌套和压缩，最后一个是是否添加 y 轴的镜像。

单击下方的“Add System”和“Add Emitter”可以在屏幕中添加另一个粒子效果，从而可以更好地帮助我们看到叠加粒子效果。

单击下方的“Export”可以输出工程，单击边上的设置按钮可以设置输出格式和地址等，如图 A-29 所示。

当使用 Particle Designer 开发出不错的粒子效果的时候，在左侧边栏选择相应的粒子，右击“share”，就可以将你设计的粒子系统分享给其他的开发者，如图 A-30 所示。

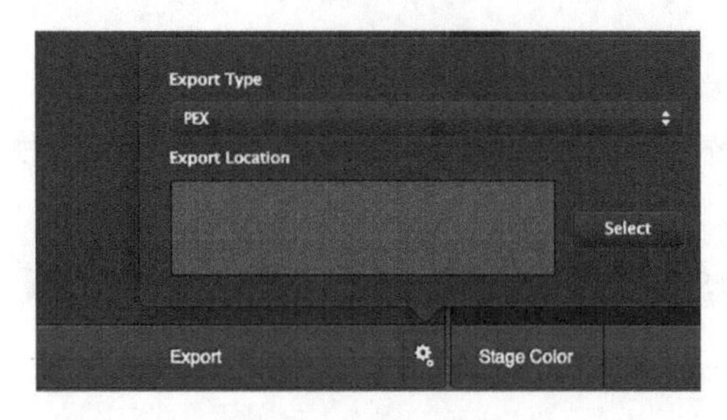

图 A-29 输出设置

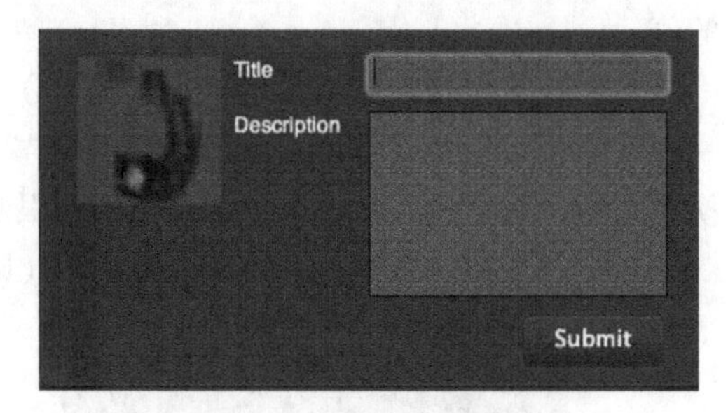

图 A-30 分享粒子系统

Particle Designer 提供很多成型的粒子效果，虽然这些粒子效果不能完全满足你的开发需要，你可以利用某个粒子系统为起点进行粒子效果的开发。

无论采用怎样的粒子系统编辑器，都是采用如下的步骤进行粒子特效的编辑，首先是找到粒子库中和你需要的效果接近的粒子特效，然后编辑相关的属性达到需要的效果，最后存储成 plist 文件。

最后需要注意的是，使用粒子系统时候需要在你的游戏中随时注意游戏的帧率，避免游戏内容加入粒子效果后会出现卡顿的现象，要根据真机的测试效果来判断加入粒子系统之后的效果。

在目前的开发中，Particle Designer 依然是一款使用率比较高的引擎，但是，Particle Designer 有一个很不方便的地方，就是它不能跨平台工作，特效师需要在 Mac 系统才能使用，跨平台粒子编辑的呼声很高。V-play 是一款跨平台游戏开发引擎，由于这套引擎的开发思路部分借鉴的 Cocos 引擎，因此它们的工具链也就支持 Cocos 引擎了，这套引擎提供了跨平台粒子编辑器，它不仅跨 Mac 和 Windows 平台，甚至支持 iOS 设备和 Android 设备，这让特效工程师可以直接在 iOS 设备上所见即所得地编辑粒子效果，下载地址：http://games.v-play.net/particleeditor/，你也可以直接在苹果或者谷歌商店直接搜索下载这款粒子编辑器，运行效果如图 A-31 所示。

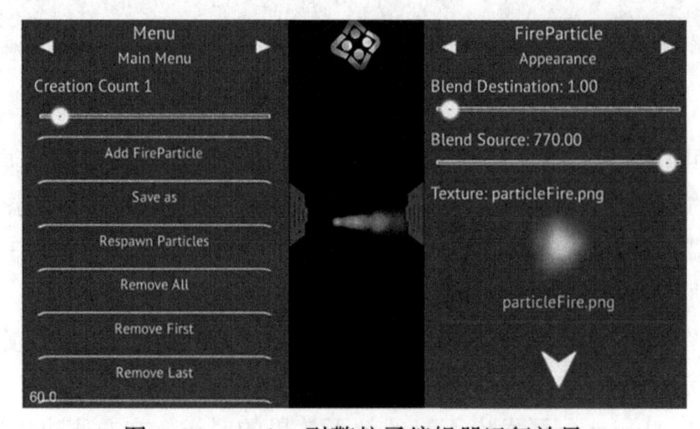

图 A-31 v-play 引擎粒子编辑器运行效果

在 2D 的手机游戏中，需要用到粒子系统的地方基本分为两类：特效和天气模拟，而其中天气效果的模拟需要和游戏很好地配合，调试的细节更多，而最终的效果也是更好，比如风靡全球的部落冲突的圣诞版本就加入了下雪的粒子效果，配合场景中建筑物上的积雪构建了很好的圣诞节效果。下面就介绍如何使用 Particle Designer 设计一个下雨的天气效果并把它用在你的游戏中。

下雨天气比下雪更难模拟好，为什么？因为下雪只要让雪花缓缓从“天空”飘落就很有感觉了，但是下雨，如果只有“雨滴”就很难判断，雨滴如果像水滴就不逼真，如果太细又像风，比较好的办法就是在二者中间取一个合适的度，然后配合雨滴滴在地面的效果就可以很好地模拟下雨的效果了，下面就一步步实现这个效果。

首先在别人提供的效果库里面选择一个和我们需要的效果类似的效果，在它的基础上修改会简单很多，首先选择一个向下落的效果“Waterfall”，如图 A-32 所示。

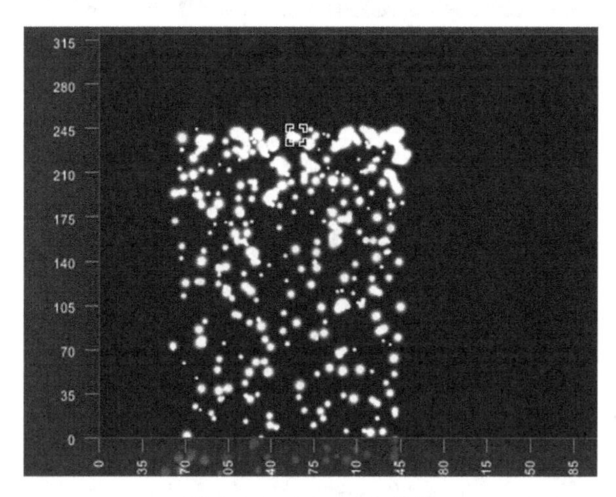

图 A-32　Waterfall 效果

然后把贴图换我们需要的雨滴，此时可看到我们的贴图显得小了一点，继续修改相关数据，修改起始大小和 x 坐标的变化值，使其覆盖全部屏幕，如图 A-33 所示。

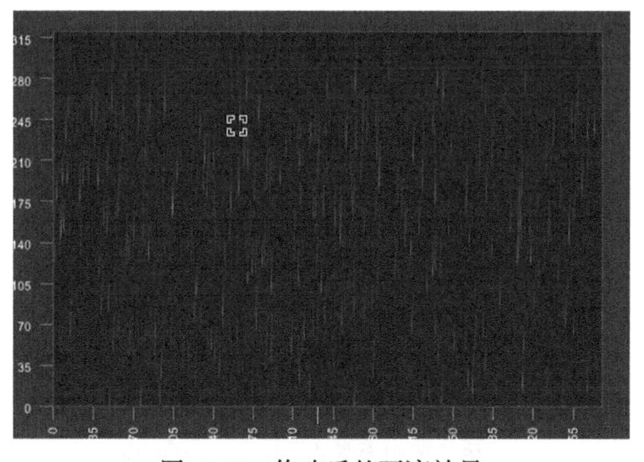

图 A-33　修改后的雨滴效果

最后微调一下角度和速度，达到更加逼真的下雨的效果，如图 A-34 所示。

图 A-34 改变角度和速度的效果

为了表现雨滴打湿地面的效果加入另外一个雨滴打到地面的效果，选择一个已有的类似效果，经过类似的修改如图 A-35 所示。

图 A-35 加入雨滴滴到界面上的效果

运行在 Cocos 项目中效果如图 A-36 所示。

图 A-36 下雨效果在 Cocos 项目中应用

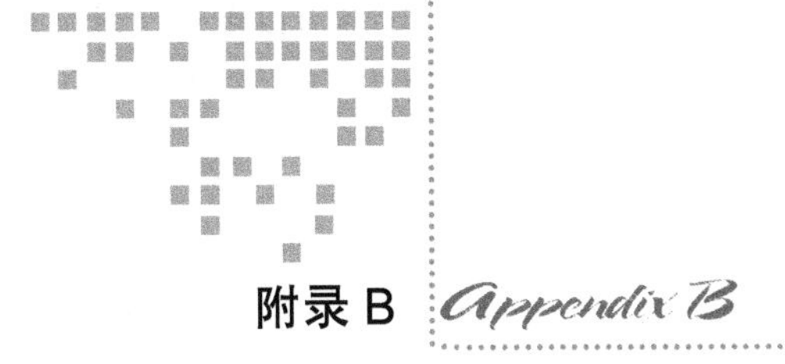

附录 B Appendix B

Tiled 地图的制作

Tiled 地图编辑器是一个以普遍使用为目标的地图编辑器，它容易使用并且容易在不同的引擎中使用，目前它的最新版本是使用 Qt 框架开发的，目前最新稳定版本是 1.1.6，下载地址：http://www.mapeditor.org/，下面我们就来一步步地讲解如何使用 Tiled 地图编辑器编辑地图。

选择“文件 – 新文件”新建地图工程，在弹出的对话框中设置地图的高度和宽度，图素块的大小，以及地图的方向。另外，新版本中提供了 tmx 文件的输出格式，包括 XML 格式、CVS（Comma Separated Value，逗号分隔值）以及之前提供的“Base64”加密模式（包含 GNUzip 压缩格式和 zlib 压缩格式），我们依然选择之前版本中默认的“Base64”加密模式和 GNUzip 压缩格式。选择界面如图 B-1 所示。

图 B-1　新建地图

1）选择“新建 Tiled 集”或者是向编辑器拖入图素文件，在弹出的对话框中设置图素块的大小、边距和偏移量等，如图 B-2 所示。

图 B-2　倒入图素文件

2）选择完成图素块后，左下角的部分就显示了目前的图素图块，选择相应图块便可以填充某图素块了。如图 B-3 所示。

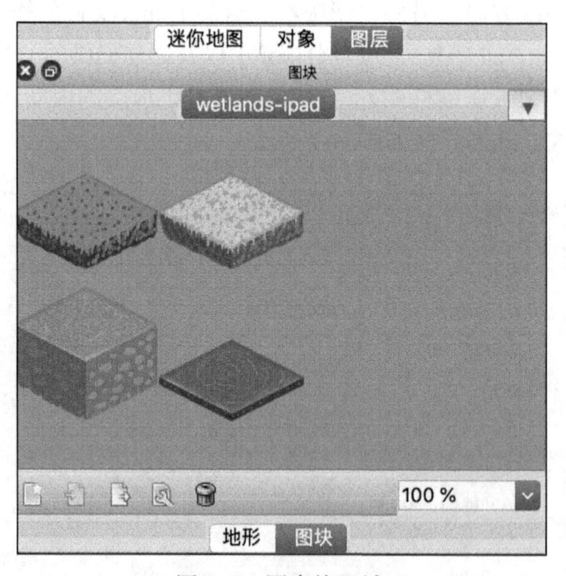

图 B-3　图素块区域

3）点击自定义属性下的“+”添加属性，弹出如图 B-4 所示对话框，图素的数据可以在程序中获得。

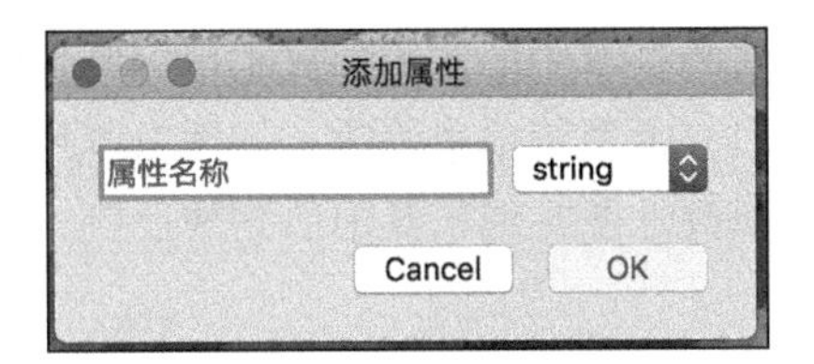

图 B-4　添加图块属性

4）选择如图 B-5 所示的工具栏的不同工具填充，包括图章刷、填充、橡皮擦和选择矩形区域等，可以使用图章刷为每个格填充图素，填充是批量的填充图素，橡皮擦可以擦掉之前的填充图素。

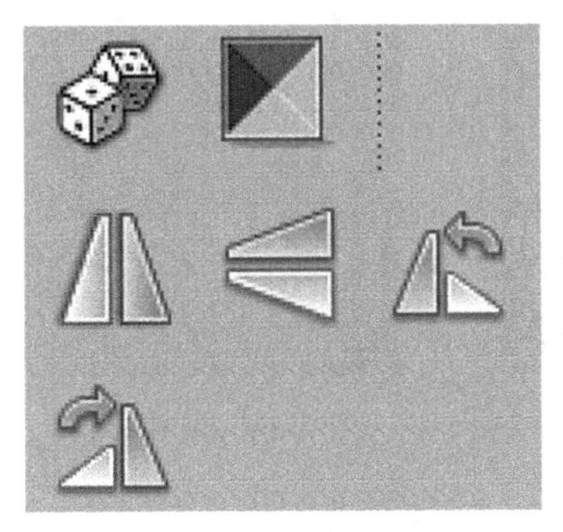

图 B-5　填充图素工具

5）屏幕的右上角显示图层编辑部分，如图 B-6 所示。

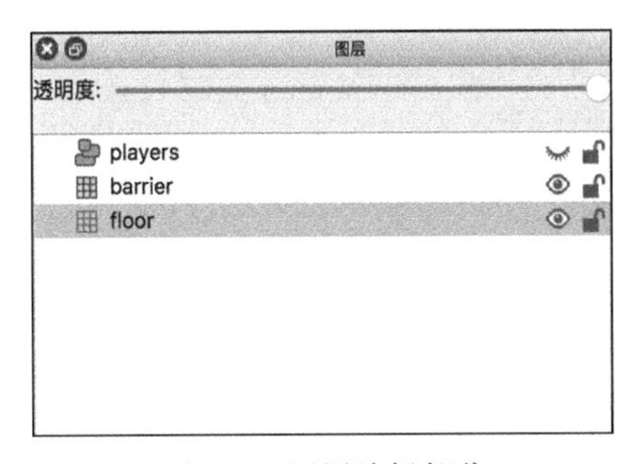

图 B-6　图层编辑部分

6）通过图层编辑部分可以选择我们需要编辑的图层，并且可以排除其他层的干扰，如下如图 B-7 所示是图层编辑部分的按键，包括新建层、改变层之间的顺序、复制图层以及删除图层等按钮。

图 B-7　图层编辑部分按钮

7）另外如图 B-8 所示，选择菜单中的图层部分也可以帮助编辑修改图层。

8）关于地图的参数也可以在地图菜单中修改，如图 B-9 所示为地图菜单。

9）可以通过视图菜单来修改地图在编辑器中的缩放比例，如图 B-10 所示。

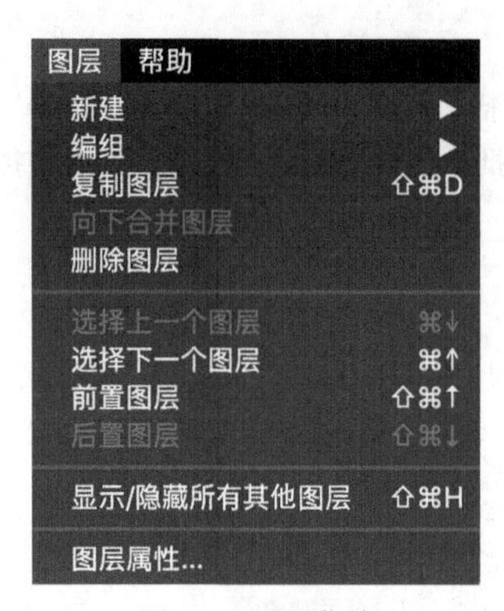

图 B-8 图层菜单

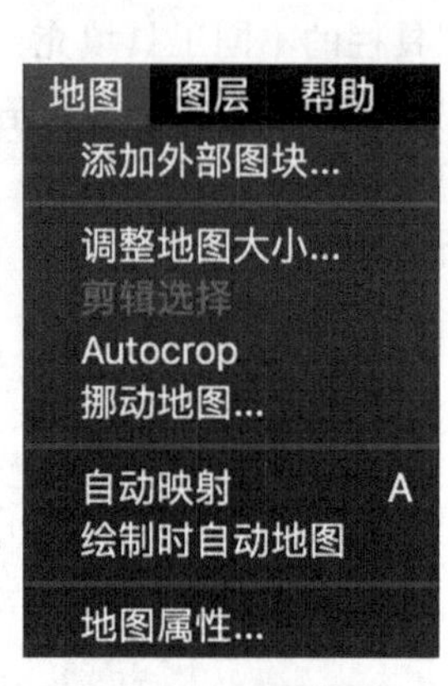

图 B-9 地图菜单

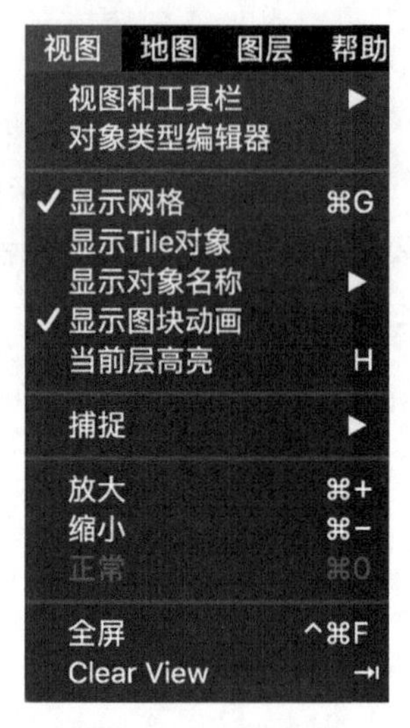

图 B-10 视图菜单

10）最后通过另存为可以把 tmx 文件存在你指定的位置，如图 B-11 所示。

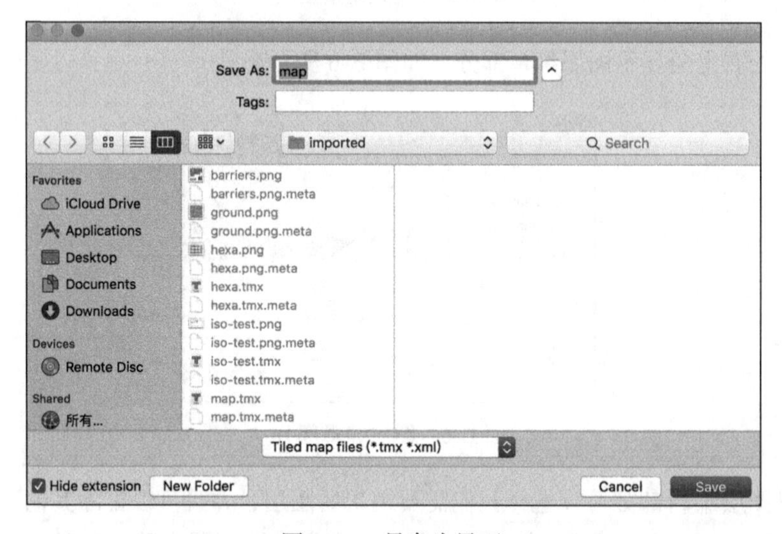

图 B-11 另存为界面

一块一块编辑地形有时会显得不是很方便，因为我们往往会做一些“重复工作”，比如有些城墙地图块需要“拐角”和“墙体”拼接而成，这个拼接过程其实是没有什么“技术含量”的工作，另外有时候我们要赋予这个地形以一定意义，我们就不用把它涉及的所有地图图素都加上属性，而是把它们当作一类来处理，这时就需要一个功能来规划这些图块，于是从0.9.0版本开始，Tiled编辑器支持地形功能，方法是点击地形选项卡，进入地形编辑界面，如图B-12所示。

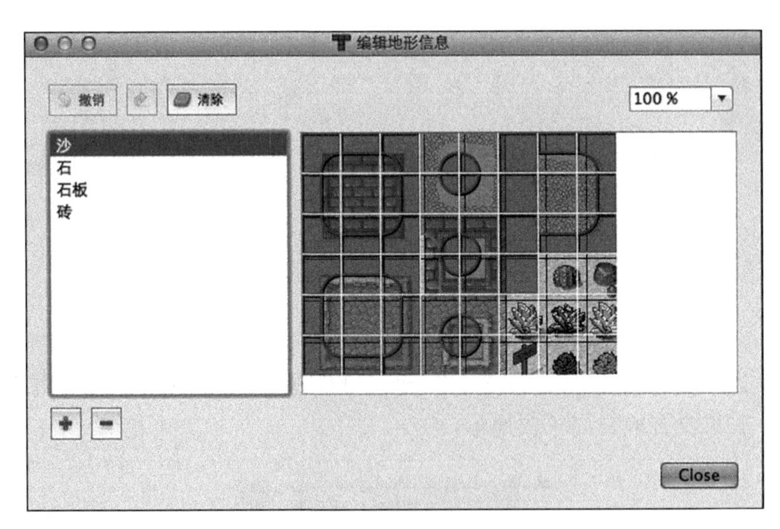

图B-12　地形编辑界面

点击左下方的加号增加地形，减号删除地形，在选中某个地形的状态下可以点击图片上的图素设置地形，可以以图素四分之一大小设置地形，如果不小心设置错误，可以使用撤销按钮或者按下清除按钮，这时你再次点击某个块就是去除地形的标记。右击该地形就弹出可以设置地形属性的选项，选择它就可以进入地形属性编辑界面，和图素数据是一样的界面，如图B-13所示。

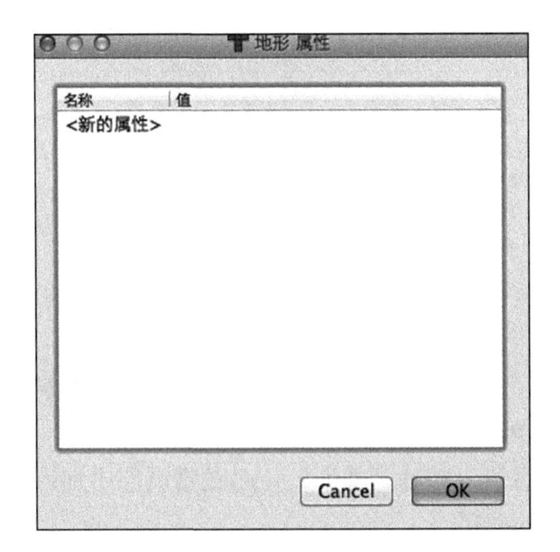

图B-13　地形属性编辑

地形设置完毕，关闭地形编辑界面，选择下方的地形选项卡就可以看到目前编辑的地形了，如图 B-14 所示。

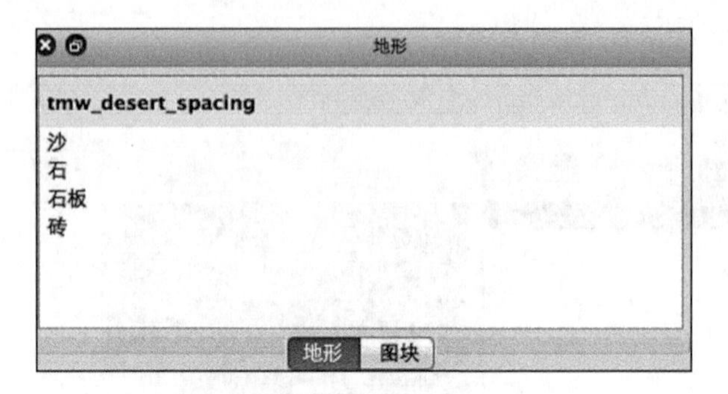

图 B-14 地形选择窗口

选择界面上方填充工具中的图片小图标就可以进入地形填充方式，填充的地形如图 B-15 所示。上下两块石地是同一块地形。

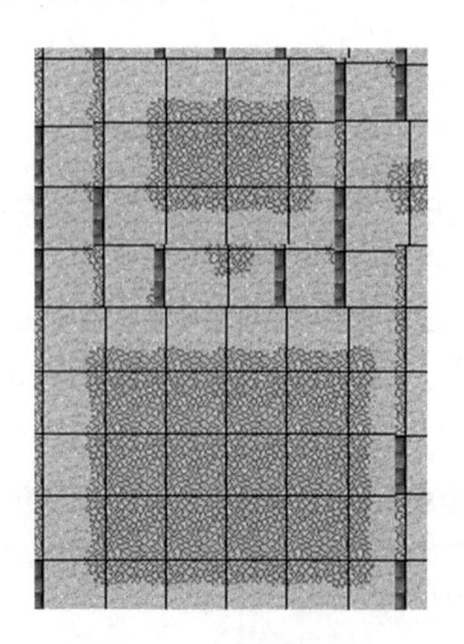

图 B-15 地形编辑结果

另外一个提高大家工作效率的工具就是迷你地图工具，在大家编辑大号地图的时候可以选择某一块的地图进行编辑，还可以滑动滚轮来修改这个范围的大小，迷你地图如图 B-16 所示。

在 Tiled 地图编辑器中还有一个功能就是可以给地图添加精灵层，点击新建层按键便可以选择添加精灵层，如图 B-17 所示。

精灵层中摆放对象位置可以精确到像素，可以在精灵层中加入图素和图形等，如图 B-18 所示，是精灵层可以使用的按钮。

右键选择对象对象属性就可以修改对象的属性，如图 B-19 所示。

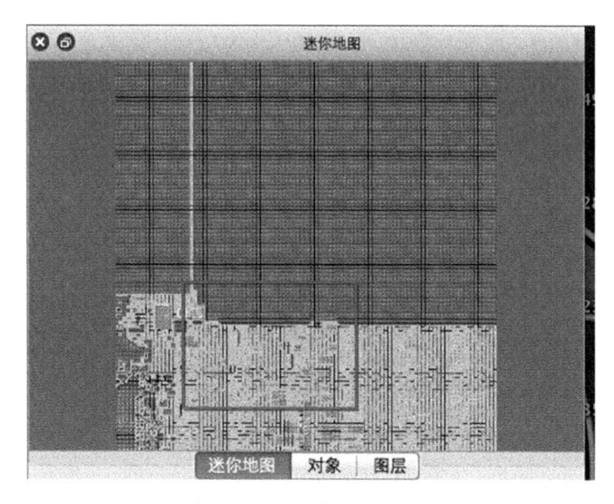

图 B-16　迷你地图窗口

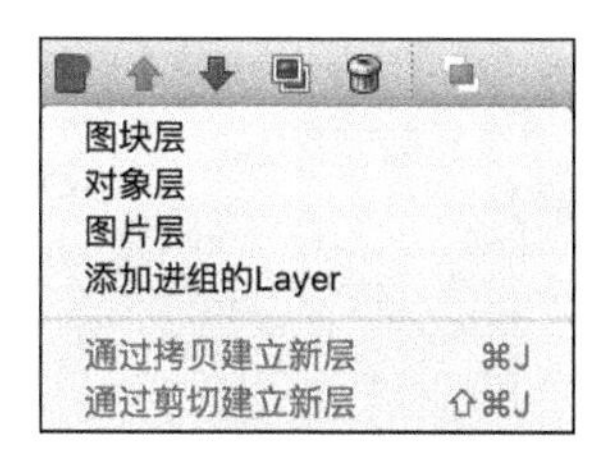

图 B-17　添加对象层

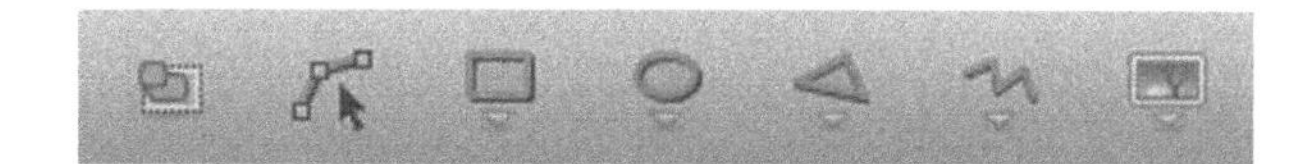

图 B-18　向对象层中加入对象

属性	值
▼ 对象层	
名称	players
可见	☐
Locked	☐
不透明度	1.00
水平偏移	0.00
垂直偏移	0.00
▶ 颜色	未设置
绘制顺序	从上到下
▼ 自定义属性	

图 B-19　修改对象属性

你可以把精灵层理解为没有图素格限制的地图层，精灵层常常被用于放置场景中的大图素以及场景中的机关等，属于不受大小位置限制的图素。